2825

PRODROME

d'une

DESCRIPTION GÉOLOGIQUE

DE LA BELGIQUE

PRODROME

DESCRIPTION GÉOLOGIQUE

DE LA BELGIQUE

PAR

G. DEWALQUE

Docteur en sciences naturelles et en médecine, etc.,
Professeur à l'université de Liége,
Membre de l'Académie des sciences, des lettres et des beaux-arts
de Belgique, etc.

—

SECONDE ÉDITION, CONFORME A LA PREMIÈRE

—

BRUXELLES

H. MANCEAUX, LIBRAIRE-ÉDITEUR

IMPRIMEUR DE L'ACADÉMIE ROYALE DE MÉDECINE DE BELGIQUE

12, rue des Trois-Têtes, 12

1880

AVIS DE L'ÉDITEUR.

M. le professeur G. Dewalque étant décidé, en raison des circonstances actuelles, bien connues des géologues, à ne point publier une nouvelle édition de son *Prodrome d'une description géologique de la Belgique,* épuisé rapidement, a bien voulu nous autoriser à réimprimer textuellement la première édition.

Nous la mettons donc à la disposition du public telle qu'elle a paru primitivement. Nous n'avons pu conserver la pagination; mais, pour faciliter les recherches nécessitées par les citations, nous avons indiqué en tête de chaque chapitre la page de l'édition originale.

PRÉFACE.

—

L'ouvrage que je publie aujourd'hui s'adresse, d'une Page v. part, à mes élèves, de l'autre, au public scientifique. Il est destiné à remplir une lacune que j'ai été souvent dans le cas de constater à l'occasion de mes fonctions dans l'enseignement.

Le cours de géologie dont je suis chargé à l'université de Liége, ne s'adressant guère, par suite de notre organisation, qu'aux élèves des Écoles des arts et manufactures et des mines, doit revêtir un caractère spécial, en rapport avec le but de ces institutions. Ainsi, en vertu du programme des études arrêté par le conseil de perfectionnement de ces Écoles, la géognosie ne comprend que la description des terrains de la Belgique; et, par un oubli bien regrettable, la paléontologie est exclue de cet enseignement. En conséquence, mes efforts tendent à donner à mes élèves une connaissance suffisante des caractères minéralogiques et stratigraphiques de nos diverses formations;

(*) Les chiffres indiqués en marge du texte se rapportent à la pagination de la première édition.

mais on comprendra sans peine que des descriptions de ce genre tendent forcément à usurper un temps précieux, que l'enseignement oral pourrait mieux utiliser. Pour ce qui concerne la partie pétrographique et stratigraphique, mon livre n'est donc, pour ainsi dire, que la reproduction de mon cours; j'ai dit quelques mots de la distribution géographique de nos divers étages, renvoyant, pour le reste, aux cartes géologiques de mon illustre prédécesseur et maître. Mis entre les mains de mes auditeurs, ce *Prodrome* me permettra de n'insister dorénavant que sur les grands faits de l'histoire géologique de notre pays, et sur la marche suivie pour les constater : le temps ainsi gagné pourra être consacré à d'autres développements.

D'un autre côté, depuis vingt ans, époque où Dumont publia la Carte géologique de la Belgique, la nécessité d'un texte explicatif s'est fait sentir de plus en plus. Quelques terrains ont fait l'objet de publications spéciales : Dumont, qui était chargé de la rédaction de ce texte, a donné, en 1847, une description détaillée du terrain ardennais et du terrain rhénan, y compris ce que les découvertes de M. Gosselet ont fait reconnaître comme silurien; mais il est mort à la tâche; toutefois, son mémoire sur la province de Liége est encore un guide précieux pour la connaissance du terrain anthraxifère. J'ai moi-même décrit le terrain jurassique, et je n'aurais, comme on le verra au chapitre qui lui est consacré, que deux sous-divisions à y introduire pour mettre mon travail au niveau des progrès amenés par de nouvelles recherches. Enfin MM. Briart et Cornet ont fait connaître le terrain crétacé du Hainaut, et ils en préparent une nouvelle description, plus étendue, dont les deux premières parties ont déjà été présentées à l'Académie des sciences de Belgique.

Le Gouvernement ne pouvait rester indifférent à l'achèvement d'une description qui intéresse à un si haut degré l'agriculture et l'industrie minérale. Il m'a fait l'honneur de me charger de terminer l'œuvre de Dumont; mais, bien que j'y consacre tout le temps qui n'est pas réclamé par les devoirs multiples du professorat, je m'aperçois chaque jour davantage des difficultés de toute nature que présente un travail entrepris dans de pareilles conditions. Après plusieurs années de recherches, je suis à peine en mesure de donner la description du terrain tertiaire. La partie devonienne du terrain anthraxifère, accompagnée nécessairement de la description de ses fossiles, m'absorbera quelques années encore; puis viendront le terrain carbonifère, le triasique, le crétacé du Limbourg, les formations quaternaires et modernes, enfin les gîtes geysériens et plutoniens.

Il me sera permis d'ajouter que, depuis que j'ai été chargé de cette tâche, l'Académie des sciences, sur ma proposition, a mis deux fois au concours la description géologique du système houiller de notre pays, et que cet appel est resté infructueux, malgré les conditions exceptionnelles faites aux concurrents.

En attendant que la description géologique de notre pays soit complétée dans les proportions où Dumont l'avait commencée, il y a donc lieu d'en donner un résumé : le titre de cet ouvrage indique nettement que c'est là ce que je me suis proposé de faire. Cette description serait d'ailleurs achevée qu'il ne faudrait pas moins en condenser le texte dans un ouvrage accessible à tous, et tenant le lecteur au courant des progrès nouveaux. S'il en fallait une preuve, on la trouverait dans l'*Abrégé de géologie* de M. d'Omalius d'Halloy : les diverses éditions que cet illustre vétéran a publiées successivement, ont rendu des services incontestables ; mais on reconnaîtra, croyons-nous, que le cadre qu'il s'est tracé, ne lui a laissé qu'un espace trop restreint pour la géologie de notre pays.

En m'adressant au public, je ne pouvais me renfermer dans le programme qui m'est imposé dans mon enseignement, et laisser de côté l'étude des caractères paléontologiques, dont la nécessité n'est plus contestée par personne. Je les ai traités brièvement, comme je conçois qu'on pourrait le faire dans un cours. On pourra trouver que j'aurais dû donner plus de développements à cette partie, et spécialement aux questions de classification, ainsi qu'à la comparaison de nos étages entre eux et aux formations similaires d'autres régions : mais, ayant à décrire un pays restreint, j'ai cru devoir me borner, prêt à modifier cette partie, si l'expérience me fait reconnaître l'utilité d'un pareil changement.

A l'exemple de M. d'Omalius d'Halloy, j'ai réuni, à la fin du volume, les listes des fossiles de nos diverses subdivisions. Ces listes, que j'ai tâché de rendre aussi exactes et aussi complètes que possible, m'ont coûté beaucoup de soins et de travail, malgré tout ce que j'ai pu emprunter à mes devanciers. J'espère que les hommes du métier y trouveront la preuve que la science n'est pas restée stationnaire dans notre pays. J'adresse ici mes plus vifs remercîments à M. Bosquet et à M. Nyst pour les communications dont ces savants paléontologistes ont bien voulu enrichir mon travail.

Nos gîtes métallifères forment la matière du chapitre le plus intéressant pour beaucoup de lecteurs. Si je ne me suis pas étendu davantage sur ce sujet, c'est que je ne le pouvais guère sans entrer dans la description des gîtes en particulier; cela peut se faire dans un cours, mais un simple résumé ne le comporte pas.

Des notes placées en tête de chaque chapitre feront connaître au lecteur tout ce qui a été publié de plus important sur nos diverses formations.

CHAPITRE I

Le royaume de Belgique, tel que les traités l'ont Page 1. reconnu, est situé entre le 49e et le 52e degré de latitude boréale, et entre le méridien de Paris et le 4e degré de longitude orientale. Il est limité, au nord, par la mer du Nord et la Néerlande, à l'est, par le duché de Limbourg, la Prusse Rhénane et le grand-duché de Luxembourg, au sud et au sud-ouest, par la France.

La plus grande partie de ce pays, située au nord de la Sambre, puis de la Meuse, appartient à la grande plaine du nord de l'Europe, tandis que la partie méridionale peut être considérée comme l'extrémité occidentale de cette longue arête hercynienne, qui, sous des noms divers, sépare la plaine de l'Europe centrale de la plaine du nord ou cimbrique. Son altitude est néanmoins peu considérable, puisque l'on ne donne que 674 mètres au point le plus élevé, la Barraque Michel, située dans les Hautes-Fagnes, près du signal prussien de Botrange, qui atteint 689 mètres. L'altitude moyenne de la Belgique est évaluée à 148 mètres.

Le sol de la Belgique présente deux pentes générales : dans sa partie occidentale, l'inclinaison a lieu vers le NE., tandis que la partie orientale s'abaisse de la crête de l'Ardenne vers le NO. Une petite partie, au sud de cette ligne de faîte, s'incline vers le midi.

Certaines parties, vers la Zélande, sont au niveau de la mer ou même en-dessous ; conquises sur les eaux et préservées du retour des flots par des digues, ces terres constituent les *polders*. A partir du littoral, le sol s'élève d'abord fort lentement ; l'exhaussement devient plus rapide à partir de la Sambre et de la Meuse. Du reste, les montagnes de cette partie du pays ne sont que de larges croupes ou des collines arrondies, séparées par des vallées longitudinales dirigées E.-O. ou NE.-SO., peu profondes et à pentes douces ; mais elles sont parfois coupées par des vallées transversales dont les flancs sont beaucoup plus abrupts et s'élèvent quelquefois à plus de 200 mètres en formant des gorges extrêmement pittoresques.

Cette surface appartient presque entièrement aux bassins hydrographiques de l'Escaut et de la Meuse. Vers le littoral, quelques petits cours d'eau se rendent directement à la mer ; à l'extrémité opposée naissent quelques rivières tributaires du Rhin, et au sud prend sa source l'Oise qui appartient au bassin de la Seine.

Indépendamment des divisons politiques, l'usage conserve certaines démarcations physiques, mal limitées, il est vrai, mais que le géologue ne peut ignorer, car plusieurs d'entre elles sont en rapport intime avec la constitution du sol. La plus importante de ces régions est l'*Ardenne,* dont le nom est antérieur à l'invasion romaine : elle s'étend des sources de l'Oise à celles de la Kyll, et est partagée entre la France, la Belgique, le grand-duché de Luxembourg et la Prusse. Dans notre pays, on peut la limiter à la première bande calcaire que l'on rencontre vers le NO.; du côté du midi, elle est bornée par les terrains secondaires du bas Luxembourg. Dans son ensemble, c'est un vaste plateau, dépassant souvent 500 mètres d'altitude, assez fortement ondulé et déchiré par un certain nombre de vallées transversales profondément encaissées. Il était jadis presque entièrement recouvert de forêts; aujourd'hui il en reste encore sur de grands espaces, spécialement dans les cantons quartzeux; le chêne et le hêtre y dominent, associés au bouleau, au charme et au noisetier. Mais on trouve aussi, particulièrement sur les zones schisteuses, de vastes landes incultes, recouvertes de bruyères ou de tourbe; la décomposition des schistes ou des phyllades y a produit un sol argileux, froid et compacte. La partie la plus élevée, vers Stavelot et Spa, porte le nom de Hautes-Fagnes ou Hautes-Fanges; dans la partie adjacente de la Prusse, elle a reçu en allemand le nom de *Hone Veen*. C'est là surtout, ainsi que près de Vieilsalm, que se trouvent les plateaux tourbeux. En somme, tout ce pays est pauvre, peu peuplé et mal cultivé; l'absence de pierre à chaux et l'âpreté du climat ajoutent encore à sa stérilité.

Au midi de l'Ardenne se trouve une petite région que l'on peut appeler le *bas Luxembourg* et qui se rattache physiquement à la Lorraine. Elle se distingue de l'Ardenne par son élévation moindre, généralement comprise entre 250 et 400 mètres, quoiqu'elle arrive à 464 près d'Arlon. Son sol est très-varié, tantôt argileux, recouvert de gras pâturages, tantôt calcaire ou sableux, et, dans ce dernier cas, il rappelle quelquefois la Campine par son aridité. Il est formé de couches à peu près horizontales, appartenant aux terrains triasique et jurassique, qui ne sont pas représentés de l'autre côté de l'arête.

Au NO. de l'Ardenne vient le *Condroz,* dont la dénomination est également antérieure à la conquête romaine. Il est limité, d'un côté, par la Meuse, de Givet à Liége, puis par l'Ourthe et la Vesdre jusqu'à Fraipont, d'un autre côté par la bande calcaire qui passe à Louveigné, à Harzé, à Marche, à Forrière et à Givet. La partie méridionale de cet espace est plus connue sous le nom de *Famenne :* elle est limitée par la Meuse jusqu'à Blaimont, puis par une ligne passant par Houyet, Nettinne, Somme, Grand-Han et Barvaux, où elle rejoint la bande calcaire qui la sépare de l'Ardenne en passant par Marche et Givet. La Famenne est essentiellement un pays schisteux et peu productif ou même stérile, tant la terre végétale y est rare; le Condroz proprement dit est surtout formé de psammites et de calcaires; l'emploi de la chaux comme amendement a rendu les plus grands services à l'agriculture et quelques parties, recouvertes de limon, sont d'une fertilité remarquable. Dans son ensemble, cette région est intermédiaire entre l'Ardenne et la plaine de la partie basse du pays; son altitude, comprise généralement entre 250 et 300 mètres, ne paraît pas dépasser 336 mètres. C'est dans cette partie que l'on observe le mieux les vallées longitudinales, qui résultent du plissement des couches et le contraste qu'elles présentent avec les vallées transversales, résultat des dislocations.

Le *pays de Herve* est compris entre la Meuse, le Limbourg hollandais, la Prusse et la Vesdre, ou mieux,

les calcaires de Welkenraedt, de Dison, de Soiron et
de Forêt. C'est un district ondulé, dont l'altitude est
comprise entre 200 et 350 mètres. Les plateaux appartiennent au terrain crétacé, et sont souvent recouverts
de limon, tandis que le creusement des vallées a largement mis à nu le système houiller, qui en constitue
les pentes douces. Cette région est bien connue pour
sa fertilité ; la plus grande partie est formée de prairies,
closes de haies épaisses.

Entre le pays de Herve et le nord de l'Ardenne
s'étend sur les deux rives de la Vesdre un petit espace
qui n'a pas de dénomination reçue ; au point de vue de
la géographie physique et géologique, c'est le prolongement du Condroz.

L'*Entre-Sambre-et-Meuse* comprend la partie de la
région moyenne du pays située entre la Sambre et la
Meuse et limitée, au sud, par la bande calcaire qui la
sépare de l'Ardenne en passant de Givet à Couvin et à
Chimay ; son altitude est comprise entre 200 et 300
mètres. Physiquement, c'est la continuation du Condroz ; et, de même que sur l'autre rive de la Meuse, la
partie méridionale, schisteuse et pauvre, a reçu un nom
particulier, celui de *Fagne*.

Dans la partie basse du pays, les démarcations sont
moins nettes et ont moins de rapport avec la géologie.
Nous trouvons d'abord, à l'est, la *Hesbaye*, limitée par
la Meuse, puis la Sambre au midi, l'Ornoz et la Gette
à l'ouest, le Demer au nord, et la Meuse à l'est. Le
sol y est médiocrement ondulé et recouvert presque
partout d'un limon remarquable par sa fertilité, surtout en céréales. Son altitude varie de 50 à 200
mètres.

Au nord du Démer, entre la Meuse et l'Escaut, se trouve la *Campine*, dont l'altitude varie de 20 à 70 mètres. C'est une vaste plaine de sables, unie et stérile, couverte de bruyères ou de marais; on y trouve quelques petites collines de sable mobile, identiques aux dunes du littoral.

Le *Brabant* est situé au sud de la Campine et à l'est de la Hesbaye; il s'étend, à l'ouest, jusqu'à la Dendre, mais il serait mieux limité par la Senne au point de vue géologique. Son altitude varie de 30 à 150 mètres et au delà. Il est généralement recouvert du même limon que la Hesbaye, sauf dans sa partie septentrionale, qui se rattache à la Campine; il est plus accidenté que la Hesbaye et présente encore quelques forêts, particulièrement sur les sous-sols sableux.

Le *Hainaut,* qui comprend le pays entre l'Escaut et la Sambre jusqu'à la Dendre, ressemble beaucoup au Brabant par son altitude et le relief du sol; c'est une contrée remarquable par ses richesses minérales et industrielles plus encore que par sa fertilité. La partie au sud de la Haine porte le nom de *Borinage*.

La *Flandre* s'étend de la Dendre à la mer du Nord. Le sol y est généralement fort uni et d'une altitude inférieure à 50 mètres; cependant, on y rencontre quelques collines, faisant suite à celles du Brabant et atteignant de 100 à 146 mètres. La partie méridionale, recouverte de limon, est renommée pour sa fertilité; le long de la côte se trouve une file de dunes peu mobiles; de ce côté et surtout vers le nord se rencontrent beaucoup de polders; entre cette zone et la première se trouve un espace plus sableux, mais que l'agriculture flamande a su rendre aussi très-productif.

Le sol de la Belgique présente une composition tellement variée que l'on y trouve les représentants de la plupart des formations admises dans les cadres des classifications géologiques. Cette assertion est vraie surtout pour les terrains neptuniens : l'absence du terrain permien et celle des parties moyenne et supérieure du terrain jurassique sont, avec celle d'une partie du silurien, les seules lacunes à signaler ici. Nous aurons donc à examiner successivement les terrains primaires, secondaires, tertiaire, quaternaire et moderne. Les terrains plutoniens, au contraire, sont faiblement représentés par quelques culots ou filons appartenant à la formation des porphyres quartzifères. Les matières de filons, auxquelles Dumont a donné le nom de terrain geysérien, y sont assez variées, quoique les roches métallifères soient loin d'y présenter la diversité que l'on observe dans quelques districts miniers plus favorisés. Enfin ces accumulations opérées dans l'atmosphère, sur le sol émergé, et auxquelles on a essayé de donner le nom de formations telluriennes, ont aussi quelques représentants dans notre pays.

Nous allons donc passer en revue nos différents terrains dans l'ordre que nous venons d'indiquer, en commençant par les plus anciens.

CHAPITRE II

—

TERRAINS PRIMAIRES

—

I. — Historique. — Classification.

Page 7. Les caractères qui distinguent nos terrains primaires des formations qui leur ont succédé, sont tellement tranchés qu'ils ont dû frapper les yeux des anciens observateurs. Vers la fin du siècle dernier, c'est surtout R. de Limbourg (1) qui fit particulièrement ressortir leur constitution en bancs redressés, formant une région accidentée et contrastant ainsi avec la stratification horizontale des dépôts postérieurs. En 1808, M. d'Omalius d'Halloy (2), débutant dans la carrière géologique qu'il devait parcourir avec tant d'éclat, reprit la même idée, la développa avec cette largeur de vues qui distingue ses travaux et surtout donna la première classification scientifique de ces terrains; il y reconnut deux termes qu'il désigna sous les noms de *formations ardoisière* et *bituminifère*. Cette dernière ex-

(1) *Mémoires de l'Acad. imp. et roy. de Bruxelles*, t. I, p. 404.
(2) *Essai sur la géologie du Nord de la France*, 1808; *Journal des mines*, t. XXIV.

pression tient à ce que l'on croyait alors nos calcaires anciens colorés par du bitume. L'âge relatif des différents termes de la série n'était pas démontré; cependant M. d'Omalius d'Halloy, suivi par tous les géologues d'alors, considérait le terrain ardoisier comme le plus ancien.

Quelques années plus tard, un ingénieur français à qui nous sommes redevables de mémoires intéressants sur notre pays, Bouësnel, reconnut que la coloration du calcaire est due à de l'anthracite. Il s'attacha ensuite à démontrer que le terrain houiller est postérieur au terrain anthraxifère (1); puis, comme les ardoises semblent reposer sur des roches schisteuses de l'âge de ce calcaire, il émit l'opinion qu'elles appartiennent aussi à la même formation, qu'elles viennent terminer (2).

Bouësnel ne se basait guère que sur la superposition des masses; mais il l'interprétait comme on le faisait alors, sans trop se préoccuper des apparences trompeuses que les renversements produisent si souvent dans les régions bouleversées. Quoiqu'il en soit, M. d'Omalius d'Halloy revint sur ce sujet (3); après avoir fait remarquer le peu de confiance que mérite cet argument, il discuta les diverses raisons qui peuvent militer pour ou contre, et, chose remarquable, il finit par se montrer disposé à admettre que l'opinion de Bouësnel est plus probable que la sienne.

Dans cet important ouvrage, le nom de bituminifère,

(1) *Journal des mines*, 1811, t. XXIX, p. 207.
(2) *Ib.*, 1812, t. XXXI, p 219 et 1813, t. XXIII, p. 235.
(3) *Mémoires pour servir à la description géologique des Pays-Bas, de la France et de quelques contrées voisines,* Namur. 1828, p. 160 et suivante.

devenu impropre, fut remplacé par celui d'*anthraxifère,*
qui a persisté jusqu'aujourd'hui. D'un autre côté, les
schistes et les psammites qui renferment la houille,
furent séparés du terrain anthraxifère sous le nom de
formation *houillère,* comme l'avait déjà proposé Bouësnel. Enfin, M. d'Omalius y tenta une division du terrain
anthraxifère; il y établit quatre systèmes ou groupes
de roches : 1° le calcaire, 2° les psammites jaunâtres
et les schistes, 3° le calcaire et les schistes gris, 4° les
poudingues, les psammites et les schistes rougeâtres.
En 1808, il n'y avait reconnu aucune différence d'âge
et il semblait les considérer comme des variations
locales d'une même formation, sauf pour la bande de
poudingue qui longe l'Ardenne et qu'il considérait
comme le terme le plus ancien de cette série. En 1828,
après avoir mûrement discuté la question, il est encore
porté à croire que ces systèmes sont plutôt parallèles
que successifs, mais que, s'il fallait établir un ordre de
succession pour nos terrains primaires, il admettrait le
calcaire comme le plus ancien, suivi des psammites
jaunes et des schistes, du calcaire métallifère et des
schistes gris, du poudingue et des schistes rouges, du
terrain houiller et enfin du terrain ardoisier. C'était le
contraire de la réalité; si l'on veut se faire une idée des
progrès de la science, rien n'est intéressant comme de
lire la discussion à laquelle s'est livré le savant géologue
qui a tant fait pour son avancement.

L'année suivante parut le mémoire trop peu remarqué de M. Steininger, *Essai d'une description géognostique du grand-duché du Luxembourg,* couronné par
l'Académie de Bruxelles au concours de 1828 (1).

(1) *Mémoires couronnés de l'Académie de Bruxelles,* 1829, t. VII.

L'auteur y confond les quatre groupes de roches établis
par M. d'Omalius d'Halloy dans le terrain anthraxifère ;
mais il rétablit l'ordre réel des terrains, sans toutefois
le démontrer convenablement. Il fit plus : il sut démêler
le rôle des plissements dans cette succession variable
de bandes alternativement calcaires et schisto-psammitiques qui caractérisent le Condroz. Malheureusement ses idées à cet égard sont plutôt présentées
comme une hypothèse qui résulte de certaines observations, que comme un fait général qui ressort nettement de l'ensemble des faits observés. Cette démon--
stration était réservée à A. Dumont.

Dans son *Mémoire sur la constitution géologique de la
province* de Liége, couronné au concours de 1830 (1),
Dumont démontra nettement la superposition du terrain
houiller sur l'anthraxifère et de celui-ci sur l'ardoisier,
puis il établit dans l'anthraxifère quatre systèmes qui
furent appelés quartzo-schisteux inférieur, calcareux
inférieur, quartzo-schisteux supérieur et calcareux
supérieur. Ce sont bien les quatre groupes admis par
M. d'Omalius d'Halloy, mais ici, ce sont bien des étages,
dans l'acception géologique du mot, c'est-à-dire des
dépôts représentant des périodes distinctes. En outre,
et ceci est capital, il démontra par des faits nombreux
que cette succession d'assises alternativement calcaires
et schisto-psammitiques, qui avait jusqu'alors dérouté
les efforts des géologues, était le résultat de plissements
de ces quatre systèmes, plissements qui ramenaient
plusieurs fois les mêmes assises à la surface par suite
de la disparition des crêtes des selles, et qui étaient

(1) *Mémoires couronnés de l'Académie de Bruxelles*, t. VIII, 1832.

souvent renversés, de sorte que leurs deux bords inclinaient dans le même sens.

Ce mémoire fit époque, non-seulement parce qu'il débrouillait la structure d'une région fort compliquée, mais surtout parce qu'il démontrait la nécessité des précautions à prendre *dans les conclusions dérivées du caractère de la superposition* et les ressources que ce caractère bien compris, joint à celui de la continuité, c'est-à-dire la méthode stratigraphique, ou géométrique, comme Dumont l'appelait, présente pour la solution des problèmes géognostiques les plus compliqués.

En 1836, Dumont revint sur ce sujet (1) et tenta prématurément un essai de division du terrain ardoisier; l'histoire doit le rappeler, ne fût-ce que pour montrer qu'il ne suffit pas, pour se préserver de toute erreur, d'employer la méthode stratigraphique, que ce grand observateur préconisait exclusivement. En effet, Dumont établissait trois étages; et dans l'inférieur, nous voyons réunies des roches appartenant à cinq des systèmes qu'il reconnut plus tard; son étage moyen est réparti aujourd'hui dans les systèmes devillien, revinien, gedinnien et coblencien; enfin, il réunit dans son étage supérieur, des roches reviniennes, salmiennes, coblenciennes et ahriennes. Dumont fut plus heureux pour ce qui concerne le système quartzo-schisteux inférieur, qu'il divisa en trois étages; disons seulement qu'il fit rentrer plus tard dans le terrain rhénan, — à tort, selon nous, la plupart des couches qui constituent son étage inférieur.

______

(1) *Rapport sur l'état des travaux de la carte géologique de la Belgique,* 1836; *Bull. Acad. de Brux.,* t. III, p. 380, et *Bull. Soc. géol. de France,* 1re série, t. VIII, p. 77.

En 1849 parut la *Carte géologique de la Belgique.*
Dumont y conserva la même série de dépôts, mais avec
quelques modifications. Le terrain houiller perdait son
rang, pour se trouver comme système dans l'anthraxifère ; les quatre systèmes qui le suivent en descendant
la série, étaient groupés en deux systèmes appelés
condrusien et *eifelien,* formés chacun, vers le bas, d'un
étage *quartzo-schisteux,* dont le dépôt a dû exiger une
certaine agitation des eaux, et vers le haut, d'un étage
calcareux, qui annonce des eaux plus tranquilles et plus
pures. Le terrain ardoisier, beaucoup mieux connu,
était remplacé par deux autres, séparés par une discordance de stratification ; le supérieur portait le nom
de terrain *rhénan,* l'inférieur, celui de terrain *ardennais.*
Enfin, le terrain ardoisier du Brabant et du Condroz
était rapporté au rhénan.

La *Carte géologique de l'Europe* parut d'abord à l'Exposition universelle de Paris de 1855. La disposition
générale de ces formations est la même ; seulement
Dumont introduit deux dénominations nouvelles L'é-
tage calcareux du système condrusien devient *carbonifère;* l'étage quartzo schisteux du même système devient
faménien. Ce dernier est indiqué comme correspondant
au devonien supérieur, tandis que le système eifelien
équivaut à ce que l'on appelle devonien moyen. Un
autre point, beaucoup plus important et que la légende
de la carte n'explique que d'une manière insuffisante,
concerne les rapports du terrain rhénan avec le devonien inférieur et le silurien. Dumont considérait le
rhénan comme synonyme de devonien inférieur ; mais
pour lui, cette formation, à faune devonienne, était
contemporaine d'une autre, à faune silurienne, autre-

ment dit, du terrain silurien, qui aurait été déposé dans un bassin différent. C'est là ce que veut dire l'accolade qui est placée après le terrain rhénan et qui semble malheureusement le diviser en deux, l'un, supérieur, proprement dit ou à faune devonienne, l'autre, inférieur, à faune silurienne.

Ce n'est pas ici le lieu d'examiner l'origine obscure et les développements de la classification anglaise, qui commença au plus tôt en 1831 et qui domine exclusivement dans les deux hémisphères. Il a manqué à Dumont de pouvoir indiquer, comme ses illustres émules, les caractères paléontologiques de ses subdivisions; autrement, on peut croire que notre pays n'eût pas perdu l'honneur de donner ces types à la science.

En 1860 parut le *Mémoire sur les terrains primaires de la Belgique, des environs d'Avesnes et du Boulonnais.* par M. J. Gosselet. Des conclusions auxquelles l'auteur est arrivé et que nous aurons souvent l'occasion de citer, deux surtout doivent être signalées ici. En premier lieu, il reconnut que le terrain ardoisier du Brabant et du Condroz, que Dumont avait rapporté au rhénan, devait, par ses fossiles, être rangé dans le silurien; cette conclusion, contestée d'abord, est aujourd'hui établie. Ensuite, il montra la convenance d'établir, entre l'étage calcareux du système eifelien et l'étage quartzo-schisteux du système condrusien, une subdivision spéciale, empruntée à l'un et à l'autre, et possédant des caractères propres.

Dans ce qui va suivre, nous emprunterons largement à nos devanciers, surtout à Dumont. Toutefois, nous avons cru devoir abandonner les noms de plusieurs de ses subdivisions pour leur préférer d'autres, employées pour la plupart par **M.** d'Omalius d'Halloy. On peut faire figurer dans un tableau synoptique la *partie inférieure* de *l'étage quartzo schisteux* du *système eifelien;* mais, dans le langage écrit ou parlé, l'expression d'*étage de Burnot* lui est bien préférable.

II. — Caractères généraux.

Les terrains primaires de la Belgique (avec l'Ardenne française) s'étendent du bord méridional de l'Ardenne au Brabant. Ils sont limités, au nord, par une ligne passant près de Tournay, Lessines, Hal, Wavre, Jodoigne, Visé et Aix-la-Chapelle; au sud, par une autre ligne passant à Hirson, Maubert-Fontaine, Charleville, Attert et Vianden; à l'ouest par la frontière de la France; à l'est par celle de la Prusse, au-delà de laquelle ils s'étendent largement sur les deux rives du Rhin.

On ignore sur quoi reposent nos terrains primaires; ils renferment les roches les plus anciennes de notre pays. Ils sont souvent recouverts, en stratification discordante, par les formations plus récentes. Ce caractère est d'autant plus tranché que ces deux divisions affectent des allures complètement différentes : tandis que la dernière est restée presque horizontale, la première, au contraire, a été violemment plissée et disloquée. Les diverses assises primaires forment ainsi de nombreuses selles, séparées par autant de bassins et rasées sur leurs crêtes; non-seulement leurs couches sont fortement inclinées, mais encore il arrive souvent qu'elles ont été renversées au-delà de la verticale, de sorte que les deux bords d'une selle ou d'un bassin peuvent être également inclinés dans le même sens.

Les roches qui composent ces terrains sont presque toujours cohérentes. Leur texture habituelle est feuilletée, compacte ou sublamellaire, subgrenue, grenue ou poudingiforme. A part quelques bancs d'oligiste oolithique ou manganésifère, ils ne renferment que des roches quartzeuses, schisteuses, carbonatées et combustibles. Ces dernières sont la houille et accessoirement l'anthracite ; les roches carbonatées sont le calcaire et la dolomie, la sidérose et le macigno y étant accidentels ; les roches schisteuses sont le phyllade et le schiste, accessoirement le coticule, l'ampélite et le calschiste ; enfin les roches quartzeuses sont le poudingue, le quartzite, le grès, le psammite et le quartzophyllade (1) ; on y observe accessoirement l'arkose, le silex, le jaspe et le phthanite.

Quant aux caractères paléontologiques qui ont fait donner aux terrains primaires le nom de paléozoïques, il n'y a pas lieu d'en parler ici.

(1) Dumont a distingué cette espèce et lui a imposé son nom, mais nous ne croyons pas qu'il en ait donné la définition : c'est une roche formée de feuillets distincts et alternatifs, les uns quartzeux ou psammitiques, les autres schisteux ou phylladeux, de couleurs ou de nuances différentes. Elle se présente sous trois états, qui constituent autant de variétés ; dans les deux premières, les feuillets sont réguliers, mais dans l'une, les feuillets quartzeux prédominent et la roche ne se divise que dans le sens des feuillets, qui est celui de la stratification ; c'est le quartzophyllade *feuilleté*; dans l'autre, les feuillets schisteux l'emportent, non-seulement par leur épaisseur, mais surtout par un clivage indépendant de la stratification et traversant les couches quartzeuses, de sorte que la division mécanique donne des feuillets à zones alternativement quartzeuses et phylladeuses : c'est le quartzophyllade *zonaire*. Dans le quartzophyllade *irrégulier*, les couches quartzeuses prédominent, mais courtes, contournées, étranglées ou interrompues.

CHAPITRE III

—

—

I. — Disposition géographique. — Massifs. Composition. — Division.

Le terrain ardennais constitue l'Ardenne avec le Page 15. terrain rhénan; son nom lui a été donné parce qu'il constitue les points les plus élevés et caractérise cette région. Il y forme quatre massifs, que Dumont a désignés par les noms des localités les plus importantes qu'on y trouve, Rocroy, Givonne, Stavelot et Serpont.

Le massif de Rocroy constitue la majeure partie de l'extrémité occidentale de l'Ardenne. Il s'étend, de l'O. vers l'E., de Petit-Loudier, près d'Hirson (Aisne) à Louette-St-Pierre (52 kil.) et du N. au S., de Fépin (Ardennes) à Montcornet (22 kil.).

Le massif de Givonne, au N. de ce village, à la limite méridionale de l'Ardenne, s'étend de l'O. vers l'E., de Mazy (Meuse) à Muno (28 kil.).

Le massif de Stavelot, qui forme une grande partie de l'extrémité NE. de l'Ardenne, s'étend du N. au S.,

(1) Voir surtout DUMONT : *Mémoire sur les terrains ardennais et rhénan;* 1re partie, 1847; *Mémoires de l'Académie de Belgique,* t. XX

de Spa à Salm-Château (26 kil.) et du SO. au NE., de Dochamps à Schevenhütte (Prusse rhéane) (82 kil.).

Enfin le petit massif de Serpont, près du moulin de ce nom, au SO. de St-Hubert, sous les bois de Valansart, de Mochamps et de Sevescourt, est dirigé de l'ONO. à l'ESE. (6 kil.).

Ce terrain est presque exclusivement composé de quartzites, de quartzophyllades et de phyllades ; l'arkose, le coticule et l'oligiste manganésifère n'y jouent qu'un rôle tout-à-fait accessoire. Le clivage des phyllades est indépendant de la stratification.

Dumont considérait nos phyllades comme formés de pyrophyllite ; mais cette assertion n'est appuyée d'aucune preuve. Il se basait, croyons-nous, sur l'aspect soyeux que présente leur cassure, surtout lorsqu'on l'examine à la loupe. On doit à M. Sauvage des analyses de phyllades ardennais (1) : d'après lui, ils seraient formés de chlorite, attaquée par l'acide chlorhydrique bouillant, d'un silicate d'alumine anhydre, mêlé d'un peu de silicate alcalino-terreux $(NaO, KO, MgO) SiO^3$, décomposé par l'acide sulfurique bouillant et d'un résidu quartzeux, formant souvent plus du tiers de la masse et fréquemment mêlé de débris feldspathiques.

On ne connaît point, dans le terrain ardennais, de fossiles susceptibles de détermination. Ce caractère négatif, joint à la disposition au-dessous du terrain rhénan, l'a fait rapporter au terrain cambrien. Nous ajouterons que ce rapprochement se trouve confirmé par la grande ressemblance qui existe entre certaines ardoises du pays de Galles et les nôtres.

(1) *Recherches sur la composition des roches du terrain de transition ; 1845, Annales des Mines, t. VII, p. 411.*

Dumont a divisé le terrain ardennais en trois systèmes à stratification concordante, dont les noms, suivant l'habitude de ce géologue, sont empruntés à des localités types.

Le premier, le plus ancien, a été appelé *devillien* ; le second, *revinien*, et le troisième, *salmien*. Sur la carte géologique de la Belgique, ils sont désignés respectivement par lettres D, R et S.

Le système devillien se rencontre dans les massifs de Rocroy et de Stavelot ; le revinien constitue en outre le massif de Givonne ; le salmien forme le bord du massif de Stavelot et constitue en outre le massif de Serpont.

II. — Caractères minéralogiques.

SYSTÈME DEVILLIEN.

Il se compose de quartzite blanchâtre, surmonté de phyllade verdâtre ou violacé, accompagné de quartzite verdâtre avec quelques quartzophyllades feuilletés. Ces roches alternent par couches ou par assises et constituent un petit nombre de bandes, en général allongées de l'OSO. à l'ENE.

Les quartzites sont formés de grains de quartz ordinairement égaux et fins, intimement soudés, sans ciment apparent, en masses presque homogènes, souvent veinées de quartz blanc, à cassure subgrenue, translucide sur les bords ; quelquefois on y distingue des grains de quartz vitreux qui dépassent un millimètre de diamètre. Ils sont quelquefois pailletés de lamelles micacées que Dumont considérait comme de la pyrophyllite ; l'abondance de ces lamelles les fait passer au quartzophyllade feuilleté.

On en distingue deux variétés, le blanchâtre et le verdâtre ou chloritifère. Le quartzite blanchâtre est ordinairement simple, quelquefois phylladifère (c'est-à-dire pailleté de pyrophyllite : Dumont), massif ou stratoïde, à cassure inégale, terne, à peine susceptible d'altération par les agents météoriques qui le rendent seulement moins cohérent. Le quartzite verdâtre est en bancs ordinairement massifs, à cassure inégale, droite ou un peu conchoïde, terne ou légèrement grasse ; sa couleur est le gris verdâtre, d'autant plus vert que la chlorite y est plus abondante ; cette substance s'y trouve en lamelles ordinairement distinctes à l'œil nu, décolorées par l'acide chlorhydrique. Sur les plateaux, la chlorite se décompose par les influences météoriques, et ce quartzite se transforme en grès rougeâtre, brunâtre ou jaunâtre. Il renferme accidentellement de la pyrite ou de l'aimant.

Les phyllades devilliens sont caractérisés par la présence du fer, qui leur donne leur couleur et qui y est uniformément disséminé ou bien en grande partie concentré sous forme d'octaèdres d'aimant. De là deux variétés, l'une simple, l'autre aimantifère.

Le phyllade simple est divisible en grands feuillets à bords aigus, subcompactes, gris verdâtre passant au gris pâle, ou rouge violet, passant au gris violacé, suivant l'état d'oxydation et les proportions du fer. La couleur la plus commune est le violet. Le phyllade vert forme tantôt des taches ou bigarrures, qui ont parfois un aspect cireux, rappelant le coticule, tantôt des couches minces interposées dans le phyllade violet et donnant lieu à des feuillets zonaires, par suite de l'indépendance du clivage schisteux. On y trouve parfois de la pyrite et quelques autres minéraux. Les phyllades les plus parfaits, tels que ceux des ardoises de Fumay, se laissent diviser en feuillets très-minces, légèrement translucides sur les bords, cohérents, élastiques et sonores, doux au toucher et d'un éclat un peu satiné.

Le phyllade aimantifère est caractérisé par ses octaèdres d'aimant, noir métallique, de très-petites dimensions, le plus souvent orientés par files suivant le longrain et allongés dans cette direction. Il est rare de trouver quelques cristaux plus gros, longs de un à deux centimètres. Ce phyllade est terne ou satiné, gris ou gris verdâtre, jamais d'une teinte aussi vive que dans la variété simple ; la surface des feuillets est inégale ou subfibreuse. On y trouve parfois de la pyrite cubique.

Sur les plateaux, les phyllades sont altérés sur une certaine profondeur ; les variétés verdâtres deviennent gris jaunâtre ; les violettes, gris rosâtre ; en même temps, ils deviennent tendres et terreux. Dans les variétés aimantifères, l'altération peut commencer par l'aimant, qui se transforme en oligiste épigène, non magnétique. Ils finissent par se transformer en une terre argileuse, compacte, peu plastique, jaune grisâtre, assez distincte de celle qui résulte de l'altération des phyllades reviniens.

Les quartzophyllades, simples ou chloritifères, sont rares ; ils sont toujours feuilletés et passent aux quartzites comme nous l'avons dit plus haut.

2. Système revinien.

Il se compose de quartzite, de quartzophyllade et de phyllade, qui alternent par couches ou par assises ; ces roches sont caractérisées par la présence de matières charbonneuses qui masquent celle du fer.

Le quartzite est ordinairement en bancs massifs, plus ou moins pailletés de pyrophyllite ou séparés par un enduit de cette substance ; plutôt compacte que subgrenu, très-cohérent, à cassure subconchoïde, écailleuse ou droite, d'un aspect terne ou cireux ; sa couleur varie du gris pâle au noir bleuâtre. Il est irrégulièrement traversé de veines de quartz blanc, produites par retrait et transsudation des parois. On y trouve assez souvent de petits cubes de pyrite ou de limonite épigène, qui peut disparaître.

Le quartzite phylladifère, c'est-à-dire pailleté de pyrophyllite, est ordinairement en bancs minces ; il passe au quartzophyllade feuilleté, gris bleuâtre foncé, plus commun que dans le système précédent.

Par altération à l'air ces roches deviennent gris pâle ou gris blanchâtre, quelquefois jaunâtre.

Les phyllades sont ordinairement simples, quelquefois pyritifères ou pailletés de pyrophyllite, rarement ottrélitifères ; leur couleur va du gris bleuâtre au noir bleuâtre, mat ou un peu satiné ; ils sont presque indéfiniment divisibles. Quelques lits sont chargés de matières anthraciteuses, ordinairement accompagnées de pyrite. On trouve aussi, vers le bas, un phyllade gris cendré, mal feuilleté, exploité pour fabriquer les crayons à écrire sur les ardoises ; et vers le haut, du phyllade en feuillets courts, contournés, noirs, à surface luisante, assez souvent pyritifères et ressemblant

complètement à des schistes houillers ; ils ont donné
lieu à diverses recherches de houille qui ont englouti
des sommes considérables.

Sur les plateaux, le phyllade est altéré et gris pâle
ou gris jaunâtre, uniforme ou zonaire ; il finit par se
transformer en une terre analogue à celle qui provient
des phyllades devilliens, mais plus grise.

Au contact de quelques masses plutoniennes, ce
phyllade a été modifié et a donné lieu aux variétés que
Dumont appelait phyllades albiteux et calcareux, roches
schisto-compactes, d'un gris un peu jaunâtre, d'un
aspect un peu gras, plus dures que les autres variétés
et renfermant des grains ou cristaux d'un feldspath clinaxique ou de calcaire. On y a trouvé de la pyrrhotine,
etc. Enfin, au voisinage du trias, les roches de ce système paraissent avoir été colorées en rouge par des
infiltrations ferrugineuses provenant des grès bigarrés.

3. SYSTÈME SALMIEN.

Il est presque entièrement formé de quartzophyllades et de phyllades, avec quelques psammites. Le
quartzite y est rare, ainsi que le coticule et l'oligiste
manganésifère.

Le quartzite constitue quelques bancs massifs, gris
verdâtre pâle ou gris bleuâtre, rarement noir bleuâtre,
presque toujours pailletés de pyrophyllite.

Le psammite, que l'on rencontre dans les zones
moins métamorphiques, est en bancs souvent stratoïdes, subgrenu, gris bleuâtre, ou gris verdâtre par un
commencement d'altération. La surface des bancs est

irrégulière, recouverte d'enduits de phyllade pailleté luisant, de teinte plus foncée ; ces enduits s'épaisissant et devenant des couches minces, la roche passe au quartzophyllade feuilleté et pailleté.

Les quartzophyllades salmiens sont feuilletés ou zonaires. Le quartzophyllade feuilleté est formé de feuillets alternatifs, souvent ondulés, de psammite et de phyllade pur ou quartzeux, dont l'épaisseur varie d'un millimètre à un centimètre. Les feuillets quartzeux sont les plus épais, durs, gris verdâtre, parfois bruns ; ceux de phyllade sont gris verdâtre ou bleuâtre, plus foncés, ou bruns et pailletés, parfois rouges et luisants.

Le quartzophyllade zonaire se distingue par ses couches phylladeuses plus épaisses, divisibles en feuillets obliques à la stratification ; les zones quartzeuses sont assez minces, droites ou ondulées, gris bleuâtre ou verdâtre, ou rouge lie de vin, ternes et souvent pailletées ; celles du phyllade sont de couleurs analogues, mais plus foncées et non pailletées, si ce n'est au plan de séparation.

Par altération, les parties quartzeuses deviennent friables, d'un gris plus ou moins rosâtre ou jaunâtre ; les parties phylladeuses deviennent tendres et terreuses, toujours plus foncées.

Les phyllades salmiens présentent quatre variétés de composition : ils sont simples, oligistifères, ottrélitifères ou aimantifères.

Le phyllade simple se laisse diviser presque indéfiniment en feuillets lisses, plans, ondulés ou réticulés, dans lesquels le longrain est généralement bien marqué. Il est ordinairement gris bleuâtre, quelquefois noir bleuâtre, ou bien rouge lie de vin, ou encore zonaire de diverses nuances. Il renferme parfois des cubes de pyrite et ses fissures sont ordinairement tapissées d'enduits ferrugineux ou manganésifères, bruns ou noirs. Quelques phyllades rouges sont assez tendres pour être employés comme crayons de charpentier : Dumont les considérait comme altérés.

Par altération, le phyllade simple bleuâtre devient verdâtre, jaunâtre ou grisâtre; le phyllade violet passe au rouge brique ou au jaune d'ocre.

Le phyllade oligistifère ressemble au phyllade simple violet par sa couleur; il s'en distingue par une multitude de grains oligisteux, généralement très-petits ou presque imperceptibles, ternes, disséminés ou alignés et rendant la surface des feuillets grenue ou fibro-grenue; dans ce dernier cas, le longrain est très-marqué, parallèle à l'alignement des grains. Cette variété est moins fissile que le phyllade simple. La pyrite y est très-rare; mais les fissures présentent également des enduits noirs de manganèse et quelquefois de la wawellite ou de la pholérite.

Le phyllade ottrélitifère renferme une multitude de lamelles d'ottrélite, noire et brillantes, souvent orientées et rendant la surface des feuillets subfibreuse ou réticulée; sa couleur est le gris bleuâtre ou verdâtre foncé, quelquefois virant au violacé. Sa fissilité est très-variable, toujours moindre que celle du phyllade simple, et en rapport avec les dimensions des lamelles d'ottrélite, qui, à peine visibles dans les bancs exploités pour ardoises, atteignent près de deux millimètres dans certaines couches schisto-compactes. Par altération, ces phyllades deviennent rougeâtres, jaunâtres ou gris pâle.

Le phyllade aimantifère, qui est rare, est plus ou

moins feuilleté, gris bleuâtre ou verdâtre, quelquefois zoné de ces deux teintes, terne ou luisant. L'aimant y en est très-petits octaèdres disséminés.

Le coticule forme dans le phyllade violet ou oligistifère, des couches de un à quatre centimètres d'épaisseur, ordinairement rapprochées et parallèles, à feuillets droits ou ondulés, d'un jaune clair, quelquefois gris verdâtre pâle, rarement violâtre, d'un éclat mat ou cireux et d'une texture strato-compacte. Le plus souvent nettement limité, il se fond quelquefois dans le phyllade ; et, quand celui-ci renferme des grains d'oligiste, le coticule renferme aussi des grains jaunâtres qui paraissent n'en différer que par l'absence du premier. Cela tend à faire croire que certains coticules au moins seraient le résultat d'un métamorphisme par décoloration ou par imprégnation.

Le coticule présente souvent des mouchetures ou des dendrites profondes d'oxyde de manganèse qui le rendent impropre à servir de pierre à rasoir.

L'oligiste manganésifère se trouve également intercalé dans le quartzophyllade rouge et le phyllade rouge, simple ou oligistifère, en couches assez puissantes, denses, conservant le clivage de la masse où elles sont interposées. Sa couleur varie du rouge brun au brun noirâtre, mat ; sa poussière est brune ou noirâtre ; les fissures sont tapissées d'enduits noirs métalloïdes. Sa texture est terreuse ou subgrenue, suivant la roche d'où il dérive ; en effet, il semble n'être souvent que le résultat de l'imprégnation de certaines couches, puisque l'on en trouve dont l'intérieur n'a pas été modifié. Il est assez souvent traversé de veines quartzeuses.

Les diverses roches du terrain ardennais sont traversées de nombreux filons, quelques-uns considérés comme plutoniens, d'autres métallifères ou lithoïdes; ces derniers sont surtout abondants aux environs de Vieilsalm. Nous en parlerons en temps et lieu.

III. — Caractères géométriques et paléontologiques.

Les diverses assises du terrain ardennais se suivent en stratification concordante. Nous verrons tantôt comment Dumont a déterminé leur ordre de superposition. Le terrain rhénan les recouvre en stratification discordante.

Les fossiles y sont extrêmement rares et jusque aujourd'hui indéterminables.

On n'en connaît pas de traces dans le système devillien. Davreux a mentionné un grand trilobite comme trouvé dans le revinien à Solwaster, près de Spa : le musée de l'université de Liége possède un individu de provenance inconnue, qui se rapporte à la figure que Davreux a donnée ; mais l'examen de la roche ne permet pas de le rapporter à ce système ; il provient probablement du système coblencien.

Dans le système salmien, Dumont et d'autres ont mentionné des empreintes végétales dans les psammites de Spa. Récemment, M. Malaise a trouvé, dans la même localité, les débris de quelques espèces animales, notamment de deux genres de trilobites. Enfin Dumont indiquait des empreintes de crinoïdes dans le phyllade rouge de Lierneux : l'examen des échantillons qu'il a laissés et de ceux, en meilleur état, que nous avons rencontrés, nous permet de conclure que ce ne sont pas des crinoïdes, mais peut-être des végétaux.

IV. — Détails locaux. — Observations générales.

1. MASSIF DE ROCROY.

Le massif de Rocroy est limité au SO. par le terrain jurassique, à son extrémité O. par le crétacé, et sur le reste de son pourtour, par le poudingue de Fépin. On n'y trouve que les deux premiers systèmes, le devillien formant trois bandes, séparées par deux bandes reviniennes.

La bande devillienne de Rimogne est dirigée de l'OSO. à l'ENE.; elle est bornée à une extrémité par le terrain jurassique, à l'autre par le rhénan.

L'absence des roches salmiennes dans le massif de Rocroy pourrait porter à croire qu'il a été émergé avant le massif de Stavelot, antérieurement au dépôt du système supérieur. Mais la circonstance que la bande qui nous occupe, s'enfonce sous le terrain rhénan sans interposition de revinien, atteste de vastes dénudations antérieures au poudingue de Fépin ; elles ont pu enlever également les couches salmiennes, de sorte qu'on ne peut rien en conclure contre l'opinion que les deux massifs indiqués ont été soulevés simultanément.

L'importance de cette dénudation semble avoir nécessité un temps considérable, c'est-à-dire que le poudingue de Fépin n'aurait pas suivi immédiatement le dépôt du système salmien.

Les phyllades de la bande de Rimogne sont fréquemment aimantifères ; cette circonstance n'empêche pas qu'on y exploite beaucoup d'ardoises, à Deville, à Monthermé et à Rimogne.

Les roches de cette bande sont presque toujours inclinées de 50 à 70° vers le midi. Si l'on fait abstraction des plis qui ramènent plusieurs fois les mêmes couches à la surface, on voit que l'axe de la bande est formé de quartzite blanchâtre, des deux côtés duquel se présentent successivement des quartzites verdâtres, alternant avec des phyllades aimantifères, puis des quartzites gris bleuâtre reviniens. De cette disposition symétrique des couches, on peut conclure qu'elles forment une selle ou un bassin, et cette question peut-être résolue sur la Semois, entre Val-Dieu et Tournaveaux, où le quartzite blanchâtre forme une voûte normale. Ce quartzite est donc l'assise la plus ancienne et le système devillien est antérieur au revinien.

La bande de Fumay est à peu près parallèle à la précédente et ses couches inclinent de même vers le SSE. Les roches ressemblent à celles de l'autre bande, sauf que les phyllades y sont simples, souvent rouges, au lieu d'être aimantifères. Dumont a vu en cela un effet de métamorphisme, par suite duquel le fer des roches de la première bande se serait concentré pour former de nombreux cristaux d'aimant. En effet, ce phénomène s'observe, quel que soit le terrain, sur une longue zone que Dumont a fait connaître sous le nom de zone de Paliseul et sur laquelle nous reviendrons.

La disposition des roches de cette bande, ainsi que du revinien qui l'entoure, affecte une disposition symétrique qui indique, comme dans la bande de Rimogne, une selle ou un bassin. Si l'on examine leur allure à l'extrémité Est, on voit les phyllades violets incliner sous le système revinien de tous les points d'une courbe qui équivaut à plus d'un quart de circonférence ; d'où l'on peut conclure, avec une grande probabilité, qu'ils forment l'extrémité d'une voûte.

Les phyllades de la bande de Fumay sont exploités pour ardoises dans un grand nombre de localités, particulièrement à Fumay. Les ardoisières belges d'Oignies, de Rond-Terne, de Naubertin, du Sauveur, de la Petite-Chapelle et du Bruly sont beaucoup moins importantes.

Les phyllades reviniens donnent aussi lieu à beaucoup d'ardoisières. On les exploite, en Belgique, à la Croix de Résy, à Ste-Barbe, à St-Nicolas, et surtout à Cul-des-Sarts près de Couvin ; en France, la principale exploitation est près de Monthermé.

Les quartzites ardennais sont exploités pour moellons et pour l'empierrement des routes.

2. Massif de Stavelot.

Ce massif affecte une forme irrégulièrement ovale, allongée du SO. au NE. Il est limité par le poudingue de Fépin, sauf sur une partie du bord NE., où il est en contact avec le poudingue de Burnot ou le calcaire de Givet.

On y trouve les trois systèmes : le salmien forme le bord de la moitié SO. du massif; le reste est formé par le revinien, au milieu duquel se trouvent trois bandes devilliennes, que l'on peut appeler avec Dumont, bande de Grand-Halleux, de Fallise et de Monjoie.

Les roches devilliennes et reviniennes ressemblent beaucoup à celles du massif de Rocroy, notamment les phyllades reviniens et les quartzites; la principale différence concerne les phyllades devilliens, dont la coloration est beaucoup moins vive et où l'aimant est rare. Ce sont les caractères de la bande de Fumay atténués.

Comme dans le massif de Rocroy, l'inclinaison habituelle des roches est vers le midi et les deux systèmes devillien et revinien forment des séries symétriques; mais il est moins facile que sur les bords de la Meuse, de décider si elles sont en voûtes ou en bassins.

L'âge de ces deux systèmes étant déterminé, il s'ensuit que le système salmien est le plus récent des trois. Si les caractères de quelques phyllades pouvaient porter à les considérer comme devilliens, les grandes différences qui existent dans les roches associées, notamment l'absence de quartzites dans le système salmien, prouvent à l'évidence qu'il y a là deux systèmes distincts.

Dumont a établi deux étages dans le système salmien. L'inférieur, ou de Vieilsalm, est en contact avec le revinien; il est principalement formé de phyllades simples, bleuâtres, de psammites et de quartzophyllades bleuâtres ou brunâtres. L'étage supérieur, ou de Salm-Château, comprend les quartzophyllades rougeâtres, les phyllades simples et rouges, ottrélitifères, ou oligistifères, le coticule et l'oligiste manganésifère. Les filons de manganèse, nombreux dans la contrée, sont tous dans l'étage supérieur. Ces deux étages forment plusieurs replis à la suite desquels ils constituent huit bandes.

Les phyllades devilliens du massif de Stavelot ne

sont pas exploités : une ardoisière ouverte à Roche-linval (Fosses) a été abandonnée. Il en est de même pour les phyllades reviniens, si l'on en excepte les carrières de Farnière et d'Ennal, où l'on exploite une variété tendre pour crayons ; elles sont presque abandonnées.

Le phyllade salmien ottrélitifère donne lieu à d'importantes ardoisières à Vieilsalm et aux environs. Les variétés peu fissiles sont employées comme pierres de taille.

Le coticule sert à la fabrication de pierres à rasoirs qui s'exportent jusque aux Indes. Les principales carrières sont à Salm-Château, à Sart et à Ottré.

Les quartzophyllades feuilletés salmiens de Sart, de Chevron, etc., fournissent des dalles de grande dimension. Ils sont, en outre, exploités comme moellons, ainsi que les psammites de Spa, appartenant au même système.

Les quartzites ne sont utilisés que comme moellons et pour l'empierrement des routes.

L'oligiste manganésifère commence à être exploité à Rahier, à Chevron, à Werbomont et à Vieilsalm. Malgré sa faible teneur, on paraît le rechercher à cause du manganèse qu'il contient et qui le rend précieux pour la fabrication de certaines fontes (1).

3. MASSIF DE SERPONT.

Ce massif a été rapporté par Dumont au système sal-

---

(1) Par un examen sommaire, exécuté sur quelques échantillons, M. Fr. Dewalque, alors conservateur des collections minérales à l'université de Liége, a trouvé 32 à 58 % de résidu insoluble, 28 à 35 d'oxyde ferrique et 9 à 34 d'oxyde manganique.

mien, probablement à cause de la présence du phyllade ottrélitifère. Cependant les paillettes sont plus larges et plus minces et le phyllade plus foncé; en outre le quartzite y est moins rare et sa teinte plus foncée rappellerait celle du quartzite revinien.

CHAPITRE IV

—

TERRAIN SILURIEN (1).

—

Page 30.   Nous décrirons sous ce nom cette partie de l'ancien terrain ardoisier que Dumont a décrite comme formant les massifs rhénans du Condroz et du Brabant; il les rapportait aux systèmes gedinnien et coblencien de l'Ardenne, guidé par des considérations minéralogiques et stratigraphiques qui doivent céder devant les preuves paléontologiques que l'on a successivement apportées, depuis la découverte que nous devons à M. Gosselet.

(1) V. DUMONT : *Mém. sur le terrain rhénan; massifs du Brabant et du Condroz. Mém de l'Acad. de Belg.*, 1848, t. XXII. — GOSSELET : *Mém. sur les terrains primaires de la Belgique, des environs d'Avesnes et du Boulonnais*, 1860. — Id. *Note sur des fossiles siluriens découverts dans le massif rhénan du Condroz; Bull. Soc. géol. de France*, 1861, t. XVIII, p. 538. — MALAISE : *De l'âge des phyllades fossilifères de Grand-Manil près de Gembloux; Bull. Acad. de Belg.*, 1862, t. XIII, p. 168. — G. DEWALQUE : *Rapport sur la note de M. Malaise*, ib., p. 114. — D'OMALIUS D'HALLOY : *Sur une nouvelle édition de l'Abrégé de géologie; Bull. Soc. géol. de France*, 1862, t. XIX, p. 921. — BARRANDE : *Existence de la faune seconde silurienne en Belgique*; ib., p. 754. — Id. : *Réponse à M. d'Omalius au sujet des fossiles siluriens de la Belgique;* ib., p. 924. — GOSSELET : *Sur les terrains primaires de la Belgique: Bull. Acad de Belg.*, 1863, t. XV, p. 171. — G. DEWALQUE : *Note sur les fossiles siluriens du Grand-Manil près de Gembloux; Bull. Soc. géol. de France*, 1863, t XX, p. 236. — MALAISE : *Sur l'existence en Belgique de nouveaux gîtes fossilifères à faune silurienne; Bull. Acad. de Belg.*, 1864, t. XVIII, p. 321.

I. — Disposition géographique. — Division.

Le massif silurien du Brabant n'apparaît qu'au fond des vallées de cette région, notamment dans celles de la Senne, de la Dyle et de la Gette ; encore y est-il fréquemment caché, ce qui rend son étude très-difficile. Partout ailleurs il est recouvert par des formations plus récentes, crétacées et tertiaires. Ses affleurements sont limités, au nord, par une ligne passant près de Lessines, Enghien, Hal, Wavre, Jodoigne et Hozémont ; au sud, par une autre ligne passant par Ghislenghien, Ronquière, Nivelles, Masy, Bovesse, Fumal et entre Horion et Hozémont. De ce côté il est recouvert par le terrain anthraxifère ; d'autre part, on sait que, vers le nord, il s'étend au-delà des limites ci-dessus. Du moins, nous croyons l'avoir reconnu dans les puits artésiens d'Ostende, de Menin, de Laeken et de St-Trond.

Dumont y a distingué deux systèmes, placés symétriquement par rapport à l'Ardenne, c'est-à-dire le gedinnien au nord et le coblencien au sud. Nous conserverons cette division, toutefois en y substituant les expressions d'inférieur et de supérieur, qui paraissent applicables ici.

II. — Système inférieur.

Le système inférieur peut être à son tour divisé en deux étages.

L'*étage inférieur* est presque exclusivement composé de quartzite verdâtre ou rougeâtre, en bancs juxta-posés ou à peine séparés par des lits de phyllade simple, quelquefois ottrélitifère ou graphiteux, ou de psammite pailleté gris verdâtre.

Le quartzite est verdâtre, blanchâtre ou rougeâtre, de teinte uniforme ou bigarrée, en bancs massifs, dur et tenace, à cassure inégale, à bords tranchants et légèrement translucides, quelquefois renfermant de gros grains inégaux de quartz. Les joints sont parfois pailletés de pyrophyllite ou d'oligiste lithoïde.

Le phyllade simple est mal feuilleté, tendre, gris pâle, gris verdâtre, bleuâtre ou noirâtre, terne ou un peu luisant, plus ou moins pailleté. Le phyllade ottré-litifère, reconnaissable à ses lamelles d'ottrélite très-petites, mais brillantes, est plus ou moins feuilleté, écailleux, tendre, subluisant, gris pâle ou gris foncé. Le phyllade graphiteux est noir luisant, tachant les doigts, à feuillets courts et contournés.

L'*étage supérieur* est formé de quartzite verdâtre ou grisâtre et d'arkose chloritifère, en bancs stratoïdes ou massifs, séparés par du phyllade simple, chloritifère ou aimantifère qui augmente progressivement et qui finit par exister seul vers le haut.

Le quartzite est coloré par la chlorite en gris verdâtre ou en vert, suivant les proportions de cette dernière substance ; il passe vers le haut à un grès non chlori-teux, grisâtre, pailleté à la surface, quelquefois aiman-tifère ; et quelquefois à un quartzophyllade feuilleté, chloritifère, assez souvent aimantifère.

Vers la partie moyenne se rencontrent quelques bancs que Dumont appelle arkose chloritifère pisaire ;

ce sont des quartzites verts, renfermant des cristaux oblitérés de feldspath blanc grisâtre, qui atteignent le volume d'un pois. Ils renferment parfois de la pyrite, de l'épidote ou de l'aimant.

L'arkose chloritifère miliaire est en bancs massifs ou stratoïdes, grenus, pailletés, gris verdâtre ; les grains feldspathiques y sont miliaires. Elle est parfois pyritifère et, comme la variété précédente, souvent parcourue de veines de quartz, avec chlorite, oligiste métalloïde, chalcopyrite, etc.

Le phyllade simple est gris pâle ou gris verdâtre, quelquefois violacé, rarement celluleux, ordinairement schisto-compacte ou grossier, à cassure droite et terne. Il renferme de nombreux filons de quartz avec chlorite et oligiste écailleux.

Le phyllade chloritifère se reconnaît à ses lamelles de chlorite, souvent assez grandes pour le rendre moucheté ; il est quelquefois zonaire, gris et gris verdâtre, quelquefois aimantifère et il passe au quartzophyllade. On le rencontre surtout vers la base.

Le phyllade aimantifère est grossièrement feuilleté, gris ou gris verdâtre ; par altération, il devient gris pâle, terreux, tendre et tachant. Il renferme de nombreux octaèdres d'aimant qui atteignent rarement un millimètre de grandeur, disséminés, quelquefois transformés en chlorite, ou plus souvent en oligiste. Il devient plus rare vers le haut de l'étage.

b. *Système supérieur.*

Ce système peut aussi être divisé en deux étages.

L'*étage inférieur* commence par une assise phylladeuse, avec quelques rognons de quartzite et quelques bancs de grès ; M. Gosselet le réunit aux phyllades précédents sous le nom de fausses ardoises ; il se termine par une assise de quartzophyllades grisâtres, avec quelques phyllades.

Le phyllade est simple ou ottrélitifère. Le premier est grossièrement divisible, quelquefois zonaire, grisâtre, rarement imprégné d'oligiste, rouge et terne. Dans le groupe supérieur, il est grossier, à feuillets interrompus, noir bleuâtre, subluisant, quelquefois à feuillets droits et gris bleuâtre. On y trouve parfois de la pyrite et on y a fait des recherches d'ardoises et de houille.

Le phyllade ottrélitifère, assez rare, est noir ou gris, terne, tendre et tachant ; l'ottrélite y est bien distincte et disséminée.

Le quartzite est massif, gris bleuâtre foncé, mat, à cassure droite ou subconchoïde, souvent pyritifère. Le grès est grisâtre, parfois imprégné d'oligiste ou de manganèse oxydé.

Le quartzophyllade présente trois variétés. La première pourrait passer pour un psammite stratoïde, irrégulier, pailleté, grisâtre. La deuxième est zonaire, gris pâle et gris bleu foncé, par l'alternance de couches semblables à la variété précédente et de phyllade. La troisième est feuilletée, formée des mêmes éléments ; les couches psammitiques y sont très-minces.

L'étage supérieur se compose de grès ou quartzite, de psammite avec arkose et de schistes ou phyllades divers. Les roches quartzeuses dominent vers le bas, tandis que les roches schisteuses forment presque seules la partie supérieure.

Les grès et les quartzites sont ordinairement en couches minces, pailletés, alternativement gris et gris bleuâtre, par altération gris pâle et gris brunâtre, souvent pyritifères.

Les psammites sont massifs, gris verdâtre, ternes, ou bien schistoïdes, pailletés et de deux couleurs, comme les grès qui précèdent et auxquels ils passent.

Le psammite massif se charge quelquefois de petits grains blanchâtres de feldspath kaolinisé ; il constitue alors l'arkose miliaire de Dumont.

Le phyllade est mal feuilleté et pourrait souvent passer pour du schiste ; il est simple, quartzeux, ou pyritifère. Le premier est rarement bien feuilleté, gris bleuâtre, terne ou subluisant ; le phyllade quartzeux est plus grossier et pailleté. L'un et l'autre renferment quelquefois des fossiles à l'état d'empreintes. Le phyllade pyritifère est rarement feuilleté, d'un gris bleuâtre plus ou moins foncé et d'un aspect terne ; il renferme de la pyrite, quelquefois dodécaèdre ou cubododécaèdre. On y a fait des recherches de houille.

Le clivage des phyllades siluriens est ordinairement indépendant de la stratification. Les ardoisières qu'on a tenté d'y établir, n'ont pas réussi ; on les exploite pour moellons et même pour pierres de taille. Les quartzites donnent lieu à d'importantes carrières de pavés, outre leur emploi comme moellons et comme matériaux d'empierrement. Quelques arkoses servent aux mêmes usages.

MASSIF DU CONDROZ.

Le massif silurien du Condroz s'étend, du NE. au SO., d'Hermalle-sous-Huy, par Huy à Dave, puis de l'E. à l'O., par Piroy, Fosse, Le Roux et Sart-Eustache, jusqu'au bois de Châtelet, près de Charleroy. Sa longueur est de près de soixante-cinq kilomètres ; sa largeur varie de un demi à trois kilomètres.

Vers le nord, cette bande est ordinairement en contact avec le calcaire de Givet, quelquefois avec le poudingue de Burnot ; du côté méridional, elle est généralement recouverte par ce dernier étage. Autant qu'on en peut juger, ces contacts sont en discordance de stratification.

Ce massif est presque entièrement formé de schiste simple ou pailleté, gris bleuâtre, devenant par altération verdâtre, puis jaunâtre ou brunâtre, mat, divisible en feuillets ou en fragments irréguliers. On y a fait des recherches d'ardoises qui n'ont pas abouti. On y trouve des fossiles en quelques points. On y rencontre rarement quelques bancs de psammite stratoïde, de même couleur et pailleté ou bien du calcaire gris bleu foncé, veiné de blanc, compacte, schisto-compacte ou sublamellaire.

Au centre du bassin houiller de Mons, au Bois de Boussu, on rencontre encore un petit lambeau silurien, qui se rattache probablement à ce massif. Il y est accompagné du poudingue de Burnot et du calcaire de Givet en stratification discordante, et le tout est renversé sur le système houiller.

III. — Caractères paléontologiques.

Les premières déterminations de fossiles siluriens en Belgique sont dues à M. Gosselet. Les recherches persévérantes de M. Malaise nous ont permis d'en étendre la liste. Outre diverses espèces encore indéterminées, on rencontre, à Grand-Manil, *Calymene incerta*, Barr., *Strophonema depressa*, Sow. sp., *Leptœna sericea*, Sow., *Orthis calligramma*, Dalm., *O. elegantula*, Dalm., *O. flabellulum*, Sow., *O. testudinaria*, Dalm., *O. vespertilio*, Sow. M. Gosselet a trouvé, en outre, à Fosses, dans le massif du Condroz, *Dalmanites conophthalmus*, Baeck, *Sphœrexocus mirus*, Beyr., et *Halysites catenularius*, L. sp. Ajoutons qu'on trouve encore à Grand-Manil des impressions scalariformes de graphtholithes analogues à celles du *G. palmeus*, Barr.

Cette petite faune correspond à celle des dalles de Llandeilo et du grès de Caradoc en Angleterre, ou à la faune seconde de Bohême.

CHAPITRE V

—

TERRAIN RHÉNAN (1).

—

1. — Disposition géographique. — Division.

Page 37. Le terrain rhénan se rencontre dans l'Ardenne. Il constitue cette région, avec le terrain ardennais et s'étend de là sur les deux rives du Rhin, ce qui lui a fait donner par Dumont le nom qu'il porte ; mais la seule partie où nous ayons lieu de l'étudier, est celle que Dumont a décrite sous le nom de massif de l'Ardenne.

Ce massif est borné au NO. et au N. par le terrain anthraxifère de la Belgique, dont nous verrons plus loin les limites, et au S., par les massifs ardennais de Rocroy et de Givonne, ainsi que par les terrains secondaires de la France et du Luxembourg. Vers l'E., il est

---

(1) Voir DUMONT : *Mémoire sur le terrain rhénan ; massif de l'Ardenne ;* 1848. *Mémoire de l'Académie de Belgique*, t. XXII. — GOSSELET. *Mémoire sur les terrains primaires de la Belgique*, etc., 1860.

Pour les détails locaux, on trouvera encore des renseignements dans les *Mémoires couronnés par l'Académie de Bruxelles*, de CAUCHY (t. V.), de STEININGER et D'ENGELSPACH LARIVIÈRE (t. VII) et de DAVREUX (t. IX), ainsi que dans les mémoires de M. d'Omalius d'Halloy (1828), etc.

limité, en partie, par le bassin anthraxifère de l'Eifel ;
pour le reste, sa séparation d'avec le massif du Rhin est
peu tranchée, de sorte que nous nous en tiendrons à la
démarcation politique, c'est-à-dire à la limite tracée
par la frontière du grand-duché de Luxembourg et celle
de la Prusse.

Ce massif renferme les trois systèmes que Dumont a
établis dans le terrain rhénan et qu'il a appelés *gedinnien, coblentzien* et *ahrien,* noms dérivés de localités où
ils sont particulièrement représentés, Gedinne, dans la
province de Namur, Coblence, sur le Rhin et les bords
de l'Ahr, affluent du Rhin. Ils sont désignés respectivement par les lettres G, Cb et A sur la carte géologique
de la Belgique.

Le système gedinnien, le plus ancien, forme deux
grandes bandes qui entourent les massifs ardennais.
L'une, que l'on peut appeler bande de St-Hubert, contourne le massif de Rocroy du côté de l'Ardenne ; à la
hauteur de l'extrémité orientale de ce massif, elle
s'étend vers l'est au-delà de St-Hubert, et englobe le
massif de Serpont ; arrivée au midi, elle se prolonge,
de Charleville au-delà de Chiny, en reposant sur le
bord septentrional du massif de Givonne. L'autre, ou
bande de Provedroux, entoure le massif de Stavelot,
sauf sur quelques points en contact avec le terrain
anthraxifère.

Le système ahrien forme également deux bandes,
sur lesquelles repose le terrain anthraxifère. La bande
de Vireux s'étend de Mondrepuits à Ernonheid, limitée
par l'anthraxifère de notre pays ; la bande de Schleiden et d'Ahrweiler entoure l'anthraxifère de l'Eifel.

L'espace compris entre ces quatre bandes est occupé

par le système coblentzien. Nous indiquerons plus loin
la disposition de ses diverses assises : on ne pourrait
la séparer de la description des roches sans inconvé-
nients.

II. — Description des roches.

1. SYSTÈME GEDINNIEN.

Le système gedinnien se divise en deux étages.
L'*inférieur* est formé par une assise puissante de poudingue, connu depuis longtemps sous le nom de poudingue de Fépin, passant au grès, et au-dessus duquel
se trouvent, dans la bande de St-Hubert, des schistes
ou phyllades, puis des psammites ou quartzophyllades
et accidentellement, du calcaire.

Le poudingue peut être simple, c'est-à-dire exclusivement quartzeux, ou phylladifère, à cailloux cimentés par du schiste, du phyllade ou de la pyrophyllite,
ou bien chloritifère, parsemé de lamelles de chlorite.
D'après le volume des fragments, on peut le diviser en
pugilaire et en pisaire.

Les fragments approchant de la grosseur du poing
proviennent de quartzites ardennais et sont plus ou
moins grisâtres : ils sont fréquemment réunis par un
ciment schisteux. Plus le volume diminue, plus
augmente le nombre des cailloux de quartz blancs ; ils
sont plutôt anguleux qu'arrondis, réunis sans ciment
ou par un peu de pyrophyllite dans les variétés pisaires,
de sorte que la roche vue en masse est blanchâtre.
Elle renferme fréquemment des grains feldspathiques

et passe à l'arkose, rarement de la hornblende ; elle est souvent veinée de quartz blanc. La variété chloritifère se distingue par la présence de la chlorite et sa coloration verte, passant au rougeâtre par altération.

Ce poudingue est en bancs puissants, inégaux, irréguliers, souvent séparés par des lits de schiste ou phyllade quartzifère, gris blanchâtre, rosâtre ou bleuâtre, renfermant quelquefois de la pyrite ou des empreintes végétales (Fépin). Il passe vers le haut à un grès blanchâtre ou jaunâtre, quelquefois bigarré, simple ou légèrement pailleté, veiné de quartz, lequel se transforme en quartzite dans certaines zones métamorphiques. On y a trouvé quelques empreintes de coquilles et de polypiers.

Les schistes qui suivent le poudingue dans la bande de St-Hubert sont ordinairement simples ou un peu pailletés, imparfaitement feuilletés parallèlement ou obliquement à la stratification, gris bleuâtre ou verdâtre, jaunâtres par altération. Dans les zones métamorphiques, ils passent à des phyllades plus ou moins luisants. Ils renferment assez souvent de la pyrite, quelquefois des empreintes de fossiles en mauvais état.

A Naux, sur la Semois, on observe au-dessus de ces schistes le calcaire le plus ancien de notre pays ; il y forme une petite bande, de 20 mètres d'épaisseur au plus. Ce calcaire est gris bleuâtre, sublamellaire, veiné de blanc, plus ou moins quartzifère ou pyritifère, massif ou stratoïde, en bancs contigus ou séparés par des feuillets de schiste grisâtre, celluleux, tacheté de brun sur les parties latérales de la bande.

Les psammites ou quartzophyllades sont ordinairement irréguliers, à feuillets courts, contournés ou noduleux, subgrenus ou grenus, gris verdâtre sale, quelquefois pointillés de brun ; ces feuillets quartzeux sont séparés par d'autres plus phylladeux. Ces roches tendent parfois à devenir zonaires. On y trouve de la pyrite et quelques empreintes de fossiles, surtout dans les bancs ferrugineux.

L'étage supérieur est caractérisé par ses grès verts et ses schistes verts ou rouges, celluleux. On y distingue trois assises : l'inférieure est formée de grès verdâtre avec arkose chloritifère schistoïde, et de schiste ou phyllade vert, passant au psammite ou au quartzophyllade ; l'assise moyenne est formée de schiste ou phyllade ordinairement celluleux, rouge ou violacé, passant au psammite et renfermant quelques bancs de grès verdâtre et d'arkose pisaire et des arkoses chloritifères schistoïdes ; enfin l'assise supérieure est formée de grès plus massif et moins vert, qui domine et alterne avec du schiste ou phyllade verdâtre, du psammite et de l'arkose chloritifère schistoïde.

Le grès est d'un vert plus ou moins prononcé, suivant la quantité de chlorite qu'il contient, à grains fins, massif, quelquefois stratoïde et pailleté ou zonaire. Par altération, il devient moins cohérent, rougeâtre ou pointillé de rouge ou de jaunâtre. Par métamorphisme, il passe au quartzite tenace, à cassure subconchoïde, un peu translucide, à éclat mat ou subluisant.

L'arkose simple est ordinairement pisaire, en bancs massifs, granitoïdes, grisâtres ; la variété chloritifère s'en distingue par l'addition de chlorite qui donne à la roche sa couleur dominante.

L'arkose chloritifère miliaire de Dumont est un psammite coloré par la chlorite en gris verdâtre et chargé de points d'un blanc mat, de feldspath kaolinisé ; elle est ordinairement schistoïde ou stratoïde.

Les schistes ou phyllades qui accompagnent ces roches sont verts, à l'exception de ceux de la partie moyenne qui sont généralement rouge lie de vin ou violets, de teintes vives ou ternes, uniformes ou bigarrées, passant au violet bleuâtre et même au grisâtre. Ils se divisent en feuillets plus ou moins irréguliers, mats, légèrement pailletés ; ils sont remarquables, surtout dans les variétés rouges, par la présence de cellules nombreuses, irrégulières, quelquefois tellement abondantes que le banc prend un aspect scoriacé. Leurs parois sont tapissées de matières terreuses brunes, ou, dans les points les plus métamorphiques, de fines lamelles de chlorite. Dans certaines localités, au contraire, le schiste renferme des noyaux de calcaire impur ; ce qui ferait croire que les cellules sont dues à la disparition de noyaux de ce genre.

Ces schistes sont assez souvent quartzifères et passent au psammite. Les variétés rouges ont beaucoup de ressemblance avec les schistes eifeliens, dont elles se distinguent par leur tendance à se diviser en feuillets et par leurs cellules. Dans la zone de Paliseul, on observe aussi du phyllade aimantifère schisto-compacte, gris ou gris verdâtre, mat, rempli de petits octaèdres réguliers et disséminés.

2. SYSTÈME COBLENCIEN.

Dumont l'a divisé en deux étages, l'un appelé *taunusien* parce qu'il constitue les crêtes du Taunus, sur la rive droite du Rhin, l'autre *hundsruckien*, parce qu'il est surtout développé dans le Hundsrück, sur la rive gauche.

a. *Étage taunusien.*

Il borde le système précédent et constitue, par conséquent, deux bandes. La bande de Cierreux contourne la bande de Provedroux et est surtout développée au SE. du massif de Stavelot. La bande de Bastogne enveloppe la bande de S\ :sup:t-Hubert depuis Anor (Aisne) jusqu'à Habay-la-Neuve, mais sa limite est fort irrégulière : elle se prolonge vers l'est sous forme de presqu'iles, du bois de S\ :sup:t-Hubert vers Grand-Halleux et de Remagne à Boeur, au-delà de Bastogne. De sorte que cet étage, fort développé vers le centre de l'Ardenne, s'amincit considérablement vers le fond du golfe gedinnien de Charleville.

L'étage taunusien commence par un puissant dépôt de grès grisâtre et se termine par des phyllades, puis des quartzophyllades zonaires, mais la présence d'autres roches accidentelles et les variétés dues au métamorphisme rendent son étude fort compliquée. Nous allons en résumer les principaux traits.

Le grès est ordinairement simple, quelquefois pailleté ou un peu argileux dans les variétés stratoïdes, très-rarement chloritifère, ce qui le distingue des grès gedinniens. Sa couleur est le gris ou gris bleuâtre ; par altération il devient brun, quelquefois rougeâtre. Il passe au quartzite et à l'arkose. Celle-ci peut être considérée comme un grès argileux ou un psammite, chargé de grains fins, blanchâtres, feldspathiques ; elle est plus souvent stratoïde que massive, d'un gris un peu verdâtre ; elle est quelquefois pailletée de pyrophyllite ou de bastonite ; on la rencontre avec quelques grès dans la partie supérieure, phylladeuse, de l'étage.

Le schiste est simple, pailleté ou quartzeux, gris bleuâtre plus ou moins foncé, terne, grossier, à cassure droite ou subconchoïde, rarement celluleux. Le phyllade est ordinairement simple ou quartzeux, plus ou moins feuilleté, satiné ou mat, noir bleuâtre ou gris bleuâtre. Le phyllade bastonitifère est très-feuilleté, gris pâle et renferme de très-petits cristaux de bastonite? bronzée ; le phyllade ottrélitifère est noir ou gris, peu luisant, renfermant des lamelles d'ottrélite noires et brillantes, d'autant plus petites que le phyllade est mieux feuilleté. Enfin on trouve accidentellement du phyllade grenatifère, noir bleuâtre ou gris foncé, à cassure droite, n'entamant pas les grenats dodécaèdres qui s'y trouvent disséminés.

Les psammites sont schistoïdes ou zonaires, gris verdâtre sale. Les quartzophyllades sont de même feuilletés ou zonaires et n'en diffèrent guère que par une plus grande cohérence ; ils sont quelquefois fossilifères. Dans les zones plus métamorphiques, ils renferment de la bastonite et même de l'ottrélite. Dans les mêmes régions on trouve encore de l'eurite ou du quartzite avec actinote ou hornblende, gris ou noir, mat ou cireux, fort tenace ; du quartzite grenatifère noir, mat ou subluisant, qui passe au phyllade grenatifère, fusible en verre bulleux : et enfin des grès grenatifères et fossilifères, grossiers, brunâtres, plus ou moins cohérents, et celluleux par suite de la disparition du têt des fossiles.

Sur les plateaux, l'altération des roches quartzeuses a produit une terre légère, blanchâtre ou jaunâtre, favorable aux forêts ; tandis que le sol des bandes schisteuses est plus compacte et plus jaune.

b. *Étage hundsruckien.*

L'étage hundsruckien comble l'intervalle compris entre les deux bandes taunusiennes et sert de base aux deux bandes ahriennes. Il forme ainsi un massif fort irrégulier, dans lequel, pour plus de facilité, on peut distinguer quatre parties ou bandes : la première est la bande de Montigny-sur-Meuse, qui s'étend le long de la bande ahrienne de Vireux, d'Anor à Burnontige ; la bande de Houffalise s'en détache vers le milieu de l'Ardenne et s'étend entre les deux bandes taunusiennes ; la troisième bande, ou de St-Vith, s'étend parallèlement à la première, des environs de Charleville au nord de la bande ahrienne de Schleyden et Arhweiler dans l'Eifel ; enfin la quatrième, ou bande de Martelange, se détache de la précédente pour longer la partie méridionale de la même bande ahrienne.

L'étage hundsruckien commence par une assise de quartzophyllades feuilletés ou irréguliers et se termine par une masse puissante de phyllade gris bleuâtre.

L'assise inférieure est en contact avec l'étage taunusien ; elle forme donc deux bandes : celle de La Roche contourne la bande taunusienne de Cierreux et fait ainsi partie successivement des trois premières bandes de l'étage qui nous occupe ; la bande de Bouillon longe la bande taunusienne de Bastogne et fait partie des quatre bandes hundsruckiennes.

La bande de La Roche est formée de quartzophyllades feuilletés ou irréguliers, qui passent au psammite
et au grès. Parfois ces roches se chargent de calcaire ;
on y rencontre rarement du poudingue.

Le grès de cette assise est massif ou stratoïde, gris
brunâtre, pailleté, souvent argileux ; il passe ainsi à
du psammite stratoïde, pailleté, gris verdâtre, qui
passe lui-même au quartzophyllade par l'interposition
de schiste ou phyllade gris bleuâtre entre ses couches.
Le calcaire, qui se montre souvent dans ces diverses
roches, y est tantôt disséminé, tantôt sous forme de
débris de colonnes de crinoïdes ou d'autres restes
organiques.

Cette assise est la plus riche en fossiles ; on y trouve
aussi de la pyrite cubique. Par altération, ces roches
deviennent brunâtres, et celluleuses par la disparition
des fossiles.

Dans la bande de Bouillon, on ne trouve guère que
des quartzophyllades ou psammites, avec quelques
bancs de grès, de phyllade et de calcaire.

Le grès est gris ou gris bleuâtre, souvent altéré,
brun et peu cohérent, fréquemment fossilifère et celluleux. Les psammites et les quartzophyllades possèdent
la même couleur ; ils sont ordinairement feuilletés ou
irréguliers, sauf vers le midi, où le psammite est fréquemment massif ou stratoïde. Ces roches sont moins
riches en fossiles que les grès.

Les roches schisteuses y sont rares. A l'ouest de
l'Ourthe, ce sont des schistes grossiers ; à l'est, ils
passent à des phyllades plus ou moins quartzeux,
quelquefois zonaires, gris bleuâtre ou noir bleuâtre,
bruns par altération, renfermant souvent de la pyrite

et pouvant donner parfois de bonnes ardoises. Les phyllades noirs de Bouillon ont été pris pour du graphite ; ceux de Charleville pour des schistes houillers.

Ces roches quartzeuses et schisteuses se chargent de calcaire comme dans la bande de La Roche ; en outre, cette substance y forme des assises minces, d'un à deux mètres, quelquefois jusqu'à douze mètres d'épaisseur. Ce calcaire est compacte ou sublamellaire, impur, veiné de blanc, souvent divisible en feuillets obliques, séparés par des enduits phylladeux qui les font ressembler à des quartzophyllades.

L'assise supérieure est formée de roches schisteuses. De Mondrepuits à l'Ourthe, ce sont des schistes simples, pailletés ou quartzeux, à grands feuillets, gris bleu foncé, ternes, avec de rares bancs de grès ou de psammite fossilifère. Dans la bande de Houffalise, la roche passe au phyllade, qui devient encore plus feuilleté dans la bande de St-Vith et surtout dans celle de Martelange, où il est luisant et exploité pour ardoises. On y trouve de la pyrite cubo-octaèdre, souvent en chapelet ; les fossiles y sont rares. Au voisinage de la bande ahrienne de l'Eifel, il passe de nouveau à un phyllade grossier, qui se divise obliquement ou parallèlement à la stratification.

3. SYSTÈME AHRIEN.

Le système ahrien de la bande de Vireux, beaucoup moins puissant et moins compliqué que le précédent, est formé d'une alternance de grès, de psammite et de schiste gris bleuâtre.

Le grès est ordinairement argileux, massif, gris bleu foncé, devenant gris verdâtre, puis plus ou moins brun, suivant la proportion de fer qu'il contient ; on y trouve quelques fossiles. Le psammite présente la même couleur et les mêmes altérations. Certains bancs sont imprégnés de calcaire ferrifère et plus cohérents ; ils renferment souvent des coquilles. Lorsque la roche s'altère, le calcaire de ces coquilles se dissout et la roche devient brune, friable et celluleuse.

Le schiste est souvent quartzeux et passe au psammite ; il est aussi gris bleu foncé, devenant gris verdâtre sale, puis brunâtre, terne et terreux, souvent divisible en fragments très-allongés. Il présente rarement des fossiles.

Dans la bande de Schleiden et d'Arhweiler, le schiste est quelquefois transformé en phyllade ; on y trouve aussi quelques bancs calcaires.

III. — Caractères stratigraphiques et paléontologiques.

Les diverses assises du terrain rhénan se succèdent en stratification concordante, mais elles reposent en discordance sur les tranches du terrain ardennais. Cette disposition, sur laquelle Dumont s'est appuyé pour diviser le terrain ardoisier en deux terrains, peut s'observer dans un grand nombre de localités.

Ainsi, autour du massif de Rocroy, outre les cas où Dumont a cité les deux terrains en contact, on peut constater que l'inclinaison générale des roches ardennaises se fait vers le SSE. sous un angle d'environ 45°, tandis que le long du bord septentrional de ce massif, le poudingue de Fépin s'incline au N. d'environ 35°, et que sur le bord oriental, il incline dans cette direction sous un angle généralement inférieur à 35°; le poudingue coupe donc en biseau les diverses couches du terrain ardennais.

On observe le même fait autour du massif de Stavelot : l'allure du poudingue de Fépin est indépendante de celle des roches ardennaises qu'il recouvre. Par exemple, près de Salm-Château, la direction du système salmien est de l'O. à l'E. avec une inclinaison au S. de 50 à 60°, comme on peut le constater aisément aux ardoisières de Vieilsalm ; le poudingue, au contraire, affecte une direction qui va de 63 à 58, puis à 53°, avec une inclinaison d'environ 35° vers le SE. Le contact des deux terrains peut d'ailleurs s'observer dans la dernière ardoisière, vers l'est.

Les caractères paléontologiques du terrain rhénan de la Belgique ne sont encore connus que d'une manière très-incomplète, surtout au point de vue de la division de ce terrain en systèmes et en étages.

Les fossiles les plus anciens sont les végétaux dont nous avons trouvé les traces dans les schistes subordonnés au poudingue à Fépin : ils sont restés indéterminés. A la même période appartiennent des espèces animales que nous rencontrons dans les grès blancs qui forment la partie supérieure de cet étage à Gedoumont près de Malmédy (Prusse) : M. de Koninck, qui a bien voulu les examiner jadis, n'y a reconnu aucune espèce décrite, mais l'ensemble lui a paru posséder un facies incontestablement devonien.

Les schistes et psammites qui terminent l'étage inférieur de ce système autour du massif de Rocroy, ont fourni à M. Hébert (1) quelques fossiles qui appartiennent au devonien inférieur ; nous citerons ici seulement *Grammysia Hamiltonensis, Chonetes sarcinulata* et *Cœlaster constellata.*

Nous ne connaissons aucune détermination de fossiles appartenant à l'étage supérieur du système gedinnien.

M. Hébert (*loc. cit.*) a recueilli dans le système coblencien, *Avicula lamellosa, Leptœna Murchisoni, Terebratula Orbignyana, T. undata, T. Oliviani? Spirifer macropterus* et *Chonetes sarcinulata.*

L'étage taunusien a fourni à M. Gosselet *Leptœna Murchisoni, Strophomena depressa* et *Chonetes plebeïa;* à M. Meugy et autres, *Pleurodyctium problematicum.*

L'étage hundsruckien lui a offert *Leptœna Murchisoni, Rhynchonella Daleidensis* et *Pleurodyctium problematicum.*

Plus tard M. Gosselet (2) a trouvé, en outre, dans le même système, *Strophomena depressa, Spirifer macropterus, S micropterus, S. carinatus* et *Pterinea costata.*

Enfin le même géologue a recueilli dans le système ahrien *Homalonotus crassicauda, Terebratula Oliviani, T. sub-Wilsoni, Chonetes sarcinulata* et *C. plebeïa.*

Toutes ces espèces caractérisent le système inférieur du terrain devonien ; mais elles sont trop peu nombreuses pour confirmer ou infirmer les subdivisions que Dumont y a établies chez nous.

M. de Koninck a aussi donné, dans les dernières éditions de l'*Abrégé de géologie* de M. d'Omalius

---

(1) *Bull. de la Soc. géol. de France,* 2ᵉ série, t. XII, p. 1165.

(2) *Observations sur quelques gisements fossilifères de l'Ardenne;* 1862, *Bull. Soc. géol. de France,* 2ᵉ série, t. XIX, p. 559.

d'Halloy, une liste des fossiles de ce terrain, mais sans indiquer le système d'où ils proviennent. Nous la reproduirons à la fin de cet ouvrage. Il est probable que la plupart des espèces viennent de la partie inférieure du hundsruckien.

Enfin, Dumont a donné (*l. c.*) une liste des espèces trouvées dans le système coblencien et l'ahrien de l'Ardenne et de la rive gauche du Rhin. Il en résulterait que la moitié des espèces leur sont communes. La même proportion existerait à peu près entre l'ahrien et l'étage quartzo-schisteux du terrain anthraxifère. Mais cette liste est loin de représenter toutes les espèces que l'on rencontre dans cette région.

IV. — Usages.

Le poudingue de Fépin est exploité, non-seulement pour moellons et pour l'entretien des routes, mais encore comme pierre de taille et même pour les ouvrages de hauts-fourneaux.

Les psammites, les grès, les arkoses et les quartzites sont également exploités pour moellons et pour empierrer les chemins ; les grès fournissent aussi de bons pavés dans plusieurs localités.

On exploite à Rogery et à Beho des arkoses schistoïdes taunusiennes pour la confection de pierres à faulx.

Les roches schisteuses servent également de moellons. Certains phyllades sont employés comme pierre de taille, pour montants de fenêtre, etc.

Les ardoisières sont fort rares dans le système gedinnien. On a extrait des ardoises grossières à Nafraiture, dans l'étage inférieur. Dans ces derniers temps, une ardoisiére a été établie dans les phyllades verts de l'étage supérieur à Rebaix (Laforêt) ; on y exploite aussi un banc schisto-compacte qui se taille aisément et prend au tour un beau poli.

Les phyllades taunusiens fournissent peu d'ardoises ; on les exploite à Grand-Voir, à Pont-le-Prêtre et surtout à la Géripont et à Bertrix.

La partie inférieure de l'étage hundsruckien possède les ardoisières de Laviot, du moulin d'Our et d'Alle. La partie supérieure donne lieu à des exploitations beaucoup plus nombreuses et plus importantes : à cette assise appartiennent les ardoisières de Neufchâteau, de Marbehan, de Martilly et surtout celles de Herbeumont et de Martelange.

Enfin le calcaire a été exploité dans quelques localités comme castine et comme pierre à chaux hydraulique. On a même essayé de l'employer comme marbre.

V. — Zones métamorphiques de l'Ardenne.

On aura remarqué, dans les descriptions des systèmes ardennais et rhénans, que les caractères minéralogiques de chacun varient plus ou moins, suivant les localités. Une partie de ces différences tient à l'état originaire des dépôts ; mais les plus remarquables ont été produites postérieurement, et doivent être attribuées aux différences d'intensité du métamorphisme qui a transformé les sédiments sableux ou argileux de nos mers anciennes, pour leur imprimer les caractères que nous y rencontrons. Dumont a fait voir que cette influence s'est fait surtout sentir dans certaines régions, ou zones de métamorphisme, dans chacune desquelles les changements sont les plus prononcés sur l'axe, sauf aux points où deux zones se croisent et superposent leurs effets.

Une première zone, que Dumont appelle zone des Hautes-Fagnes, s'étend dans le terrain ardennais et est antérieure au terrain rhénan, puisque le premier était déjà transformé en quartzites et en phyllades à l'époque du poudingue de Fépin. On ne connait pas son étendue ; seulement l'état des roches ardennaises aux environs de Spa montre qu'elle n'a pas dû dépasser de beaucoup cette région vers le nord.

La deuxième, ou zone de l'Ardenne, s'est fait sentir dans toute cette région, en se manifestant surtout le long d'un axe curviligne qui suit la ligne de faîte, en s'étendant d'Hirson à Spa par St-Hubert.

La zone de Paliseul est la plus remarquable : son axe passe par Rimogne, Monthermé, Paliseul, Bastogne et Longwilly, en ligne droite, orientée 75°. Elle renferme les roches plutoniennes de la Meuse et aboutit, vers l'est, à un gite métallifère important. C'est sur cette zone que les roches de l'Ardenne présentent les modifications les plus remarquables. Nous avons déjà signalé la présence de l'aimant dans les phyllades des divers systèmes que cette zone traverse ; il faut ajouter celle de l'ottrélite et de la bastonite, sans oublier les roches à grenats, à amphibole, etc., des environs de Bastogne.

On observe encore deux petites zones métamorphiques au voisinage de Salm-Château et de Ste-Cécile ;

la première est surtout remarquable par la présence de l'oligiste et de l'ottrélite, et nous ajouterons, du coticule.

Une dernière zone, où se sont produits des effets très-intenses, s'observe dans le terrain silurien du Brabant, surtout vers le nord. De ce côté, ses limites restent inconnues; vers le sud, elle est limitée à peu près par une ligne passant près de Lessines, Quenast, Genappe, Rebecq, Voiricher et St-Géry.

CHAPITRE VI

—

TERRAIN ANTHRAXIFÈRE

—

I. — Disposition géographique. — Division.

Page 55. Le terrain anthraxifère de la Belgique est limité, au nord, par une ligne passant par Tournay, Ath, Nivelles, Bossière, Héron, Hozémont et Visé; sa limite méridionale passe par Momignies, Couvin, Vireux, Awenne, Grupont, Fraipont et Eupen. Il s'étend donc dans le pays de Herve, le Condroz, y compris le bassin de la Vesdre et la Famenne, l'Entre-Sambre-et-Meuse et une partie du Hainaut et du Brabant, souvent recouvert, vers le nord, par des dépôts crétacés ou tertiaires.

Outre ce grand massif, on observe encore aux environs de Theux, un petit massif qui semble en avoir été détaché. Enfin, le massif anthraxifère de l'Eifel se prolonge vers l'ouest et pousse une pointe dans la province de Luxembourg, entre Villers-la-Bonne-Eau et Witry.

Nous avons vu que le nom de terrain anthraxifère, proposé par M. d'Omalius d'Halloy, avait été conservé par Dumont avec la même extension, jusqu'en 1849, époque où ce dernier géologue y fit entrer, à titre de système, la série que lui et ses devanciers avaient décrite sous le nom de terrain houiller : depuis lors, le vénérable auteur de l'*Essai sur la géologie du Nord de la France* a abandonné le nom qu'il avait créé, appliquant la dénomination anglaise de *terrain devonien* aux trois étages inférieurs et celle de *terrain houiller*, à l'étage calcareux du système condrusien de Dumont, plus le système houiller.

Nous ne pouvons que nous ranger aux motifs qui ont inspiré M. d'Omalius ; mais il nous est impossible d'accepter ses dénominations, parce qu'elles sont détournées du sens que l'usage général leur a donné. Comme nous l'avons vu, les assises que nous avons décrites sous le nom de terrain rhénan, font partie du terrain devonien, tel que le comprennent tous les géologues ; d'autre part, l'épithète de houiller est réservée au système supérieur, et le terrain que M. d'Omalius désigne sous ce nom n'est autre que celui que l'on connait sous le nom de *terrain carbonifère*.

Les travaux des deux illustres maîtres que nous venons de citer ont popularisé chez nous l'expression de terrain anthraxifère, et la carte de Dumont est entre les mains de tous. Nous avons donc jugé opportun de conserver cette dénomination, dans le sens étendu que Dumont lui a donné sur la carte géologique de la Belgique. Mais nous modifierons le classement des subdivisions qu'il y a comprises ; et nous les désignerons de préférence sous les noms proposés par M. d'Omalius, lesquels sont d'un usage infiniment plus commode.

Nous divisons ce terrain en trois systèmes, *eifelien*, *famennien* et *carbonifère*. La première dénomination, empruntée à Dumont, correspond au devonien moyen, sauf les réserves que nous exposerons en parlant de ses assises inférieures ; la deuxième, tirée de sa carte géologique de l'Europe, correspond au devonien supérieur, et la troisième comprend comme *système* ce qu'on appelle *terrain* carbonifère.

Le système eifelien a été divisé par Dumont en trois parties, représentées sur la carte géologique de la Belgique par trois teintes que désignent les lettres E¹, E² et E³ : nous les appellerons les étages du *poudingue de Burnot*, des *schistes et des calcaires de Couvin*, et du *calcaire de Givet*.

Le système famennien, qui correspond à l'étage quartzo-schisteux du système condrusien de Dumont, est représenté par les teintes C¹ et C² sur la carte de la Belgique. Les progrès de la science ont rendu nécessaire d'intercaler ici une troisième subdivision, formée de calcaires que Dumont a coloriés de la teinte du calcaire de Givet et des premiers schistes qui les suivent. Ce système comprendra donc les *calcaires et schistes de Frasne*, les *schistes de la Famenne* et les *psammites du Condroz*.

Enfin, le système carbonifère comprendra le *calcaire carbonifère* et l'*étage houiller*, c'est-à-dire, l'étage calcareux du système condrusien et le système houiller de Dumont.

Nous donnons ci-dessous le tableau synoptique de cette classification, puis celui de la légende de la carte géologique de la Belgique ; nous y ajoutons les lettres que Dumont affectait aux teintes correspondantes. On

verra que, sauf pour l'étage de Frasne, ils ne diffèrent
que par la disposition des accolades.

Système carbonifère	Étage houiller	H
	Calcaire carbonifère	C^3
Système famennien	Psammites du Condroz.	C^2
	Schistes de la Famenne	C^1
	Schistes et calcaires de Frasne . .	C^1 et E^3
Système eifelien	Calcaire de Givet	E^3
	Schistes et calcaires de Couvin . . .	E^2
	Poudingue de Burnot	E^1

Système houiller	. . . .		H
Système condrusien	Calcareux		C^3
	Quartzo-schisteux	Psammite, etc. .	C^2
		Schistes, etc. . .	C^1
Système eifelien	Calcareux		E^3
	Quartzo-schisteux	Schiste gris, etc.	E^2
		Poudingue, etc. .	E^1

Le massif belge occupe une vaste dépression, comprise entre le terrain rhénan, au Sud, et le silurien du
Brabant, au Nord. La crête longitudinale formée par
le massif silurien du Condroz le divise incomplètement
en deux parties ; l'une au midi, beaucoup plus large
et moins profonde, remarquable par ses nombreux
plissements : c'est le bassin du Condroz ; l'autre plus
étroite et plus profonde, renfermant les bassins houillers de Liége et de Mons, autour desquelles ses diverses
assises sont symétriquement disposées : c'est le bassin
de Namur.

Comme la composition du terrain anthraxifère n'est
pas identique partout, nous allons décrire d'abord le
bassin du Condroz, puis nous exposerons les particularités que présente celui de Namur. Disons seulement

ici qu'on ne rencontre dans ce terrain ni quartzite, ni phyllade, ni quartzophyllade, que le calcaire, la dolomie et la houille y jouent un rôle important, et qu'on y observe pour la première fois des phthanites et autres roches à base de silice concrétionnée.

II. — Système eifelien.

1. POUDINGUE DE BURNOT.

Caractères minéralogiques. — L'étage désigné sous ce nom, à cause de sa roche la plus remarquable, correspond à la *partie inférieure de l'étage quartzo-schisteux du système eifelien* de Dumont ; nous y rattachons des grès et des psammites blanchâtres ou grisâtres, que ce géologue y comprenait autrefois, mais qu'il a décrits depuis, au moins pour la plupart, comme ahriens ou même taunusiens.

Les roches de cet étage sont le poudingue, le grès, le psammite et le schiste.

Le poudingue est formé de cailloux dont le volume varie de celui d'un pois à celui du poing, peu arrondis, formés généralement de grès ou de quartzite des assises plus anciennes, quelquefois de quartz blanc qui prédomine en quelques points (Marchin, etc.) ; on y trouve aussi des cailloux noirs et luisants que l'on prendrait aisément pour du phthanite ; mais tous ceux que nous avons brisés, nous ont montré une texture subgrenue qui nous les fait rapporter au quartzite, d'autant plus que l'on ne connaît pas de phthanite dans les terrains précédents. Ces cailloux sont quelquefois réunis sans ciment apparent ou par un ciment quartzeux et alors la roche en masse est grisâtre ou blanchâtre suivant la proportion de quartz ; d'autres fois, le ciment est psammitique et ferrugineux, ce qui donne à la masse une teinte rougeâtre ; dans quelques cas, ce ciment est fort abondant et presque friable ; ailleurs on n'observe que des cailloux pisaires disséminés dans un grès à gros grains. Dumont y a trouvé des cailloux de porphyre à Horrues, près de Lessines. Le poudingue est ordinairement en bancs puissants, mais irréguliers.

Les grès présentent deux variétés ; les premiers sont blanchâtres ou jaunâtres, massifs, à grains fins, plus ou moins pailletés, quelquefois pointillés ou mouchetés de noir, de brun ou de jaunâtre ; ils sont en bancs contigus ou séparés par des lits de schiste ou de psammite et ils passent à cette dernière roche. D'autres grès sont verdâtres, d'une teinte plus ou moins sombre, ou rouge brun, mélangés d'argile ferrugineuse ; ils passent au poudingue et au psammite.

Les psammites présentent deux variétés analogues ; la première est gris blanchâtre ou grisâtre, en bancs fortement pailletés à la surface, plus souvent stratoïdes que massifs, parfois recouverts d'empreintes végétales allongées et étroites, et ressemblant à des psammites houillers. La seconde variété est massive, brunâtre, passant au vert sombre ; elle renferme parfois de petits cailloux disséminés ; quelquefois au contraire, elle devient rouge violet, et passe au schiste quartzeux.

Le schiste est très-développé dans cet étage. Le plus souvent il est rouge violet ou lie de vin, uniforme ou bigarré de vert ; quelques couches sont vertes, gris verdâtre ou vert jaunâtre ; il est grossier, terreux, mal feuilleté, en gros bancs d'apparence compacte, lorsqu'il est fraîchement mis à nu et non altéré, se délitant à l'air en fragments irréguliers. Il est rare d'y trouver çà et là quelques cellules. Sa coloration laisse des traces bien distinctes dans les terres cultivées, formées par sa décomposition.

La disposition générale de ces diverses roches paraît être la suivante : on trouve d'abord les grès blanchâtres, qui passent aux psammites, alternant avec quelques schistes gris verdâtres ; c'est la partie que Dumont a souvent figurée comme ahrienne. Viennent ensuite des schistes rougeâtres et verdâtres, avec bancs de psammite ou de grès vert sombre ; puis les schistes verts deviennent plus rares ; les schistes rouges alternent par couches ou par assises avec des grès et des psammites vert sombre ou rouge brun qui passent au poudingue. En certains points le poudingue termine la série, ou du moins c'est là qu'il est le mieux développé ; plus souvent il est surmonté de grès, de psammites et de schistes rouges.

On a trouvé à Chaudfontaine et surtout à Rouvroy, les fissures des schistes et psammites rouges recouvertes d'enduits de malachite et d'azurite.

Caractères paléontologiques. — L'étage du poudingue de Burnot est très-pauvre en fossiles ; encore n'est-il pas bien sûr que ceux qu'on a cités lui appartiennent.

Les empreintes végétales sont assez fréquentes dans les psammites de la base de cet étage, mais elles sont en mauvais état et n'ont pas été déterminées, pas plus que celles que nous possédons des schistes rouges, où elles sont beaucoup plus rares.

A Pepinster, les bancs les plus élevés, parfaitement rouges d'ailleurs, renferment un peu de calcaire et quelques fossiles, parmi lesquels nous avons reconnu *Productus subaculeatus;* c'est sans doute la même espèce que Dumont mentionnait dans cette localité, en 1830, sous le nom de *P. comoïdes.* Elle n'est indiquée que dans le devonien moyen et surtout dans le supérieur. Au bois d'Angres, M. Hébert (1) a trouvé dans des schistes gris, qui ont été rapportés à cet étage, mais qui pourraient bien appartenir au suivant, outre quelques espèces indéterminées : *Dolabra Hardingi,* Sow. *sp., Productus Murchisonanus,* Murch, *sp.,* qui sont du devonien supérieur et *Avicula fasciculata,* Goldf. *sp.,* du coblencien du Nassau.

M. Gosselet (2) rattache au même étage certaines couches qu'il a observées près de Wellin, de Grupont et de Masbourg et dans lesquelles il a recueilli une série de fossiles bien connus dans l'Eifel : *Pterinea lineata,* Goldf., *P. trigona,* Goldf., *P. reticulata,* Goldf., *P. ventricosa,* Goldf., *Rhynchonella Daleidensis,* Schnur, *T. undata,* Defr., *Spirifer macropterus,* Roem., *S. arduennensis,* F. Roem. *S. carinatus,* Schnur, *Leptœna Phillipsi,* Barr., *Strophomena depressa,* Sow. *sp., Chonetes plebeïa,* Schnur. Toutes ces espèces sont considérées comme appartenant au devonien inférieur, sauf une ou deux que l'on trouve aussi plus haut.

Ajoutons toutefois que les géologues allemands qui

<hr>

(1) *Sur la constitution géologique et sur la classification des terrains paléonzoïques de l'Ardenne française et du Hainaut,* 1855; *Bull. Soc. géol. de France,* t XII, p. 1182.

(2) *Observation sur les terrains primaires de la Belgique et du nord de la France;* 1860. *Bull. Soc. géol. de France,* t. XVIII, p. 29.

ont le mieux étudié l'Eifel, ne séparent pas du devonien inférieur l'étage de Burnot, qui est pourtant fort reconnaissable à sa couleur, ni même les assises qui le recouvrent immédiatement.

Comme on le voit, ces documents ne suffisent pas pour un classement définitif; mais ils tendent à faire placer l'étage de Burnot dans le devonien inférieur, en Belgique comme sur le Rhin.

Disposition et caractères stratigraphiques. — De la situation qu'occupe notre premier étage eifelien il résulte qu'il forme trois bandes dans le massif anthraxifère belge : la première longe le bord septentrional de l'Ardenne, de Momignies à Fraipont; la bande moyenne, parfois recouverte vers l'est, par le terrain crétacé, s'étend d'Angres par Rouvroy et Lobbes, à Sart-Eustache, où elle rencontre le massif silurien du Condroz, lequel la divise en deux parties qui le longent pour se rejoindre à sa terminaison à Hermalle-sous-Huy; après quoi, elle ne tarde pas à se recourber vers le SE. pour rejoindre la bande méridionale vers Fraipont, et se continuer, d'autre part, le long de la Vesdre, vers Eupen, en Prusse. Enfin, une bande septentrionale s'observe en quelques points du bord nord de notre terrain anthraxifère, comme nous le dirons en faisant connaître le bassin de Namur.

Cet étage est surtout bien développé dans la bande moyenne, au sud du terrain silurien ; en certains points on lui donnerait 1500 à 1800 mètres de puissance. En se continuant le long de l'Ardenne, la bande méridionale diminue considérablement d'épaisseur et elle se trouve très-réduite lorsqu'elle arrive en France, à l'ouest de Momignies.

Le développement du poudingue suit une marche analogue : cette roche est particulièrement développée le long de la bande moyenne ; elle s'affaiblit graduellement le long de la bande méridionale et elle est rudimentaire ou nulle au-delà de l'Ourthe.

Le long de l'Ardenne, l'étage du poudingue de Burnot repose en concordance sur le système ahrien ; on peut même ajouter qu'il serait difficile d'y trouver une démarcation tranchée. La bande moyenne, au contraire, s'appuie en stratification discordante sur le terrain silurien du Condroz et nous ajouterons ici qu'il en est de même pour la bande septentrionale par rapport au silurien du Brabant.

Pour Dumont, qui rapportait au terrain rhénan les deux massifs que nous avons depuis reconnus comme siluriens, cette discordance était un fait très-important. En effet, si la géologie doit être l'histoire des révolutions physiques que notre globe a subies, plutôt que celle des changements par lesquels ont passé les animaux et les plantes qui ont peuplé sa surface, le soulèvement brusque du terrain rhénan du Brabant devenait un phénomène capital, qui suffisait à lui seul pour justifier la division de premier ordre, établie depuis longtemps par M. d'Omalius d'Halloy, entre le terrain ardoisier et l'anthraxifère.

Aujourd'hui, cette discordance a perdu toute importance, puisqu'elle a pu s'opérer durant toute la période qui sépare la faune seconde silurienne de celle du poudingue de Burnot. Nous ajouterons même que nous les considérons comme résultant d'une faille et non d'une superposition réelle.

2. SCHISTES ET CALCAIRES DE COUVIN (1).

L'étage des schistes et calcaires de Couvin correspond à *l'assise supérieure de l'étage quartzo-schisteux du
système eifelien* de Dumont; il a été désigné aussi sous
le nom de *schistes à calcéoles*. On peut y distinguer deux
assises.

L'assise inférieure, appelée *schiste à Spirifer cultrijugatus*, d'après l'espèce la plus caractéristique, est formée
de schistes et de psammites stratoïdes ou schistoïdes,
passant de l'un à l'autre, gris brun ou brun verdâtre,
qui se lient intimement avec les deux assises voisines,
et renferment un certain nombre de fossiles à l'état
d'empreintes. Quelques bancs se chargent de calcaire;
alors, les fossiles y sont plus fréquents et les coquilles
y ont conservé leur têt. Les schistes sont grossiers,
terreux et se délitent en fragments irréguliers; vers
le haut, leur couleur passe au gris. Dans certaines
localités le psammite passe, vers la partie moyenne,
à un grès verdâtre, massif, exploité pour pavés.

L'assise supérieure ou *à Spirifer speciosus*, est essentiellement composée de schiste gris, fossilifère, passant
au calschiste et au calcaire.

Ce schiste est d'abord gris brunâtre ou brun un peu
verdâtre, mais il ne tarde pas à devenir gris de fumée;
il est subcompacte, à peine feuilleté. Il renferme rarement du psammite schistoïde ou stratoïde, de même
couleur, sauf au sommet, où l'on trouve généralement
quelques bancs assez épais de psammite gris jaunâtre.

(1) Voir particulièrement les Mémoires de MM. Fr. Ad. Roemer et
Ferd. Roemer, cités à l'article du système famennien, de M. Gosselet,
1860, et notre *Notice* citée à la page qui suit.

Souvent les schistes se chargent de calcaire et passent au calschiste simple ou noduleux, au calcaire noduleux, et même au calcaire subcompacte, gris bleu. Ce calcaire est fort inégalement développé, suivant les localités : à l'est de la Meuse, on n'en trouve que des traces ; dans la vallée de la Meuse, il est encore faiblement représenté, mais il ne tarde pas à prendre plus de développement et il forme, au sud de Couvin et de Chimay, une bande puissante qui se prolonge en France. Cette bande est coloriée, sur la carte géologique, comme calcaire de Givet et se réunit en deux points à la bande principale de ce calcaire ; mais nous avons reconnu que c'était une erreur (1). Cette bande commence souvent par du calcaire irrégulier ou noduleux, en bancs séparés par du calschiste simple.

Outre cette bande principale, on rencontre encore çà et là diverses assises minces de calcaire ou de calschiste noduleux. Les fossiles sont assez communs dans tout l'étage.

Dans la région au S. de Chimay se trouve une couche d'oligiste oolithique, lithoï le et rouge, à globules plus inégaux que ceux de l'oligiste condrusien ; elle nous a paru située entre les deux assises. Elle correspond probablement à l'ologiste oolithique que l'on rencontre dans l'Eifel vers ce niveau.

Caractères stratigraphiques. — Cet étage repose en concordance sur le précédent, mais on ne le rencontre que sur une petite partie de la périphérie de nos bassins. Il est développé le long de la bande méridionale du poudingue de Burnot, jusque vers Vierves ; en

(1) *Notice sur le système eifelien dans le bassin du Condroz, Bulletin de l'Académie de Belgique*, 1861, t. XI, page 67.

s'avançant vers l'est, il s'amincit un peu jusqu'à l'Ourthe, puis plus rapidement, pour disparaître à Harzé. Des recherches plus attentives en feront peut-être découvrir des représentants ailleurs.

Caractères paléontologiques. — La faune de ces deux assises est encore mal connue, de même que celle de nos autres étages devoniens. Outre celles qui ont donné leurs noms à ces formations, les espèces les plus caractéristiques de nos deux assises sont, pour l'inférieure : *Spirifer micropterus, S. carinatus, Chonetes dilatata* et *C. plebeia;* pour l'assise supérieure : *Calceola sandalina, Spirifer ostiolatus, S. curvatus, Rhynchonella primipilaris; R. Wahlenbergi, Leptæna lepis, L. Naranjoana, Pentamerus galeatus?, Phacops latifrons, Bronteus flabellifer, Fenestella antiqua, Heliolithes porosa, Favosites basaltica.*

La faune de cette dernière assise est considérée comme appartenant au devonien moyen. Nous ne connaissons guère que M. Gosselet qui l'ait envisagée autrement et ait préféré réunir cette assise au devonien inférieur. Quant à la faune de l'assise inférieure, elle semble se rattacher à celle du terrain rhénan. Les matériaux manquent pour discuter convenablement cette question. Nous dirons toutefois que les couches correspondantes de l'Eifel nous paraissent avoir été confondues, par les géologues allemands, dans la *grauwacke ancienne du Rhin,* c'est-à-dire dans le devonien inférieur ou rhénan.

3. CALCAIRE DE GIVET.

Caractères minéralogiques. — Cet étage est presque exclusivement composé de calcaire compacte, subcompacte ou sublamellaire, gris, gris bleu plus ou moins foncé, ou même noir bleuâtre, en bancs plus ou moins épais, contigus ou séparés par des lits schisteux, rarement noirs et comme imprégnés d'anthracite, ordinairement bruns, devenant gris de fumée vers la surface, quelquefois gris jaunâtre ou verdâtre et d'aspect stéatiteux. Certains bancs renferment beaucoup de fossiles; on en voit, notamment, qui sont presque entièrement formés de polypiers. Ces calcaires sont d'ailleurs plus ou moins mélangés de matières sableuses ou argileuses; mais on n'y rencontre jamais, pas plus que dans nos autres calcaires devoniens, ces concrétions siliceuses que nous verrons désignées sous le nom de phthanites dans le calcaire carbonifère.

Dumont a indiqué un autre caractère distinctif du calcaire eifelien : c'est la présence de parties cristallines, blanches dans la profondeur, mais brunissant vers la surface du sol par suite des influences atmosphériques et se présentant alors sous forme de taches jaune d'ocre. On les retrouve dans tous nos calcaires devoniens, tandis qu'elles sont excessivement rares dans le calcaire carbonifère.

Cet étage renferme aussi de la dolomie, mais elle n'y forme pas une assise continue; elle est grisâtre, brunâtre, à grains fins et cristallins, d'un aspect nacré plus ou moins prononcé.

Un point que nous croyons appelé à prendre dans la suite une grande importance, c'est la présence d'une assise mince de schiste gris verdâtre, bien feuilleté, qui se trouve vers la partie moyenne et divise ainsi l'étage en deux parties. Nous l'avons observée en beaucoup d'endroits, mais comme elle n'a que quelques mètres d'épaisseur, elle échappe facilement aux recherches.

Caractères stratigraphiques. — Le calcaire de Givet constitue, dans le bassin du Condroz, une bande qui longe les deux étages précédents vers l'intérieur du bassin. Sa puissance dépasse 300 mètres vers l'ouest; mais elle diminue considérablement vers l'est, comme celle de tous nos étages anthraxifères.

Elle repose en stratification concordante, non-seulement sur l'étage des schistes et calcaires de Couvin, lorsqu'il existe, mais encore sur celui du poudingue de Burnot, dans la région où notre second étage fait défaut. Au moins ne connaissons-nous aucun point où l'on remarque, au contact de ces deux étages, des traces d'érosion ou d'autres marques d'un retour de la mer. A l'intérieur de ce bassin, la carte géologique de la Belgique montre un grand nombre de petites îles calcaires, coloriées de la teinte bleu foncé E³ qui représente essentiellement le calcaire de Givet : la plupart appartiennent au système suivant; néan-moins, celui dont nous nous occupons vient au jour dans quelques points, notamment, dans le massif de Philippeville.

Caractères paléontologiques. — Le calcaire de Givet renferme un certain nombre d'espèces particulières; c'est même la faune de cette assise qui fournit les caractères les plus tranchés au terrain devonien. Parmi les espèces les plus caractéristiques, il faut citer avant tout le *Stringocephalus Burtini,* si facile à recon-naître par sa grande taille et les lames qui le divisent incomplètement à l'intérieur; aussi cet étage est-il souvent désigné sous le nom de calcaire à stringocéphales. Nous citerons ensuite : *Macrocheilus arculatus, Murchisonia bilineata, Megalodon cucullatum, Uncites gryphus.* Jusqu'à plus ample examen, toutes ces espèces nous paraissent confinées dans l'assise inférieure au banc de schiste que nous avons mentionné plus haut.

L'assise supérieure renferme une quantité de polypiers ; mais nous ne pouvons pas encore indiquer les espèces qui ne se retrouveraient pas ailleurs. Le *Spirifer aperturatus* n'est pas rare vers le haut.

II. — Système famennien.

Le système famennien correspond au dévonien supérieur. Il comprend, outre les schistes de la Famenne et les psammites du Condroz, subdivisions connues depuis longtemps, un étage qui a été constitué à la suite des travaux de divers géologues, notamment de MM. Fr.-Ad. Rœmer (1), Ferd. Rœmer (2), L. G. De Koninck (3), Gosselet (4) et de nous même (5).

(1) *Bull. Soc. géol. de France*, 1850, t. VIII, p. 87. — *Beitrage zur geologischen Kentniss des nordwestlichen Harzgebirges,* publié dans les *Palæontographica* de Meyer et Dunker, 1850, t. III.

(2) *Das aeltere Gebirge in der Gegend von Aachen, erlautert durch die Vergleichung mit den Verhaeltnissen im südlichen Belgien,* publié dans le *Zeitschrift der deutschen geol. Gesellschaft*, 1855, t. VIII, p. 377.

(3) Voir les listes de fossiles fournies à M. d'Omalius pour son *Abrégé de géologie* et le *Siluria* de sir R. Murchison. Nous avons donné, dans la *Revue universelle*, 1860, t. VII, p. 347, la traduction du chapitre consacré par l'illustre géologue angiais aux terrains primaires de notre pays.

(4) *Mém. sur les terrains primaires de la Belgique*, etc., 1860. — *Observations sur les terrains primaires de la Belgique et du nord de la France*, 1860; *Bull. soc. géol. de Franci*, t. XVIII, p. 18.

Voir aussi l'analyse de ces travaux par J. VAUST : *Sur les terrains primaires d'Aix-la-Chapelle et leurs rapports avec ceux de la Belgique, d'après M. Ferd. Roemer*; Liége, 1859, *Revue universelle*, t. V, p. 594. *Les terrains primaires de la Belgique, d'après M. J. Gosselet*; Liége, 1860. *Ib.*, t. VIII, p. 487.

(5) *Notice sur le système eifelien dans le bassin du Condroz*; 1861, *Bull. Ac. de Belg.*, t. XI, p. 17.

1. SCHISTES ET CALCAIRES DE FRASNE.

Caractères minéralogiques et stratigraphiques. — L'étage des schistes et calcaires de Frasne, ainsi nommé d'après une localité au nord de Couvin, présente une composition extrêmement variable, même sur des points forts rapprochés. En général, on peut le considérer comme formé de deux assises schisteuses, comprenant une bande calcaire et suivies d'une seconde bande calcaire, d'une troisième assise schisteuse, avec marbre rouge, et enfin de schistes fins et violacés.

Au-dessus des derniers bancs du calcaire de Givet, souvent séparés par des lits schisteux, viennent les schistes inférieurs, ordinairement peu développés, feuilletés, gris bleuâtre, devenant par altération gris verdâtre ou jaunâtre, gris clair ou gris de fumée. Le calcaire qui les suit est gris bleuâtre, compacte ou sublamellaire, sans fossiles ; il commence par quelques bancs noduleux et se termine par la même roche, qui passe ensuite au calschiste noduleux, puis au schiste. Celui-ci est gris bleuâtre ou verdâtre, plus ou moins fin et feuilleté, se délitant en lamelles ou en fragments irréguliers. La deuxième assise calcaire, ordinairement plus développée que la première, s'en distingue surtout par son aspect plus cristallin, sa couleur plus claire, d'un gris souvent nuancé de bleuâtre ou de violacé, par ses nombreuses fissures remplies de calcaire cristallin, blanc, et par de nombreux fossiles. Au dessus viennent de nouveaux schistes analogues aux précédents, quelquefois gris violacé, tantôt bien feuilletés et se délitant en lamelles, tantôt plus grossiers et tombant en fragments plus irréguliers ou même allongés en baguettes, comme les schistes de la Famenne. De loin en loin on y trouve un niveau de marbre rouge très-remarquable. C'est un calcaire bigarré de diverses nuances de rouge, de jaunâtre, de blanchâtre, de bleuâtre, renfermant souvent quelques feuillets schisteux très-courts et verdâtres ; il constitue des amas irréguliers, ordinairement sans stratification, enfouis dans les schistes comme le serait un culot éruptif. Ce sont probablement des récifs de polypiers qui se sont développés sur le fond de la mer où se déposaient les schistes. Quoique la texture organique y soit ordinairement peu apparente, on y distingue fréquemment des traces de polypiers, plus rarement des coquilles bien conservées. Nous considérons les divers amas connus comme représentant un même horizon ; si les schistes que l'on voit au contact sont tantôt gris verdâtre, tantôt gris violacé, cela s'explique aisément d'après le mode de formation que nous leur supposons.

Ces derniers schistes se continuent plus haut et sont suivis par une dernière assise, que M. Gosselet prend pour limite supérieure de l'étage : ce sont des schistes fins, très-feuilletés, cohérents, violet foncé, renfermant des empreintes généralement recouvertes d'un enduit limoniteux.

Les deux assises calcaires dont nous venons de parler sont loin d'affecter la disposition que ce mot implique : au lieu de se continuer dans le sens de la direction, elles ne tardent pas à disparaître, se terminant là par du calcaire noduleux et du calschiste noduleux, comme elles le font vers le haut et vers le bas. Elles affectent ainsi la forme de petites bandes allongées parallèlement au calcaire de Givet, ou d'îles entourées de schistes. Dumont considérait la plupart d'entre elles comme appartenant au calcaire eifelien, et il les a coloriées comme telles sur la carte géologique. De plus, comme les bandes schisteuses sont fréquemment trop minces pour pouvoir être représentées, plusieurs de ces îles allongées ont dû être figurées comme unies au calcaire de Givet, sous forme de presqu'îles qui donnent à la limite supérieure de ce dernier étage un aspect irrégulier, contrastant avec la simplicité de sa limite inférieure.

Quand ces calcaires sont fort développés, ils renferment beaucoup de gîtes métallifères ; de là le nom de *calcaire métallifère* qui fut donné, il y a quarante ans, à nos calcaires devoniens. En outre, on y rencontre fréquemment de la dolomie stratifiée, de couleur claire, même blanche, à grains beaucoup plus gros que ceux de la dolomie carbonifère ou de celle de l'étage de Givet ; ces grains sont d'ailleurs des rhomboèdres plus ou moins oblitérés, à éclat nacré. La cohérence de cette roche est très-variable : on en trouve qui est très friable ou presque meuble. Est-elle le résultat des phénomènes qui ont produit les gîtes métallifères?

Outre les masses calcaires que nous venons d'indiquer à deux niveaux, les schistes peuvent en présenter à toute hauteur et sous toutes les formes, depuis celle de petits rognons aplatis, très-tenaces, disséminés çà et là, jusqu'à celle de bancs réguliers, assez épais, en passant par le calschiste noduleux et le calcaire noduleux.

Telle est à peu près la composition de cet étage, dans les points où il est le mieux développé, c'est-à-dire

le long de la bande méridionale du calcaire de Givet,
depuis son extrémité occidentale jusque vers l'Ourthe,
où il est déjà bien affaibli. Le long du bord oriental et
du bord septentrional du bassin du Condroz, il est très-
réduit et ses diverses parties sont difficiles à reconnaître. En général, on n'y observe guère qu'une petite
bande de schiste, une bande calcaire mince, mais continue, puis un peu de schistes avec quelques rognons
de calcaire rouge ou rose, et enfin quelques bancs de
schiste violet. Nous sommes portés à croire que la
partie inférieure de cet étage s'y trouve confondue
avec le calcaire de Givet; toutefois, ce point, comme
beaucoup d'autres, exige des recherches plus complètes.

Caractères paléontologiques. — Cet étage est riche en
fossiles. Outre certaines espèces qui y abondent, mais
qu'on retrouve ailleurs, notamment *Spirifer Verneuili.*
Atrypa reticularis, Orthis striatula et *Productus subaculeatus*, il en est d'autres qui paraissent lui appartenir en pro-
pre. Nous citerons particulièrement *Rhynchonella cuboïdes*, dont le nom a quelquefois servi à désigner l'étage,
Goniatites retrorsus, une autre grande goniatite que nous
croyons nouvelle, *Cardium palmatum*, qui, d'après
M. Gosselet, caractérise les schistes violets de l'assise
supérieure, *Camarophoria formcsa*, *Spirifer euryglossus,*
S. *lœvigatus, Davidsonia Verneuili* et *Receptaculites
Neptuni.*

2. SCHISTES DE LA FAMENNE.

Caractères minéralogiques. — Les schistes de la
Famenne sont plus ou moins feuilletés, quelquefois

micacés, gris bleuâtre dans la profondeur, devenant gris verdâtre sale vers la surface du sol, puis gris jaunâtre et finissant par se réduire en une terre argileuse ; certaines assises sont d'un brun violacé, comme dans l'étage précédent. Le plus souvent, surtout dans les variétés brun violet, ils se délitent en baguettes ou fragments allongés, terminés par des surfaces planes. Les fissures sont ordinairement colorées en noir brunâtre. On y trouve souvent des fossiles, particulièrement à l'état d'empreintes. On y rencontre aussi des lits de nodules de calcaire ou même des bancs de la même substance.

Caractères stratigraphiques. — Cet étage repose en concordance sur le précédent et en est souvent difficile à séparer. Il est surtout développé dans la Famenne et la Fagne ; il y a subi de nombreux plissements, de sorte qu'il est très-difficile d'évaluer sa puissance, mais elle est certainement considérable.

Caractères paléontologiques. — Les fossiles de cet étage sont assez nombreux, mais il est difficile d'en citer qui lui appartiennent exclusivement et ne soient pas des raretés. Nous trouvons *Orthis Dumonti* dans la liste donnée par M. Gosselet. Nous y ajouterons *Spirifer Murchisonanus*.

Certaines espèces sont très-répandues, notamment *Spirifer Verneuili* avec ses diverses variétés, *Atrypa reticularis, Orthis striatula, Athyris concentrica, Productus Murchisonanus* et *Acervularia pentagona.*

3. PSAMMITES DU CONDROZ.

Caractères minéralogiques. — Comme l'indique son

nom, cet étage est essentiellement formé de psammites.
qui, vers le bas, sont schistoïdes et passent ainsi aux
schistes précédents ; plus haut, ils deviennent stratoïdes plus souvent que massifs, passent au grès argileux et alternent par couches ou par assises avec des
lits de psammite schistoïde ou de schiste. Dans les
vallées, ou quand la roche est fraîchement mise à
découvert, sa couleur est gris bleuâtre, passant par
altération au gris verdâtre ; certains bancs sont rouges
ou violacés. Sur les plateaux du Condroz, où la roche
est altérée jusqu'à une assez grande profondeur, elle
est gris jaunâtre ou brunâtre clair et beaucoup moins
cohérente, souvent traversée de fissures pseudo-régu-
lières ; elle donne lieu à une terre plus légère que celle
des schistes de la Famenne, faisant à peine pâte avec
l'eau.

Ces psammites contiennent quelquefois un peu de
calcaire ; on y trouve même, dans certaines localités,
notamment au voisinage du calcaire carbonifère, des
bancs de macigno ou même de calcaire quartzifère gris
bleuâtre, étincelant sous le choc du marteau. Ils renferment beaucoup de paillettes de mica, de couleur
variable, particulièrement accumulées sur les joints de
stratification, et tellement abondantes dans certains
lits minces, que la roche n'est guère composée que de
cette substance et de grains de quartz, mais elle est
loin d'avoir la cohérence des micaschistes. La surface
des bancs présente de nombreuses rides (*ripple-marks*)
dues au mouvement des eaux, des empreintes ou des
concrétions allongées, souvent ramifiées, que l'on peut
attribuer à des fucoïdes et quelquefois, d'autres concrétions allongées, non ramifiées, à coupe subtrigone, qui

semblent être la trace laissée par quelque animal. Enfin, Dumont y a signalé, à Chabaufosse (Vierset), un lit d'anthracite terreuse, à cassure conchoïde, terne ou luisante.

Caractères stratigraphiques. — Cet étage repose en stratification concordante sur le précédent. Particulièrement développé dans le Condroz et le nord de l'Entre-Sambre-et-Meuse, il y forme un certain nombre de plis dont les voûtes forment des collines longitudinales, tandis que les bassins sont occupés par le calcaire carbonifère, qui reste généralement à un niveau inférieur.

Caractères paléontologiques. — Les fossiles ne sont pas communs dans les psammites du Condroz et leur état de conservation laisse beaucoup à désirer. On y a indiqué quelques empreintes végétales indéterminées. Comme fossiles animaux. nous ne pouvons guère citer que *Spirifer Verneuili, Athyris concentrica,. Rhynchonella Boloniensis* et *Productus subaculeatus.*

III. — Système carbonifère (1).

Les assises que nous comprenons sous ce nom correspondent à celles qui sont habituellement réunies sous celui de *terrain carbonifère.* Elles comprennent donc, outre l'ancien *terrain houiller* de M. d'Omalius

(1) Voir surtout les mémoires couronnés de Drapiez, de Cauchy, de Dumont et de Davreux; E. Bidaut : *de la houille et de son exploitation en Belgique, spécialement dans la province de Namur, avec une carte géologique;* Brux. 1837, in-4º. — Id. : *Études minérales. Mines de houille de l'arrondissement de Charleroy;* Brux., 1845, in-4º avec pl. — V. Bouhy : *De la houille, et en particulier, des diverses espèces de houille exploitées au couchant de Mons;* Mons, 1855, in-8º.

d'Halloy (1828) et de Dumont (1830), le membre supérieur de leur terrain anthraxifère, devenu, sur la carte géologique de la Belgique (1849) *l'étage calcareux du système condrusien*.

Nous le diviserons donc en deux étages : le *calcaire carbonifère*, correspondant à l'étage calcareux condrusien, et l'*étage houiller*, correspondant à l'ancien terrain du même nom. Ce dernier sera lui-même divisé en deux assises, d'importance fort inégale : l'inférieure, formée d'ampélite et de phthanite, la supérieure, ou houiller proprement dit, de psammites et de schistes avec houille. Cette distinction est, du reste, fort ancienne, et l'impossibilité de la représenter sur la carte géologique est sans doute la seule raison pour laquelle Dumont ne l'a pas fait figurer dans sa légende.

1. CALCAIRE CARBONIFÈRE (1).

Caractères minéralogiques. — Le calcaire carbonifère de la Belgique constitue un étage puissant, intimement lié aux psammites du Condroz vers le bas, et se distinguant des calcaires devoniens que nous avons passés en revue, par divers caractères assez tranchés. Sa couleur habituelle varie du gris au gris bleuâtre, clair ou foncé, mais elle peut passer au blanchâtre ou même au noir pur ; souvent compacte ou subgrenu, très-rarement oolithique, il renferme, vers le bas, une assise remplie de fragments clivables, gris bleu foncé,

---

(1) Cet étage a été désigné, par M. d'Omalius d'Halloy, jusque en 1862, sous le nom de *calcaire de Visé*, lequel comme nous allons le voir, est pris ordinairement dans un sens plus restreint.

de colonnes de crinoïdes, qui le rendent sublamellaire et lui ont valu le nom, fort impropre d'ailleurs, de *petit granit;* et vers le haut, une autre assise à stratification ordinairement indistincte, souvent bréchiforme. On y trouve, à diverses hauteurs, des rognons, tantôt presque imperceptibles, tantôt assez volumineux et aplatis (que les ouvriers appellent cloux ou *flin*), ou même des bancs de concrétions siliceuses que l'on a désignées depuis longtemps par l'expression collective de phthanites, quoique la plupart se rapportent au silex ou au jaspe et quelques autres à la meulière.

Le calcaire est ordinairement en bancs bien distincts, d'épaisseur variable, superposés ; quelquefois ils sont séparés par un peu de schiste gris ou noir, ou par des enduits anthraciteux, et rarement (vers le haut), par des lits de cette substance ou de houille très-maigre. Il renferme une proportion fort variable de matières siliceuses ou argileuses; par suite des altérations superficielles, on trouve parfois les fentes recouvertes, sur une certaine épaisseur, d'une matière grise, terreuse, résidu laissé par la dissolution du carbonate de calcium, et qui doit être rapportée au tripoli. Le têt des fossiles est plus résistant; il fait saillie à la surface, et on peut quelquefois les extraire aisément entiers et bien conservés. C'est ce qu'on voit notamment à Tournay.

On y rencontre aussi de la dolomie, surtout à la partie moyenne de l'étage. Elle est plutôt grenue que cristalline, à éclat nacré peu prononcé, gris brunâtre, subcelluleuse, de cohérence fort variable; sa stratification est souvent peu distincte; elle est souvent traversée de fissures perpendiculaires aux couches, lesquelles donnent lieu à des escarpements verticaux ruiniformes, comme on en voit de beaux exemples dans les rochers pittoresques de la vallée de la Meuse, entre Namur et Huy. Les affleurements de cette roche se distinguent aisément à leur teinte noirâtre et aux cavités qu'ils présentent souvent.

La dolomie étant ordinairement stratifiée ou alternant avec des couches calcaires, doit être considérée comme neptunienne. Certaines masses paraissent cependant liées à des éjections geysériennes et seraient plutôt métamorphiques.

Division. — La première division du calcaire carbonifère est due à A. Dumont qui, dès 1830, avait montré qu'il se compose d'une assise inférieure, caractérisée par le calcaire à crinoïdes ou petit granit, d'une assise moyenne, formée par la grande masse dolomitique, enfin d'une seconde assise calcaire. Ces trois subdivisions figurent dans la légende de la carte géologique, dans laquelle cet étage est indiqué comme formé de *calcaire à crinoïdes,* de *dolomie* et de *calcaire à Productus* (le silex et l'anthracite n'étant que des roches accessoires ou accidentelles). Il est assez curieux de voir Dumont caractériser le calcaire supérieur par la présence des Productus, ce genre y étant abondamment représenté, tant en individus qu'en espèces, bien qu'il se trouve aussi dans le calcaire inférieur.

Il est bon d'ajouter que Dumont considérait la dolomie comme ayant le plus de rapports avec le calcaire à crinoïdes, ce qui permettait une division en deux sous-étages seulement.

Un peu plus tard, M. De Koninck, en faisant con-

naître les fossiles de cet étage (1), y reconnut deux
faunes possédant chacune un bon nombre d'espèces
particulières ; le type de la première est à Tournay,
celui de la seconde, à Visé. Cet habile paléontologiste
émit l'idée qu'elles appartenaient à deux formations
contemporaines, mais déposées dans des bassins différents ; c'est là ce qu'il a appelé *calcaire de Tournay* et
calcaire de Visé, divisions qui correspondent aux deux
calcaires de Dumont. En 1847 il abandonna cette
opinion, mais ne s'étant pas occupé de l'étude stratigraphique de ce terrain, il fut amené, par l'examen du
gisement de certaines espèces en Russie, à considérer
le calcaire de Tournay comme le plus récent et celui
de Visé comme le plus ancien (2). En 1859 (3), ce
savant revint à sa première opinion, de deux **bassins**
séparés contemporains, en ajoutant **que** l'un ne serait
représenté que par Visé, tandis que l'autre compren-
drait tout le reste de notre calcaire carbonifère.

L'année suivante, M. Gosselet (4) reconnut sur le
terrain l'exactitude de l'opinion émise par Dumont. Il
constata l'existence de deux calcaires, séparés par
une assise dolomitique et renfermant, l'inférieure, le
calcaire à crinoïdes et la faune de Tournay, le supérieur, la faune de Visé. Cet habile observateur alla plus
loin, et ayant reconnu sur beaucoup de points, des

(1) *Description des animaux fossiles du terrain carbonifère de Be.-
gique;* Liége, 1842-1844 ; p. 620.

(2) *Monographie des genres Productus et Chonetes;* Liége, 1847;
p. 250.

(3) *Mémoire sur les genres et ies sous-genres de Brachiopodes munis
d'appendices spiraux*, par Davidson, traduit et augmenté de notes, par
De Koninck ; *Mém. de la Soc. des sciences de Liége;* 1859, t. XIV.

(4) *Mémoire sur les terrains primaires de la Belgique*, etc., p. 98 et
suivantes.

caractères minéralogiques et paléontologiques spéciaux,
il en forma diverses assises qu'il résuma dans le tableau
suivant, où l'on voit en outre la dolomie rattachée
au calcaire de Visé, contrairement à ce que pensait
Dumont.

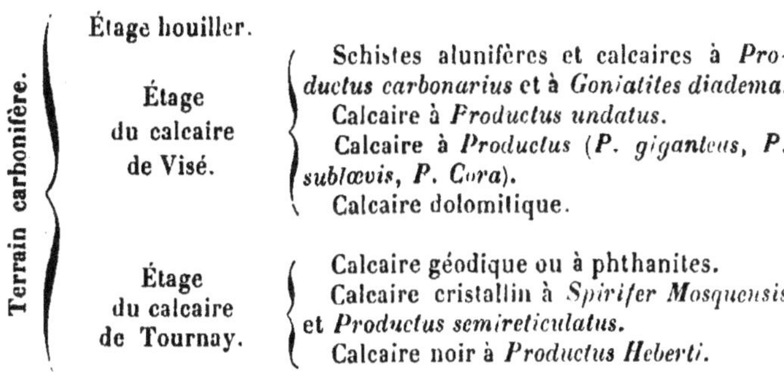

Pour compléter la série, il faut ajouter au bas de ce
tableau, une assise sur laquelle le même géologue avait
appelé l'attention, sous le nom de *calcaire d'Etrœungt*
et qu'il préférait joindre aux psammites du Condroz ;
elle constitue, en effet, le passage d'un étage à l'autre.
Elle est formée de schistes ou de psammites schistoïdes, alternant avec des calcaires plus ou moins purs,
et sa faune renferme à la fois des espèces carbonifères
et d'autres dévoniennes.

L'année suivante, M. Ed. Dupont (1) commença la

<hr>

(1) *Notice sur les gites de fossiles du calcaire carbonifère des bandes
de Florennes et de Dinant;* 1861, *Bulletin de l'Académie des sciences de
Belgique,* t. XII, p. 293. — *Sur le calcaire carbonifère de la Belgique et
du Hainaut français;* 1863, ; *Ib.,* t. XV, p. 86. — *Notice sur le marbre
noir de Bachant (Hainaut français);* 1864; *Ib.,* t. XVII, p. 181.
Essai d'une carte géologique des environs de Dinant; 1865; *Ib.,*
t. XX, p. 616, et *Bull. Soc. géol. de France,* 1867, t. XXIV, p. 669. —
Voir aussi le *Compte rendu de la session extraordinaire de la Société
géologique de France à Liége ; Bull. Soc. géol.,* 1865, t. XX, p. 830-873.

belle série de travaux qu'il a successivement publiés sur le même sujet. Dans un premier mémoire il fit connaître les nombreux fossiles qu'il avait recueillis aux environs de Dinant. Ils appartiennent aux deux faunes de Visé et de Tournay, sans représenter exactement ni l'une ni l'autre. Aussi M. d'Omalius d'Halloy (1) se montre disposé à y voir comme une division moyenne. M. Dupont entra ensuite dans la voie ouverte par M. Gosselet : il retrouva dans notre calcaire carbonifère six assises qui correspondent généralement à celles de ce dernier géologue, et il en fit connaître d'une manière plus précise les caractères et la disposition. Dans son dernier travail, il résume ses observations par le tableau suivant, qui mérite d'être reproduit en entier, quoique fait spécialement pour les environs de Dinant. Nous ajouterons seulement, avec l'auteur, que « les petits groupes de couches énumérées ci-après ne se représentent pas dans tout notre grand bassin carbonifère avec une complète identité de caractères; il y a quelquefois des différences locales assez prononcées, mais elles ne portent que sur les caractères secondaires : les assises conservent partout leurs particularités distinctives les plus importantes. »

Assise I. — Calcaire à crinoïdes, avec schistes argileux et une faune composée d'espèces devoniennes et carbonifères à la base, sans schistes et à faune complètement carbonifère à la partie moyenne; avec phthanites à la partie supérieure.

(Puissance approximative 150 mètres).

(1) *Abrégé de géologie;* Bruxelles, 1862, p. 516.

Partie inférieure.

a) Schistes grossiers et psammites calcarifères stratoïdes.

b) Calcaire à crinoïdes très-argileux, dont les bancs sont entourés de schistes.

c) Schistes fissiles à *Spirifer mosquensis* (variété aplatie), *S. octoplicatus, S. Verneuili, Orthis crenistria* (var. *Umbraculum,* de Kon), etc.

Partie moyenne.

d) Calcaire à crinoïdes à stratification souvent confuse. Les schistes ont complètement disparu. Le fossile le plus caractéristique est un polypier voisin du *Cyathophyllum plicatum,* Goldf.

e) Calschiste noir très-fossilifère. *Spirifer mosquensis, Chonetes variolata,* etc. C'est le niveau exact des calcaires à chaux hydraulique de Tournay.

f) Calcaire à crinoïdes exploité comme pierre de taille. Quelques bandes de phthanites y apparaissent accidentellement. *Spirifer mosquensis* (var. bombée), *Orthis arachnoïdea,* etc.

Partie supérieure.

g) Calcaire à crinoïdes dolomitique, très-cohérent, avec nombreuses bandes de phthanites épais, parallèles à la stratification et *pétris de crinoïdes* creuses.

Assise II. — Calcaire à cassure largement conchoïde, généralement noir dans toute l'épaisseur de ses couches.

(Puissance approximative 60 mètres).

Partie inférieure.

a) Calcaire gris violâtre, très-compacte, contenant accidentellement des rognons de phthanite noir. Je n'y ai pas encore recueilli de fossiles.

Partie supérieure.

b) Calcaire noir, très-compacte, à bancs d'épaisseur variable, depuis 0m001 jusque 0m50. Phthanites noirs, en bandes peu épaisses. *Pecten in termedius,* n. sp. de Vern., etc. Longs filaments noirs en relief qui sont des vestiges de plantes marines.

Assise III. — *Calcaire gris à veines bleues, à Spirifer,*
mosquensis à la base, à *Orthis resupinata* à la partie
supérieure.

(Puissance approximative 100 mètres).

Partie inférieure.

a) Calcaire subcompacte, blanc grisâtre, avec grosses crinoïdes laminaires, passant à un calcaire gris bleuâtre sale avec petits points cristallins.

b) Calcaire siliceux à veines bleues, *Fenestella plebeia* et *Spirifer mosquensis* (variété bombée à ailes un peu allongées. Il est voisin de la variété appelée *S. princeps* par Sowerby).

c) Dolomie siliceuse très-cohérente avec veinules rouges.

d) Calcaire à veines bleues à *Productus Flemingi*.

Partie supérieure.

e) Calcaire subcompacte gris, à veines bleues et blanches, avec nombreuses *Orthis resupinata*, etc.

f) Calcaire à crinoïdes très-petites, avec phthanites à *crinoïdes non creuses*.

Assise IV. — Calcaire gris souvent magnésien, dont
un groupe des couches est rempli de noyaux spathiques
radiés. *Spirifer striatus, S. cuspidatus*, etc.

(Puissance approximative 100 mètres).

Partie inférieure.

a) Calcaire dolomitique crisallin, à *Conocardium alæforme*.

b) Calcaire à noyau spathiques radiés, avec nombreux *Amplexus coralloïdes* et *Rhynchonella pleurodon*.

Partie supérieure.

c) Dolomie grise, très-cohérente, à gros grains.

d) Calcaire gris blanchâtre, à cassure esquilleuse.

Assise V. — Calcaire à grands évomphales (*Euom-*

phalus œqualis, E. acutus, etc.). Noir compacte à la base, dolomitique à la partie supérieure. Il est ordinairement traversé en tous sens par des fissures.

(Puissance approximative 100 mètres).

Partie inférieure.

a) Calcaire compacte noir, coupé par de nombreuses fissures transversales. Bande de *Phthanites calcarifères* et de grands évomphales.

b) Calcaire gris, avec crinoïdes laminaires.

Partie supérieure.

c) Dolomie noirâtre en bancs épais, alternant avec des bancs plus calcareux et des veines de dolomie pulvérulente gris noirâtre. *Cyrtina carbonaria, Harmodytes catenatus,* grands évomphales.

d) Calcaire magnésien avec géodes.

e) Dolomie et calcaire, avec grands évomphales, *Productus cora Chonetes comoïdes,* etc.

f) Calcaire dolomitique blanchâtre avec grains grisâtres cristallins et les grands évomphales, etc.

Assise VI. — Calcaire de nuances et de structures très-variées; à stratification confuse. *Productus Cora, P. giganteus,* etc.

(Puissance approximative 250 mètres).

Partie inférieure.

a) Calcaire à cassure esquilleuse, blanc passant au gris et au bleu avec grains cristallins grisâtres ; calcaire à *Productus Cora.*

b) Calcaires de nuances et de structures très-diverses : noirs compactes, à veines bleues, dolomitiques, etc. Ces couches résument donc en quelque sorte toute la série précédente. *Productus undalus,* etc.

Partie supérieure.

c) Calcaire bréchiforme dont la pâte est blanche, rouge, noire, etc. *Productus giganteus, Chonetes comoïdes.*

d) Calcaire très-compacte, noir, en bancs de 0ᵐ02 à 0ᵐ50 avec phthanite noir bien homogène et des nodules de *phthanites gris jaunâtres à zones concentriques plus claires.*

e) Calcaire à crinoïdes laminaires. *Productus giganteus,* etc.

f) Calcaire compacte noir verdâtre avec traces de pyrite et autres sulfures et des couches d'anthracite.

Le calcaire carbonifère de notre pays présenterait

ainsi une puissance de 800 mètres, sur les points ou il est le mieux développé. On aura remarqué que la dolomie et les phthanites s'y montrent à différents niveaux.

Il est facile de reconnaître que l'assise VI de M. Dupont correspond au calcaire à *Productus* et l'assise V, à la dolomie de Dumont. Il est moins aisé de dire ce que sont les autres subdivisions.

Lors de la réunion de la Société géologique de France à Liége, nous avons eu l'occasion de nous expliquer sur ce point et nous n'avons rien à changer. Prises en gros les assises I à IV représentent le calcaire à crinoïdes de Dumont. Ce serait là un grand progrès; mais M. Dupont ne l'entend pas ainsi. Suivant lui, il a introduit trois assises nouvelles : Dumont n'aurait connu que la première dans la province de Liége et se serait trompé en croyant la retrouver ailleurs. Cela tient aux *lacunes* admises par M. Dupont. Le calcaire carbonifère ne serait complet que dans la zone méridionale ou massif de Falmignoul; quand on s'avance vers le Nord, on voit manquer une ou plusieurs assises, et ces *lacunes*, de plus en plus considérables, sont disposées par zones, de telle sorte que la puissance des bandes et le nombre de leurs assises diminuent simultanément du midi vers le nord. M. Dupont admet néanmoins que partout les assises en contact sont en concordance de stratification. Une petite carte, jointe au compte-rendu, indique la composition des diverses zones.

Si toutes nos couches carbonifères sont en concordance, si elles se sont déposées dans un même bassin constamment immergé, l'existence de ces lacunes d*e*vient un effet sans cause appréciable, et avant de les admettre, il faudrait en avoir des preuves incontestables. Ces preuves, nous ne pouvons les tirer des arguments invoqués : les caractères pétrographiques sont trop variables et les fossiles sont trop rares sur la plupart des points.

On trouvera dans le compte-rendu de la même réunion un mémoire où M. Horion annonce avoir reconnu, dans le calcaire à Visé, un étage inférieur présentant la plupart des variétés de calcaire qui appartiennent aux assises I à IV de M. Dupont et les fossiles des assises III à V, peut-être même I à V. M. Dupont conteste ces résultats, qui nous paraissent aussi difficilement admissibles.

Caractères paléontologiques. — Le calcaire carbonifère de la Belgique a fourni, d'après M. Dupont, un millier d'espèces fossiles ; les listes qui en ont été publiées sont cependant encore loin de fournir ce nombre. Les recherches des paléontologistes ont été singulièrement facilitées par le grand nombre de carrières ouvertes sur ce terrain et par le soin avec lequel les ouvriers de certaines localités recueillent les fossiles pour les vendre aux collectionneurs. Autrement, la plupart des points ne fourniront à l'observateur qu'un nombre d'espèces très-restreint.

Nous ne sommes pas encore à même de donner la répartition de ces fossiles pas assises : nous devrons nous contenter de reproduire les listes données par M. De Koninck. En attendant, nous indiquerons ici, en grande partie, d'après les ouvrages de ce savant, les principales espèces du calcaire de Tournay et du calcaire de Visé.

Calcaire de Tournay.

Phillipsia pustulata.

—

Nautilus cariniferus.
» multicarinatus.
Orthoceras subcanaliculatum.
Cyrtoceras cinctum.
Gyroceras Ægoceros.
Goniatites Belvalianus.
» rotatorius.

—

Chemnitzia curvilinea.
» elongata.
» gracilis.
Euomphalus tabulatus.
» tuberculatus.
Pleurotomaria Benedeniana.
» Cauchyana.
» nobilis.
» quadricincta.
» radula.
» Ryckholtiana.
» Sowerbyana.
» Yvani.
Murchisoria Sedgwickiana.
Bellerophon Duchasteli.

Bellerophon phalœna.
Chiton cordifer.
» priscus.
Dentalium priscum.

—

Solemya Puzosiana.
Cypricardia transversa.
Cardiomorpha Archiaciana.
» Puzosiana.
Pecten mactatus.

—

Productus Heberti.
Orthis arachnoïdes.
Spirifer cuspidatus.
» Mosquensis.
Athyris Roissyi.
» squammigera.

—

Fenestella plebeïa.
Gorgonia ripisteria.

—

Syringopora laminosa.
Cyathaxonia Cornu.
Cyathophyllum mitratum.

Calcaire de Visé.

Cythere Phillipsiana.
Phillipsia globiceps.

—

Nautilus cyclostomus.
» oxystomus.
Orthoceras calamus.
Goniatites sphaericus.
» striatus.

—

Chemnitzia scalaroïdea.
» rugifera.
Nerita ampliata.

Euomphalus Catillus.
» fallax.
» lepidus.
» pugilis.
Pleurotomaria Eliana.
» gemmulifera.
» limbata.
» sculpta.
» tornatilis.
Murchisonia abbreviata.
» Humboldtiana.
Porcellia Verneuili.

Bellerophon canaliferus.
»   costatus.
»   Dumonti.
»   Ferussaci.
»   tenuifascia.
Patella Pileus.
Chiton gemmatus.

—

Cypricardia rhombea.
Conocardium irregulare.
»   trigonale.
Cardiomorpha elongata.
»   oblonga.
Arca arguta.
Avicula Dumontiana.
Posidonomya vetusta.

—

Productus fimbriatus.
»   giganteus.
»   latissimus.

Productus Medusa.
»   plicatilis.
»   proboscideus.
»   punctatus.
»   striatus.
»   undatus.
Chonetes Buchiana.
»   comoïdes.
»   concentrica.
»   papilionacea.
Orthis Keyserlingana.
»   Konincki.
Spirifer bisulcatus.
»   convolutus.
»   crassus.
»   duplicicosta.
Rhynchonella angulata.
»   rhomboïdea.

—

Lithrostrotion fasciculatum.

Caractères stratigraphiques. — Le calcaire carbonifère repose en stratification concordante sur les psammites du Condroz, auxquels il passe par alternances, de manière à rendre très-difficile la détermination de la limite précise des deux systèmes.

Il forme, dans le bassin méridional de notre terrain anthraxifère, des bandes dont le nombre varie suivant les localités, par suite de la division ou de la fusion de quelques-unes d'entr'elles. Il est à remarquer toutefois que ces bandes ne s'étendent pas sur toute la longueur du bassin : la partie orientale de l'Entre-Sambre-et-Meuse, a subi un relèvement transversal qui les a fait disparaître lorsque le pays a pris sa forme actuelle ; de sorte que l'on peut y traverser le bassin sans rencontrer le calcaire carbonifère.

Ces bandes constituent des bassins plus ou moins disloqués, emboîtés dans les psammites du Condroz. Il en résulte que le calcaire dont il s'agit se trouve toujours au contact des psammites ou de l'étage houiller, tandis que les calcaires devoniens sont tous renfermés dans des schistes, eifeliens ou famenniens. Il n'y a d'exception que dans les cas très-rares où une faille a mis le calcaire carbonifère en contact avec une assise inférieure aux psammites, comme on peut le voir sur le Hoyoux.

La puissance de l'étage diminue du midi du bassin au nord ou à l'est.

2. ÉTAGE HOUILLER.

Ce système est peu développé dans le bassin du Condroz. Nous en traiterons plus au long en parlant du bassin de Namur, nous bornant ici à dire qu'il se compose de phthanites, de psammites et de schistes, semblables à ceux de nos grands bassins houillers, et dans lesquels on trouve parfois quelques couches minces de houille maigre.

Il forme dans cette région les petits bassins de Florenne, d'Anhée, d'Assesse, de Bois, de Bende, de Modave et de Linchet. Aujourd'hui toutes les exploitations y sont abandonnées.

BASSIN DE NAMUR.

Les caractères que nous venons de rencontrer dans le massif méridional du terrain anthraxifère de la Belgique se présentent avec des modifications notables dans le massif septentrional, que nous avons appelé bassin de Namur. Nous nous dispenserons de passer en revue les discussions soulevées à cette occasion : on peut les trouver dans les publications que nous avons citées plus haut ; nous nous bornerons à exposer les particularités que présente chaque étage.

I. — Système eifelien.

1. POUDINGUE DE BURNOT.

L'étage du poudingue de Burnot se présente avec des caractères qui ne permettent pas de le méconnaître. Il repose en stratification discordante sur les massifs siluriens du Condroz et du Brabant ; lorsque le contact n'est pas visible, ce qui est le cas habituel, cette discordance s'accuse en ce que le terrain silurien est fortement redressé et disloqué, tandis que l'étage de Burnot l'est beaucoup moins, de même que les autres étages anthraxifères. Sur le bord septentrional du bassin, notamment, tous les étages se succèdent régulièrement, avec une faible inclinaison vers le midi, laquelle augmente graduellement de 10 à 25° environ.

Nous avons dit plus haut que cette discordance a perdu sa valeur, comme élément de classification, depuis que le terrain ardoisier a été reconnu comme silurien et non comme rhénan. Nous ajouterons que, suivant nous, le contact entre ces deux terrains est le résultat de failles, qui ont produit cette série de contacts anormaux que l'on observe entre les deux terrains. En effet, une partie de la série anthraxifère est presque toujours supprimée.

Ainsi, le poudingue de Burnot ne s'observe guére, sur le bord septentrional, qu'à Horrues et à Alvaux. Sur le bord méridional, il est mieux représenté ; mais quand on tient compte de sa disparition fréquente et que l'on compare sa faible puissance (elle ne dépasse jamais 100 mètres), à celle qu'on lui trouve de l'autre côté du massif silurien, il est difficile de ne pas croire qu'une partie de cet étage a été supprimée par une faille qui, à côté de là, supprime successivement jusqu'à une partie de l'étage houiller. Sur ce point nous sommes d'accord avec M. Gosselet et autres bons observateurs.

2. SCHISTES ET CALCAIRES DE COUVIN.

Cet étage paraît manquer dans tout ce bassin comme sur la plus grande partie du pourtour du massif du Condroz.

3. CALCAIRE DE GIVET.

Les différences les plus prononcées s'observent vers le nord, où l'étage est, d'ailleurs, le plus facile à observer.

De ce côté, on trouve au-dessus du poudingue de Burnot, une assise assez considérable de bancs calcaires d'épaisseur moyenne, quelquefois séparés par des lits de calschiste noirâtre. Elle appartient au calcaire à stringocéphales, dont elle renferme les principaux fossiles : *Stringocephalus Burtini, Murchisonia bilineata* et *Euomphalus trigonalis*. Cette assise est fréquemment supprimée par la faille dont nous avons parlé ; elle n'est guère reconnue qu'à Horrues, à Humerée et à Alvaux.

L'âge des assises qui suivent est encore contesté. Il y a quelques années, nous avons émis, d'une façon très-dubitative, l'opinion que la première correspondrait à l'étage de Frasnes : aujourd'hui cette manière de voir nous semble peu probable, mais, pour ne rien aventurer, nous allons les faire connaître sommairement, sans rien préjuger.

ROCHES ROUGES ET GRISES DE MAZY.

Cet étage, qui succède au précédent, est divisible en deux assises bien distinctes.

L'assise inférieure est formée de poudingue, de grès et de schistes rouges, dont les caractères rappellent singulièrement les roches analogues de l'étage de Burnot ; ils s'en distinguent cependant d'une manière tranchée. Ainsi, le grès ou le psammite rouge passe au macigno de même couleur, quelquefois bigarré de verdâtre, ou même au calcaire compacte, ordinairement jaunâtre ou rougeâtre, uniforme ou plus ou moins bigarré. Le poudingue lui-même renferme parfois des cailloux assez volumineux de calcaire, lesquels doivent provenir de l'étage précédent. Enfin, les fossiles que l'on rencontre dans cette assise, *Spirifer Verneuili* et *Rhynchonella boloniensis*, ne nous permettent pas de la faire descendre au-dessous du calcaire de Givet. Néanmoins, tout l'étage est colorié comme étage de Burnot sur les cartes géologiques de Dumont. M. d'Omalius d'Halloy a émis la même opinion et il la conserve encore.

L'assise supérieure se lie intimement à l'inférieure. Elle commence par des schistes gris brun ou gris, qui se chargent de calcaire et renferment quelques fossiles que l'on rapporte aussi au devonien supérieur. Puis apparaissent quelques bancs de dolomie brunâtre, cristalline, subcelluleuse, avec traces de polypiers ; c'est un assez bon horizon. Au-dessus viennent de nouveaux schistes gris, généralement feuilletés, plus puissants que ceux de la base et renfermant quelques bancs de psammite ou de grès.

CALCAIRES DE RHISNES.

On rencontre ensuite une série de calcaires gris bleu plus ou moins foncé ou même noirs, fréquemment argileux, que nous comprenons sous le nom de *calcaires de Rhisnes*. M. Gosselet y a indiqué trois subdivisions.

A la base se trouve le *calcaire noduleux de Rhisnes*, gris bleuâtre, plus ou moins argileux, en bancs d'abord juxtaposés, puis séparés par des lits de calschiste qui augmentent d'épaisseur et finissent par ne plus renfermer que des rognons calcaires. On y trouve des polypiers et autres fossiles, notamment *Spirifer Verneuili*, *Rhynchonella boloniensis* et *Productus subaculeatus*.

Vient ensuite le *calcaire de Golzinne*, noir bleuâtre ou même noir, compacte, à cassure conchoïde, prenant un beau poli et exploité comme marbre ; il est en bancs peu puissants, contigus ou séparés par des lits de calschiste simple, gris brunâtre, devenant gris de fumée par altération, quelquefois par des bancs calcaires irréguliers, non susceptibles d'exploitation. Il est extrêmement pauvre en fossiles.

Au-dessus viennent des calcaires purs ou magnésiens, noduleux ou non, coquillers, avec dolomie grise, à grains fins : c'est le *calcaire de la ferme Fanué*. On y trouve, entre autres fossiles, *Spirifer Verneuili*, *Rhynchonella boloniensis* et *Productus subaculeatus*.

Tous ces calcaires sont représentés sur la carte géologique de la Belgique, par la teinte du calcaire de Givet. M. d'Omalius d'Halloy partage sur ce point la manière de voir de Dumont.

Ajoutons que les contacts avec l'assise suivante ne sont pas assez nets ou assez explorés pour qu'on ne puisse admettre qu'il soit possible d'y retrouver une nouvelle assise.

II. — Système famennien.

2. SCHISTES DE LA FAMENNE.

On arrive ensuite à une assise bien reconnaissable pour notre second étage famennien. Cet étage est peu développé, mais il se présente avec les mêmes caractères minéralogiques et paléontologiques que dans le bassin du Condroz, sauf la présence de l'oligiste oolithique. Cette roche, dont l'exploitation a pris une si grande extension, se trouve vers la partie supérieure, où elle forme ordinairement trois à cinq couches séparées par un peu de schiste. Elle est formée d'oligiste lithoïde, rouge plus ou moins violacé, subluisant, en grains à couches concentriques, de la grosseur d'une tête d'épingle, cimentés par de l'oligiste terreux plus ou moins souillé de matières quartzeuses ou argileuses. Ces couches, parfaitement parallèles aux autres et fossilifères, acquièrent quelquefois une épaisseur de plus d'un mètre. Elles sont quelquefois traversées par des filons métallifères qui les ont transformées en pyrite, etc., sur une certaine épaisseur.

4. PSAMMITES DU CONDROZ.

Cet étage se présente ici avec les caractères que nous lui avons vus dans l'autre bassin ; il est seulement beaucoup moins puissant. On y a trouvé, sur les deux bords du bassin, un fossile particulier, qui a été cité comme *Cucullœa Hardingi ;* mais il n'appartient pas à cette famille.

Les deux étages précédents se continuent avec assez de régularité entre les calcaires devoniens et le calcaire carbonifère. Néanmoins, ils sont quelquefois supprimés, probablement par suite de failles. C'est sans doute pour cette raison que l'oligiste n'apparaît point dans la coupe de l'Ornoz, ni dans celle de la Méhaigne.

III. — Système carbonifère.

1. CALCAIRE CARBONIFÈRE.

Le calcaire carbonifère inférieur ou à crinoïdes est peu développé dans tout ce bassin ; en d'autres termes,

M. Dupont y constate de grandes lacunes qui portent souvent sur ses quatre premières assises. Sa puissance s'accroît considérablement vers l'ouest. C'est dans ce calcaire inférieur que sont ouvertes les importantes carrières de Feluy, des Ecaussines, de Soignies, d'Ath et de Tournay.

Les divers étages que nous venons de voir, forment, sur le bord septentrional du bassin, une série régulière, peu inclinée vers le midi et dépourvue de plissements notables. Ils se répètent symétriquement de l'autre côté de l'étage houiller, toutefois avec certaines différences. L'étage du poudingue de Burnot est très-reconnaissable; il est recouvert du calcaire de Givet. Mais les roches rouges et grises de Mazy n'ont pas encore été bien distinguées, de sorte que tous les calcaires devoniens y sont plus ou moins confondus en une seule bande que Dumont a figurée comme calcaire eifelien. Elle rappelle la composition du même calcaire dans la partie orientale ou septentrionale du massif du Condroz ; on y trouve de même vers le haut quelques bancs de schistes, puis quelques calcaires, ordinairement noduleux, qui représentent tout ou partie de l'étage de Frasne : M. Malaise y a trouvé *Rhynchonella cuboïdes* à Engis.

Au-dessus se rencontrent les schistes de la Famenne et les psammites du Condroz, un peu plus développés que sur l'autre bord. L'oligiste oolithique s'y retrouve vers le haut des schistes; il constitue donc un profond bassin, renfermant les assises supérieures.

Le massif de la Vesdre, qui forme le prolongement de ce bord vers l'est, présente la même composition ; seulement l'oligiste oolithique n'y est pas exploitable.

On y a trouvé *Rhynchonella cuboïdes* à Chaudfontaine.

2. Étage houiller.

L'étage houiller de la Belgique peut être subdivisé en deux parties. L'inférieure, ou sans houille, est peu développée, et ses minces affleurements ne peuvent être figurés sur la carte géologique ; la supérieure, ou étage houiller proprement dit, occupe donc à peu près tout l'espace colorié sur cette carte de la teinte grise H.

A. Étage sans houille.

Cette formation n'est représentée chez nous que par des phthanites et de l'ampélite alunifère.

Les *phthanites* sont gris ou noirâtres, feuilletés ou massifs, à cassure conchoïde, subluisante ou terne ; ils passent, d'une part, au quartzite et au jaspe ou au silex, d'autre part au psammite et au schiste. Ils renferment quelquefois des cavités produites par la disparition de fossiles, tels que fragments de crinoïdes et polypiers. Par altération à l'air, la structure feuilletée se développe et ils finissent par se décolorer.

On les rencontre particulièrement dans la partie NE. de la province de Liége et dans le bassin de Mons, où ils atteignent une puissance d'une soixantaine de mètres. On y trouve fréquemment *Posidonomya Becheri*, Bronn, et M. Briart y a rencontré un *Productus*.

Une partie de ces roches est réunie par M. Gosselet au calcaire carbonifère, dont, en effet, les derniers bancs renferment parfois des phthanites massifs, semblables à ceux qu'on retrouve au-dessus. Néanmoins la majeure partie nous semble devoir en être distinguée.

L'*ampélite alunifère* est un schiste charbonneux noir, à feuillets assez fins, imprégné de pyrite en grains ordinairement imperceptibles, plus apparents dans la cassure transversale. Par la calcination les matières charbonneuses disparaissent et le résidu est fortement coloré en rouge ; on l'a exploité ainsi pour la fabrication de l'alun. On l'observe particulièrement sur les bords de la Meuse, où il forme, de chaque côté de l'étage houiller proprement dit, une bande mince, qui dépasse rarement 25 mètres de puissance. Elle est ordinairement séparée du calcaire par un banc de psammite, et elle renferme quelques lits argileux, dont le supérieur contient des noyaux de calcaire noir, exhalant une odeur très-fétide sous le choc du marteau et remplis de coquilles marines, où dominent *Goniatites Diadema* et *G. atratus.* On y trouve aussi des concrétions singulières, en forme de cornets ou de pyramides emboîtées, qui ont été prises pour des polypiers.

Nous donnons ici la liste des espèces que M. de Koninck y a rencontrées.

Campodus Agassizianus, de Kon.	*Nautilus Stygialis*, de Kon.
Palæoniscus striolatus, Ag.	*Goniatites Diadema*, Goldf. *sp.*
Megalichthys Agassizianus, de Kon.	» *atratus*, Goldf. *sp.*
Orthoceras dilatatum, de Kon.	*Avicula sp. n.*
» *Koninckanum*, d'Orb.	*Mytilus ampeliticola*, de Ryck.
» *pygmæum*, de Kon.	*Productus carbonarius*, de Kon.
» *strigillatum*, de Kon.	*Lingula parallela*, Phill.

M. Gosselet réunit l'ampélite à l'étage du calcaire carbonifère.

Dumont rangeait encore dans cet étage des grès ou plutôt des quartzites grisâtres ou noirâtres, avec empreintes végétales, que l'on rencontre surtout dans la partie NE. du bassin de Liége et qui sont encore plus remarquables près d'Aix-la-Chapelle. Nous les laisserions plus volontiers à la base de l'étage suivant : ils nous paraissent correspondre à sa partie sans houille dans la Westphalie (*Flötzleerer Sandstein*), que Dumont a coloriée comme houiller inférieur sur sa *Carte géologique de la Belgique et des provinces voisines*, et que nous considérons comme l'équivalent du *millstone grit* des Iles Britanniques.

B. ÉTAGE HOUILLER (PROPREMENT DIT).

Caractères minéralogiques. — Cet étage, si important pour notre pays, se compose de psammites et de schistes avec houille ; on y trouve accessoirement du poudingue, du grès et même de l'arkose.

Le poudingue houiller est formé de petits cailloux peu arrondis, dépassant rarement le volume d'un pois, de quartz blanc et de phthanite, de jaspe ou de silex ; ils sont réunis par un ciment psammitique plus ou moins abondant, peu micacé. En masse, sa couleur est gris noirâtre ; la présence de fragments de concrétions siliceuses le distingue des autres poudingues du pays.

Le psammite offre une composition analogue. Il est formé de grains de quartz blanc ou de phthanite gris ou noir, ordinairement de grandeur uniforme, réunis par une matière argileuse plus ou moins abondante, en bancs massifs, stratoïdes ou schistoïdes, fortement micacés, surtout à la surface, imprégnés d'un peu de fer carbonaté et renfermant souvent des empreintes végétales ; il n'est pas rare d'y voir des grains noirs, charbonneux, ou blancs, de feldspath kaolinisé. Sa couleur est le grisâtre plus ou moins foncé, mais elle devient brunâtre par altération, par suite de la décomposition du carbonate de fer et de sa transformation en hydrate ferrique. Il est assez fréquemment veiné de quartz, avec ou sans calcaire et de pholérite.

Le psammite passe souvent au grès argileux ; certains bancs pourraient même être pris pour du quartzite, les grains siliceux étant réunis par de la sidérose en masse extrêmement dure et tenace ; c'est ce que les mineurs ont appelé *clavai*. D'un autre côté, les grains de kaolin sont parfois assez abondants pour que Dumont ait cru devoir considérer la roche comme une arkose miliaire.

Le schiste houiller est ordinairement feuilleté, se délitant à l'air en fragments ou en feuillets, micacé, quelquefois quartzifère et passant au psammite schistoïde. Sa couleur varie du grisâtre au noir, suivant l'abondance des matières charbonneuses ; mais, comme il est également imprégné d'un peu de fer carbonaté, il devient plus ou moins brun par altération. La sidérose s'y trouve aussi en rognons disséminés, tenaces, à cassure terne, terreuse, grise, quelquefois veinés de blanc, rarement réunis en petites couches ; ces rognons, d'ailleurs fort impurs, sont quelquefois transformés en limonite massive ou géodique. On y rencontre de la pyrite, de la pholérite, etc. ; et surtout des empreintes végétales noires, surtout au voisinage de la houille. Les schistes du toit des couches de houille sont ordinairement bien feuilletés et les empreintes y sont bien conservées ; ceux du mur, au contraire, sont irréguliers et les feuilles y sont brisées et en mauvais état ; en outre, ils renferment des concrétions psammitiques ou schisteuses, allongées, à coupe ovale, aplatie, dont la surface est recouverte d'une mince couche de houille et porte de nombreuses impressions irrégulièrement disséminées : on les a considérées comme des troncs qui ont reçu le nom de *Stigmaria*, mais on a reconnu depuis que ce sont des racines (vraisemblablement de *Sigillaria*), ce qui explique leur position au mur de la houille.

Dumont a nommé schiste bitumineux une variété à feuillets courts, contournés, se divisant en fragments à surfaces courbes, noirs et luisants, renfermant une forte proportion de matières bitumineuses; elle se rencontre aussi au voisinage de la houille et renferme souvent de la pyrite ou de la sidérose.

La houille se présente en couches nombreuses, dont l'épaisseur atteint au plus deux mètres; elles sont ordinairement composées de lits stratoïdes ou schistoïdes, noirs et plus ou moins luisants, séparés par des enduits de même nature, terreux et ternes, ou par des lits de schiste imprégnés d'une forte proportion de matières charbonneuses; rarement compactes, ternes, luisantes ou comme satinées. Elles renferment, dans certaines localités, des fragments fibreux qui ressemblent à du charbon de bois (houille daloïde de Haüy). La variété compacte passe au jais et devient susceptible de recevoir le poli; quelques variétés sont irisées. Toutes se divisent par le choc en fragments qui affectent une tendance marquée à prendre la forme de parallélipipèdes, surtout de prismes rhomboïdaux.

Les variétés de composition sont nombreuses, depuis les houilles maigres, qui passent à l'anthracite, jusqu'aux houilles les plus grasses ou les plus riches en produits gazeux. Nous renvoyons sur ce sujet aux ouvrages spéciaux. Nous nous bornerons à rappeler ici que les houilles maigres se trouvent ordinairement à la base de l'étage, sont plus noires et d'un éclat résineux plus prononcé; au-dessus viennent les houilles demi-grasses, puis grasses, plus ternes, à cassure plane ou légèrement conchoïde, à poussière brun noirâtre; enfin vient la houille à gaz, plus ou moins maigre, à longue flamme, plus dure, ne tachant presque pas les doigts, à cassure fibreuse ou satinée, à poussière brune.

Les couches de houille exploitées sont nombreuses : Dumont en a énuméré 85 dans la province de Liége et on en compte presque le double dans le bassin de Mons.

Caractères stratigraphiques. — L'étage houiller proprement dit repose généralement en stratification concordante sur l'ampélite, le phthanite ou même le calcaire carbonifère. Mais on le voit aussi, surtout sur le bord méridional, venir en contact avec l'une ou l'autre des assises plus anciennes, notamment avec l'étage du poudingue de Burnot. Nous considérons ces contacts anormaux comme produits par une grande faille, s'étendant de Liége au-delà de Mons et formant, sur une partie de son parcours, la limite septentrionale du massif silurien du Condroz, à propos duquel nous en avons déjà parlé. La meilleure preuve qu'on puisse en donner consiste en ce que les couches ne se reproduisent pas symétriquement des deux côtés de l'axe du bassin; la suppression d'un certain nombre des affleurements les plus méridionaux ne peut être que le résultat d'une dislocation de cette nature (1).

(1) Voir ce que nous en avons dit dans le *Compte-rendu de la session extraordinaire de la Société géologique de France à Liége;* 1863; *Bull. Soc. géol. de France,* 2e série, t. XX, p. 678.

L'étage houiller forme deux grands bassins, l'un oriental, appelé bassin de Liége ou de la Meuse, l'autre occidental, appelé bassin de Mons ou de la Sambre. La limite entre eux se trouve au ruisseau de Samson près d'Andenne; ils s'y trouvent séparés par le calcaire carbonifère sur une distance de deux à trois kilomètres et il est facile d'y constater que l'étage houiller s'y trouve en bassins emboîtés dans le calcaire, qui s'étend au nord et au sud pour former les deux bandes dont nous avons parlé plus haut.

Le bassin de Liége est le moins riche, le plus étroit et probablement le plus profond. Plusieurs des failles que l'on y connaît, sont parallèles à celles dont il vient d'être question. Arrivé à la fracture de la vallée de l'Ourthe, ce bassin est rejeté au sud par une nouvelle faille, et son prolongement dans le pays de Herve est souvent recouvert de terrain crétacé. Il est d'ailleurs affecté de nombreux plissements, surtout sur la rive droite de la Meuse, où l'on ne rencontre guère de belles plateures.

Le bassin de Mons est notablement plus large et moins profond; on estime cependant qu'il descend à plus de 3,000 mètres sous le niveau de la mer aux environs de Pommereul, où il pénètre en France. On lui attribue environ 2,900 mètres de puissance. Sur une grande partie de son étendue, il est recouvert de formations crétacées et tertiaires auxquelles les mineurs du Hainaut ont donné le nom collectif de *morts-terrains*. Les plissements que l'on y observe, sont fort nombreux et disposés de manière que les plateures inclinent au midi et les dressants vers le nord.

Caractères paléontologiques. — La formation houillère

présente peu d'espèces animales, si l'on en excepte ces coquilles bivalves qui, après avoir été réunies aux *Unio*, genre d'eau douce, sont considérées aujourd'hui comme appartenant au genre marin *Cardinia*, quand on n'en forme pas un genre spécial, nommé *Anthracosia* à cause de son gisement. *Productus carbonarius*, de Kon., est cité de diverses localités du Hainaut; *Chonetes Laguessiana*, de Kon., a été trouvé à Binche; *Avicula papyracea*, Sow *sp.*, au Bleiberg, à Melin, à Rafhay. L'assise inférieure des schistes de Melin et de quelques localités voisines renferme en outre de gros nodules calcarifères, qui l'ont fait considérer comme représentant l'ampélite, et dans lesquels on a trouvé *Goniatites Listeri*, Martin *sp.* Enfin, M. de Ryckholt a décrit quelques espèces de *Mytilus*. Voici la liste des *Anthracosia* et des *Mytilus*.

A. *abbreviata*, Goldf. *sp.*	A. *robusta*, Sow. *sp.*
— *acuta*, Sow. *sp.*	— *salebrosa*, de Ryck. *sp.*
— *angulata*, de Ryckh. *sp.*	— *Scherpenzeelana*, de Ryck. *sp.*
— *carbonaria*, Schl. *sp.*	— *subconstricta*, Sow. *sp.*
— *colliculus*, de Ryckh. *sp.*	— *tellinaria*, Goldf. *sp.*
— *hians*, de Ryck. *sp.*	— *Toilliezana*, de Ryck., *sp.*
— *Hullozana*, de Ryck. *sp.*	— *uncinata*, de Ryck. *sp.*
— *macilenta*, de Ryck. *sp.*	— *utrata*, Goldf. *sp.*
— *nana*, de Kon. *sp.*	M. *Omaliusanus*, de Ryck.
— *nucularis*, de Ryck. *sp.*	— *præpes*, de Ryck.
— *ovalis*, Martin *sp.*	— *Toilliezanus*, de Ryck.
— *phaseolus*, Sow. *sp.*	— *Wesmaelanus*, de Ryck.

BASSIN DE THEUX.

Le petit bassin anthraxifère de Theux peut être considéré comme un lambeau détaché du massif de la Vesdre par des failles. Comme dans cette dernière région, on n'y trouve pas l'étage des schistes et calcaires de Couvin ; celui de Frasnes est peu distinct du calcaire de Givet ; on y retrouve la couche d'oligiste oolithique, mais non exploitable. Il présente en outre quelques particularités, à cause desquelles nous l'avons réservé. Il est limité de trois côtés par des failles et commence, au nord, par une assise de calcaire carbonifère supérieur, renversée sur l'étage houiller. Celui-ci est faiblement représenté et ne renferme pas d'exploitation ; il est suivi de toute la série anthraxifère, qui repose elle-même sur le système gedinien du terrain rhénan. Mais il est digne de remarque que le calcaire carbonifère y est également renversé sur l'étage houiller ; il simule ainsi une selle qui ferait croire qu'il est plus récent que ce dernier étage. Une grande faille y met le calcaire à crinoïdes en contact avec le calcaire à *Productus*. Enfin Dumont l'a considéré, non comme limité au nord par une faille, mais comme rempli pendant une période d'affaissement du sol, de manière que les divers étages anthraxifères y débordent successivement du sud au nord (1).

Ce petit massif renferme un grand nombre de gîtes métallifères, particulièrement dans la dolomie carbonifère.

Nous résumons ci-dessous la classification des terrains que nous venons d'étudier en mettant en regard celle des assises correspondantes de la Prusse rhénane et de la Westphalie, telle qu'elle figure sur la magni-

---

(1) Voir pour plus de détails le compte-rendu déjà cité de la session extraordinaire de la Société géologique de France à Liége, en 1863, au t. XX de ses *Bulletins.*

fique carte de ces provinces, que l'on doit à M. de Dechen.

BELGIQUE.	PRUSSE.
TERRAIN ANTHRAXIFÈRE — Système carbonifère. { Étage houiller (avec houille. / sans houille.)	Formation houillère : i, i^1, i^2.
	Culm : i^3
Calcaire carbonifère.	Calcaire carbonifère : i^4.
Système famennien. { Psammites du Condroz. / Schistes de la Famenne.	Schistes à *Spirifer Verneuili* : k.
Schistes et calcaires de Frasnes.	Kramenzel : k^1, Flinz : k^2.
Système eifelien. { Calcaire de Givet.	Calcaire de l'Eifel : l.
Schistes et calcaires de Couvin.	Couches de Coblence : m^1 (Grauwacke ancienne du Rhin. Grès à spirifers).
Poudingue de Burnot.	
TERRAIN RHÉNAN. { Système ahrien. / Système coblencien. / Système gedinnien.	Compris dans les schistes des Ardennes.
TERRAIN SILURIEN. { Système supérieur. / Système inférieur.	Manque.
TERRAIN ARDENNAIS. { Système salmien. / Système revinien. / Système devillien.	Schistes des Ardennes : m^2.

Dans la légende de la carte de M. de Dechen se trouvent encore quelques teintes spéciales, notamment *m* pour les schistes de Wissenbach, que l'on s'accorde aujourd'hui à reconnaître comme l'équivalent local du calcaire de Givet, et l^1 pour les schistes de la Lenne, qui représentent, sur la rive droite du Rhin, la partie schisteuse de l'étage de Couvin (les calcaires y étant coloriés de la teinte du calcaire de l'Eifel, *l*). Ajoutons que la formation houillère y est divisée en trois étages, i^2 grès stérile, i^1 étage productif, *i* étage pauvre ; qu'elle est réunie au calcaire carbonifère dans le groupe (ou terrain) carbonifère, et que le reste est rangé dans le terrain devonien, probablement à cause du manque de caractères paléontologiques positifs dans les *schistes des Ardennes*, assise dont la limite supérieure ne nous a paru s'accorder exactement avec celle d'aucune des divisions qu'à proposées Dumont.

USAGES.

La plupart des roches du terrain anthraxifère sont employées par l'industrie et quelques-unes sont d'une importance capitale pour notre pays.

Les roches quartzeuses servent à l'empierrement des routes et sont employées comme moellons. Les variétés purement quartzeuses, blanches ou même rouges, du poudingue de Burnot servent à la confection de pierres d'appareil, recherchées pour les ouvrages des hauts-fourneaux ; on les exploite surtout à Marchin. Une quantité de carrières sont ouvertes dans les grès et les psammites, pour la confection de pavés : on exploite ainsi les grès de l'étage de Burnot, blanchâtres ou verts, ceux de l'étage de Couvin, et surtout les psammites du Condroz ; le grès ou psammite houiller est moins employé. En outre, les psammites altérés et jaunâtres des plateaux du Condroz fournissent des dalles et des pierres d'appareil, connues sous le nom de *pierre d'avoine*, qui servent' particulièrement à la confection de récipients inattaquables par les acides. Aux Ecaussines, la même roche est exploitée comme pierre de taille.

On exploite à Flémalle un banc de grès brun argileux, appartenant à l'étage houiller ; il sert à la confection de meules de petites dimensions, mais très-recherchées par les taillandiers et les fabricants de canons de fusil.

Le phthanite massif du calcaire carbonifère est exploité, depuis une vingtaine d'années, sous les communes de Corennes et de Warnant-Moulins, pour la confection de meules qui passent aujourd'hui pour supérieures aux meules françaises de La Ferté.

L'ampélite a été extraite autrefois pour la préparation de l'alun. Aujourd'hui, on n'emploie plus dans ce but que les résidus des anciennes exploitations ; on établit sous les tas un système de petites galeries, et on les sulfatise en y faisant passer l'air chargé d'acide sulfureux provenant de fours de grillage.

Le calcaire sert à des usages variés. D'abord, comme pierre à chaux, grasse, maigre ou hydraulique : les calcaires dévoniens donnent souvent une chaux maigre, quelquefois presque hydraulique ; certains bancs de Tournay sont renommés pour cette dernière variété, et leurs produits s'exportent au loin et représentent une valeur considérable.

Le calcaire est exploité comme pierre de taille dans un grand nombre de localités. La variété la plus estimée est le petit granit, dont les principales carrières sont à Maffles, Ath, Feluy, les Ecaussines, Soignies, Comblain, Sprimont, etc. ; c'est une des meilleures pierres que l'on connaisse. Elle peut supporter une pression de 844 kilogrammes par centimètre carré, égalant ainsi, ou même dépassant les meilleurs granits de la France; les autres calcaires sont moins résistants, et se prêtent moins bien à la taille, ou ne fournissent pas de blocs de dimensions aussi considérables; ils donnent lieu cependant à des carrières très-importantes, telles que celles de Namur, de Seilles et de Samson. Certaines localités ne fournissent que des moellons. Quelques bancs sont utilisés pour la confection des pavés; et les déchets des carrières servent partout à l'empierrement des chemins. Enfin, les hauts-fourneaux en consomment une quantité considérable comme castine, et les fabriques de soude, pour la production de la soude brute ; on le fait entrer dans la composition des verres; et l'on utilise les variétés les plus pures pour la production de l'acide carbonique dans les sucreries.

Les calcaires à grain fin, susceptibles de recevoir le poli, fournissent au commerce des marbres très-variés et de toute qualité. On exploite certains bancs du calcaire de Givet pour les marbres *aux amandes, macarons, boules de neige;* l'étage de Frasne fournit le marbre *griotte* ou *rouge, royal* ou *impérial, uni* ou *strié,* le *Léopold,* l'incarnat, le *Luçon,* le *gris de Vodelée,* le *bleu de Vodelée,* le *bleu antique,* le *royal bleu rosé,* etc. Le calcaire carbonifère fournit le *bleu belge,* le *bleu turquin,* le

Gérin, le *jaune oriental*, etc., et les *brèches de Waulsort* et de *St-Gérard*. Les marbres *Ste-Anne* et *Florence* se trouvent dans les divers étages, et le marbre noir est exploité dans l'assise devonienne de Golzinne et dans l'assise II du calcaire carbonifère à Dinant, à Denée, à Furneaux et à Furfooz ; le marbre noir de Theux, qui appartient à l'assise de Visé, n'est plus exploité. Certains bancs de petit granit, surtout ceux de couleur foncée, fournissent un marbre solide, auquel son bas prix assure une consommation considérable, qui s'étend chaque jour. Enfin, des bancs à grain moins fin servent à confectionner des carreaux blancs, gris, bleus ou noirs.

La dolomie est presque sans emploi. On en fait quelquefois des pavés ; ailleurs on utilise les variétés friables pour l'amendement des terres ; les paysans wallons lui donnent le nom de marne grise (*grise mâie*).

L'oligiste oolithique que nous avons signalé dans les schistes de Couvin, près de Chimay, avait été exploité autrefois ; on a repris l'exploitation récemment et elle paraît produire beaucoup. L'ogiliste oolithique famennien du bassin de Namur est exploité sur une beaucoup plus grande échelle, et on va le chercher aujourd'hui à une profondeur déjà considérable ; sa production annuelle atteint 250,000 tonnes. Les principales exploitations sont celles de Vézin, de Couthuin, de Houssoy et d'Isnes-les-Dames.

Enfin, chacun connaît l'importance de la houille. Nous donnons ici le tableau des quantités extraites en 1863.

QUALITÉS.	PROVINCES DE			LE ROYAUME.
	HAINAUT.	NAMUR.	LIÉGE.	
	Tonneaux	Tonneaux	Tonneaux	
Houille maigre, brûlant presque sans flamme . .	50.100	255.667	457,406	743,173
Houille sèche, à courte flamme	817,240			817,240
Houille maigre, à longue flamme.	1,906,380			1,906,380
Houille grasse, à longue flamme.	4,050.550		475,443	4,525,993
Houille grasse maréchale. .	1,296,732		1,055,712	2.352,544
Totaux. . .	8,101,102	255,667	1,988,561	10,345,330
Valeur, francs. . .	34,502,000	1,639,221	18,845,337	104,786,558

Le tiers des houilles extraites est exporté, particulièrement en France. Au 31 décembre 1864, la production s'est élevée à 11,158,336 tonnes. A cette date, la surface concédée était de 121,718 hectares, répartis en 267 concessions; on comptait, en outre, 21 mines tolérées, occupant une superficie de 12,420 hectares.

CHAPITRE VII

—

MOUVEMENTS DU SOL PRIMAIRE DE LA BELGIQUE.

On a pu voir, dans les chapitres précédents, que les Page 104. terrains primaires de notre pays ont été soulevés, plissés et plus ou moins disloqués à diverses époques. Nous réunirons ici diverses considérations relatives à ces mouvements, en y joignant quelques autres qui concernent des dislocations plus récentes.

Nous parlerons d'abord des mouvements brusques, puis nous examinerons les traces de mouvements lents que le sol de notre pays a conservées.

I. MOUVEMENTS BRUSQUES.

1. — Le mouvement le plus ancien dont on puisse constater les traces dans notre pays, est celui qui souleva les quatre massifs constituant notre terrain ardennais. Nous avons déjà dit qu'il n'y avait pas de raison pour refuser d'admettre que l'émersion de ces quatre massifs résulte d'un même soulèvement, opéré à la fin de la période salmienne.

Nous savons que ce mouvement est antérieur au terrain rhénan, vu la discordance de stratification que nous avons signalée. Il est difficile de préciser davantage. Comme nous rapportons le terrain ardennais à l'époque cambrienne, il est probable que ce mouvement s'opéra avant la formation silurienne. Il eut pour résultat d'émerger l'Ardenne avec une partie du Condroz et de l'Entre-Sambre-et-Meuse.

La direction de ce soulèvement est, en nombre rond, de 70°; c'est celle du système du Finistère, antérieur à la période silurienne. Tout nous porte à croire que, à cette époque, l'Ardenne constituait une île s'étendant jusque dans le Condroz; la partie septentrionale de cette région et de l'Entre-Sambre-et-Meuse, ainsi que le Brabant, restèrent sous les eaux et reçurent ainsi les sédiments qui sont devenus notre terrain silurien.

2. — Dans l'état actuel de nos connaissances, il est difficile de dire quand et comment cette période a pris fin. Toujours est-il qu'à la suite d'un mouvement en sens inverse, la mer recouvrit de nouveau la plus grande partie de l'Ardenne, laissant à découvert les quatre îles qui sont devenues nos massifs ardennais, et, probablement, le Condroz et le Brabant. Ce retour des eaux fut signalé par d'importantes dénudations, qui emportèrent la plus grande partie des dépôts salmiens et même une partie des couches reviniennes, comme nous l'avons vu en parlant du massif de Rocroy. M. Houzeau (1) a calculé quelle pouvait être l'altitude des îles ardennaises, en la considérant comme représentée par la quantité dont leur niveau dépasse celui du poudingue de Fépin, qui les borde et représente le rivage de la mer rhénane. Il a trouvé ainsi que l'île de

(1) *Mémoire sur la direction et la grandeur des soulèvements qui ont affecté le sol de la Belgique;* 1854; *Mém. de l'Ac. de Belgique,* t. XXIX.

Rocroy n'avait pas plus de 100 mètres, celle de Stavelot 80 et celle de Givonne 50.

Alors commença une période de tranquillité qui dura longtemps, si nous en jugeons par l'épaisseur du terrain rhénan. La fréquence des roches arénacées et les marques de courant dont ses couches ont conservé l'empreinte, nous montrent qu'il s'est déposé dans une mer peu profonde, ce qui est en rapport avec la faible élévation des terres.

3. — Le calme fut rompu à l'époque du poudingue de Burnot. Les caractères pétrographiques de cette série de couches nous portent à croire qu'il se produisit alors un mouvement graduellement croissant, accompagné, dès le début, d'abondantes éjections ferrugineuses et atteignant probablement son maximum d'intensité vers le milieu de cette époque. au moment de formation des bancs de poudingue. Ce mouvement n'a guère affecté l'Ardenne, puisque l'étage de Burnot y recouvre en concordance les roches ahriennes. Il n'est accusé, dans l'Eifel, que par les éjections ferrugineuses qui y ont coloré les roches de cette époque. C'est vers le nord du Condroz et le Brabant que le sol fut secoué et envahi par la mer anthraxifère, qui devait y rester jusqu'à la fin de la période houillère; en effet le poudingue n'est bien développé que dans cette région; il manque, au contraire, sur la plus grande partie du rivage ardennais.

Ici se présente une question qui ne manque pas d'importance, mais dont la solution présente plus d'une difficulté : c'est celle de savoir si le massif silurien du Condroz et du Hainaut était émergé à l'époque où nous sommes parvenus, et séparait (incomplétement) la mer du Condroz de celle du bassin de Namur. Nous penchons pour l'affirmative, nous fondant, d'une part, sur le grand développement du poudingue le long de ce massif, et de l'autre, sur les différences que l'on observe dans la constitution de nos deux bassins anthraxifères.

C'est ici le lieu de rappeler que Dumont a trouvé, le long du rivage anthraxifère du Brabant, des fragments de porphyre, semblable à celui que nous verrons à Quenast et à Lessines, sous forme de cailloux roulés dans le poudingue de Burnot. Ces roches existaient donc auparavant et elles n'ont pu se former que dans la période comprise entre la faune seconde et le poudingue de Burnot. Il est probable que leur apparition a coïncidé avec le mouvement qui releva ces couches et refoula la mer dans l'Ardenne, pour y déposer le poudingue de Fépin, c'est-à-dire avec la clôture de l'époque silurienne.

4. — Bien que le Hundsrück soit en-dehors de la région qui nous occupe, il est utile d'en dire ici quelques mots. Chacun sait que M. Elie de Beaumont y a reconnu un de ses systèmes de soulèvement les mieux accusés. Mais, quand l'illustre stratigraphe eut à assigner son âge, il fut induit en erreur, notamment sur l'âge des couches redressées, que l'on rangeait alors dans le terrain silurien. Ce soulèvement fut donc considéré comme ayant eu lieu entre l'époque silurienne et l'époque devonienne. Bien que l'âge des roches anciennes du Rhin soit exactement connu depuis longtemps, cette erreur se reproduit très-fréquemment. Il est évident que ce grand accident stratigraphique n'a pu se produire qu'après l'époque rhénane. De plus, ce mouvement paraît s'être communiqué jusque dans l'Eifel, qu'il

semble avoir plissé et émergé; s'il en est ainsi, il viendrait se placer après l'époque des schistes à *Cardium palmatum* de Büdesheim, c'est-à-dire, de notre étage de Frasne. En tout cas, il est antérieur à la formation du bassin houiller de Saarbrück.

5. — La concordance qui s'observe entre les diverses assises de notre terrain anthraxifère atteste que le sol de notre pays est resté tranquille durant cette longue période. Nous sommes ainsi porté à considérer nos massifs houillers comme les restes d'une formation marine, opérée dans deux bassins à peu près comblés par les sédiments antérieurs. Nous avons vu d'ailleurs que l'on y rencontre, particulièrement dans l'ampélite, des coquilles marines qui mettent hors de doute ce mode de formation, que la régularité des couches houillères suffit d'ailleurs à faire admettre.

Après la formation de l'étage houiller survint un nouveau soulèvement, qui donna à notre terrain anthraxifère l'allure que nous lui connaissons aujourd'hui; ses diverses assises furent violemment plissées et plus ou moins disloquées. Il s'opéra donc une compression latérale énergique, qui alla au point de resserrer nos bassins houillers sur un espace qui ne dépasse guère la moitié de celui que nos couches de houille occuperaient, si elles étaient rendues horizontales comme à l'époque de leur formation. De plus, il est à croire que, dans cette circonstance, le mouvement vint de l'Ardenne et fut arrêté par le Brabant. En effet, c'est vers le midi que les dislocations sont les plus considérables; et la disposition habituelle des plateures et des dressants, les premiers pendant au nord et les seconds au midi, indique que le mouvement se propagea de cette façon.

Ces grandes dislocations appartiennent au système que M. Elie de Beaumont a désigné sous le nom de système des Pays-Bas et du sud du pays de Galles, orienté à Mons 85°. Mais il est digne de remarque que cette direction, que l'on peut suivre, à l'ouest, jusqu'en Angleterre, ne se continue guère, vers l'est, au-delà de la Meuse. Comme M. d'Omalius d'Halloy l'a fait remarquer depuis longtemps, au-delà d'une ligne menée de Namur à Rochefort, la direction E.-O. [devient presque NE.-SO., et elle se continue ainsi jusqu'en Westphalie, rappelant la direction du système du Hundsrück, qui l'avait précédé non loin de là.

Ce mouvement de l'Ardenne vers le nord a déterminé, dans l'Entre-Sambre-et-Meuse et le Condroz, des plissements plus ou moins nombreux, suivant les localités. Plus tard, cette région subit de vastes érosions qui portèrent spécialement sur les parties saillantes, emportèrent le sommet des voûtes et mirent au jour les assises inférieures. C'est ainsi que Dumont expliqua et démontra comment quatre systèmes, alternativement quartzoschisteux et calcaires, suffisent à produire cette répétition variée de roches qui avait jusqu'alors dérouté les géologues. Toutefois, en rappelant ce grand résultat des observations de notre illustre maître, nous ne devons pas omettre de faire remarquer qu'il existe des exceptions à cette règle et que certaines réapparitions de schistes, de psammites et de calcaires sont dues à des failles que Dumont ne semble pas avoir connues. Le mémoire de M. Gosselet a signalé les premières sur les bords du Hoyoux ; il en existe plusieurs autres, notamment près de Comblain-la-Tour ; elles sont parallèles à la grande faille que nous avons signalée sur le bord méridional du bassin de Namur.

Un autre résultat de ce grand mouvement du sol fut l'émersion complète de toute la Belgique. Le terrain silurien du Brabant, que nous avons reconnu jusqu'à Ostende, était resté émergé pendant la période devonienne. Après la formation houillère, la mer fut refoulée de tout le pays, et cet état de choses persista jusqu'à l'époque crétacée, sauf pour le bas Luxembourg, où, comme nous le verrons bientôt, on retrouve le grès bigarré du trias.

6. — L'étude stratigraphique de nos terrains primaires ne nous montre guère d'autre système de soulèvement que ceux que nous venons de signaler; M. Houzeau, partant de considérations hypsométriques, y a reconnu les traces que deux autres systèmes ont laissées dans l'Ardenne.

En effet, une ligne de faîte de 200 mètres d'altitude part du Palatinat, augmente le relief des Vosges dans les sommités de la Hardt, au NE. de Kaiserslautern, croise le Hundsrück à son point culminant dans l'Idarwald, traverse l'Eifel et aboutit aux Hautes-Fagnes à Botrange. Cette ride, d'une longueur de 134 kilomètres, fait partie d'un grand cercle de la sphère, lequel croise le méridien de Bruxelles (2° long. or. de Paris) sous un angle de 126°2'.

Ce soulèvement, dont la direction concorde à 3° près avec celle du système du Thüringerwald transporté en Belgique, paraît s'être effectué entre les époques triasique et jurassique. En effet, il affecte le grès vosgien de la Hardt, il a laissé des traces dans le plateau keuprique du Wurtemberg et est complètement effacé à la Rauhe-Alb jurassique; il semble en outre, avoir émergé les golfes triasiques de Bittburg et de Deux-Ponts.

Cette ride s'arrête aux Hautes-Fagnes ; mais nous retrouvons des traces de son existence dans son prolongement NO., où la disposition du terrain anthraxifère du bassin de la Vesdre accuse un soulèvement dont le relief a disparu plus tard. En effet, le poudingue de Burnot a été relevé sur son prolongement, de manière que, aujourd'hui, il sépare, vers Fraipont, la bande de calcaire de Givet du massif de la Vesdre de celle qui se rencontre à l'extrémité orientale du bassin du Condroz ; nous avons tout lieu de croire que ces deux bandes étaient originairement en continuité et que la protubérance produite sur cette ligne de faîte a disparu lors des dénudations qui ont rasé les voûtes du Condroz.

7. — Un second soulèvement, beaucoup plus récent, s'est fait sentir depuis La Motte, en Lorraine, par Arlon, Noville, les Hautes-Fagnes et le pays de Herve jusqu'à Beck, près de Sittard, déterminant, le long d'une ligne de plus 300 kilomètres, un relèvement qui dépasse 100 mètres dans l'Ardenne et affecte une direction exactement N.-S.

Dans l'Ardenne, cette ride a exhaussé le terrain rhénan du plateau de la Baraque de Fraiture, en le portant à un niveau supérieur à celui du terrain ardennais qui l'entoure de deux côtés. Il a produit dans les Hautes-Fagnes une nouvelle surélévation de plus de 100 mètres, de sorte que, si l'on retranche l'exhaussement produit dans cette région par ce soulèvement et celui qui précède, elle n'offre plus qu'une altitude inférieure à 400 mètres. Débarrassée de cette addition, la ligne de faîte de l'Ardenne se continue en ligne droite vers le Sauerland et le Hartz, parallèlement au faîte du Hundsrück et du Taunus.

Rappelons que Dumont a fait remarquer que les Hautes-Fagnes ne pouvaient pas même avoir 400 mètres d'altitude à l'époque sénonienne, puisque l'on y retrouve des lambeaux crétacés dont les fossiles, semblables à ceux de Maestricht, n'auraient pu vivre, sur ces deux points, à des profondeurs si différentes.

On doit rapporter à ce soulèvement quelques failles de notre pays, notamment celle que nous avons observée au sud d'Arlon et qui met en contact les schistes d'Ethe et le grès de Virton.

Ces dislocations sont certainement postérieures au terrain crétacé, qu'elles ont relevé dans le pays de Herve. D'après la théorie de M. Elie de Beaumont, leur direction les ferait rapporter au système sardo-corse, que l'on considère comme formé entre le gyspe de Montmartre et le grès de Fontainebleau, c'est-à-dire, entre les époques tongrienne et rupélienne. Toutefois, Dumont a fait remarquer que, si ce soulèvement s'est étendu jusqu'à Sittard, il devrait être postérieur à l'époque boldérienne.

8. — Enfin une oscillation du sol s'est encore fait sentir dans le massif de Stavelot. Nous en parlerons en traitant du poudingue de Malmédy.

II. Mouvements lents.

Dumont a trouvé, dans la disposition des roches de l'Ardenne, les traces de plusieurs mouvements lents que nous allons examiner.

1. — On a vu que le système salmien ne se rencontre, autour du massif de Stavelot, que dans sa moitié SO. Dumont expliquait cette disposition par un affaissement de la moitié NE. durant l'époque gedinnienne. Nous avons vu qu'on peut l'attribuer aux dénudations opérées dans l'intervalle écoulé entre le soulèvement des massifs ardennais et la formation du terrain rhénan d'autant plus que c'est le poudingue de Fépin, c'est-à-dire, l'assise rhénane la plus ancienne, que l'on retrouve sur le système revinien comme sur le salmien.

2. — Ce même massif de Stavelot paraît avoir subi, durant l'époque taunusienne, un autre mouvement de bascule, qui aurait abaissé le versant SE., en émergeant le versant NO. Nous avons vu que l'étage taunusien se compose de grès à la base, de schistes au sommet : si l'on examine la nature des roches de cette époque, sur les deux versants, on reconnaît que cet étage est presque exclusivement composé de roches quartzeuses sur le versant NO., tandis que les schistes dominent sur le versant opposé. On pourrait considérer cette différence comme due à la diversité des dépôts opérés des deux côtés de l'île ardennaise, et rejeter, comme superflu, un mouvement qui aurait émergé les sédiments sableux d'un côté, tandis qu'il les aurait recouverts de l'autre par des dépôts vaseux en débordement.

3. — Un mouvement analogue s'est passé dans le massif de Rocroy, dont il a abaissé l'extrémité occidentale. En effet, si, sur le pourtour de ce massif, on compare les cotes d'altitude du poudingue de Fépin, ancien rivage de la mer rhénane, au lieu de les trouver au même niveau, on constate qu'elles diminuent à

mesure qu'on s'avance vers l'ouest. Le poudingue atteint 378 mètres d'altitude au Chestion, près de Fumay : il n'en a plus que 216 à Mondrepuits, à une distance de 46 kilomètres ; ce qui donne à l'affleurement une inclinaison de 12'.

Ce mouvement s'est produit après la formation du terrain rhénan et probablement de l'anthraxifère ; il s'est continué pendant la période secondaire. En effet, les terrains secondaires qui forment le bord méridional du massif, atteignent 306 mètres au Tremblay, près de Rimogne, et 204 mètres seulement entre Hirson et Buire, à 33 kilomètres vers l'ouest ; ce qui donne une inclinaison de 10'. Du reste, cet affaissement lent a laissé des traces évidentes dans le débordement par suite duquel les divers étages jurassiques et crétacés sont venus successivement s'appuyer sur les terrains anciens de l'Ardenne.

L'inclinaison de l'affleurement du poudingue de Fépin, n'est donc pas le résultat du mouvement que l'Ardenne a subi après la formation houillère ; elle a néanmoins commencé à se produire avant l'époque bathonienne et probablement dès celle du keuper.

4. — Nous avons eu plus haut l'occasion de mentionner l'existence de lambeaux crétacés sur le sommet des Hautes Fagnes, au SE. de Spa ; on en rencontre d'autres plus rapprochés du grand massif du Limbourg, par exemple à Beaufays. Dumont a calculé qu'un plan passant par cette dernière localité, Maestricht et Henri-Chapelle, irait raser les hauteurs de la Baraque Michel, avec une inclinaison de 54' vers le NO. Il a fait remarquer que les fossiles trouvés dans ces localités, n'ayant pu vivre à des profondeurs qui diffèrent de

600 mètres, on peut croire que tous ces points se trouvaient jadis au même niveau, et qu'i's doivent lêur position actuelle à un soulèvement lent. Nous sommes disposé à admettre le premier point, mais nous ferons remarquer qu'un soulèvement brusque peut amener le même résultat; les observations de M. Houzeau nous font préférer cette dernière explication.

CHAPITRE VIII

—

Les terrains secondaires de notre pays se distin- Page 115.
guent nettement des formations primaires par leur
nature et leur disposition.

Les roches principales qui les constituent sont, les
unes quartzeuses : poudingue ou cailloux, sable, grès,
psammite ; les autres argiloïdes : marne, schiste, argile,
calschiste ; ou carbonatées : calcaire et dolomie. On
n'y rencontre donc plus les quartzites, les quartzophyllades et les phyllades de nos terrains anciens ; le
schiste lui-même y est rare. En revanche, on y voit
paraître les roches meubles, sable, argile et marne.
En général, la texture est moins cohérente ; les calcaires y sont rarement compactes, fréquemment ooli-
thiques ou terreux. L'oligiste y est remplacé par la
limonite et la chlorite par la glauconie.

Ces diverses roches sont nettement stratifiées et
leurs assises, restées à peu près horizontales, reposent
en discordance tranchée sur les couches redressées des
terrains primaires.

Les assises secondaires de la Belgique peuvent être
toutes rapportées aux terrains triasique, jurassique ou
crétacé. Les deux premiers ne s'observent que dans le

bas Luxembourg, à la partie la plus méridionale du pays, se rattachant ainsi au grand massif de la Lorrraine.

Jusqu'à présent, on n'en a pas constaté l'existence au nord de l'Ardenne; mais on peut y rattacher trois petits lambeaux situés au centre de cette région, près de Stavelot. Le terrain crétacé, au contraire, s'observe au nord du Condroz et de l'Entre-Sambre-et-Meuse et se perd plus loin sous les dépôts tertiaires.

TERRAIN TRIASIQUE (1).

Le terrain triasique de la Belgique est rudimentaire et incomplétement connu. Pour donner une meilleure idée de sa composition et des difficultés qu'on y rencontre, nous dirons d'abord quelques mots de sa constitution dans le grand-duché de Luxembourg.

On peut reconnaître aisément dans ce pays les trois systèmes qui caractérisent ce terrain, savoir le *grès bigarré* ou système *pœcilien*, le *muschelkalk* ou système *conchylien* et les *marnes irisées, keuper* ou système *keuprique*, se suivant en stratification concordante.

Le *grès bigarré* constitue une assise puissante, commençant par des conglomérats à cailloux quartzeux, provenant de l'Ardenne, teints en rouge brun à la surface, meubles ou réunis en poudingue par un ciment de psammite rouge brunâtre. Ils passent graduellement et par alternances à des grès argileux et à des psammites fortement colorés en rouge brun, souvent bigarré de rouge, de vert, de gris, de jaunâtre, etc., en bancs massifs ou stratoïdes, micacés, en général peu cohérents; certains grès à grains fins fournissent cependant

(1) Voir surtout : STEININGER : *Essai d'une description géognostique du grand-duché de Luxembourg;* 1828. *Mém. cour. de l'Ac. de Bruxelles,* t. VII. — ENGELSPACH-LARIVIÈRE : *Description géognostique du grand-duché de Luxembourg;* 1828, ib. — A. DUMONT : *Mémoire sur les terrains triasique et jurassique de la province de Luxembourg;* 1842; *Mem. de l'Ac. de Belg.,* t. XV.— MORIS : *die Triasformation im Grossherzogthum Luxemburg,* 1852. (Luxembourg), in-4°.

une bonne pierre de construction. Ils passent vers le haut à des schistes grossiers, quartzifères, de même couleur, peu résistants. En certains points ces schistes deviennent fins, passent à l'argile ou à la marne grisâtre, jaunâtre ou bleuâtre, et renferment çà et là des couches minces de gypse fibreux, ou épaisses de gypse souvent lamellaire, qui paraît avoir été déposé à l'état de karsténite.

Le *muschelkalk* recouvre l'une ou l'autre de ces deux assises et forme une masse puissante de calcaire plus ou moins magnésien, compacte, à cassure conchoïde ou écailleuse, de couleur gris jaunâtre ou grisâtre. Il s'amincit graduellement vers l'ouest et finit par disparaître près de la frontière belge. A son extrémité, il renferme parfois des cailloux roulés, et devient bigarré.

On y a rencontré quelques fossiles, qui comptent parmi les plus caractéristiques de ce système : *Chemnitzia scalata*, Schl. *sp.*, *Myacites elongatus*, Schl. (*Panopæa elongatissima*, d'Orb.), *Gervilia socialis*, Schl. *sp.*, *Avicula Albertii*, de Munst., *Ostrea difformis*, Schl., *Terebratula communis*, Bosc, et *Encrinus entrocha*, L. *sp.*

Le système *keuprique* commence par une assise assez puissante de conglomérats, grès et psammites rouges (*grès keuprique moyen?*), tout-à-fait semblables à ceux du système inférieur. Ils paraissent cependant renfermer une certaine proportion de calcaire, ce qui est facile à comprendre d'après leur superposition au muschelkalk. Au-dessus viennent les *marnes irisées proprement dites*, ordinairement grises ou rouges, bigarrées de vert, de jaune, de bleu, de violet ou de brun, fort argileuses et plastiques, friables après dessiccation, massives et se délitant en fragments irréguliers, sauf les variétés bleues et vertes, qui présentent souvent une texture feuilletée et tombent en lamelles à l'air. Elles renferment parfois un peu de gypse, rarement des traces de sel gemme. On y trouve souvent quelques bancs minces de calcaire compacte, magnésien, bleuâtre, jaunâtre ou violacé, à cassure largement conchoïde; ou même de la dolomie gris bleuâtre, celluleuse, cristalline. Ces marnes sont employées pour l'amendement des terres.

La bande triasique qui occupe le fond du golfe secondaire du Luxembourg, pénètre en Belgique près d'Attert, au nord d'Arlon, avec une largeur de trois à quatre kilomètres. Elle se prolonge vers l'ouest en s'amincissant graduellement, et se termine à vingt-et-un kilomètres de là, près de Villers-sur-Semois. Au-delà de ce point, on en retrouve encore des lambeaux isolés jusqu'à Muno; mais ils sont difficiles à distinguer du dépôt de transport de la Semois.

Comme le muschelkalk n'existe point dans notre pays, il est à peu près impossible de tracer la démarcation entre le grès bigarré et le grès keuprique. Dumont plaçait dans le système inférieur les assises calcarifères exploitées à Post et dans quelques autres endroits; nous serions d'avis, au contraire, de les faire rentrer dans le keuper. Les marnes irisées proprement dites sont peu développées. On ne trouve nulle part ni sel gemme ni gypse.

Appendice. Poudingue de Malmédy.

On connaît depuis longtemps sous ce nom un petit massif de conglomérats dont l'âge est difficile à déterminer; ce qui nous engage à le décrire à part.

Ce dépôt est essentiellement formé d'un poudingue ferrugineux, passant au psammite et au schiste grossier.

Le poudingue est formé de cailloux peu volumineux, imparfaitement arrondis, souvent aplatis comme les galets de nos rivières; ils atteignent très-rarement le volume de la tête, et sont reliés par un ciment plus ou moins abondant de psammite grossier et ferrugineux, parfois calcarifère, qui donne à la masse une couleur rouge brun. Quelques-uns de ces cailloux sont de quartz blanc; d'autres sont de calcaire jaunâtre ou rougeâtre, susceptibles de prendre un beau poli, et renfermant plusieurs fossiles; souvent même, ce ne sont que des polypiers roulés. Le plus grand nombre est formé de grès ou de psammite gris brunâtre, parfois calcareux, souvent riches en fossiles dont le têt a disparu.

Le poudingue forme des bancs très-puissants, séparés par des lits de psammite ou de schiste rouge, grossier et micacé, renfermant çà et là quelques petits cailloux. A mesure que l'on monte, l'épaisseur des bancs et le volume des cailloux diminuent, en même temps que les bancs de schiste augmentent. La partie supérieure est formée en grande partie de psammite et de schiste rouges, dans lesquels on voit encore de temps en temps quelques petits cailloux. Les fragments calcaires ne se rencontrent guère que vers le bas. Les schistes rouges renferment souvent des noyaux arrondis qui ne diffèrent du reste que par leur couleur verte.

Cette assise forme aujourd'hui trois petits lambeaux qui s'étendent autour de Malmédy (Prusse), de Stavelot et de Basse-Bodeux, dans les vallées de la Warge et de l'Amblève, sur une longueur de 24 kilomètres, suivant une direction parallèle au faîte de l'Ardenne.

Le lambeau de Malmédy, le plus considérable, atteint une puissance de 150 mètres au moins ; c'est celui où le poudingue est le plus développé et où ses cailloux sont les plus volumineux. Le lambeau de Stavelot est un peu moins puissant ; il présente peu de poudingue ; les gros cailloux y sont rares et le calcaire presque absent. A Basse-Bodeux, l'étage est encore moins développé et les cailloux, moins abondants et de petites dimensions.

Ces trois lambeaux reposent sur le terrain ardennais ou le rhénan, en stratification discordante. Leurs assises sont presque horizontales, avec un faible plongement vers le NO., lequel peut atteindre 12°. Ils ont certainement fait partie d'un massif continu, qui a comblé une vallée préexistante, et qui a été ensuite creusé de nouveau par les eaux diluviennes, lorsque nos vallées ont reçu leur configuration actuelle ; c'est ainsi que se sont produits les beaux escarpements que l'on voit à Malmédy.

A. Dumont a déjà fait observer, en 1830, que l'examen des roches et celui des fossiles montrent que ce poudingue a été formé aux dépens du système eifelien. C'est ce que nous avons reconnu nous-même, en y ajoutant le système ahrien ; et les fossiles que nous y avons rencontrés ne laissent pas de doute à ce sujet. D'un autre côté, la disposition des cailloux, dont les plus gros sont vers l'Eifel, tandis que les plus petits en sont les plus éloignés, permet de croire que le courant qui a produit ces conglomérats, venait de la région anthraxifère de l'Eifel.

Cette invasion de la mer a nécessité un mouvement du sol dont la date n'est pas fixée. Un autre mouvement en sens contraire a émergé cette région. Dumont croyait que le poudingue doit son inclinaison actuelle vers le NO. au même soulèvement qui a affecté le terrain crétacé des Hautes-Fagnes et a incliné dans le même sens le plan qui renferme les lambeaux crétacés de cette région, de Beaufays et de Henri-Chapelle. C'est là une assertion au moins contestable.

On a émis diverses opinions sur l'âge de ce dépôt. M. d'Omalius d'Halloy, se fondant sur sa couleur, l'a rapporté au grès rouge pénéen ; Dumont, guidé par ses analogies avec le grès bigarré du Luxembourg, l'a considéré comme appartenant à ce système ; M. de Dechen l'a aussi colorié comme tel sur sa belle carte de la Prusse rhénane et de la Westphalie, et M. Elie de Beaumont en avait fait autant sur la carte géologique de la France. On a même émis l'idée qu'il datait de l'époque des psammites du Condroz.

Tout porte à croire que le poudingue de Malmédy est contemporain des autres dépôts conglomérés rouges que l'on rencontre non loin de là, dans l'Eifel et le Luxembourg, et dont nous venons de parler à l'article du grès bigarré. Toutefois il se pourrait que la partie inférieure de ces dépôts appartînt au *grès des Vosges;* ce qui les ferait classer dans le terrain pénéen par la grande majorité des géologues. On serait alors bien près d'être d'accord avec M. d'Omalius d'Halloy.

USAGES.

Le terrain triasique de la Belgique ne donne lieu à aucune exploitation importante. On se sert de quelques gompholites de l'assise inférieure pour fabriquer une chaux qui est de mauvaise qualité. On a essayé la même fabrication à Stavelot, à l'aide des parties calcaires du poudingue de Malmédy, mais l'essai n'a pas réussi. Quelques bancs de grès grossier ou de poudingue pisaire de la même assise ont été exploités récemment à Basse-Bodeux; mais il n'ont fourni qu'une pierre de taille de mauvaise qualité, dépourvue de la résistance nécessaire à l'écrasement. Les marnes irisées sont utilisées pour l'amendement des terres, et le calcaire subordonné que l'on y rencontre, sert à la fabrication de chaux hydraulique de bonne qualité, mais sa quantité est fort minime.

CHAPITRE IX

TERRAIN JURASSIQUE (1).

Disposition géographique — Division.

Page 123. Le terrain jurassique est peu développé dans notre pays, où sa partie inférieure existe seule. Il est limité, à l'O. et au S., par la frontière de France, à l'E. par celle du grand-duché de Luxembourg, au N. par le terrain triasique depuis Ober-Pallen et Attert jusqu'au N. de Florenville, et par les terrains primaires de l'Ardenne à partir de ce point jusqu'à la frontière française. Sa longueur, de l'O. à l'E., est d'environ dix lieues; sa plus grande largeur, du N. au S., n'atteint pas cinq lieues.

Il se compose de divers étages qui, d'un côté, vont

---

(1) Les longues discussions qui ont été soulevées à l'occasion de plusieurs des assises que nous allons décrire, ont donné lieu à de nombreuses publications que nous ne pouvons mentionner ici. Nous renvoyons à nos deux notes de 1854 et à notre *Description du lias de la province de Luxembourg;* 1857, Liége, in-8°. Nous y ajouterons : TERQUEM et PIETTE : *Le lias inférieur de la Meurthe, de la Moselle, du grand-duché du Luxembourg de la Belgique, de la Meuse et des Ardennes;* 1862, *Bull. Soc. géol. de Fr.*, t. XIX, p. 322 ; et D'OMALIUS D'HALLOY : *Abrégé de géologie,* 1868.

se rattacher par le grand-duché de Luxembourg, au massif de la Lorraine et qui, de l'autre, viennent successivement reposer sur les flancs des collines de l'Ardenne, dans notre pays, puis en France. Cette disposition remarquable, signalée pour la première fois par M. d'Omalius d'Halloy, atteste le débordement progressif de la mer jurassique, envahissant ses rivages par suite de l'affaissement de l'extrémité occidentale du massif primaire de l'Ardenne.

Les roches qui constituent le terrain jurassique de notre pays, sont des roches quartzeuses : sable, grès, calcaire sableux, même cailloux ou poudingue, alternant avec des roches argileuses : marne, argile, schiste, ou du calcaire pur ou argileux; accessoirement on y trouve de la limonite oolithique. La stratification est presque horizontale, l'inclinaison ne dépassant pas 2 ou 3° vers le S. ou le SSE.

Ces roches s'associent d'une manière remarquable, qui a été prise pour guide dans la distinction des assises. L'alternance de roches de consistance si différente donne lieu à des massifs allongés de l'E. à l'O., formant une série de collines étagées les unes à la suite des autres et dont le versant septentrional, formé par la roche quartzeuse ou le calcaire, est plus ou moins escarpé, tandis que la pente méridionale, formée surtout par l'étage argileux plus récent, est très-douce et en plateau. Les cours d'eau occupent des vallées transversales et coulent ordinairement dans le sens de la pente des couches; d'autres, comme la Semois, se dirigent de l'E. à l'O. Le point le plus élevé atteint 464 mètres au Hirschberg, près d'Arlon. Il appartient à une ride qui forme la crête de partage entre les affluents de la Meuse et ceux du Rhin, et dont la formation a donné lieu à quelques failles très-remarquables, comme nous l'avons vu en étudiant les mouvements subis par nos terrains primaires.

Les assises jurassiques de notre pays ne représentent que la partie inférieure de ce terrain ; elles appartiennent au système liasique et à une partie du bathonien.

I. SYSTÈME LIASIQUE.

Ce système, souvent désigné sous le nom anglais de *lias*, comprend huit assises qui ont été désignées sous les noms de :

8 Marne et schiste de Grand-Cour.
7 Macigno d'Aubange.
6 Schiste d'Ethe.
5 Grès de Virton.
4 Marne de Strassen.
3 Grès de Luxembourg.
2 Marne de Jamoigne.
1 Grès de Martinsart.

Mais il est essentiel de noter que la *marne de Jamoigne*, le *grès de Luxembourg* et la *marne de Strassen* ne sont pas des assises, dans le sens géologique du mot, mais simplement des divisions minéralogiques, correspondant à divers niveaux du lias inférieur, et se remplaçant l'une l'autre, comme nous allons le voir.

Le lias a été généralement divisé en trois parties : lias inférieur, lias moyen et lias supérieur, pour lesquelles A. d'Orbigny a proposé les noms d'étages *siné-murien, liasien* et *toarcien*. La première comprend les assises 1 à 4 ; la deuxième, les assises 5 à 7 et la troisième ne renferme que l'assise 8, que nous diviserions volontiers, s'il ne fallait créer un nouveau nom. Dans ces derniers temps, on a plutôt divisé ce système en quatre étages, en retirant du lias inférieur ses premières assises pour en constituer l'*infrà-lias :* nous verrons plus loin ce qui y correspond chez nous. Plus récemment, la partie inférieure de l'infrà lias, en-dessous de la zone à *Ammonites planorbis,* a pris une importance considérable ; et, comme elle est particulièrement développée dans les Alpes Rhétiques, on en a fait un étage à part, désigné sous le nom de *rhétien,* et rattaché au terrain triasique par plusieurs géologues. Il ne comprend, chez nous, que la partie inférieure du grès de Martinsart.

a. Lias inférieur.

1. GRÈS DE MARTINSART.

Cette assise est constituée par du sable grisâtre, plus ou moins cohérent, contenant quelquefois du poudingue ou des cailloux, et surmonté de grès de même couleur, alternant avec un peu de marne. A l'E. d'Arlon, elle renferme une couche d'argile rouge qui se prolonge jusqu'en Lorraine, et forme un bon point de repère.

Le sable est quartzeux, plus ou moins fin, gris jaunâtre ou verdâtre, finement pailleté, quelquefois tacheté de brun ; il est meuble ou plus ou moins cohérent et passe ainsi à un grès friable, généralement à grains moyens, quelquefois exploité ; il est alors cimenté par une assez forte proportion de calcaire. Il contient fréquemment du gravier, surtout vers le haut, et quelquefois un ou quelques bancs de poudingue, dont les cailloux sont de quartz blanc et de quartzite ou de grès de teintes diverses et assez peu cimentés pour que le nom de poudingue leur soit moins applicable que celui de cailloux. Il est recouvert par une couche mince d'argile rouge.

Plus haut, on rencontre des grès tenaces, ou plutôt des calcaires sableux, formés de grains de quartz fins, grisâtres, réunis par une forte proportion de calcaire, variant de 40 à 70 %. Ils sont en bancs peu épais ou en dalles, grisâtres, souvent gris bleuâtre à l'intérieur, contigus ou séparés par un peu de marne ordinairement sableuse, parfois endurcie, quelquefois plastique, généralement brunâtre.

Nous n'avons trouvé de fossiles que dans les grès supérieurs et encore à l'état d'empreinte ; les espèces que nous avons pu déterminer appartiennent également à la partie inférieure de l'étage suivant. Depuis lors, on a signalé *Avicula contorta* dans la partie inférieure, et, dans le grand-duché de Luxembourg, divers fossiles caractéristiques du *bone-bed*, partie inférieure de l'infrà-lias ou étage rhétien, rapporté au trias par certains auteurs.

Cette assise repose en concordance sur les marnes keupriques. Elle forme une bande étroite, qui ne paraît pas pénétrer en France vers l'O. ; à l'E., elle se prolonge dans le grand-duché de Luxembourg, où elle est difficile à séparer de l'assise suivante, puis elle va former, dans le département de la Moselle, etc., le grès infrà-liasique.

2. MARNE DE JAMOIGNE.

Cette assise est formée de marne gris bleuâtre, quelquefois schistoïde et noirâtre, alternant avec du calcaire argileux de même couleur. Dans la partie occidentale de la province, sa puissance augmente considérablement, comme nous le verrons plus loin ; et là, elle se divise en deux ou trois zones bien distinctes au point de vue des fossiles, mais trop voisines par leurs caractères pétrographiques pour que nous puissions les décrire séparément.

La marne est généralement très-calcarifère, plastique, onctueuse, gris bleuâtre, devenant gris jaunâtre à l'air ; elle contient de la pyrite très-disséminée, de petits cristaux de gypse et rarement des fragments de lignite. Elle est quelquefois schistoïde, surtout vers le bas et alors est ordinairement noir bleuâtre ou même noire.

Cette marne alterne, surtout vers le haut, avec du calcaire argileux, subcompacte, gris bleuâtre foncé passant au gris de fumée, en bancs peu épais, parfois exploité et donnant de la chaux hydraulique. Vers le haut, ces roches se chargent de sable et passent au grès suivant.

Nous avons montré, dès 1854, que cette marne, là où elle est mieux développée, peut être divisée en deux zones bien distinctes par leur fossiles, la première appartenant à l'*infrà lias,* la seconde, au lias inférieur à *gryphée arquée ;* nous avons développé cette idée en 1857. La zone inférieure existe seule à l'est d'Arlon. Voici, d'après nos propres observations et celles de

M. Chapuis, les espèces les plus caractéristiques que l'on y rencontre :

Ammonites angulatus.
— *Johnstoni.*
Chemnitzia Zenkeni.
Trochus acuminatus.
Pleurotomaria cognata.
— *basilica.*
— *Wanderbachi.*
Astarte consobrina.
Cardinia Dunkeri.
— *lamellosa.*
— *unioïdes.*
Pinna Oppeli.
Lima Hermanni.
— *Omaliusi.*
Plicatula Hettangiensis.
Terebratula perforata.
Montlivaultia Haimei.

Cette zone inférieure comprend donc les deux horizons fossilifères que les auteurs allemands ont caractérisés par *Ammonites Johnstoni* (*A. planorbis*) vers le bas, et *A. angulatus* vers le haut. Aussi, en 1861, MM. Terquem et Piette, établissant leurs divisions exclusivement d'après les caractères paléontologiques, l'ont subdivisée en *strates à Ammonites planorbis* et en *strates à A. angulatus.* Elle est représentée dans le grand-duché, par la marne d'Helmsingen ; en Belgique, elle n'est complète qu'à l'O. d'Arlon : de sorte que, à l'E. de cette ville, la partie inférieure du grès de Luxembourg appartient encore à l'infrà-lias à *Ammonites angulatus.* Il en est de même dans le grand-duché de Luxembourg.

D'un autre côté, M. d'Omalius d'Halloy, adoptant ces distinctions, mais désireux d'employer des noms locaux, conformément à ses principes de classification, a donné à la première assise le nom de *marne d'Helmsingen* et à la seconde, celui de *marne de Jamoigne.* Rien ne nous empêcherait d'accepter ces dénominations, si nous pouvions les décrire séparément ; il faut seulement remarquer : 1° qu'il n'est pas démontré que la marne que l'on observe dans le grand-duché, notamment à Helmsingen, ne renferme aucune couche à *Ammonites angulatus*; 2° que la marne de Jamoigne, dans ce système, est réduite à une seule des trois assises qu'elle renferme d'après notre description.

La zone supérieure appartient au lias inférieur proprement dit, *à gryphée arquée.* Les espèces suivantes nous ont paru les plus caractéristiques :

> *Pleurotomaria densa.*
> — *Hellangiensis.*
> *Cardinia hybrida.*
> *Pinna Hartmanni.*
> *Ostrea arcuata.*
> *Montlivaultia Guellardi.*

Lima gigantea et *Ostrea irregularis* se rencontrent dans les deux zones et abondent surtout dans l'inférieure.

Cette zone supérieure fait partie de l'assise que MM. Terquem et Piette ont désignée sous le nom de *strates à Ammonites bisulcatus.* Elle devrait recevoir un nom spécial ; mais nous nous voyons à regret dans la nécessité de nous séparer de M. d'Omalius d'Halloy, qui la comprend sous le nom de *marne de Strassen.* La question de savoir si ce dépôt est, ou non, en continuité avec celui que Dumont et nous-même avons nommé marne de Strassen, a donné lieu à une longue controverse, à la suite de laquelle les géologues paraissent avoir accepté comme démontrée notre opinion que ces deux dépôts sont séparés et distincts; en second lieu, il ne nous est pas prouvé que les couches les plus élevées de cette zone, bien qu'appartenant aux strates à *Ammonites bisulcatus*, soient exactement parallèles aux couches inférieures de la marne de Strassen. Enfin, dans cet ordre d'idées, il faut, à l'imitation de MM. Terquem et Piette, établir deux zones dans le lias inférieur à gryphée arquée, ce que ne fait pas M. d'Omalius d'Halloy; dans la terminologie de ce savant maître, l'expression *marne de Strassen* est devenue synonyme de *marne à gryphée arquée*, comme son *calcaire sableux d'Orval* signifie simplement *calcaire sableux à gryphée arquée*. Ce système est donc incomplet et nous ne pouvons nous y rallier.

La marne de Jamoigne repose en concordance sur l'assise précédente, depuis la frontière du grand-duché de Luxembourg jusqu'à Rossignol; à partir de ce point jusqu'en France, elle recouvre le dépôt caillouteux que Dumont rapportait au grès bigarré, ou les terrains primaires de l'Ardenne. Sa puissance moyenne peut être estimée, vers l'E., à 25 mètres, vers l'O., à 70 mètres.

3. GRÈS DE LUXEMBOURG.

Au-dessus des marnes de Jamoigne se rencontrent partout des sables plus ou moins calcarifères, jaunâtres, et des grès calcareux ou des calcaires sableux jaunâtres, blanchâtres ou grisâtres. Nous conservons à cette assise le nom de grès de Luxembourg qui lui a toujours été donné, mais nous indiquerons plus loin à quels horizons, variables selon les lieux, correspond cette division minéralogique.

Le sable est quartzeux, plus ou moins fin, jaunâtre ou gris jaunâtre, rarement tout à fait meuble, ordinairement aggluriné par du calcaire (5 à 20 p. c.) et passant au grès friable. Il contient rarement de petits cailloux roulés, quelquefois de petits amas plus ou moins cohérents de tiges de crinoïdes ; d'autres fois il devient argileux et gris bleuâtre, et donne naissance à des sources. Les fossiles y sont extrêmement rares.

Les grès n'en diffèrent que par une proportion de calcaire qui atteint déjà 50 p. c. dans des assises exploitées pour pavés. Il est généralement blanc grisâtre ou jaunâtre, à cassure inégale ; souvent l'intérieur des bancs épais est bleuâtre ; il n'est pas rare d'en trouver pointillé de limonite ou de matières charbonneuses. Il est également pauvre en fossiles.

Le calcaire sableux est formé de bancs où la proportion de carbonate de chaux atteint et même dépasse 75 p. c. Comme il est beaucoup plus riche en fossiles, sa texture est fort variable, tantôt grenue ou granulo-lamellaire, tantôt très-coquillère, grossière ou celluleuse, rarement oolithico-lamellaire. La texture celluleuse est due à la disparition du test de coquilles, surtout de grandes cardinies. Au voisinage de la marne, ces calcaires deviennent généralement argileux. Du reste, les calcaires sableux sont habituellement compris dans la dénomination de grès. Les bancs que forment ces deux roches, sont courts et irréguliers, à surface ondulée : circonstance qu'il faut attribuer à l'agitation des eaux où ils se sont déposés, comme l'atteste encore la fausse stratification que l'on observe quelquefois dans le sable.

Cet étage repose partout sur la marne de Jamoigne, à laquelle il passe et qui détermine à sa base une ligne de sources. Cette limite est très-bien indiquée sur la carte géologique de la Belgique. Pour la limite supérieure, il faut, comme pour la marne de Jamoigne, distinguer deux parties.

A l'est d'Arlon, la première est clairement indiquée par la marne de Strassen : elle entre dans la province près de Steinfort, passe au N. de Wolberg, à l'O. de Claire-Fontaine, à l'E. de Waltzing, à Frassem, à l'E., puis au N. de Bonnert, continue vers l'O. jusque près du bois de Benert où elle tourne au sud pour passer près de Viville, entre Stockem et Frelange, et pénétrer dans le bois de Stockem. A l'ouest de ce point, la marne de Strassen a disparu et le grès de Luxembourg s'élève jusqu'au grès de Virton ; en commençant par l'ouest, la limite passe au S. de Lime, près de Gérouville, dans les bois de Meix, au N. de Belmont, d'Ethe, à l'O. de St-Léger et se perd dans les bois jusqu'à Stockem.

Nous avons montré, il y a longtemps, que l'assise quartzeuse ainsi limitée est, comme la marne de Jamoigne, une division purement minéralogique, placée obliquement entre cette marne et la marne de Strassen. Il y avait donc à y distinguer différents niveaux géologiques et paléontologiques ; c'est ce que nous avons fait en la divisant en deux parties. L'une, supérieure, représente la marne de Strassen à l'ouest d'Arlon et renferme donc, comme cette dernière assise, la zone de *Belemnites acutus* et une partie de celle d'*Ammonites bisulcatus;* l'autre, inférieure, qui n'est complète qu'à l'est d'Arlon, correspond au reste de la zone à *Ammonites bisulcatus,* c'est-à-dire, aux premières couches du lias inférieur à gryphée arquée, ou bien à la zone supérieure de notre marne de Jamoigne, et, en second lieu, à la zone à *Ammonites angulatus,* c'est-à-dire, à la partie moyenne de notre marne de Jamoigne. Il eût été désirable de connaître la répartition des fossiles dans ces trois zones; mais, à cette époque, nous ne pouvions guère faire cette distribution qu'entre les deux parties ci-dessus.

Voici les principales espèces que nous avons rencontrées dans la partie orientale de la province, en-dessous de la marne de Strassen.

Ammonites angulatus.
    —   *bisulcatus.*
    —   *Conybeari.*
Chemnitzia Zenkeni.
Littorina clathrata.
Cerithium conforme.
Cardinia concinna.
    —   *copides.*
    —   *crassiuscula.*
    —   *·hybrida.*
    —   *similis.*
Tancredia ovata.
Lima gigantea.
   — *Hermanni.*
   — *Omaliusi.*
   — *tuberculosa.*
Pecten Piettei.
Ostrea arcuata.
    — *complicata.*
    — *irregularis.*
Isastrea Condeana.

Dans la partie occidentale, les grès supérieurs, contemporains de la marne de Strassen, renfermant spécialement :

Belemnites acutus.
Ammonites multicostatus.
    — *stellaris.*
Avicula sinemuriensis.
Pinna diluviana.
Pecten disciformis.
    — *textorius.*
Ostrea arcuata.

Ces distinctions ont été confirmées par les recherches de MM. Terquem et Piette, qui ont réparti notre grès de Luxembourg dans leurs divisions **2** à **4** du lias inférieur, savoir : *strates à Ammonites angulatus, à A. bisulcatus* et *à Belemnites brevis (acutus).*

Dans un mémoire plus récent (1865), les mêmes savants ont donné la répartition des fossiles par assises ; c'est à l'aide de ce travail que nous avons pu dresser les listes que l'on trouvera à la fin de ce volume.

M. d'Omalius d'Halloy (1868) a cherché à adapter sa nomenclature à ces divisions, mais il n'y a satisfait qu'incomplètement. Il restreint le nom de *grès de Luxembourg* à la zone inférieure, à *Ammonites angulatus,* qui est surtout développée dans le grand-duché, tandis qu'elle est représentée dans la plus grande partie de la province belge par la *zone moyenne de notre marne de Jamoigne* (marne de Jamoigne, d'O. d'H.). Il désigne le reste de l'assise sous le nom de *calcaire sableux d'Orval,* qu'il avait appliqué autrefois à toute la masse ; cette expression est synonyme, comme nous l'avons dit, de lias gréseux à gryphée arquée. Elle réunit donc deux zones qu'il serait préférable de maintenir distinctes. On pourrait appeler l'inférieure grès de Florenville et restreindre le calcaire sableux d'Orval à la zone à *Belem-nites acutus,* bien développée dans cette localité.

Les grès et les calcaires sableux de cette assise sont exploités dans une foule de localités, pour moellons, pour pavés et même pour pierres d'appareil. Le sable n'est plus guère exploité que pour quelques usages domestiques.

La puissance de cet étage peut être évaluée à 60 mètres à Luxembourg et à Arlon; elle diminue notablement vers l'Ouest.

4. MARNE DE STRASSEN.

Cette assise est formée de marne gris bleuâtre, alternant avec du calcaire argileux de même couleur.

La marne est gris bleuâtre, plastique, ordinairement argileuse; à l'air, elle devient gris jaunâtre; elle est rarement noirâtre, quelquefois brunâtre, surtout vers les limites de l'assise, où elle devient sableuse. Elle forme d'épaisses couches, séparées par des bancs assez minces de calcaire de même couleur, ordinairement subcompacte, tenace, à cassure inégale ou conchoïde, contenant 10 à 20 p. c. d'argile; ce calcaire devient quelquefois sableux, pointillé de grains noirs charbonneux ou de petites taches jaunâtres argileuses.

Les fossiles les plus caractéristiques sont :

Belemnites acutus.
Ammonites bisulcatus.
    —   *Conybeari.*
    —   *Kridion.*
    —   *sinemuriensis.*

Pleurotomaria rustica.
Cardinia Listeri.
Lima gigantea.
  — punctata.
Avicula sinemuriensis.
Pecten disciformis.
  — textorius.
Ostrea arcuata.
Rhynchonella Buchi?
Spirifer Walcotti.
Pentacrinus tuberculatus.

Belemnites acutus, *Spirifer Walcotti* et *Pentacrinus tuberculatus* caractérisent tout spécialement la partie supérieure du lias à gryphée arquée; mais on voit que cette assise renferme aussi une partie de la zone à *Ammonites bisulcatus*, l'autre partie de cet horizon étant représentée par la divison moyenne du grès de Luxembourg.

Cette assise forme un dépôt peu puissant, qui sépare le grès de Luxembourg de celui de Virton dans la partie orientale de la province, comme dans le grand-duché de Luxembourg. Son épaisseur ne dépasse pas 10 mètres dans notre pays.

Sa limite inférieure a été indiquée à propos du grès de Luxembourg. Sa limite supérieure passe près de Sterpenich, coupe la route d'Arlon à Luxembourg à 4,060 mètres d'Arlon, passe entre cette ville et Waltzing, à l'O. de Frassem, à Bonnert, à la Belle-Vue, à Viville, au N. et près de Stockem, à la Papeterie sous Heinsch, et va se terminer dans le bois de Stockem. En outre, deux lambeaux détachés se rencontrent sur les plateaux de Guirsch et de Heinsch.

Le calcaire est quelquefois exploité et donne une chaux assez hydraulique.

b. Lias moyen.

5. GRÈS DE VIRTON.

Cette assise se compose de sables plus ou moins calcarifères, jaunâtres ou brunâtres, accompagnés de grès calcareux ou plutôt de calcaires sableux, assez fréquemment argileux ou ferrugineux, et de marnes sableuses.

Le sable est quartzeux, à grains plus ou moins fins, jaunâtre, comme celui du grès de Luxembourg, souvent jaune brunâtre, et cette teinte domine à mesure que l'on s'élève; en même temps il devient çà et là gris, argileux et micacé.

Les grès (et nous y comprenons les calcaires sableux, qui n'en diffèrent que par une proportion plus forte de carbonate de chaux) présentent quelques différences vers le bas et vers le haut. Les grès inférieurs ressemblent souvent aux grès de Luxembourg; ils sont cependant plus grisâtres, fréquemment pointillés de grains noirs charbonneux, quelquefois brunâtres. Leur texture varie comme dans les grès de Luxembourg. Dans la partie supérieure, les grès ou plutôt les calcaires sableux sont ordinairement gris ou bruns, souvent bleuâtres à l'intérieur des bancs épais, fréquemment argileux. En certains points, aux environs d'Arlon, on trouve quelques bancs de grès brun très-ferrugineux ou plutôt de limonite quartzifère.

Entre ces deux masses de grès et de sable se trouve ordinairement un peu de marne presque toujours sableuse, micacée et grisâtre, parfois bleue et plastique.

Il s'en rencontre aussi çà et là à divers niveaux, mais accidentellement.

Le grès de Virton forme une assise spéciale, dans l'acception géognostique du mot; on peut même le diviser en deux zones et cette distinction est beaucoup plus marquée par les fossiles que par la pétrographie.

Voici les espèces qui caractérisent surtout la partie inférieure :

Ammonites multicostatus,
    —   obtusus,
    —   stellaris,
Cardinia securiformis,
Ostrea cymbium,
Terebratula subovoïdes,
Lingula Voltzi.

La partie supérieure contient spécialement les espèces suivantes :

Ammonites armatus,
    —   Buvignieri,
    —   fimbriatus,
    —   Guibalianus.
    —   planicosta,
    —   Valdani,
Pholadomya Hausmanni.
Pecten æquivalvis.
Ostrea cymbium, v. depressa (O. Broliensis, Buv).
Terebratula numismalis.

Enfin, nous avons rencontré dans les marnes sableuses que nous rattachons à cette partie les fossiles suivants :

Belemnites niger,
Ammonites armatus,
Pholadomya ambigua,
    —   Hausmanni,
Spirifer rostratus,
Terebratula numismalis.

Les bélemnites sont d'ailleurs très-nombreuses dans les grès; il en est de même pour les espèces suivantes, surtout dans les grès inférieurs.

Avicula sinemuriensis,
Pecten disciformis,
Rhynchonella tetraedra.

Le grès de Virton recouvre en concordance la marne de Strassen ou la partie correspondante du grès de Luxembourg; il atteint 80 mètres de puissance. Sa limite inférieure a été indiquée à l'occasion des deux assises précédentes; sa limite supérieure est irrégulière, en partie à cause de failles N-S. ; elle est figurée sur la carte géologique de la Belgique, dont la légende, par oubli, n'indique que le grès de Luxembourg et la marne de Strassen.

6. SCHISTE D'ETHE.

Cette assise est formée de schiste argileux bleu, gris ou brun, facilement altérable à l'air, passant à l'argile ou à la marne gris bleuâtre ou jaunâtre et contenant des ovoïdes de sidérose argileuse qui se transforme en limonite.

Ce schiste est ordinairement argileux, doux au toucher, très-finement micacé, gris bleuâtre, gris ou gris jaunâtre, mal feuilleté, se divisant en petits fragments irréguliers qui brunissent à l'air et se transforment rapidement en argile; quelquefois il est sableux, calcarifère ou pyritifère, très-feuilleté; il passe à une argile bleuâtre très-plastique. Il renferme des nodules aplatis de sidérose argileuse, strato-compacte, gris bleuâtre, qui se décompose promptement par les influences météoriques et tombe en fragments concentriques, brunâtres, de limonite, parfois assez abondants à la surface du sol pour pouvoir être exploités.

Les fossiles y sont rares : les espèces les plus caractéristiques sont *Ammonites Bechei*, *A. Davoei* et *A. planicosta*.

Ce dépôt, qui constitue le *schiste d'Aubange* de Dumont, forme une bande, généralement étroite, d'une vingtaine de mètres de puissance, qui suit, à la base des collines de l'assise suivante, la limite méridionale du grès de Virton.

7. MACIGNO D'AUBANGE.

Cette assise est formée de macigno ferrugineux, bleuâtre ou brunâtre, en bancs stratoïdes ou schistoïdes, séparés par de l'argile ferrugineuse.

La roche que Dumont a appelée macigno ferrugineux se compose de sable quartzeux, de calcaire et d'argile en diverses proportions ; elle est souvent micacée, finement grenue et d'une ténacité très-variable. Sa couleur habituelle varie du bleu grisâtre au gris verdâtre à l'intérieur des bancs, mais les parties extérieures sont altérées et brunes. Quelquefois il passe à une lumachelle verdâtre. Il forme des bancs minces, ordinairement séparés par un peu d'argile ocreuse ou de limonite argileuse, qui est surtout développée vers le haut et est quelquefois criblée d'empreintes de fossiles.

Les espèces les plus caractéristiques de cette assise sont :

Ammonites Guibalianus.
    —   *hybrida.*
    —   *Henleyi.*
    —   *margaritatus.*
    —   *spinatus.*
Turbo cyclostoma.
Pholadomya decorata.
    —   *Hausmanni.*
    —   *Roemeri.*
    —   *rostrata.*
Tancredia lucida.
Pecten æquivalvis.
Plicatula spinosa.
Ostrea cymbium, var. dilatata.
Rhynchonella acuta.
    —   *tetraedra.*
    —   *variabilis.*

Cette assise repose en concordance sur la précédente, avec une épaisseur de 2J à 40 mètres.

Le macigno est exploité pour les constructions, l'empierrement des routes, etc.

c. *Lias supérieur.*

8. SCHISTE ET MARNE DE GRAND-COUR.

Cette assise se compose, à la base, de schiste bitumineux feuilleté, à la partie supérieure, de marne bleue avec nodules calcaires.

La roche qu'on a appelée schiste de Grand-Cour, est un calschiste bitumineux, renfermant de la pyrite très-disséminée, quelquefois des cristaux de gypse, gris ou noirâtre, facile à couper au couteau et onctueux sur la tranche, divisible en feuillets minces, à surface inégale, qui se délitent lentement à l'air.

La marne est argileuse, terreuse et plastique, quelquefois schistoïde, bleue ou gris bleuâtre, passant au gris jaunâtre. Elle renferme des nodules calcaires, compactes ou pétris de fossiles, quelquefois sous forme de *septaria*, quelquefois mélangés de sidérose et d'argile et se délitant en fragments concentriques. On y trouve aussi de rares bancs minces de calcaire bleuâtre ou brunâtre, pétri de fossiles.

Le schiste de Grand-Cour a été exploité à Aubange pour la distillation du bitume et la préparation de l'huile de schiste; il a fourni alors beaucoup de débris de reptiles, de poissons, de crustacés, de céphalopodes de la famille des loligidés, etc. Nous n'avons rencontré dans cette partie que huit ou dix espèces dont les principales sont :

Ammonites communis,
— *complanatus,*
— *serpentinus,*
Avicula substriata.
Posidonomya Bronni.

La marne est beauconp plus riche en espèces. Voici la liste des céphalopodes que nous y avons recueillis, avec celle des autres fossiles les plus caractéristiques :

Belemnites acuarius,
— *compressus,*
— *incurvatus,*
— *irregularis,*
— *tripartitus.*
Ammonites bifrons,
— *Braunianus,*
— *Comensis,*
— *communis,*
— *complanatus,*
— *concavus,*

Ammonites Cornucopiæ,
— *heterophyllus,*
— *Holandrei,*
— *mucronatus,*
— *radians,*
— *Raquinianus,*
— *serpentinus,*
— *variabilis,*
Astarte subtetragona,
Cucullæa inæquivalvis,
Avicula substriata,
Posidonomya Bronni,
Discina papyracea.

Le schiste de Grand-Cour repose en concordance sur le macigno d'Aubange, mais il en est nettement séparé. Il possède une douzaine de mètres d'épaisseur. La puissance des marnes qui le recouvrent peut être estimée à 18 à 20 mètres. L'inclinaison se fait toujours vers le Sud, mais elle nous a paru moindre que dans les premières assises du lias.

Cette assise forme une bande assez uniforme et s'élève à certaine hauteur sur le versant nord des collines constituées par le calcaire de Longwy ; sa limite supérieure y est indiquée par une ligne de sources.

Le schiste a été exploité pour l'amendement des terres : on le brûlait en tas, seul ou avec du calcaire. Cet usage est beaucoup plus répandu dans la partie correspondante de la France (*cendres* de Flize).

II. Système bathonien.

Le nom de *système bathonien* a été donné depuis longtemps par M. d'Omalius d'Halloy à un ensemble de couches qui correspondent, en gros, à ce qu'on appelle

Lower oolite en Angleterre, *terrain jurassique moyen* en France et *Jura brun* en Allemagne. Il a été divisé par A. d'Orbigny en deux étages pour lesquels il a proposé les noms de *bajocien* et de *bathonien*. Le premier seul est représenté en Belgique ; il comprend la *limonite oolithique de Mont-St-Martin* et le *calcaire de Longwy*, noms empruntés à deux localités françaises du département de la Moselle.

ÉTAGE BAJOCIEN.

1. *Limonite oolithique de Mont-St-Martin.*

Cette assise que nous avons précédemment appelée, d'après Dumont, *oolithe ferrugineux de Mont-St-Martin*, commence par des psammites ferrugineux qui deviennent de plus en plus riches en limonite oolithique et passent à cette dernière roche, plus ou moins calcareuse, laquelle est suivie de marne ou argile verdâtre.

Le psammite est argileux, tendre, brunâtre, imprégné de limonite et renfermant une proportion plus ou moins forte de fines oolithes de la même substance. Il passe graduellement et par alternance à l'oolithe ferrugineux ou limonite oolithique, à grains fins, presque métalloïdes, réunis par un peu de ciment argilo-calcaire. Les premiers bancs sont ordinairement gris brun et exploités sous le nom de *minette grise;* après quelques bancs rejetés comme trop pauvres, on trouve la *minette rouge,* ainsi appelée à cause de sa couleur rouge brun ou rouge violacé; ce minerai rend 30 à 35 °/₀ de fer. Au-dessus, et sans transition, se rencontre ordinaire-

ment une petite couche de marne ou argile jaune verdâtre, terreuse, assez plastique, sans fossiles.

Cette assise renferme beaucoup de fossiles, notamment des bélemnites, des céromyes et des huîtres :
voici les espèces principales que M. Chapuis et moi y
avons rencontrées.

Belemnites compressus,
— *giganteus,*
Ammonites Levesquei,
— *radians,*
Ceromya cordiformis,
— *pinguis,*
Pecten Germaniæ,
— *obscurus,*
Ostrea polymorpha.

Cette assise ne s'observe guère chez nous. Elle disparaît à l'ouest de Longwy ; vers l'est, elle se prolonge
dans le grand-duché de Luxembourg et la Lorraine, et
elle est le siége de nombreuses exploitations. La liste
des fossiles qu'on y a recueillis, est assez considérable :
le plus grand nombre appartient au lias supérieur.
Aussi les géologues français sont à peu près d'accord
pour considérer cette division comme la partie la plus
élevée du lias ; on la désigne habituellement sous le
nom de *grès suprà-liasique et hydroxyde oolithique* ou de
fer hydroxydé suprà-liasique.

2. CALCAIRE DE LONGWY.

Le puissant étage que Dumont a décrit sous ce nom,
il y a 25 ans, correspond à l'*inferior oolite* ou étage
bajocien et comprend même des couches appartenant

au *fuller's earth* que l'on classe ordinairement dans l'étage bathonien. Il est composé de calcaires divers, jaunâtres, qui s'associent vers le haut à des marnes calcaires bleues ou jaunâtres. Comme il n'occupe qu'une très-faible surface de notre pays, au sud d'Aubange et de Virton, nous serons très-bref à son égard.

La partie inférieure, *calcaire ferrugineux*, est formée de calcaire en bancs de moyenne épaisseur, subgrenus, colorés par la limonite en jaune un peu brunâtre et renfermant même, vers le bas, quelques oolithes miliaires de cette substance. Certains bancs sont riches en fossiles ; c'est la zone à *Ammonites Murchisonœ* et *A. Sowerbyi*. Au-dessus viennent le *calcaire sub-compacte* et le *calcaire à polypiers*, de couleur plus claire, mais de texture beaucoup plus variable ; les assises à polypiers qui y sont intercalées, sont de véritables récifs où domine *Isastrea Bernardana*. Les fossiles y sont nombreux ; nous y avons trouvé *Ammonites Martinsi*. Sur le plateau de Longwy, des calcaires analogues alternent avec des marnes très-calcarifères, un peu sableuses, bleues ou jaunâtres, peu puissantes, également riches en fossiles ; on y trouve notamment beaucoup de céromyes, de pleuromyes, de brachiopodes, de *Trigonia costata* et une quantité d'*Ostrea acuminata*.

Cette assise repose en concordance sur la limonite oolitique de Mont-St-Martin. A l'O. de Longwy, comme cette limonite a disparu, elle recouvre la marne de Grand-Cour, sans que le parallélisme en paraisse affecté.

Le calcaire est exploité comme pierre à chaux et pour les constructions ; certains bancs fournissent une pierre de taille très-estimée.

CHAPITRE X

—

Le terrain crétacé forme, dans notre pays, deux bassins principaux, que l'on peut désigner sous les noms de massif du Limbourg et massif du Hainaut, et auxquels on peut rattacher les lambeaux de Cour-sur-Heure, de Donstienne, de Berzée, de Lonzée, de Grez, de Beaufays et des Hautes-Fagnes.

Les assises qui le composent ont été divisées par Dumont en cinq systèmes, auxquels il a donné les noms d'*aachénien*, de *hervien*, de *nervien*, de *sénonien* et de *maestrichtien,* et dans lesquels il voyait les représentants de toute la période crétacée. Ils sont désignés sur la carte géologique de la Belgique par les initiales *a, h, n, s* et *m* (1). Comme la constitution du massif du Limbourg diffère notablement de celle du massif du Hainaut, nous les ferons connaître successivement.

MASSIF DU LIMBOURG (2).

Le massif crétacé du Limbourg, situé en grande partie dans notre pays, s'étend entre la Geete, la Vesdre et

(1) Un sixième système, appelé *heersien*, doit être reporté au terrain tertiaire.

(2) Voir surtout d'Omalius d'Halloy, *Mémoires géologiques*, 1828. —

la Worms, fréquemment recouvert de dépôts tertiaires ou quaternaires. Il est limité, au S., par une ligne passant par Boneffe, Hemptinne, Burdinne, Warnant, les Awirs, Sᵗ-Nicolas, la citadelle de Liége, Magnée, Petit-Rechain et Henri-Chapelle. Au N., il disparaît sous les terrains plus récents; on ne le rencontre pas au-delà d'une ligne passant par Pellaine, Corswarem, Oreye, Tongres et Maestricht.

On peut le diviser, comme l'a fait Dumont, en quatre systèmes, aachénien, hervien, sénonien et maestrichtien.

I. SYSTÈME AACHÉNIEN.

Ce système, que Dumont a ainsi appelé du nom allemand d'Aix-la-Chapelle (*Aachen*), est formé d'une puissante assise de sable passant au grès, commençant habituellement par des cailloux, et renfermant des lits ou des amas d'argiles diverses, à végétaux fossiles; ces diverses roches sont toujours dépourvues de glauconie.

Le sable aachénien est à grains quartzeux, plutôt

Dumont, *Mém. sur la constitution géol. de la province de Liége*, 1830; *Mém. cour. de l'Acad. de Brux.*, t. VIII. — Davreux: *Essai sur la constit. géogn. de la province de Liége*, 1830; *Mém. cour. de l'Acad. de Brux.*, t. IX. — D'Archiac; *Observations sur le groupe moyen de la formation crétacée*, 1839; *Mém. Soc. géol. de Fr.*, 1ʳᵉ série, t. III, p. 261. — Pomel: *Note sur le terrain crétacé d'Aix-la-Chapelle*, 1848; *Bull. Soc. géol. de Fr.*, t. VI, p. 15. — Debey: *Entwurf zur einer geognost.-geogenet. Darstellung der Gegend von Aachen*; Aachen, 1849. — Dumont: *Rapport sur la carte géol. de la Belg.*, 1849; *Bull. Acad. de Belg.*, t. XVI, 2ᵉ partie, p. 351. — D'Archiac. *Hist. des progrès de la géologie*; Paris, 1851; t. IV, p. 142. — De Binckhorst: *Esquisse géol. et paléont. des couches crétacées du Limbourg*: 1859; Maestricht. — Horion: *Notice sur le terrain crétacé de la Belgique* 1859; *Bull. Soc. géol. de Fr.*, 2ᵉ série. t. XVI. p. 635.

anguleux qu'arrondis, généralement fins ou de moyenne
grosseur, de couleur claire, jaunâtre, grisâtre ou blanchâtre, il est pur, rarement argileux, quelquefois parsemé de points de lignite terreux ou renfermant quelques
fragments de lignite organoïde ou compacte et d'un noir
brillant. Il passe au grès, tantôt tendre et friable,
tantôt très-cohérent, formant des bancs puissants ou
de simples rognons, généralement blanc; il semble
cimenté par de la silice, car il passe quelquefois
au quartzite, tant les grains sont intimement soudés.
Ce grès est ordinairement à grains fins ou demi-fins
et renferme, outre du lignite, des fragments de bois
plus ou moins silicifiés. Il se trouve surtout vers le
bas.

Cette assise quartzeuse renferme, à la base, des cailloux roulés, peu volumineux, de quartz blanc, de
phthanite et de grès houillers, etc. A diverses hauteurs, mais surtout vers la partie moyenne, on y rencontre des lits minces ou des couches épaisses, mais
courtes et lenticulaires, ou même des amas d'argile
généralement plastique, quelquefois blanche, plus souvent colorée par des matières charbonneuses en gris
ou même en noir. Cette argile renferme des fragments
de lignite et surtout de nombreuses empreintes végétales (1).

Il nous est très-difficile de parler des fossiles animaux
de ce système, vu que les géologues allemands qui s'en
sont occupés spécialement, sous le nom de *sable d'Aix-*

---

(1) Nous considérons comme du schiste houiller altéré une argile
noirâtre, inférieure aux cailloux, quelquefois désignée sous le nom de
baggert, qui a été regardée comme un étage inférieur du système
aachénien.

la Chapelle, ne l'ont pas suffisamment distingué des sables verts herviens. Nous n'en avons jamais rencontré, et nous ne croyons pas que Dumont ait été plus heureux. Quant aux végétaux, M. Debey, qui en a recueilli une magnifique collection, en a fait connaître un grand nombre, seul ou avec M. d'Ettingshausen : ce sont des formes nouvelles, mais dont l'aspect général indique plutôt le terrain crétacé supérieur que l'inférieur. On y a trouvé aussi une feuille de *Credneria,* qui a été rencontrée dans les grès cénomaniens du Hartz.

Dumont voyait dans ce système le représentant de la série wealdienne; il le considérait avec raison, croyons-nous, comme un dépôt fluvio-marin, et ce caractère, joint à celui que fournit sa position à la base de notre terrain crétacé, l'avait amené à cette conclusion. Nous verrons, en décrivant le massif crétacé du Hainaut, que les mêmes caractères minéralogiques s'y rencontrent dans les dépôts que Dumont considérait comme aachéniens, et que ces dépôts sont inférieurs au grès vert et probablement au gault.

Le système aachénien repose horizontalement sur le système carbonifère ou le système famennien. Il n'occupe en Belgique qu'une surface très-restreinte, à l'extrémité orientale du pays de Herve. Une petite bande s'étend de Thimister, par Henri-Chapelle, à Sippenacken ; une seconde, encore moindre, se trouve entre Moresnet et Gemmenich. La puissance du *sable d'Aix-la-Chapelle* est de 80 à 100 mètres.

Le sable n'est guère exploité; certains grès servent à la confection des pavés.

II. SYSTÈME HERVIEN.

Ce système, dont le nom a été emprunté à celui de la petite ville de Herve, commence par des cailloux roulés ou du poudingue, suivi de sables argileux et de psammites glauconifères, et vers l'O., d'argile calcarifère, bleue ou verte et de smectique, avec argilite et gyrolithes.

Le conglomérat qui lui sert de base, est très-variable, formé de gravier ou de cailloux plus ou moins roulés, réunis par une marne hétérogène qui se charge parfois de calcaire, les cimente et les transforme en poudingue; mais il est toujours glauconifère. On l'observe surtout au contact du système carbonifère. Il est suivi, à l'Ouest, c'est-à-dire sur le plateau de Herve et aux environs de Liége, d'une argile souvent calcarifère, grise, gris bleu ou verte, peu puissante, qui passe bientôt à la smectique; celle-ci est d'un jaune verdâtre sale, d'un aspect hétérogène, fusible au chalumeau, faisant une pâte courte avec l'eau. Cette smectique renferme, surtout vers le haut, des rognons d'argilite calcarifère gris verdâtre, avec *gyrolithes*. On a donné ce nom à des corps d'origine problématique, regardés souvent comme végétaux, contournés irrégulièrement sur eux-mêmes, à coupe un peu ovale, dépassant rarement un centimètre de diamètre et dont la surface est irrégulièrement perforée et fortement colorée en vert ou en bleu dans les dépressions. Ces gyrolithes se rencontrent même dans l'argile calcarifère. Plus haut l'argilite prédomine, et alterne avec une craie argileuse, peu glauconifère, gris verdâtre, qui passe ainsi à la craie sénonienne.

Dans la partie orientale, ou, pour mieux dire, sur les sables aachéniens, le conglomérat ne paraît marqué que par un peu de gravier, mélangé de grains de glauconie. Il est suivi de sables et de grès jaunâtres, finement pointillés de glauconie, fossilifères, qui deviennent plus argileux et plus glauconifères et se transforment ainsi en psammites; en continuant à monter, la glauconie diminue, le sable est remplacé par du calcaire et on arrive ainsi à la craie grise du système suivant. On y trouve également des gyrolithes; de là le nom de *sables à gyrolithes* qui leur a été quelquefois donné.

Les fossiles sont rares dans la smectique et l'argile calcarifère, plus communs dans la marne associée à l'argilite, abondants dans les psammites glauconifères. Les espèces les plus communes chez nous appartiennent à la partie inférieure de l'étage sénonien de d'Orbigny. Nous citerons particulièrement dans l'argile calcarifère : *Scaphites compressus* (*Ammonites Buchii*, Dumont) et *Dosinia lentiformis;* et dans la smectique : *Belemnitella quadrata, Ostrea armata, O. diluviana, O. flabelliformis, O. laciniata, O. vesicularis, Rhynchonella difformis? et R. limbata*. Dans les argilites et les sables verts à gyrolithes, on rencontre surtout ;

Belemnitella quadrata.	*Solen æqualis.*
Scaphites binodosus.	*Dosinia lentiformis.*
— *æqualis.*	*Trigonia limbata.*
Turritella multilineata.	*Crassatella arcacea.*
— *scalaris.*	*Isocardia cretacea.*
Fusus Buchi.	*Cucullæa glabra.*
Pyrula rigida.	*Janira quadricostata.*
Rostellaria Parkinsoni.	*Spondylus spinosus.*
Crepidula cretacea.	*Ostrea flabelliformis.*

Le système hervien recouvre en concordance l'aachénien vers l'Est, mais il l'a débordé largement vers
l'Ouest, envahissant non-seulement le pays de Herve,
mais encore la rive gauche de la Meuse jusqu'au delà
de Chokier; il y recouvre le système carbonifère. Sa
puissance varie de 10 à 30 mètres; elle est la plus forte
vers l'Est.

La smectique est exploitée en plusieurs endroits,
notamment à Petit-Rechain, pour les fouleries de draps
de Verviers et des environs. On l'exploite, en outre,
dans nombre de localités, pour la confection à la main
des charbons agglomérés servant aux usages domestiques; elle est connue sous le nom de *jelle* (*dielle*).

III. SYSTÈME SÉNONIEN.

Le système sénonien de Dumont est essentiellement
formé de *craie blanche;* c'est la *craie de Hesbaye* de
M. d'Omalius d'Halloy. Il est beaucoup moins étendu
que l'étage sénonien de d'Orbigny, lequel comprend,
en outre, la craie supérieure de Maestricht et les couches
glauconifères herviennes.

On peut y distinguer trois assises. L'assise inférieure
est formée de craie sans silex, blanchâtre, terreuse,
un peu argileuse, devenant schistoïde à l'air; à la base,
elle renferme ordinairement un peu de glauconie ou de
sable, ce qui la rend grise ou gris verdâtre. L'assise
moyenne se distingue par la présence de silex en rognons
irréguliers, d'abord gris, disséminés, puis plus serrés et
noirs, en lits discontinus, qui indiquent la stratification;
en même temps, la craie est devenue blanche et

dépourvue d'argile. Enfin, l'assise supérieure est caractérisée par des silex gris ou gris brunâtre, en bancs subcontinus ; en même temps, la craie devient graduellement grossière et légèrement jaunâtre.

Les silex sont recouverts d'une croûte blanche et mince, de craie siliceuse. Ils se sont formés évidemment par concrétion sur un centre d'attraction préexistant, amas d'infusoires siliceux, coquilles, etc.; c'était l'opinion de Dumont, c'est celle de M. von der Marck. On en trouve fréquemment qui renferment des fossiles, ou l'empreinte de fossiles, tels que dé grandes coquilles dont le test a disparu. Au microscope on y reconnaît, au milieu de spicules de spongiaires, des bryozoaires, des foraminifères, etc.

Notre système sénonien renferme un assez grand nombre de fossiles, surtout dans l'assise inférieure ; la plupart appartiennent à la craie blanche supérieure de la France, ou craie de Meudon. Nous citerons notamment :

Belemnitella mucronata.	*Magas pumilus.*
Baculites Faujasi.	*Fissurirostra Palissii.*
Hamites cylindraceus.	*Rhynchonella limbata.*
Inoceramus Cripsi.	— *plicatilis.*
Pecten pulchellus.	*Carnia antiqua.*
Janira quadricostata.	— *Davidsoni.*
— *striato-costata.*	*Thecidium papillatum.*
Ostrea falcata.	*Echinocorys vulgaris.*
— *flabelliformis.*	*Hemipneustes striato-radiatus.*
— *lateralis.*	*Cardiaster Ananchytis.*
— *vesicularis.*	*Micraster Cor-anguinum.*
— *Wilsoni.*	*Caratomus sulcato-radiatus.*
Terebratula carnea.	*Catopygus lœvis.*
— *Gisci.*	*Salenia anthophora.*
— *Sowerbyi.*	*Bourgueticrinus ellipticus.*
Terebratulina gracilis.	*Pentagonaster punctatus.*
— *striata.*	

La faune de l'assise supérieure paraît se rapporter plutôt à celle du système maestrichtien, d'après MM. Bosquet et Horion. Ce dernier y cite, *Hemipneustes striato-radiatus, Hemiaster prunella, Catopygus pyriformis, Diadema Kleini* et quelques autres espèces qui appartiennent spécialement à la craie de Maestricht.

L'épaisseur de la craie sans silex est fort variable, en général comprise entre 2 et 20 mètres ; celle de la craie à silex noirs varie de 20 à 30 mètres, et celle de la craie à silex brunâtre, de 8 à 10 mètres.

Le système sénonien est largement développé sur les deux rives de la Meuse. Dans le pays de Herve, il recouvre toute la crête qui s'étend de Retinne à Henri-Chapelle, et se prolonge de là sur les plateaux, de Battice à Blegny et à St-André, et de Henri-Chappelle vers Fouron-le-Comte, entre les vallées de la Gulpe et de la Geule. Il y repose sur le système précédent et est ordinairement recouvert de dépôts diluviens. Sur la rive gauche de la Meuse, la craie blanche occupe une surface beaucoup plus étendue ; elle y est habituellement recouverte de dépôts plus récents, crétacés, tertiaires ou quaternaires. Sa limite méridionale s'écarte peu de la vallée de la Meuse jusqu'à Warnant, Fumal, Burdinne et Hemptinne, d'où elle passe près de Jauche. A partir de ce point, sa limite septentrionale se dirige vers l'Est par Orp-le-Grand, Pellaines, Corswarem, Russon, Sluse et Eben. Dans cette région, la craie blanche repose ordinairement sur une mince assise hervienne, jusqu'à la Méhaigne, où elle recouvre directement le terrain silurien.

On l'a rencontrée dans différents sondages au nord de cette ligne, par exemple, à Bruxelles et à Ostende ;

ce qui porte à admettre que nos deux bassins du Limbourg et du Hainaut communiquaient largement entre eux vers le Nord.

La craie est fréquemment exploitée pour l'amendement des terres, sous le nom de marne. Les silex sont quelquefois utilisés pour la fabrication du verre ou de la porcelaine ; ailleurs, on les emploie à l'empierrement des chemins.

IV. SYSTÈME MAESTRICHTIEN.

Le *système maestrichtien* de Dumont, *Tuffeau de Maestricht* de M. d'Omalius d'Halloy, *craie supérieure*, est essentiellement formé de craie grossière à silex gris, qui passe à un calcaire plus grossier, plus jaunâtre, le tuffeau exploité, qui renferme plus haut des bancs de bryozaires ou de calcaire concrétionné, compacte.

La base du système maestrichtien est presque partout nettement indiquée par une petite couche de calcaire bréchiforme et glauconifère, principalement composée de dents de poissons, de fragments de coquilles, d'oursins, d'encrines, etc., plus ou moins roulés et réunis par du calcaire terreux, argilo-ferrugineux, jaune brunâtre, renfermant quelques grains de glauconie de moyenne grosseur. Cette couche est cohérente, mais très-friable, à cassure inégale ; elle a rarement plus de dix centimètres d'épaisseur et est quelquefois divisée en deux. On y trouve de nombreux fossiles, mais de petite taille, cranies, thécidées, etc. Elle est quelquefois suivie d'un lit argileux ou d'un banc de grès glauconifère.

Au-dessus vient une craie grossière, jaune grisâtre,

que l'on ne pourrait guère distinguer de la craie grossière qui constitue la partie supérieure du système précédent, sans la couche de démarcation que nous venons de décrire. A mesure que l'on s'élève, le grain devient plus grossier et la couleur, d'un jaune plus prononcé et plus pur. Cette première assise, qui a ordinairement une dizaine de mètres de puissance, renferme encore des silex, de formes très-diverses, souvent volumineux, rarement en bancs subcontinus, gris ou gris jaunâtre mat, de diverses nuances. Ils renferment souvent des fossiles, tantôt silicifiés, tantôt calcaires, ou bien à l'état d'empreintes.

On arrive ainsi au tuffeau exploité, dont l'épaisseur est d'une douzaine de mètres; il est formé de grains assez égaux et plus ou moins arrondis, d'un tiers de millimètre environ, grisâtres ou jaunâtres, translucides ou opaques, mats, qui paraissent en grande partie formés de débris fossiles. Ces grains sont réunis par un peu de calcaire terreux en une masse uniforme, grossière, à tissu lâche, friable et tachant, d'un jaune nankin, entièrement soluble dans les acides. Ce tuffeau renferme peu de fossiles, à l'exception des coquilles microscopiques. Il est exploité de temps immémorial, tant comme pierre de construction que pour l'amendement des terres.

La partie supérieure se distingue de la précédente par l'intercalation, dans le tuffeau, de bancs bien distincts, les uns formés en grande partie de bryozoaires, les autres, de calcaire grossier, coquiller, ou de calcaire hétérogène, renfermant des parties compactes, souvent volumineuses, dans lesquels les fossiles sont ordinairement à l'état d'empreintes. Ces divers bancs sont les plus riches en fossiles et chacun possède quelques espèces qui lui sont propres.

Cette assise, dont une partie a souvent été enlevée à l'époque tertiaire, possède une puissance de 20 mètres au moins lorsqu'elle est complète. Le tuffeau y a été rarement exploité.

On remarque fréquemment dans ce système des puits naturels qu'on a décorés du nom d'orgues géologiques. Ce sont des cavités cylindriques, dont les parois sont devenues brunâtres et cohérentes et la surface, inégale et noirâtre. Leur diamètre varie d'un décimètre à un mètre et davantage vers le haut; il diminue graduellement vers le bas. Leur profondeur varie de même; on assure qu'il en est qui ont pénétré jusqu'à la craie blanche à silex noirs. Leur cavité est remplie de gravier, de sable et de terre végétale, provenant des couches tertiaires et quaternaires qui recouvrent le terrain crétacé; de sorte que leur présence s'annonce souvent à la surface du sol par une dépression provenant de l'affaissement des dépôts meubles qui les ont remplis graduellement. C'est là sans doute le résultat de l'infiltration séculaire des eaux pluviales.

Vers l'ouest du massif, on rencontre d'autres variétés de roches, notamment du calcaire sableux et du grès calcarifère (Jauche), du calcaire poudingiforme, etc. Il en est de même à l'Est, vers Kunrad, Vetschau, etc., dans le Limbourg néerlandais.

Le système maestrichtien forme, dans notre massif de la Meuse, une bande qui s'étend de la rive gauche de ce fleuve, entre Lanaye et Maestricht, par Eben et Rumpst, Roclenge-sur-Geer, Sluse et Conixheim, à Otrange et à Oreye, habituellement recouverte par des

sables tertiaires ou du limon hesbayen. Il disparaît
au-delà, sous les mêmes dépôts, jusqu'à Wasseige, où
on le voit affleurer sur la craie blanche; de là, il se prolonge au NO., ordinairement sous le limon, vers
Branchon, Folx-les-Caves et Jauche. Au nord de cette
bande, il s'enfonce sous des assises plus récentes,
comme on l'a reconnu dans quelques puits.

La stratification de ce système est nettement indiquée
par les bancs de silex ou de calcaire à bryozoaires
qu'il renferme; ils inclinent de 52' au NO. Ils semblent
parfaitement parallèles aux derniers bancs de la craie
sénonienne, et la couche glauconifère qui lui sert de
base ne ravine pas ce dernier système d'une manière
notable. Néanmoins, Dumont a remarqué qu'il existe
à ce niveau une discordance, accusée par le manque
des couches supérieures de la craie blanche vers l'ouest.
Ainsi, tandis que, près de Maestricht, la craie supérieure repose sur une dizaine de mètres de craie grossière à silex brunâtres, vers Jauche et Jodoigne elle
recouvre la craie blanche à silex noirs.

La craie de Maestricht est renommée par ses nombreux et beaux fossiles. On y a trouvé divers reptiles,
notamment *Mosasaurus Camperi*, dont les dents et autres
débris ne sont pas rares, et une grande tortue marine;
beaucoup de dents de poissons, *Otodus*, *Lamna*,
Corax, etc., divers crustacés décapodes, notamment
Mesostylus Faujasi, une soixantaine d'ostracodes et une
vingtaine de cirrhipèdes, dont on doit la connaissance
aux patientes recherches de M. Bosquet; une douzaine
de serpules, une quarantaine d'échinodermes, notamment : *Hemipneustes striato-radiatus*, *Hemiaster Prunella*, *Faujasia apicalis*, *Cassidulus Lapis Cancri*, *Catopygus*

pyriformis, Salenia minima, de nombreux piquants de *Cidaris* et des articles de *Pentagonaster quinquelobus,* une trentaine de polypiers, parmi lesquels *Micrabacia Coronula, Diploctenium cordatum, Thamnastrea velamentosa, Gorgonia bacillaris, Moltkia Isis;* enfin une soixantaine d'amorphozoaires, parmi lesquels nous citerons seulement *Orbitoïdes media,* parfois pris pour une nummulite· Restent les mollusques, qui comptent peut-être 800 espèces, dont plus de 200 bryozoaires. Nous citerons, parmi les plus caractéristiques :

Belemnitella mucronata.	*Pecten Nilsoni.*
Nautilus Heberti.	— *septemplicatus.*
—	*Janira Dutemplei.*
Voluta deperdita.	*Ostrea auricularis.*
Nerita Trigeri.	*Ostrea curvirostris.*
Dentalium Mosæ.	*Ostrea larva.*
—	— *limbata.*
Astarte cœlata.	—
Crassatella Bosqueliana.	*Terebratula Scaphula.*
Corbis sublamellosa.	*Terebratulina costata.*
Nucula ovata.	*Fissurirostra pectiniformis.*
Pinna quadrangularis.	*Argiope Davidsoni.*
Sphærulites Faujasi.	— *megatremoïdes.*
— *Hœninghausi.*	*Thecidium hieroglyphicum.*
Radiolites Lapeyrousei.	*Crania Bredaï,*
— *Jouanneti.*	— *comosa.*
Lima semisulcata.	— *Ignabergensis.*
Pinna approximata.	

Nous ne citons guère que des espèces propres à la craie de Maestricht. Un grand nombre d'autres ont paru dans la craie blanche, comme *Belemnitella mucronata,* ou descendent même jusque dans le système hervien, comme *Belemnitella quadrata,* qui abonde à Jauche avec sa congénère.

Les gastéropodes, dont M. de Binckhorst a fait connaître un grand nombre de nouvelles espèces, y présentent plusieurs genres qu'on ne connaissait que dans
le terrain tertiaire ; nous ne les citons pas à cause de
leur rareté. Nous n'indiquons aucun bryozoaire, parce
que cette classe est généralement négligée par les
géologues; certaines formes sont cependant très-aisées
à reconnaître.

MASSIF DU HAINAUT (1).

Le terrain crétacé du Hainaut forme deux massifs
principaux, qui ne sont séparés que par une dénudation peu importante et auxquels on peut rattacher les
lambeaux de Cour-sur-Heure, de Donstienne, de
Berzée, etc.

Le massif de Mons, le plus considérable, est limité
par une ligne passant, au N., par Peruwelz, Blaton,
Baudour, Maisières, Gottignies, Houdeng-Aimeries,
Carnière ; à l'E., par Blaregnies, Eugies, Warquignies,

(1) Voir particulièrement DUMONT : *Rapport sur la carte géologique
de la Belgique*, 1849; *Bulletin de l'Académie de Belgique*, t. XVI, 2ᵉ p.,
p. 351. — D'ARCHIAC : *Histoire des progrès de la géologie*, 1851, t IV,
p. 174. — TOILLIEZ : *Notice géologique et statistique sur les carrières du
Hainaut*, 1858; *Mémoires et publications de la Société des sciences, des
arts et des lettres du Hainaut*, 2ᵉ série, t. V. — HORION : *Notice sur le
terrain crétacé de la Belgique*; 1859; *Bull. Soc. géol. de Fr.*, t. XVI, p.,
635. — GILLES et HARZÉ : *Coupes géologiques des morts terrains recou-
vrant le comble nord du bassin houiller du Couchant de Mons.* —
CH. LEHARDY DE BEAULIEU : *Guide minéralogique et paléontologique
dans le Hainaut et l'Entre-Sambre-et Meuse*; 1861. — CORNET et BRIART :
*Description minéralogique, paléontologique et géologique du terrain
crétacé de la province de Hainaut*; 1866; *Mémoire couronné par la
Société des sciences, des arts et des lettres du Hainaut*, 3ᵉ série, t. I;
1867. Nous avons puisé largement dans ce dernier travail.

Dour, Wiheries, Montignies-sur-Roc, Onnezies, Fays-le-Franc; à l'O., par la frontière française. Il se rattache à la même formation du nord de la France entre Fays-le-Franc et la Vere, ainsi qu'entre la Trouille et Gœgnies-Chaussée.

Ce massif repose sur le terrain anthraxifère; il occupe une large vallée, à laquelle aboutissent quelques vallons latéraux. Le thalweg de cette vallée d'érosion part d'un point situé entre Anderlues et Carnière, et se dirige vers l'O. en passant au nord de Mont-St.-Aldegonde, entre Péronnes et St-Vaast, un peu au sud de Maurage, de Boussoit, d'Havré, d'Obourg, de Nimy, de Ghlin, à Douvrain-lez-Baudour et à Pommereul, sur une longeur de 46 kilomètres. A son origine, il est à 118 mètres d'altitude; il descend à -315 à Nimy, remonte à -220 au sud de Ghlin, redescend à -317 à Pommereul, remonte à -270 au sud d'Harchies et se prolonge en France à une profondeur qui dépasse rarement la cote -200 mètres.

Ce massif crétacé est recouvert presque partout par diverses formations tertiaires, quaternaires ou modernes. Les assises tertiaires se rencontrent surtout dans la partie orientale, où elles ont une puissance de 40 à 60 mètres, et la partie SO, entre Roisin, Heusies et Elouges. Une bande moyenne s'étend de Thulin à Haine-St-Pierre, avec une épaisseur peu considérable, sauf dans les collines près de Mons, où elle a près de 200 mètres de puissance; une bande septentrionale s'étend de Gottignies à Bon-Secours et possède une épaisseur assez forte; ces deux bandes semblent se relier entr'elles et avec le massif de Thulin sous les alluvions de la Haine, à l'O. de Mons, où la surface de la craie, profondément ravinée, descend à la cote -65 mètres.

Le massif de Tournay est limité, au S. et à l'O., par la frontière française, où il se continue dans le grand bassin anglo-parisien ; au N. ses limites sont inconnues : il a été retrouvé dans le puits artésien d'Ostende ; à l'E., sa limite passe probablement par Roucourt, Calenelle, Hollain, Wez, Bruyelle et à l'ouest de Tournay. Il repose sur le terrain anthraxifère ; à Ostende, il recouvrait les roches altérées du terrain silurien (rhénan du Brabant, de Dumont). Sa puissance ne paraît pas dépasser jamais 40 mètres ; le long de la limite orientale, elle n'a que quelques mètres. Il est également recouvert presque partout par les terrains tertiaire et quaternaire, dont l'épaisseur est assez considérable.

Le petit massif de Cour-sur-Heure et les lambeaux avoisinants de Donstienne et de Berzée sont plus distants et isolés sur le terrain anthraxifère, à une altitude supérieure à celle des assises crétacées les plus élevées du massif de Mons.

On trouve dans le Hainaut les cinq systèmes que Dumont a établis dans notre terrain crétacé.

I. SYSTÈME AACHÉNIEN.

La première assise crétacée du Hainaut est formée d'argiles et de sables non glauconifères, passant au grès, au gravier, aux cailloux ou au poudingue, et renfermant des fragments ou des amas de lignite et parfois des amas de limonite.

Le sable est formé de grains quartzeux souvent fins, mais on en rencontre de toute grosseur ; il est ordinairement blanc, mais il peut être jaune, brunâtre, gris ou même presque noir ; comme à Aix-la-Chapelle, il est toujours dépourvu de glauconie (1). Il est quelquefois agglutiné et friable ; il passe même à un grès blanchâtre, à grains moyens, très-rarement fins. Ça et là, il renferme des cailloux, ordinairement de petite dimension, plus ou moins roulés et altérés, provenant des roches primaires du voisinage ; le quartz y domine, puis le phthanite houiller ; viennent ensuite le jaspe noir, les grès et les psammites houillers ou eifeliens, etc. ; on y a même trouvé de la houille, mais jamais de calcaire. Le sable passe ainsi au gravier et aux cailloux, le plus souvent argileux ou ferrugineux, qui prédominent tout-à-fait en certains points et possèdent une puissance considérable. D'autres fois, les matières argilo-ferrugineuses ou même la sperkise, les cimentent et les transforment en poudingue.

Les argiles sont simples, ferrugineuses ou ligniteuses. Les premières sont blanchâtres : ce sont les plus rares ; les autres sont rouges, violettes, jaunes, grises ou noires, unies ou bigarrées ; la glauconie ne s'y montre pas plus que dans les sables. Elles sont plastiques ou sableuses, se polissant ou non dans la coupure, dépourvues de calcaire, souvent infusibles et exploitées, ainsi que les sables, pour la fabrication des produits réfractaires. Les argiles grises ou noires blanchissent au feu. Les débris végétaux sont quelquefois conservés, parti-

---

(1) Dumont cite, dans ses notes, du sable glauconifère à Braquegnies et des fragments de calcaire altéré ; il semble qu'il y a eu erreur dans les renseignements qui lui ont été transmis (Cornet et Briart).

culièrement dans les argiles, sous forme de fruits de
conifères et de troncs ou branches passées à l'état de
lignite noir, à texture organoïde ; quelquefois ce lignite
est même accumulé en petits amas. MM. Cornet et
Briart y ont recueilli les restes d'une cycadée et les
cones de huit espèces de pins. Le lignite est souvent
imprégné de sperkise et fort altérable ; la sperkise, et
aussi la pyrite, se rencontrent quelquefois dans les
argiles qui renferment des débris végétaux. On y a
trouvé aussi du succin et du rétinasphalte (Strépy-
Bracquegnies).

Les argiles et les sables sont très-irrégulièrement
mélangés ; ils forment plutôt des amas que des couches.
Dumont avait voulu y reconnaître deux étages et
M. Horion, trois; mais il résulte des longues recherches
de MM. Cornet et Briart que cette association est trop
irrégulière pour qu'on puisse y établir des subdivisions.

La limonite est brun foncé, géodique, quelquefois
mêlée de sidérose ; elle forme des poches ou des amas
dans les argiles, sans aucune régularité ; quelquefois
même elle recouvre l'assise. La même substance,
associée à l'argile, remplit les fentes du calcaire carbonifère sous-jacent, lequel a été plus ou moins altéré :
c'est donc une matière d'origine geysérienne, épanchée
vers la fin de la période aachénienne. On ne la rencontre guère qu'à Tournay, où elle est exploitée.

Les fossiles animaux sont excessivement rares dans
ce système. On n'y a guère rencontré que deux valves
d'*Unio* et un planorbe qui sont tombés en poussière à
l'air. Les végétaux ont été décrits récemment par
M. Coomans, qui y a reconnu une tige de cycadée et
les fruits de huit espèces de pins, toutes nouvelles.

Sans avoir rien de bien spécial, cette flore nous paraît se rattacher à celle du néocomien de l'est de la France et du wealdien de l'Angleterre, où l'on a trouvé des conifères extrêmement voisines. Il est digne de remarque qu'elle diffère complètement de celle d'Aix-la-Chapelle; quoique l'identité des caractères minéralogiques ne permette guère de douter du synchronisme des deux formations.

Par ses végétaux, par ses caractères pétrographiques et par sa position à la base de nos assises crétacées, ce système nous paraît, comme à Dumont, se rapporter à la formation wealdienne. La plupart des géologues sont disposés à le considérer comme un peu plus récent. Quant à MM. Cornet et Briart, ils le considèrent comme formé, depuis la fin de la période carbonifère jusqu'à l'invasion de la mer du grès vert, sous l'action des phénomènes météoriques, combinée à celle de nombreuses sources thermales.

Nous avons examiné ailleurs cette manière de voir, à laquelle nous ne pouvons nous rallier.

Le système aachénien forme, dans le massif de Mons, une bande allongée de l'Est à l'Ouest, et occupant le versant nord de la vallée dont nous avons parlé. Dumont en a encore signalé des traces en quelques points du bord méridional et en dehors du bassin, près d'Ath. Souvent débordé par les systèmes suivants ou recouvert par des dépôts récents, il est très-rare qu'il se montre au jour. Sa puissance peut être évaluée en moyenne à 46 mètres; mais elle est très-variable (17-105) même sur des points fort rapprochés. Sa plus grande épaisseur est d'ordinaire vers le bord du bassin, de sorte que cette bande a été comparée à un coin allongé dont l'arête est en bas et ne dépasserait pas le thalweg de la vallée dont nous avons parlé.

Dans le massif de Tournay, il semble ne constituer que des lambeaux de très-faible épaisseur, où domine l'argile, épars sur le calcaire carbonifère ou remplissant les anfractuosités de sa surface et atteignant alors accidentellement une plus grande puissance. Il se prolonge en France et renferme notamment les sables aquifères auxquels les mineurs d'Anzin ont donné le nom de *torrent*.

II. MEULE DE BRACQUEGNIES.

Les roches qui suivent ont été rapportées par Dumont à celles qui, dans le Limbourg, constituent son système hervien. Comme ce parallélisme ne nous semble pas admissible, nous décrirons cette division sous les noms, connus depuis longtemps, des deux assises qu'elle renferme.

Les mineurs du Hainaut ont donné le nom de *meule* à un grès vert, facile à reconnaître par la forte proportion de silice soluble qu'il renferme. Cette assise commence par une couche peu puissante de sable argileux glauconifère, renfermant de nombreux galets de phthanite et de quartz (Bracquegnies) ou par un poudingue à cailloux semblables, cimentés par du macigno glauconifère (Bernissart). Les couches qui viennent ensuite sont généralement dépourvues de cailloux et d'argile ; ce sont des grès à grains de quartz blanc ordinairement fins, mélangés d'une forte proportion de grains de glauconie un peu plus gros et cimentés par de la silice gélatineuse, soluble dans les alcalis. La proportion de cette dernière substance varie beaucoup, jusqu'à 55 %; quand elle est faible, le grès devient friable; un bon nombre de couches sont même tout-à-fait meubles; elle est quelquefois remplacée par de la calcédoine, qui donne à la roche un éclat plus vitreux et une ténacité plus grande.

Ce grès est verdâtre, quand il est mouillé; par le dessèchement, il devient blanc bleuâtre, léger, sonore et happant à la langue. Les sables sont d'un beau vert et n'éprouvent que des changements moins prononcés.

La meule de Bernissart et de quelques autres localités renferme en outre une proportion assez notable de calcaire, de sorte que certains grès argileux sont devenus des macignos. Il paraîtrait que le calcaire augmente à mesure qu'on s'avance vers l'ouest.

La silice gélatineuse ou l'opale hydrophane et la calcédoine forment en outre dans la roche des rognons, des veines et même de petites couches. La première devient à l'air blanche et happante, la seconde est gris de fumée. C'est elle surtout qui constitue le test des fossiles que l'on rencontre abondamment en certains points; les fragments de bois, qui ne sont pas rares à Bracquegnies, sont plutôt convertis en silice soluble.

Par altération de la glauconie, la meule prend en certains points une couleur jaune d'ocre ou rougeâtre.

La meule est une formation marine, où les fossiles sont ordinairement très-rares. Dans ces derniers temps, MM. Briart et Cornet (1) y ont recueilli, dans deux puits à Bracquegnies, une grande quantité de fossiles marins, constitués presque exclusivement de gastéropodes et de lamellibranches.

Sur 51 espèces connues, 42 ont été rencontrées dans le *green sand* de Blackdown, 10 dans la craie glauconieuse de Rouen, 15 dans l'étage cénomanien de la Sarthe et 6 seulement dans le tourtia de Tournay et de Montignies-sur-Roc. Ce résultat tend à placer la meule dans le *grès vert supérieur* ou *étage cénomanien;* malheureusement, l'âge du grès vert de Blackdown n'est pas assez sûrement connu pour que quelques auteurs ne considèrent la meule comme appartenant au gault. Toutefois, il est bon de noter que 18 de ces espèces de Blackdown se rencontrent dans l'*upper green sand,* 7 dans le gault ou en dessous et 4 dans les deux divisions.

La composition de la meule est identique à celle de la *gaize* du département des Ardennes, que l'on place ordinairement dans le grès vert. Toutefois, celle-ci renferme peu d'espèces de la *meule* et en présente beaucoup d'autres qui se rencontrent plus haut chez nous.

Les fossiles les plus abondants sont : *Pectunculus sublœvis; Trigonia dœdalea; T. Elisœ; Cardium Hillanum; Cyprina angulata; Venus faba; V. caperata; Corbula truncata; Turritella granulata.* Voici la liste des 51 espèces déjà connues que l'on y rencontre, avec l'indication de leur gisement en France et en Angleterre, ainsi que dans l'assise suivante :

(1) Description minéralogique, stratigraphique et paléontologique de la meule de Bracquegnies (sous presse).

	Green sand de Blackdown.	Craie glauconieuse de Rouen.	Grés de la Sarthe.	Tourtia de Tournai.
Pterocera macrostoma	—			
» retusa	—			
Rostellaria Parkinsoni	—		?	
» tyloda	—			—
Pyrula depressa	—			
Fusus Smithi	—			
Natica Geinitzi	—			—
» mesostyle	—			
» pungens	—			
» rotundata	—		—	
Turritella granulata	—			
Vermetus concavus	—			
Scalaria pulchra	—			
Turbo Fittoni	—			
Phasianella formosa	—			
» Sowerbyi	—			
Dentalium medium	—			
Tornatella affinis	—			
Avellana cassis		—	—	—
Solecurtus æqualis	—		—	
Pholadomya Mailleana	—	—	—	
Corbula truncata	—			
Tellina gracilis	—			
» inæqualis	—		—	
Venus faba	—			
Cytherea caperata	—			
» parva	—			
» plana	—			
Thetis major	—			
Cyprina angulata	—			
Cardium Hillanum	—	—	—	
» subventricosum		—		
Lucina pisum	—			
Trigonia dædalea	—		—	
Cucullæa carinata	—		—	
» glabra	—			
» subformosa	—			
Pectunculus sublævis	—			
» umbonatus	—			
Nucula lineata	—			
Mytilus lanceolatus	—		—	
Modiola reversa	—		—	
Avicula anomala	—		—	
Janira æquicostata	—			
» cometa		—		
» quadricostata	—			
Ostrea carinata	—	—	—	—
» columba	—	—	—	
» conica	—	—	—	
» haliotidea	—	—		—
Serpula filiformis	—	—		—
Totaux	43	10	15	6

La meule forme une bande allongée de l'E. à l'O.,
de Bracquegnies à Bernissart et au-delà, car elle se
prolonge en France. Elle recouvre le système aachénien, qui la déborde au N., à l'E. et au S., tandis que,
depuis Havré jusque vers Ville-Pommereul, elle le
déborde et repose sur l'étage houiller. Cette bande est
inclinée vers le sud comme le système aachénien. Sa
puissance est fort variable; elle atteint 183 mètres et
peut être estimée en moyenne à 40 mètres.

III. TOURTIA DE TOURNAY.

Le *tourtia de Tournay et de Montignies-sur-Roc* est un
poudingue ou gompholite célèbre par ses fossiles. A
Montignies-sur-Roc, il est formé de cailloux roulés de
grès ou de psammites primaires et de grains plus ou
moins arrondis de limonite, empâtés dans un ciment
calcaire abondant, jaunâtre, où l'on distingue quelques
grains de glauconie. A Tournay, les cailloux sont de
quartz blanc, de phthanite houiller et même de calcaire
carbonifère et de limonite; le calcaire qui les empâte
est plus rougeâtre, souvent plus abondant et la roche
est moins cohérente. Le test des fossiles est rougeâtre
ou jaunâtre, quelquefois vert; cette couleur s'observe
aussi à la surface des cailloux.

La faune du tourtia de Tournay et de Montignies-
sur-Roc est essentiellement marine. En y comprenant
les espèces récemment figurées, mais non encore
décrites par M. le baron de Ryckholt, elle comprend
460 espèces dont les deux tiers sont des gastéropodes;
le reste est composé de lamellibranches avec 2 cépha-

lopodes, 12 brachiopodes et 8 échinides. Mais il est digne de remarque que le nombre d'individus de la classe des brachiopodes est tel que *Terebratula nerviensis* fournit seul le quart des fossiles.

Sur 43 espèces rencontrées dans d'autres pays, MM. Briart et Cornet en comptent 12 dans le *green sand* de Blackdown, 15 dans la *craie glauconieuse de Rouen* et 24 dans les *grès cénomaniens* de la Sarthe. Aussi tous les paléontologistes se sont toujours accordés à placer cette assise dans l'étage cénomanien. Voici la liste de ces espèces :

	Green sand de Blackdown.	Craie glauconieuse de Rouen.	Grés de la Sarthe.
Ammonites varians		—	
Trochus Basteroti		—	—
Turbo Geslini.			
Capulus elongatus			
Dentalium medium	—		
Pholadomya gigantea	—		
Panopæa læviuscula			—
» substriata	—		
Lyonsia carinifera		—	
Astarte striata.	—		
Cyprina oblonga			—
Trigonia spinosa.			—
» sulcataria	—	—	—
Cardium productum			—
Nucula antiquata.	—		
» impressa	—		—
Isoarca obesa.		—	
Arca Galliennei		—	—
» subsinensis			—
Mytilus Galliennei			—
» peregrinus			—
Lima Reichenbachi			—
» subovalis	—		
Pecten crispus			
» orbicularis			
» Rho omagensis.			
» subacutus			—
» virgatus	—		—
Janira quinquecostata	—	—	—
Spondylus histryx			—
» striatus		—	
Ostrea carinata		—	—
» diluviana			—
» haliotidea	—	—	—
Terebratula biplicata		—	—
Terebratulina auriculata			
Rhynchonella Lamarckana			—
Thecidium digitatum			
Holaster suborbicularis		—	
Discoïdea subuculus.		—	
Catopygus columbarius			—
Codiopsis doma			—

Le *tourtia* repose à Tournay sur le calcaire carbonifère ou les dépôts aachéniens; à Montigny-sur-Roc,
sur les grès de l'étage de Burnot; dans le département

du Nord, il recouvre le calcaire eifélien à Gussignies, le même calcaire et l'aachénien à Bellignies.

Il paraît avoir occupé tout l'espace entre Bavay et Tournay. Sa puissance n'atteint jamais 1^{m}50. On ne lui connait aucun rapport stratigraphique avec la meule.

Il résulte de ce dernier fait une certaine incertitude sur le classement exact de cette assise. Dumont le considérait comme plus ancien que la *meule;* nous même l'aurions placé, sans trop de difficulté, au niveau des conglomérats qui commencent ce dernier étage ; mais MM. Briart et Cornet le placent plus haut par suite de·considérations paléontologiques.

IV. SYSTÈME NERVIEN.

Le système nervien est formé d'argile glauconifère, passant graduellement à la marne, puis à la craie grossière, renfermant des concrétions siliceuses ou même des bancs de silex et commençant par une assise habituellement mélangée de cailloux roulés, qui a reçu le nom de *tourtia de Mons* (et de Valenciennes).

Le *tourtia de Mons* a été assimilé par quelques auteurs au *tourtia de Tournay,* quoique Dumont les eût positivement distingués, en ajoutant que le premier remplissait parfois les anfractuosités du second. MM. Briart et Cornet ont réussi à vérifier ce fait et à mettre hors de doute la distinction des deux étages.

Les caractères minéralogiques du système nervien varient sensiblement suivant les localités, surtout rela-

tivement aux proportions de glauconie et de silex.
A l'Ouest, le *tourtia de Mons* est une marne très-glauconifère, présentant quelquefois des rognons irréguliers qui semblent de même nature, mais seulement
durcis par un peu de matière siliceuse, et plus souvent
des galets de volume variable, nombreux à la base,
disparaissant vers le haut, formés de phthanite, de
quartz, de grès eifélien ou de grès houiller. Au-dessus
vient une argile tantôt pure, tantôt calcarifère, gris
bleuâtre ou gris verdâtre, avec sphéroïdes de sperkise ;
ce sont les *dièves* des mineurs. Elle passe insensiblement à une marne peu glauconifère, bleuâtre puis
grisâtre, avec concrétions siliceuses, qu'on a appelée
fortes toises. Ces rognons sont d'abord mêlés de calcaire
et bleuâtres à l'intérieur ; mais bientôt ils deviennent
purement siliceux, gris, puis bruns. En même temps
la marne passe à une craie grossière, blanc-jaunâtre,
avec quelques points de glauconie, et renferme de
gros rognons irréguliers de silex brun : ce sont les
rabots.

Vers l'Est, le *tourtia de Mons* est formé de calcaire
caverneux, très-glauconifère et très-résistant, dont les
cavités sont remplies de marne glauconifère ; sa base
est ordinairement formée de cailloux roulés de phthanite, de quartz etc., réunis plus ou moins solidement
par un ciment très-glauconifère. Viennent ensuite des
alternances de couches minces de calcaire caverneux
et de marne argileuse bleuâtre, qui sont les *dièves* ; puis
des bancs de marne bleue, avec lits disséminés de
concrétions siliceuses, qui deviennent de plus en plus
nombreuses et forment bientôt la masse de l'assise et
sont séparées par un peu de marne bleue. Cette partie

a reçu des mineurs du Centre le nom de *bleus* ou de *verts à têtes de chats;* elle correspond aux *fortes toises* du couchant de Mons; elle a ordinairement une grande puissance. Plus haut les concrétions siliceuses ont perdu leur teinte bleuâtre avec leur calcaire et sont devenues brunes, moins nombreuses, mais plus volumineuses, empâtées dans une craie grossière, blanc jaunâtre, avec quelques grains de glauconie : ce sont les *rabots.*

Le long de l'affleurement de l'étage, de Maisières à Haine-Saint-Pierre, la partie supérieure des rabots est formée de bancs massifs de silex gris, légèrement calcarifère, séparés par des lits de craie grossière avec silex caverneux, bruns, en rognons. Le silex massif est exploité à Saint-Denis et à Maisières.

Dans le massif de Tournay, le système nervien est peu développé et formé presqu'exclusivement par une marne blanchâtre ou grisâtre, avec quelques grains de glauconie et, à la base, quelques galets, qui correspondent au *tourtia de Mons* et se trouvent bien rarement sur plus d'un mètre de puissance. Les *fortes toises* et les *rabots* n'y semblent pas représentés en Belgique.

Les diverses assises que nous venons de décrire, passent si insensiblement de l'une à l'autre qu'il serait impossible d'y tracer une ligne de démarcation. Elles correspondent cependant à un espace de temps considérable, comme on peut le voir par les fossiles, qui appartiennent aux étages cénomanien, turonien et même sénonien. Voici, d'après MM. Briart et Cornet, la liste des principales espèces, avec leur répartition par assises.

	Tourtia.	Diéves.	Fortes tol-ses.	Rabots.
Macropoma Mantelli.	—	—		
Nautilus elegans	—			
Belemnitella vera	—			
Gastrochæna amphisbæna		—		
Inoceramus Cuvieri	—	—	—	—
» Lamarcki				—
» mytiloïdes		—		
Pecten asper	—			
» orbicularis.	—			
Janira cometa	—			
» æquicostata	—			
» quinquecostata	—	—	—	—
Spondylus duplicatus	—			
» fimbriatus	—	—		
» obesus		—		
» spinosus			—	—
» striatus	—	—		
Ostrea auricularis.	—	—		
» carinata.	—			
» columba	—			
» conica	—	—		
» diluviana	—			
» flabelliformis.		—	—	—
» hippopodium.	—	—		
» laciniata				—
» larva				—
» lateralis.	—	—	—	—
» sulcata		—	—	
» vesicularis.			—	
» » var. minima				—
Terebratula carnea		—		
» obesa	—	—		
» semiglobosa	—	—		
Terebratulina gracilis		—	—	—
Rhynchonella compressa	—			
» Lamarckana.	—			
» Mantellana		—		
Ditrupa deformis	—			
Cidaris clavigera		—		
» Vendocinensis		—		
» vesiculosa	—	—		
Echinocorys gibba.				—
Galerites truncata.		—		
Synhelia gibbosa		—		
Frondicularia scutiformis		—		—
Totaux	26	25	8	13

Cette faune varie donc beaucoup du *tourtia* aux *rabots*. La meilleure limite à établir passerait au-dessus des *dièves* : l'étage inférieur pourrait être rapporté au cénomanien, tandis que la partie supérieure représenterait le turonien.

Le système nervien repose tantôt sur l'une ou l'autre des divisions précédentes, tantôt sur les terrains primaires. Dans le massif de Mons, il a débordé largement, en remplissant la vallée que nous avons décrite ; en quelques points seulement du versant nord, il est dépassé par la *meule* (Bracquegnies) ou le système aachénien (entre Hautrage et la Louvière). Il forme donc un bassin dont l'axe se confond avec celui de la vallée. Son inclinaison est moindre que celle des systèmes précédents, ce qui semble annoncer une stratification en débordement. En effet, il résulte des recherches de MM. Briart et Cornet, non-seulement que la meule est ravinée par le *tourtia de Mons,* mais encore qu'il y a eu, vers les bords, débordement des *dièves* sur ce *tourtia* et des *fortes toises* sur les *dièves.* L'affaissement subit qui a permis l'érosion de la plus grande partie du *tourtia* de Tournay et de Montignies, ainsi que le ravinement de la *meule,* a donc été suivi d'une longue période d'abaissement lent et progressif.

Notons encore qu'au témoignage de ces auteurs, l'amplitude de cette discordance diminue à mesure qu'on s'avance vers l'Ouest.

La puissance maximum du système serait de 165 mètres ; on peut évaluer approximativement sa puissance moyenne à 50 mètres sur le versant nord et à 12 ou 15 mètres sur le versant sud, à l'ouest de Binche.

SYSTÈME SÉNONIEN.

Nous employons ici cette expression dans le sens
que Dumont y attachait pour notre pays; c'est-à-dire
avec moins d'extension que d'Orbigny ne lui en a
donnée. D'autre part, MM. Briart et Cornet en ont dis-
trait les *gris*, pour les rattacher au système précédent :
sans prétendre rejeter cette manière de voir, nous
avons cru plus convenable de suivre ici la légende de
la carte géologique de la Belgique.

La partie inférieure de ce système est formée dans
le Hainaut, de craie glauconifère, grossière, un peu
sableuse, grise, devenant verte lorsqu'elle est rayée,
peu traçante; sur les parties exposées à l'air, elle se
délite en feuillets courts, parallèles à la surface. Cette
assise n'a que quelques mètres d'épaisseur, au plus ;
les mineurs l'appellent les *gris*.

Elle est nettement séparée de la craie blanche.
MM. Cornet et Briart ont même observé en divers
points des ravinements et parfois, dans les creux,
quelques centimètres de glauconie presque pure. Ils
se sont basés sur ce fait, appuyé de quelques différences paléontologiques, pour modifier le classement
de cette assise.

Au-dessus vient la craie blanche proprement dite.
Tout à fait à la base, surtout dans les dépressions, elle
est encore un peu grisâtre et renferme encore quelques
grains de glauconie; mais elle se distingue aisément
de l'assise précédente en ce qu'elle est nettement traçante et ne se délite pas en feuillets. A quelques mètres
de hauteur, elle est devenue tout à fait blanche, ter-

reuse, à grain très-fin. On voit bientôt apparaître des rognons, puis des bancs de silex grisâtre, un peu calcaire, qui deviennent plus purs à mesure que l'on monte et tout à fait noirs ; ils forment des lits minces, qui marquent la stratification.

D'après MM. Cornet et Briart, les bancs inférieurs sont peu fissurés ; tandis que ceux de la partie moyenne sont remplis de fissures, tellement que, en certains points et surtout en-dessous du niveau des eaux, elle devient ébouleuse. La partie supérieure est formée de bancs massifs, peu fissurés, subgrenus, rudes au toucher et assez résistants pour avoir été employés à la bâtisse. Elle renferme des rognons volumineux ou des bancs massifs de silex gris, quelquefois blond.

Accidentellement cet étage présente des zones de craie jaune et d'autres où la craie, jaune ou blanche, a pris la dureté du marbre. La coloration jaune disparaît à l'air. La craie durcie se trouve surtout au contact du poudingue maestrichtien ou du calcaire de Mons.

Les fossiles sont assez abondants dans les *gris*, notamment *Ostrea flabelliformis*, *O. laciniata*, *O. lateralis* et quelques autres. Ils sont rares, au contraire, dans la craie blanche. Nous citerons spécialement, outre les trois espèces précédentes, *Belemnitella mucronata*, *Ostrea vesicularis*, *Terebratula carnea*, *Magas pumilus*, *Rhynchonella octoplicata*, *Echinocorys vulgaris*, *Micraster*, *cor anguinum*. *Belemnitella quadrata* n'y a pas encore été rencontrée.

Ce système repose partout sur le précédent, dans le massif de Mons. Dans celui de Tournay, la craie glauconifère n'existe point ; la craie blanche ne paraît pas renfermer de silex : elle repose, tantôt sur la marne nervienne, sans démarcation tranchée, tantôt sur le tourtia de Tournay, le système aachénien ou le calcaire carbonifère. Sa puissance est plus considérable que pour aucun autre système crétacé ; elle dépasse souvent 100 mètres et atteint même 326 mètres (sans les *gris*) au sondage des Wartons, près de Nimy. En général, dans le massif de Mons, son épaisseur, suivant MM. Cornet et Briart, est en raison inverse de celle des étages inférieurs ; ce qui tient à ce que l'axe du bassin formé par la craie blanche s'est déplacé vers le sud, de manière à se trouver au sud des sables aachéniens et de la meule et à un niveau inférieur.

Le système sénonien ne paraît pas avoir plus de 10 à 20 mètres dans le massif de Tournay et plus de 4 à 5 dans celui de Court-sur-Heure. La présence de la craie à Court-sur-Heure, à Berzée, à Donstienne, à Peissant, annonce que la mer sénonienne pénétrait dans l'Entre-Sambre-et-Meuse.

M. Horion pense que la craie grossière qui termine cet étage dans le Limbourg, ne se rencontre pas dans le Hainaut, et que ce fait annonce que la craie blanche de cette dernière région était émergée durant la période de la craie grossière, ce qui expliquerait le durcissement qui s'observe en divers points de sa surface. Toutefois, nous devons dire que la craie grossière à l'O. de Ciply, que MM. Briart et Cornet considèrent comme assise supérieure, présente assez bien les caractères minéralogiques de celle des bords de la Meuse et que ces savants ingénieurs y ont rencontré quelques fossiles du système suivant.

VI. SYSTÈME MAESTRICHTIEN.

Le système maestrichtien ou la craie supérieure du Hainaut comprend deux étages. L'inférieur, que nous appelons la *craie brunâtre*, a été souvent désigné sous le nom de craie grise, qui ne nous paraît pas bien choisi : il se compose d'une craie grossière, à grains encore plus gros que celle du système précédent et s'en distinguant aisément par sa couleur brunâtre claire, un peu ternie par de très-petits grains de glauconie ; vers le bas, elle est assez tenace et renferme des silex gris, en bancs ou en lits subcontinus ; plus haut, elle est friable. Elle se termine par un banc de calcaire gris jaunâtre, compacte et tenace, stratoïde. Au seul point où l'on puisse observer le contact, elle repose sur la craie blanche supérieure, tendre.

L'étage supérieur est formé de deux assises, le *poudingue* et le *tuffeau*. La première est formée par un gompholite dont l'épaisseur ne dépasse pas 1ᵐ80, composé de fragments de craie blanche, jaunie et durcie, de fossiles roulés ou non, souvent à l'état de moules, et alors brunâtres et durs, et enfin de parties arrondies, du volume d'un pois à celui du poing, formés de la même substance que ces moules et présentant une surface irrégulière, comme perforée ; cette substance brune renferme du phosphate de chaux. Le tout est cimenté par une pâte calcarifère, blanchâtre ou grisâtre, souvent très-cohérente. Au-dessus du poudingue vient le tuffeau, identique à celui de Maestricht, renfermant rarement des silex gris, en bancs réguliers.

Le poudingue déborde la craie brunâtre et repose

sur la craie blanche ravinée, perforée de tubulures, jaunie et devenue dure comme le marbre. Vers l'O., il diminue et disparaît ; le tuffeau repose alors directement sur la craie durcie. MM. Briart et Cornet se sont assurés que le poudingue recouvre ailleurs la craie brunâtre.

Les fossiles de ces trois assises sont fort nombreux. Le poudingue en a fourni beaucoup, dans quelques points où il était peu cohérent ; il renferme la plupart des espèces des deux autres assises ; celles-ci possèdent un bon nombre d'espèces propres. Les bryozoaires ne sont pas cités dans la craie brunâtre, de même que plupart des échinodermes ; cette dernière assise renferme surtout les céphalopodes (*Belemnitella mucronata*, Schl., *Baculites Faujasi*, Lm., *Nautilus Dekayi?* Mort.) que l'on retrouve aussi dans le poudingue ; elle se distingue d'ailleurs aisément par l'abondance de *Dentalium Mosæ*, que l'on désigne aussi sous le nom de *Ditrupa Mosæ*.

Voici, d'après MM. Cornet et Briart, la liste des espèces les plus abondantes du système, avec leur répartition approximative par assise :

	Craie brunâtre.	Poudingue.	Tuffeau.
Belemnitella mucronata	—	—	
Nautilus Dekayi ?	—	—	
Baculites Faujasi	—	—	
Arca rhombea			—
Pinna diluviana		—	
Radiolites Ciplyanus		—	
Caprotina Ciplyana		—	
Avicula cœrulescens	—	—	
Inoceramus Cuvieri	—	—	
Lima semisulcata	—	—	
Pecten Faujasi			—
» pulchellus	—	—	
Janira substriatocostata	—	—	
Ostrea flabelliformis	—	—	—
» larva	—	—	—
» lateralis	—	—	—
» lunata	—	—	—
» sulcata	—	—	
» vesicularis	—	—	—
Terebratula carnea	—	—	
» Hebertina		—	
Terebratulina striata	—	—	—
Terebratella Humboldti ?		—	
Trigonosemus Palissyi	—	—	
» pectiniformis	?	?	
Terebrirostra Davidsonana		—	
Rhynchonella octoplicata	—	—	
» subplicata	—	—	
Thecidium digitatum		—	—
» papillatum	?	—	—
Crania comosa		—	
» Ignabergensis	?	—	—
» Parisiensis	—	—	
Echinocorys conoïdea		—	
» vulgaris		—	
Catopygus fenestratus	—	—	
» subcarinatus	—	—	
Holaster granulosus	—	—	
Hemiaster prunella		—	—
Salenia heliopora		—	
Hemipneustes radiatus		—	—
Caratomus sulcato-radiatus		—	
Cidaris regalis		—	
Nucleolites scrobiculatus			—
Cassidulus elongatus		—	—
» lapis cancri		—	—
Pentagonaster quinqueloba		—	
Ditrupa Mosæ	—	—	

Le système maestrichtien du Hainaut n'occupe qu'un

espace fort limité. Un petit lambeau se rencontre sous Quaregon, Hornu et Boussu ; il n'est connu que par quelques puits. Le massif de Ciply n'est visible que sur une petite étendue des communes de Nouvelles, Ciply, Cuesmes, Mesvin et Spienne. Il est recouvert, au Nord, sous des dépôts plus récents, et ses limites ne pourraient lui être assignées dans l'état actuel de nos connaissances.

Les carrières de tuffeau sont aujourd'hui abandonnées.

CHAPITRE X

TERRAIN TERTIAIRE (1).

I. — Disposition. — Caractères généraux. — Division.

Page 181.　　Le terrain tertiaire de la Belgique est assez exactement limité, au midi, par la vallée de la Meuse, de Maeseyck à Namur, puis de la Sambre, jusqu'à la frontière française, qui le borne ensuite jusqu'à la mer ; dans cette dernière partie du pays, il se continue dans la Flandre française jusqu'à l'*axe de l'Artois*, vers l'extrémité orien-

---

(1) Voir surtout : GALEOTTI : *Mém. sur la constit. géognost. de la province de Brabant*; 1837; *Mém. cour. de l'Acad. de Brux.*, t. XII. — DUMONT : *Rapport sur les travaux de la carte géologique de la Belgique*; 1839 : *Bull. Acad. de Brux.*, t. VI, 2ᵉ part., p. 464.—D'OMALIUS D'HALLOY : *Coup d'œil sur la géologie de la Belgique*; 1842. — D'ARCHIAC : *Histoire des progrès de la géologie*; 1848; t. II, p. 491. — DUMONT : *Rapport sur la carte géologique de la Belgique*; 1849 : *Bull. Acad. de Belg.*, t. XVI, 2ᵉ part., p. 351. — Id. : *Note sur la position géologique de l'argile rupélienne, et sur le synchronisme des formations tertiaires de la Belgique, de l'Angleterre et du nord de la France*; 1851; *Bull. Acad. de Belg.*, t. XVIII, 2ᵉ part., p. 179. — LYELL : *On the tertiary strata of Belgium and french Flanders*; 1852; *Transactions of the geological society of London*. Trad. par MM. CH. LEHARDY DE BEAULIEU et A. TOILLEZ sous le titre de : *Mém. sur les terrains tertiaires de la Belgique et de la Flandre française*, dans les *Ann. des trav. publics de Belg.* t. XIV, 1856.—DUMONT. *Observ. sur la constitution géologique des terrains tertiaires de l'Angleterre, comparés à ceux de la Belgique*, 1852; *Bull. de l'Académie de Belgique*, t. XIX, deuxième part., p. 344.

tale duquel une série de lambeaux isolés le rattache au même terrain du bassin de Paris.

Dans notre pays, quelques faibles lambeaux se rencontrent encore au sud de la Sambre ; en revanche, sur plusieurs points, le terrain tertiaire reste aujourd'hui à quelque distance du sommet de la vallée de cette rivière et de celle de la Meuse ; laissant à découvert l'un ou l'autre membre des formations crétacées ou paléozoïques. Il s'étend au nord de la limite que nous venons d'indiquer, jusqu'en Hollande ou à la mer ; mais il est habituellement recouvert par des dépôts quaternaires ou modernes ; ce qui en rend l'étude fort difficile.

Les roches qui composent ce terrain sont partout restées en couches presque horizontales. Leur texture est presque toujours conglomérée, fréquemment meuble. Les unes sont quartzeuses : cailloux ou poudingue, sable, grès, psammite ; argileuses : argile, argilite ; ou carbonatées : calcaire grossier ou sableux et marne. Le lignite ne s'y trouve guère que comme principe colorant, assez abondant dans certaines couches. La glauconie s'y rencontre souvent, tantôt en faible proportion, tantôt en quantité considérable, même prédominante, et caractérisant ainsi certaines assises.

Les fossiles que l'on y a recueillis sont fort nombreux, mais ils sont très-inégalement répartis. Certains étages sont fort riches, d'autres très-pauvres ; et parmi les premiers, on trouve souvent, surtout parmi les formations sableuses, de vastes espaces qui en sont dépourvus, tandis que certains points en renferment un grand nombre.

Le terrain tertiaire de la Belgique comprend un grand nombre de subdivisions, qui représentent la série à peu près complète de cette grande formation ; les autres pays ne nous présentent même aucun équivalent certain des assises inférieures. Nous suivrons généralement la nomenclature adoptée pour la carte géologique de la Belgique, quoique nous sachions parfaitement qu'elle n'est pas à l'abri de reproches.

Dans son rapport sur les travaux de la carte géologique en 1839, Dumont divisait le terrain tertiaire de notre pays en six systèmes, qu'il dénommait *landenien, bruxellien, tongrien, diestien, campinien* et *hesbayen*, parce que les roches qui les composent sont particulièrement développées aux environs de Landen, de Bruxelles, de Tongres, de Diest et forment le sol des régions connues sous les noms de Campine et de Hesbaye. Il rapportait les trois premiers au terrain tertiaire inférieur de France et d'Angleterre ; les deux derniers, au terrain tertiaire supérieur ; quant au diestien, il ne le plaçait qu'avec doute dans le terrain tertiaire supérieur, à cause des incertitudes qui régnaient encore à l'égard des fossiles qui s'y rencontrent. Il distinguait déjà dans chacun diverses assises, caractérisées par leur composition et leurs fossiles.

En 1849, présentant à l'Académie royale de Belgique le premier exemplaire de la carte géologique pour être transmis au gouvernement, Dumont développa cette classification, d'abord en éliminant le système campinien et le hesbayen, reconnus quaternaires, en créant de nouvelles dénominations pour les subdivisions qu'il avait reconnues précédemment, et enfin, en rapportant au terrain tertiaire moyen son système tongrien de 1839. Voici la classification qu'il suivait alors :

Terrains tertiaires	Terrain pliocène.	Système scaldisien.
		— diestien.
	Terrain miocène.	— boldérien.
		— rupélien.
		— tongrien.
	Terrain éocène.	— bruxellien.
		— yprésien.
		— landenien.

On voit que le système landenien de 1839 était divisé en deux, pour l'un desquels il conservait cette dénomination, tandis que l'autre recevait une désignation empruntée au nom de la ville d'Ypres, aux environs de laquelle il est bien représenté. Les trois assises de son système tongrien primitif devenaient trois systèmes, pour le premier desquels ils conservait ce nom, tandis que la dénomination du deuxième lui vient de ce qu'il est particulièrement représenté sur les bords du Rupel, et que le troisième doit son nom à ce qu'il présente quelques fossiles dans une petite colline appelée le Bolderberg, près de Hasselt. Le système *scaldisien* a été établi pour certaines assises fossilifères des environs d'Anvers, retirées du campinien ; son nom lui vient du nom latin (*Scaldis*) de l'Escaut.

Dumont établissait d'ailleurs des subdivisions dans la plupart de ces systèmes. En outre, il plaçait provisoirement à la base un dépôt de marne ou de calcaire argileux, qu'on rencontre aux environs de Heers, près de Saint-Trond, et pour lequel il ne proposait pas de nom.

Deux ans plus tard, dans sa *Note sur la position géologique de l'argile rupélienne*, il désigne ce dernier système sous le nom de *heersien*, mais le rapporte au terrain crétacé. En outre, il établit deux systèmes nouveaux : le *panisélien*, ainsi nommé du Mont-Panisel, colline aux portes de Mons, intermédiaire entre l'yprésien et le bruxellien ; et le *laekenien*, intermédiaire entre le bruxellien et le tongrien, renfermant les sables fossilifères de Laeken, près Bruxelles.

C'est vers la même époque, croyons-nous, que la carte géologique de la Belgique fut livrée au commerce. Les divisions qui s'y trouvent indiquées sont conformes à celles que nous venons de rappeler ici.

Quant au synchronisme de ces subdivisions avec les formations tertiaires de l'Angleterre et de la France, Dumont modifia légèrement ses vues dans ce dernier travail ; il y revint dans sa note sur le terrain tertiaire de l'Angleterre, et, plus tard, il les indiqua brièvement dans la légende de sa *Carte géologique de la Belgique et des contrées voisines*. Nous y reviendrons en étudiant successivement chacune de ces divisions.

En 1853, M. Hébert (1), replaça le système heersien dans le terrain tertiaire, se fondant surtout sur ce qu'il y avait rencontré une coquille fossile des sables de Bracheux. Nos propres observations ont confirmé ce résultat.

Enfin, une découverte récente de MM. Cornet et Briart est venue porter à douze le nombre de nos systèmes tertiaires, en faisant connaître aux environs de Mons un lambeau de calcaire, inférieur à nos assises les plus anciennes et renfermant une faune précurseur de celle du *calcaire grossier* de Paris. Ils l'ont décrite, à cause de sa texture, sous le nom de *calcaire*

_____

(1) *Bull. Acad. de Belg.*, t. **XX**, première part., p. 468.

grossier de Mons, dénomination dont nous nous sommes servi nous-même, mais qui est sujette à critique. Nous la remplacerons par celle de *calcaire de Mons;* le besoin d'uniformité ne nous paraît pas assez urgent pour que nous proposions de lui substituer le nom de système *montien.*

I. CALCAIRE DE MONS (1).

Cette assise est formée de calcaire grossier, en bancs massifs, blanchâtre ou blanc jaunâtre, généralement peu consistant ou friable, mais renfermant çà et là des rognons ou des lits minces, subcompactes et très-tenaces, présentant quelquefois de nombreux vides dont les parois sont recouvertes d'une matière ligniteuse pulvérulente. Certains bancs ont le grain plus fin et rappellent tout à fait le tuffeau de Maestricht et de Ciply. Vers le bas, les parties dures prédominent, sous forme de gros rognons contigus, à cassure sub-grenue, souvent caverneux, empâtés dans du calcaire friable ; les fossiles y sont à l'état de moules.

Cette assise a été reconnue par divers puits ou sondages à Mons et aux environs, sur une longueur de plus de sept kilomètres. Elle atteint une épaisseur de 93 mètres. Elle recouvre ordinairement la craie blanche, quelquefois la craie maestrichtienne, et est recou-

(1) Voir CORNET et BRIART : *Note sur la découverte dans le Hainaut, en dessous des sables rapportés par Dumont au landenien, d'un calcaire grossier avec faune tertiaire;* 1865; *Bull. Acad. de Belg.,* 2ᵉ série, t. XX, p. 757. — G. DEWALQUE : *Rapport sur cette note; ibid.,* p. 721. — D'OMALIUS D'HALLOY : *rapport sur la même note; ibid.,* p. 727. — CORNET et BRIART : *Note sur l'extension du calcaire grossier de Mons dans la vallée de la Haine;* 1866; *Bull. Acad. de Belg.,* 2ᵉ série, t. XXII, p. 523. — G. DEWALQUE : *rapport sur cette note; ibid.,* p. 262.

verte par les sables verts de la partie inférieure du système landenien. Plus à l'ouest, dans la tranchée du chemin de fer à Hainin, près de Thulin, MM. Cornet et Briart ont reconnu que les bancs considérés par Dumont comme maestrichtiens, devaient être rapportés à cette assise. Ils y sont ravinés par des argiles heersiennes, et le tout est recouvert par le sable landenien.

Le calcaire de Mons est très-riche en fossiles. Les foraminifères et les entomostracés abondent dans les parties grossières, lesquelles fournissent, en outre, avec facilité des espèces de plus grande taille, que l'on se procure difficilement dans les parties cohérentes. MM. Cornet et Briart y ont recueilli plus de 350 espèces.

Le caractère tertiaire de cette faune est aujourd'hui hors de contestation. Au début de leurs recherches, MM. Cornet et Briart avaient cru pouvoir identifier un bon nombre d'espèces avec des formes de l'éocène inférieur et surtout du calcaire grossier de Paris. Partageant cette manière de voir, nous avions considéré cette assise comme une colonie du calcaire grossier. Depuis lors, les fossiles réputés identiques, ont été montrés à la Société géologique de France, et il est résulté de cet examen que six espèces seulement se retrouvent dans le calcaire grossier, tandis que les autres sont extrêmement voisines de formes connues, de sorte que l'erreur est aisée. Les espèces communes sont :

Buccinum stromboïdes, Lam.
Ancillaria buccinoïdes; Lam.
Voluta spinosa, L. sp.
Cerithium nodulare, Desh.
Corbula Lamarcki, Desh.
Ostrea angusta, Desh.

Quatre polypiers décrits par MM. Milne-Edwards et Haime doivent appartenir à la même formation ; ce sont : *Trochocyathus Konincki*, *Pleurocora alternans*, *P. explanata* et *P. Konincki*.

Nous avons donc ici un exemple remarquable d'une faune qui a vécu chez nous longtemps avant l'époque où elle reparaît dans le calcaire grossier de Paris, représentée par quelques espèces identiques et un grand nombre d'autres extrêmement voisines.

II. SYSTÈME HEERSIEN.

Nous avons déjà dit pourquoi nous placions dans le terrain tertiaire le système heersien, que Dumont avait classé dans le terrain crétacé sur sa carte géologique, où il est désigné par les initiales *hs*. Il n'est figuré que dans le Limbourg, mais Dumont l'a mentionné aux environs de Mons.

Le système heersien du Limbourg constitue, autant qu'on peut en juger par ses affleurements, un petit lambeau irrégulier, compris entre Roclenge, Marlinne, Gelinden, Mettecoven, Woordt, Vechmael, Op-Heers et Bas-Heers, partiellement recouvert d'assises landeniennes ou tongriennes et généralement caché sous le limon quaternaire ; il reparaît à Corswarem et à Maret (Orp-le-Grand).

Ce système paraît constitué, vers le bas, de sables fins, renfermant souvent des grains de glauconie ou de silex ; vers le haut, de marne blanchâtre, simple ou à grains de silex.

Les sables heersiens sont généralement formés de

grains de quartz hyalin anguleux et fin ; quelques variétés renferment de la glauconie en grains réniformes, un peu plus gros, et passent même vers le bas à la glauconie quartzifère ; d'autres sont remarquables par une forte proportion (jusqu'à 1/3) de grains de silex, également fins et anguleux, mais noirs et faciles à confondre avec de la glauconie, dont leur dureté les distingue aisément. On y trouve parfois des lits minces de calcaire terreux, blanchâtre, ou des coquilles de même couleur et éminemment friables.

La marne heersienne est blanchâtre, terreuse, se désagrégeant souvent dans l'eau, surtout lorsqu'elle n'a pas encore été desséchée ; traitée par les acides, elle laisse un résidu argileux, plus ou moins considérable, renfermant une forte proportion de silice soluble ; quelquefois cette silice est assez abondante pour conserver au résidu la forme du fragment employé.

Les premières couches de marne renferment ordinairement une portion plus ou moins forte de grains de sable fins, les uns de quartz hyalin, les autres de silex noir.

Ce système est postérieur à la dénudation du terrain crétacé ; il recouvre l'une ou l'autre assise maestrichtienne ou sénonienne. Il atteint une vingtaine de mètres de puissance.

Nous avons recueilli dans la marne heersienne une petite flore, probablement nouvelle, formée particulièrement de plantes dicotylédones, chêne, châtaignier, etc.; nous espérons que M. Coemans voudra bien la décrire prochainement. Quant aux fossiles animaux, ce qu'on en savait est dû à M. Hébert, qui a trouvé une *Panopœa* et un *Mytilus* probablement nou-

veaux, accompagnés de *Pholadomya cuneata*, Sow.,
que l'on retrouve dans les sables de Bracheux de la
Flandre française. Nous y avons trouvé également une
pholadomye, mais elle est distincte de *P. cuneata*.
Voici la liste des fossiles que nous y avons rencontrés :

Pleurotoma, sp.
Chenopus, sp. n.
Pholadomya, sp. n.
Panopœa, sp. n.
Venus, sp.
Astarte inœquilatera, Nyst.
Cyprina, sp.
Mytilus, sp. n.
Ostrea, voisine de l'*inaspecta*, Desh.

Astarte inœquilatera, *Cyprina*, sp., et probablement
Ostrea inaspecta?, se retrouvent dans l'étage inférieur
du système landenien.

Dumont mettait au niveau de cette formation quelques couches trouvées dans des puits artésiens à Mons,
et dans la tranchée du chemin de fer, à Hainin. Ce sont
des sables fins, purs ou argileux, plus ou moins glauconifères, des argiles ou des marnes pures ou ligniteuses, et des calcaires gris bleuâtre, dans lesquels il
avait trouvé des fossiles d'eau douce, notamment des
physes. Une partie de ces couches appartient peut-être
au calcaire de Mons, mais on voit distinctement, à
Hainin, les argiles raviner le calcaire précédent.

III. SYSTÈME LANDENIEN.

Le système landenien de Dumont (1849) comprend
deux étages, désignés sur la carte géologique par les

initiales l' et l^2. Nous allons les décrire successivement.

1. — Étage inférieur.

L'étage inférieur du landenien, l', est une formation marine, qui commence par des cailloux roulés ou du poudingue glauconifère, suivi de psammite glauconifère dont la glauconie disparaît graduellement et qui passe à l'argilite, au tuffeau et à la marme. C'est le *tuffeau de Lincent* de M. d'Omalius d'Halloy.

Le poudingue est formé de cailloux plus ou moins roulés, du volume d'une noisette à celui du poing, de silex noir ou brun, colorés en vert brunâtre à la surface, quelquefois de calcaire compacte senonien ou de quartz hyalin, etc., réunis par du sable glauconifère ou de la glauconie quartzifère, à grains inégaux, moyens ou gros, mélangés d'un peu d'argile, en une masse peu cohérente, hétérogène, plus ou moins verdâtre ou brunâtre, suivant l'altération de la glauconie. Son épaisseur n'atteint pas un mètre; elle varie d'ailleurs suivant les ravinements de la roche sous-jacente. Il est suivi de psammite glauconifère, formé de grains gros, moyens ou fins de quartz et de glauconie, réunis par de l'argilite grise en masse plus ou moins cohérente, à cassure inégale, d'un gris terne pointillé de vert, qui devient brunâtre par altération. Quelquefois le ciment est de l'argile, délayable dans l'eau. A mesure qu'on s'élève, sa proportion augmente en même temps que la couleur devient plus claire, gris blanchâtre terne; on passe ainsi à l'argilite ou à l'argile, quelquefois au macigno ou à la marne, qui, le plus souvent, renfer-ment encore quelques grains fins de quartz et de glauconie. On y trouve quelques coquilles dont le têt a disparu ou est devenu blanc et friable, et des corps de nature inconnue, dont la forme contournée rappelle les gyrolithes herviens.

Les bancs de psammites glauconifères sont quelquefois accompagnés de sable argileux glauconifère. Dans le Hainaut, les grains de glauconie sont plus volumineux que dans le Limbourg, surtout vers le bas de l'étage.

Les fossiles de cet étage sont peu nombreux, mal conservés ou empâtés dans le psammite dont on ne peut guère les dégager ; en outre, on n'en connaît souvent que le moule.

M. d'Omalius d'Halloy *(Abrégé de géologie,* 1853*)* y indique d'après M. Nyst et M. Hébert :

Scalaria Dumontiana, Nyst *(S. acuta,* Gal., non Sow.)
Pyrula Smithi, Sow.
Pholadomya Konineki, Nyst.
Panopœa intermedia? Sow.
Cytherea obliqua, Desh.
Crassatella Landinensis, Nyst.
Cyprina scutellaria, Desh.
Leda Lyellana, Nyst.
Cucullœa crassatina, Lm.
Arca Heberti, Nyst.
Nucula fragilis, Desh.
Pinna margaritacea, Lm.
Modiola elegans, Sow.

Les mêmes auteurs, et sir Ch. Lyell, y ont encore indiqué une quinzaine de genres, dont plusieurs douteux. Ce dernier savant cite, entre autres, un *Hemiaster* et un *Cardiaster,* une *Cucullœa* voisine de *C. decussata,* Park. (*C. crassatina,* Lam), et une *Pholadomya* ressemblant à *P. cuneata*, Sow. Nous possédons la plupart de ces espèces et plusieurs autres, ce qui nous permet de présenter ici quelques observations.

Scalaria Dumontiana n'est pas décrit; c'est très-probablement *S. angresiana*, de Ryck., qui est bien voisine de *S. Bowerbancki*, Mor. La panopée est, suivant nous, une espèce nouvelle, de même que *Pinna margaritacea*, un grand pleurotomaire et plusieurs autres. Quelques unes de nos cyprines paraissent se rapporter à *C. scutellaria*, mais ce ne sont que des moules qui ne permettent pas une assimilation certaine; d'autres appartiennent à l'espèce heersienne, qui en est d'ailleurs très-voisine. Quelques échantillons de *Cucullœa* se rapportent plutôt à *C. incerta*, Desh. La seule espèce que nous puissions ajouter avec sécurité est *Cardium Edwarsi*, Desh. Le conglomérat de la base renferme souvent des dents de *Lamna* et d'autres poissons; et nous possédons, de l'argilite de Lincent, mais mal conservées, deux espèces d'*Hemiaster* et une d'*Holaster*.

Bien que l'on rencontre assez souvent dans cet étage, à Tournay, des fossiles crétacés bien conservés, on ne peut hésiter à le considérer comme tertiaire, même au point de vue paléontologique seul. Ces fossiles proviennent du remaniement des marnes nerviennes sous-jacentes; aussi ne les citons-nous pas. Les espèces que nous retrouvons hors de notre pays, permettent, quoique peu nombreuses, d'y voir le représentant des sables de Bracheux en France ou du *Thanet sand* en Angleterre. Disons toutefois que ce dernier correspond probablement aussi à notre heersien de la Hesbaye.

L'étage inférieur du système landenien a occupé une assez vaste surface de la partie basse de notre pays. Il forme aujourd'hui deux massifs principaux. Celui de la Hesbaye est limité, au S., par une ligne passant par Voordt, Corswarem, Wasseige et Ramillies, près Folx-les-Caves ; il s'étend au Nord jusqu'à Tirlemont puis disparaît sous les sables bruxelliens et laekeniens. Le massif du Hainaut s'observe au sud de Mons, puis vers Angres et Quiévrain ; après quoi on le retrouve de Roucourt à Templeuve ; il disparaît bientôt sous les dépôts plus récents. Entre ces deux massifs se rencontrent quelques lambeaux isolés, notamment aux environs de Wavre.

Comme tous nos étages tertiaires, il est habituellement recouvert par le limon quaternaire. Il repose, tantôt sur le heersien ou le calcaire de Mons, tantôt sur l'une ou l'autre assise crétacée, ou même sur quelque étage primaire ; il en est séparé par un ravinement plus ou moins marqué.

Cette formation fournit quelques matériaux utiles. Les psammites glauconifères sont parfois utilisés comme moellons. L'argilite ou le tufeau est exploité plutôt pour pavés ou dalles que pour les constructions ; une variété siliceuse et très-légère résiste bien à un feu modéré et est recherchée pour les fours à cuire le pain ; certaines argilites altérées et converties en argile servent à la confection des briques et des pannes.

2. — Étage supérieur.

L'étage supérieur du système landenien, l^1, est une formation fluvio-marine, composée de sables plus ou moins argileux et glauconifères, qui passent au psammite glauconifère et sont suivis d'autres sables, ordinairement purs et blancs, accompagnés de grès blanc, et entremêlés de lits d'argile ou de marne, et de sables ou d'argiles à lignite. Aussi M. d'Omalius d'Halloy l'a désigné sous le nom de *lignite de Landen* en Hesbaye, et de *grès de Grandglise* dans le Hainaut.

Le sable glauconifère de la base de cet étage ressemble beaucoup à celui de l'étage inférieur ; aussi la limite entre les deux est souvent difficile à établir. Il est généralement formé de grains de quartz fins, entremêlés de 1/10 environ de glauconie et d'un peu d'argile ; il est ordinairement meuble, gris ou gris verdâtre, gris jaunâtre par altération ; on y distingue quelques lamelles de mica. Plus haut, ce sable devient de moyenne grosseur, et les grains noirâtres qu'on y rencontre sont, en partie de glauconie, en partie de silex. Il passe au psammite ou au grès glauconifère, cohérent ou friable. Il est suivi de sables blancs, parfois verts, à grains de quartz hyalin de moyenne grosseur ou fins, peu arrondis ; ces sables, ainsi que les précédents, alternent avec des couches massives ou schistoïdes, parfois fort nombreuses, d'argile gris blanchâtre, grise ou noire, suivant la proportion de matières ligniteuses qu'elle contient, pure, sableuse ou calcareuse et passant à la marne, renfermant rarement des empreintes de feuilles bien conservées. Le lignite terreux ou feuilleté, y est très-rare ; on y a trouvé du succin (Esemael). Le lignite colore aussi quelques sables.

Le haut de l'étage est ordinairement formé en entier de sable pur et blanc, qui renferme des bancs interrompus ou d'énormes rognons de grès blanc, à grains demi-fins, réunis sans ciment apparent en une roche dont la texture est presque subgrenue. La surface de ces blocs est mamelonnée d'une manière toute particulière et très-caractéristique. Dumont y a trouvé des traces de coquilles; on y rencontre fréquemment des fragments de troncs d'arbres silicifiés et recouverts de cristaux de quartz. Sous le limon quaternaire, ces grès forment le haut de l'étage, le sable ayant été entraîné, tandis que les rognons de grès, entiers ou brisés, sont restés sur place et sont souvent entourés de limon.

Si les premières assises de cet étage semblent marines, le reste peut être considéré, ainsi que l'a fait Dumont, comme une formation fluvio-marine. Le même géologue a aussi fait remarquer qu'il s'est déposé, surtout vers l'Ouest, pendant une période d'affaissement du sol, qui a laissé ses traces dans le débordement des diverses assises. Les fossiles y sont très-rares. M. Nyst y a cité : *Melania buccinoïdea*, Fér., (*Melanopsis fusiformis*, Sow.), *M. inquinata*, Desh., *Cyrena cuneiformis*, Fér., et *Ostrea bellovacina*, Lm.. Nous avons ajouté (1) en 1863 : *Cerithium variabile?* Desh., *Cyrena antiqua*, Fér., *Ostrea sparnacensis* Desh., et quelques espèces indéterminées. Ils suffisent pour confirmer le rapprochement que Dumont avait fait de cet étage avec celui des *lignites du Soissonais*. En Angleterre, il a pour équivalent les couches de Woolwich et de Reading (*Woolwich and Reading series*, Prestwich).

Jusqu'à présent, les fossiles végétaux, la plupart appartenant à des dicotylédones, n'ont pas été étudiés. Nous ne connaissons qu'une feuille de palmier, trouvée

(1) *Note sur quelques fossiles éocènes de la Belgique; Bull. Acad. de Belg.*, 2e série, t. XV, p. 27.

dans les grès blancs des environs de Mons, et qui a été citée dans la collection de feu A. Toilliez, sous le nom de *Flabellaria Lamanonis,* dénomination sous laquelle on a très-probablement confondu plusieurs espèces.

L'étage supérieur du système landenien ne paraît pas s'avancer à l'est de Landen et de Wasseige. Vers l'ouest de la Hesbaye, il a débordé l'étage inférieur, comme on peut le voir vers Asche-en-Refail ; ce débordement est bien prononcé dans le Hainaut, où il s'avance, au S., de Carnière à Grandreng près Erquelines, à Goegnies-Chaussée et à Onnezies. Sa puissance peut être estimée de dix à vingt mètres.

Les grès de cette formation sont exploités, surtout pour la confection de pavés qui sont fort recherchés. En Hesbaye, ce sont les grès blancs de l'assise supérieure ; dans le Hainaut on exploite, en outre, les grès à grains noirs. Le sable n'est employé qu'à quelques usages domestiques. Les argiles servent à la confection de briques, de tuiles et de carreaux.

Cet étage renferme la nappe d'eau qui alimente les puits artésiens des environs de St-Trond et de Tirlemont.

IV. SYSTÈME YPRESIEN.

Ce système comprend deux étages. L'inférieur, y^1 de la carte géologique de la Belgique, est formé d'une masse puissante d'argile, prolongement de l'argile de Londres ; c'est l'*argile d'Ypres* de M. d'Omalius d'Halloy. Le supérieur, y^2 de la carte, est formé de sables fins, plus ou moins glauconifères, que ce savant n'en a pas distingués.

1. — Étage inférieur.

L'étage inférieur du système yprésien, ou l'argile d'Ypres, commence ordinairement par une couche peu épaisse de sable argileux ou d'argile sableuse glauconifère, gris verdâtre, brunâtre par altération ; cette couche est parfois subdivisée par de petits lits irréguliers d'argile plastique. Au-dessus, ou reposant directement sur les sables landeniens, vient une argile sableuse, massive ou schistoïde, rude au toucher, se polissant peu ou point dans la coupure, se délayant facilement dans l'eau ; les grains de sable qu'elle renferme sont très-fins, doux au toucher et mêlés de quelques grains de glauconie et de paillettes de mica. Près de la surface, elle est grise ou gris jaunâtre, souvent tachetée de brun par altération ; dans la profondeur, elle est ordinairement bleu verdâtre, mais elle change de couleur à l'air. Cette assise est d'autant plus puissante qu'on l'observe plus à l'Est ; elle est subdivisée par quelques couches d'argile plastique, et renferme des rognons de pyrite ou des cristaux de gypse et rarement des fragments de lignite. Au-dessus vient l'argile plastique, qui constitue presque tout l'étage dans les Flandres. Elle est ordinairement massive, très-cohérente, douce au toucher, se polit dans la coupure et se désagrège lentement dans l'eau, en faisant une pâte très-plastique. Dans la profondeur, elle est souvent d'un gris bleuâtre qui ne tarde pas à verdir ; plus haut, elle est gris jaunâtre ou gris brunâtre. Elle renferme aussi de la pyrite ou du gypse, quelquefois des lits de calcaire argileux ou même des rognons cloisonnés, identiques aux *septaria* de l'argile de Londres.

Les seuls fossiles connus jusqu'à présent dans cet étage sont des foraminifères dont nous avons donné ailleurs (*l. c.*) la liste que voici :

Nodosaria Raphanus, L. *sp.*
— *longiscata*, d'Orb.
Dentalina Adolphina, d'Orb.
— *pauperata*, d'Orb.
Marginulina Wetherelli, Jones.
— *Lituus*, Mont.
Cristellaria Calcar, L. *sp.*
Clavulina communis, d'Orb.
Cornuspira foliacea, Phill. *sp.*

Ce sont les espèces les plus communes du *London clay*. La paléontologie confirme donc le rapprochement que Dumont avait déduit de considérations pétrographiques et stratigraphiques, et que la plupart des géologues ont admis depuis.

L'argile d'Ypres s'étend de la Flandre occidentale jusque vers Mons et Bruxelles. La limite méridionale est formée par la frontière de France jusqu'à Estaimpuis ; de là, elle passe à Espierre, Kain, Beclers et Péronnes, en laissant au Sud quelques lambeaux qui attestent son prolongement antérieur dans cette direction ; elle passe de là au sud de Leuze, à Ligne, à Ath, à Braine-le-Comte, à Nivelles, d'où elle s'étend au Sud vers Seneffe, Fontaine-l'Evêque, le Rœulx et Mons. L'étage disparaît sous le suivant le long d'une ligne sinueuse, partant du nord de Ghistelle et passant par Thourout, Thielt, Deynze, Waereghem, Welden, Audenarde, Escanailles, Renaix, Lessines et Ruysbroeck, près Bruxelles. Il ne paraît pas avoir dépassé cette dernière ville, à l'Est ; et dans cette région, sa puissance est très-réduite. Elle dépasse 100 mètres dans l'ouest du pays. Ainsi, on en a traversé 135 mètres au puits artésien d'Ostende, où cette argile constitue l'assise tertiaire la plus élevée. Par sa compacité, elle présente de grandes difficultés au forage.

Elle est souvent exploitée pour la fabrication des briques, des tuiles et des carreaux.

2. — Étage supérieur.

L'étage supérieur du système yprésien est formé de sables fins, doux au toucher, ordinairement argileux et glauconifères et renfermant quelques lits minces d'argile.

Sur l'argile d'Ypres, on trouve d'abord un peu de sable à grains quartzeux assez fins, renfermant 1/10 à 2/10 de grains de glauconie, à peu près autant d'argile et quelques lamelles de mica ; il est gris verdâtre, mais on ne l'observe guère qu'à la surface, où il est altéré, jaunâtre ou brunâtre. Il passe à du sable quartzeux très-fin, mélangé de 1/10 à 2/10 de glauconie et de paillettes de mica blanc nacré qui atteignent parfois un millimètre de diamètre. Ce sable est très-doux au toucher, meuble, rarement argileux et cohérent, gris ou gris verdâtre, devenant gris jaunâtre ou brunâtre par altération ; il renferme des lits très-minces d'argile plastique ou sableuse, gris brunâtre, et des couches plus ou moins épaisses de sable moins fin. Par la disparition de la glauconie, il passe à un sable pailleté, gris clair, tellement fin qu'on le prendrait souvent pour du limon ou de l'argilite, surtout lorsqu'il est un peu argileux et cohérent ; dans tous les cas, il se désagrège

promptement dans l'eau. Vers le haut, ce sable renferme souvent un ou deux bancs minces et courts, ou
simplement de larges rognons, dans lesquels le sable
est réuni en une masse peu cohérente par une prodi-
gieuse quantité de nummulites, ordinairement couchées
à plat, et au milieu desquelles sont dispersées quelques
dents de poissons et quelques autres espèces fossiles.

Cet étage paraît être plus glauconifère à l'est qu'à
l'ouest de notre pays ; et sa puissance s'accroit dans le
même sens. Vers Mons et Bruxelles, son épaisseur
moyenne peut être estimée à 25 mètres.

On n'y trouve guère de fossiles que dans le banc à
nummulites qui se trouve à sa partie supérieure. Le
plus caractéristique est *Nummulites planulata*. On peut
donc le rapporter aux sables de Cuise. Voici les
espèces que nous y connaissons :

Turritella edita, Sow.
    —   *hybrida,* Desh.
Cytherea suessoniensis ? Desh.
Crassatella propinqua, Wat.
Cardita Prevosti ? Desh.
Lucina squamula, Desh.
Nummulites planulata, Brug. *sp.*
    —   *scabra,* Lm.
Serpula triquetra, Gal.

Cet étage recouvre l'étage précédent, au nord duquel
il forme une bande mince, qui s'étend de Ghistelle à
Deynze, et disparaît de Deynze à Audenarde ; mais de
nombreux lambeaux sont disséminés sur les collines
au sud de cette bande, notamment vers Poperinghe,
Passchendale, Ypres, Roulers, etc. Cette bande
reparaît d'Audenarde à Lessines, où elle s'élargit
jusqu'à la vallée de la Senne, et, d'une part, suit l'argile

yprésienne vers Le Rœulx et Mons, et d'autre part, est
limitée, au Nord, par Everbeck, Ophasselt, Neder-
hasselt, Ninove et Laeken. Après quoi elle disparaît
sous le système panisélien ou le bruxellien, pour se
représenter par lambeaux au nord de Wavre et aux
environs de Louvain, où l'étage se termine vers l'Est,
s'étendant donc, dans cette direction, un peu plus que
l'argile inférieure. Il est d'ailleurs, fréquemment recouvert de dépôts quaternaires. Il n'est guère exploité que
pour la fabrication des briques. Il renferme la nappe
d'eau qui alimente la plupart des puits artésiens de
Bruxelles.

V. SYSTÈME PANISÉLIEN.

Le système panisélien a été introduit par Dumont en
1851, et il n'est guère connu que par sa carte géologique, où la légende l'indique comme formé de psammite et de sable argileux glauconifère; d'argile et
d'argilite. Les notes manuscrites que Dumont a laissées
en font à peine mention. Ce système paraît avoir été
établi pour les roches argilo-sableuses intermédiaires
entre les sables fins yprésiens, à *Nummulites planulata*,
et les sables plus grossiers et dépourvus d'argile qui
constituent le bruxellien proprement dit. Sa composition est assez variable suivant les localités et suivant la
hauteur de l'assise que l'on observe. En général, il
commence par des sables argileux et glauconifères, à
grains moyens ou assez gros, qui deviennent plus fins
à mesure que l'on monte et qui alternent avec des couches cohérentes de psammite de même composition ;

vers le bas, on y trouve parfois des lits d'argile plus ou moins sableuse. Plus haut, ces sables sont dépourvus d'argile. Ils sont entremêlés de bancs cohérents de grès légèrement glauconifère, verdâtre, qui ne tarde pas à présenter dans la cassure un éclat qui les rapproche des grès lustrés bruxelliens, ce qui rend parfois difficile la distinction des deux séries. En certains points, le calcaire s'ajoute à ces éléments et donne lieu à des sables calcarifères, qui renferment d'ordinaire une petite proportion de grains fins de glauconie.

Les fossiles que nous avons recueillis dans ce système, ou qui nous ont été communiqués, sont au nombre d'une centaine au moins; mais les seules espèces que nous ayons pu déterminer spécifiquement sont les suivantes :

* *Rostellaria fissurella*, Lm.
Pyrula Smithi, Sow.
* *Fusus intortus*, Lm.
* *Fusus longœvus*, Lm.
*   — *muricoïdes*, Desh.
* *Buccinum stromboïdes*, Herm.
* *Cassidaria nodosa*, Dixon.
Pleurotoma Lajonkairei, Desh.
* *Voluta Cithara*, Lm.
   — *depressa*, Lm.
   — *elevata*, Sow.
*   — *spinosa*, Lm.
   — *trisulcata*, Desh.
* *Solarium canaliculatum*, Lm.
* *Turritella edita*. Sow.
*   — *imbricataria*, Lm.
* *Bulla Bruguierei*, Desh.
*   — *cylindroïdes*, Desh.

———

* *Pholas Dutemplei*, Desh.
Solen fragilis, Desh.
   — *gracilis*, Sow.

* *Panopœa intermedia*, Sow.
Mactra compressa, Desh.
— *contradicta*, Desh.
* *Tellina donacialis*, Lm.
— *Edwardsi*, Desh.
— *transversa*, Desh.
* *Cytherea nitidula*, Lm.
* *Cardium obliquum*, Lm.
* — *porulosum*, Lm.
* *Lucina saxorum*, Lm.
— *squamula*, Desh.
* *Crassatella tenuistriata*, Desh.
* *Cardita planicosta*, Lm. *sp.*
Nucula fragilis? Desh.
* — *parisiensis*, Desh.
* *Solenomya Cuvieri*, Desh.
* *Pinna margaritacea*, Lm.
* *Mytilus rimosus*, Lm.
* *Modiola hastata*, Desh.
* *Pecten solea*, Desh.
* *Ostrea flabellula*, Lm.

—

Nummulites planulata, Brug. *sp.*

Nous avons lieu de croire que *Cancer Leachi*, que l'on trouve à Renaix et qui a été indiqué comme bruxellien, avant que Dumont eût établi son système panisélien, appartient à cette dernière série.

Nous avons marqué d'une (*) les espèces qui se rencontrent dans le calcaire grossier de Paris; elles sont au nombre de 30 sur 43. De ce nombre, 4 descendent dans les sables inférieurs, 8 montent jusqu'aux sables moyens, et 7 se trouvent dans les trois divisions; 4 espèces ne sont citées que des sables moyens; les autres, au nombre de 9, ne sont connues que dans les sables inférieurs.

Ainsi donc, la majorité des espèces appartient au calcaire grossier, et celles que l'on rencontre plus bas sont en nombre égal à celles qui appartiennent à un niveau supérieur.

D'autre part, il est bien certain que ce système est inférieur au bruxellien d'Aeltre, de Gand, etc., c'est-à-dire, à des assises qui sont aussi considérées généralement comme se rapportant au calcaire grossier, et même à sa division inférieure. Peut-être en constitue-t-il un facies argilo-sableux. En tout cas, il est évident que cette formation n'a pas assez d'importance pour constituer un système spécial. La moitié de ses espèces se rencontre dans le système bruxellien ; et des recherches plus suivies, ainsi que la comparaison des échantillons, augmenteront certainement ce nombre.

Le système panisélien forme, au nord des sables yprésiens, une bande qui est limitée, au N., par une ligne partant d'Oudenbourg et passant au sud de Bruges, à Melsen sur l'Escaut, à Alost et à Laeken. Elle ne paraît pas avoir dépassé la vallée de la Senne. On en retrouve plusieurs lambeaux isolés au midi de cette bande ; vers l'Est, d'autres se prolongent jusque dans le Hainaut, par exemple, celui du Mont Panisel, à Mons.

VI. SYSTÈME BRUXELLIEN (1).

Nous avons déjà dit que le système bruxellien de la

(1) Voir surtout ; LE HON : *Terrains tertiaires de Bruxelles : leur composition, leur classement, leur faune et leur flore ;* 1862 ; *Bull. soc. géol. de Fr.,* t. XIX, p. 804. — HÉBERT : *Observations sur les systèmes* bruxellien *et* lackenien, *faites à l'occasion du mémoire de M. Le Hon ;* ibid., p. 832. — LE HON : *Réponse aux observations de M. Hébert ;* 1863 ; ibid., t. XX, p. 193. — G. DEWALQUE : *Compte-rendu de la réunion extraordinaire de la Société géologique de France à Liége ;* 1863 ; ibid., p. 761.

carte géologique ne constitue que la partie moyenne du bruxellien tel que Dumont l'admettait en 1839, et tel qu'il serait préférable de le conserver à titre de système. Il est composé, d'après la légende de la carte géologique, de gravier, de sable glauconifère à *Cardita planicosta*, de sable calcareux et de sable quartzeux. Nous croyons devoir y faire rentrer, à l'exemple de sir Ch. Lyell, le gravier à *Nummulites lœvigata* et le sable calcareux à *Nummulites variolaria*, que Dumont plaçait dans le système laekenien. Cette modification n'altère pas sensiblement les limites figurées sur la carte géologique de la Belgique.

La composition du système bruxellien est variable; néanmoins elle possède des caractères qui ne permettent guère la confusion. En général, il est formé de sable quartzeux assez grossier, pur ou glauconifère, commençant ordinairement par un lit de gravier glauconifère; au-dessus viennent des sables entremêlés de grès fistuleux ou lustrés, avec rares grains de glauconie; ces sables passent à des sables calcareux avec rognons calcaires, qui ont souvent été enlevés par un ravinement postérieur. Là où ils sont conservés, ils sont ordinairement dénudés par un lit de gravier calcarifère avec *Nummulites lœvigata*, que surmontent quelques bancs semblables aux précédents et renfermant, avec *N. lœvigata* qui disparaît graduellement, de nombreux individus de *N. variolaria*.

Lorsqu'il repose sur l'un ou l'autre des systèmes précédents, le bruxellien commence habituellement par du sable quartzeux grossier ou du gravier, fortement glauconifère; lorsqu'il recouvre les terrains primaires, ce gravier renferme des fragments de roches diverses, dont le volume atteint rarement celui d'une noix. Le sable qui vient ensuite, est ordinairement à grains moyens, peu arrondis, assez pur, jaunâtre clair, meuble ; les grains de glauconie y sont peu abondants. Vers l'Ouest, il paraît être plutôt demi-fin, plus glauconifère et légèrement argileux, ou même marneux, et passant accidentellement au macigno glauconifère. Plus haut, ce sable renferme des rognons de plus en plus nombreux, ramifiés, et présentant dans l'axe un creux rempli de sable meuble ou cohérent, mais pouvant se détacher de l'enveloppe. Ces rognons ont été appelés grès fistuleux, et leur forme, ainsi que leur cavité centrale, tendent à les faire considérer comme concrétionnés autour d'un corps organisé, plante, ou peut-être polypier mou. Leur cassure est ordinairement subgrenue, gris verdâtre, avec quelques points vert foncé ; elle prend graduellement l'éclat du grès lustré. Leur surface est gris blanchâtre ou jaunâtre et friable.

Les sables à grès lustrés se trouvent ordinairement au-dessus des précédents ; ils s'en distinguent par la forme des concrétions qu'ils renferment. Ce sont des rognons aplatis ou des couches minces, dont le sable a été cimenté par de la silice, de sorte que leur cassure possède un brillant qui leur a valu leur nom. Le plus souvent leur texture est subgrenue, quelquefois presque compacte ; d'autre fois, elle est restée grenue et plus terne. Leur couleur est grisâtre, gris jaunâtre ou verdâtre ; on y distingue ordinairement quelques grains de glauconie et quelques parties calcaires qui paraissent être des fragments de fossiles. Ceux-ci y sont quelquefois conservés, le plus souvent à l'état calcaire ou en empreintes, rarement silicifiés. Ces sables à grès lustrés renferment ordinairement une petite proportion de grains calcaires et quelques lits minces de marne ou de calcaire crayeux; sir Ch. Lyell y a signalé un banc compacte, rempli de foraminifères et de spicules de spongiaires.

A mesure que l'on monte, le calcaire devient plus abondant; les sables tachent les doigts, et le grès lustré est remplacé par du grès calcarifère, qui forme la plus grande partie de la masse, passe au calcaire sableux, et constitue de gros rognons rapprochés, ou même des bancs massifs. A l'intérieur, ces grès calcarifères présentent d'abord une tendance à passer au grès lustré; plus haut, elle a disparu. Dans quelques localités, on exploite un calcaire blanchâtre, alternant avec du grès calcareux, passant au grès lustré.

Les fossiles sont très-rares dans toute cette masse, sauf en quelques localités où l'on en rencontre en quantité considérable, ordinairement à l'état d'empreintes, dans un ou deux bancs lenticulaires. Il faut aussi excepter les sables argileux de Gand, d'Aeltre, etc., où abonde *Cardita planicosta* et dans lesquels les fossiles sont parfaitement conservés.

Au sud-est de Bruxelles, aux environs de Groenendael, ces sables divers sont imprégnés de limonite qui les colore en brun et y forme aussi des veines ou des géodes; cette substance s'y trouve parfois en assez grande quantité pour donner lieu à un minerai quartzifère exploité. Dumont attribuait cette coloration à l'arrivée des eaux superficielles qui avaient traversé les sables très-glauconifères du système diestien, en décomposant la glauconie et entraînant le fer en dissolution.

Telle est, en gros, la composition du système bruxellien d'après la carte géologique. Sa puissance habituelle est de 20 à 25 mètres vers l'Est; dans les Flandres, elle est beaucoup moindre. L'étage supérieur que nous y rattachons, en est séparé par un intervalle de temps plus ou moins considérable et une discordance par ravinement; mais celle-ci est bien moins marquée que celle que nous retrouverons à la base des couches qui nous restent dans le laekenien. En effet, celle-ci a enlevé presque partout les assises que nous allons décrire et même la partie supérieure de l'étage précédent.

L'étage supérieur commence par un lit de sable grossier, à grains quartzeux de un à deux millimètres de diamètre, mélangés d'une forte proportion de débris calcaires et de petits fossiles plus ou moins roulés, parmi lesquels abondent des dents de poissons et *Nummulites lœvigata*, qui jusqu'à présent n'a pas été rencontré dans l'étage inférieur. La base de cette couche est inégale; elle repose sur les calcaires sableux qui terminent la formation précédente, et dont la surface est érodée, perforée de trous de mollusques lithophages ou incrustée de coquilles adhérentes. Ce gravier est suivi d'une assise de quelques mètres d'épaisseur, fort calcarifère, composée de sable calcareux ou de calcaire arénacé quartzifère, qui alterne avec des bancs cohérents et blanchâtres de même nature. En montant, *Nummulites lœvigata* disparaît promptement et est remplacé à mesure par une espèce beaucoup plus petite, *N. variolaria*, qui descend plus souvent jusque vers la base. Nous ne connaissons cet étage que sur une petite partie du massif de Bruxelles : partout ailleurs, il semble avoir été enlevé postérieurement.

Parmi les fossiles de l'étage inférieur, nous citerons comme les plus communs : *Rostellaria ampla, Buccinum stromboïdes, Fusus longævus, F. ficulneus, Cassidaria nodosa, Turritella imbricataria, Cytherea lævigata, C. suberycinoïdes, Cardium porulosum, Lucina pulchella, Crassatella plicata, Cardita planicosta,* et surtout *Ostrea cymbula* et *O. flabellula.* Dans le gravier à *Nummulites lævigata* se rencontrent des dents nombreuses de *Lamna,* d'*Otodus,* de *Myliobates* et d'autres poissons, avec *Dentalium substriatum, Pecten solea, P. plebeius, Ostrea cariosa, O. cymbula, O. flabellula, Terebratula Kickxi, Crania variabilis, Scutellina rotunda, Goniaster poritoides* et beaucoup d'autres espèces. Plus haut, on trouve surtout *Nummulites variolaria* et *N. Heberti,* associés à plusieurs des espèces précédentes, notamment *Pecten plebeius, P. solea, O. cymbula,* avec *Nautilus Burtini, Echinolampas Galeottianus, Spatangus Omaliusi, Orbitolites complanata* et beaucoup d'autres espèces, parmi lesquelles il ne faut pas omettre une tortue de marais (*Emys Cuvieri*), des fruits du genre *Nipadites,* analogues à des noix de coco, et des fragments de bois pétrifié de palmiers, de pins et d'autres conifères, parfois perforés de tarets.

Dumont a rapporté le système bruxellien au calcaire grossier de Paris et cette manière de voir a été généralement adoptée. M. Le Hon s'est efforcé de montrer qu'il correspond aux sables de Cuise, et a donné une liste nombreuse des fossiles qu'il y a recueillis jusqu'au niveau de la couche à *Nummulites planulata inclusivement.* M. Hébert a fait remarquer que M. Le Hon y comprenait des sables yprésiens, et que le reste de la faune correspond bien mieux à celle du calcaire grossier inférieur de Paris, au niveau duquel ce savant géologue place nos sables bruxelliens. M. Le Hon ne cite pas de chiffres; il se borne à dire que, bien qu'une partie de ces espèces passe dans le calcaire grossier, la faune dans son ensemble est suessonienne supérieure. Nous avons relevé, dans sa liste, le niveau de chaque espèce dans le bassin de Paris et nous sommes arrivés au résultat suivant. En nous bornant aux mollusques, et éliminant certaines espèces qui ne se rencontrent pas en France, etc., il reste 96 espèces. Sur ce nombre, 86 se rencontrent dans le calcaire grossier, 19 dans les sables inférieurs, et 50 dans les sables moyens. Sur les 86 espèces du calcaire grossier, 2 descendent dans les sables inférieurs, 33 se sont propagées dans les sables moyens et 12 sont communes à ces trois formations; de sorte qu'il reste comme espèces propres à chacune d'elles, respectivement 5, 39 et 5 espèces.

Le système bruxellien forme deux massifs principaux, fréquemment recouverts d'autres dépôts plus récents. Le massif du Brabant est limité, à l'O., par une ligne presque droite, partant de Mont-Ste-Geneviève et suivant la vallée de la Sennette, puis de la Senne jusqu'au-delà de Vilvorde; vers le N. la limite part d'Elewyt, passe à Bucken, à Velthem, à Linden, pour arriver vers Tirlemont; à partir de ce point, la limite orientale passe par la vallée de la Geete, Grand Rosière et Bovesse, en laissant quelques lambeaux vers St-Jean-Geest, Folx-les-Caves, Eghezée et Forville; la limite méridionale est formée sensiblement par les hauteurs qui bordent la vallée de la Sambre, jusqu'à

Mont-Ste-Geneviève, mais les lambeaux de Nalinnes, de Marbais, de Clermont, etc., attestent que la mer bruxellienne s'est étendue beaucoup plus au Sud.

Ce massif repose au Nord, sur l'yprésien ou le landenien ; au midi , sur le terrain crétacé ou l'anthraxifère.

Le massif des Flandres forme une bande qui va de Bruges à Alost, où elle se rétrécit considérablement, passe à Afflighem et se termine près d'Assche; elle longe le bord nord de la bande panisélienne. Mais de nombreux lambeaux, qui s'observent sur les collines de Thourout, de Passchendale, de Renaix, etc., jusqu'à Cassel, dans le département du Nord, attestent qu'il s'est déposé sur toute cette contrée. D'après Dumont, le rivage de la mer bruxellienne aurait été sensiblement parallèle à l'axe de l'Artois; il serait plus élevé de 150 mètres que la limite septentrionale sous laquelle ce système disparaît sous les sables laekeniens. On a rencontré l'étage supérieur dans le puits artésien de la prison cellulaire d'Anvers, avec une nappe d'eau jaillissante.

Le système bruxellien fournit quelques matériaux utiles. Il faut citer en première ligne le calcaire de Gobertange, près de Jodoigne, recherché pour les constructions monumentales, mais ne donnant plus que des blocs de faible épaisseur. Les grès calcarifères ou les calcaires sableux sont fréquemment exploités pour moellons, pierres de taille et même pierre à chaux. Les grès fistuleux sont recueillis pour l'ornementation des murs de jardins, la construction de rochers artificiels, etc.; on les désigne dans le Brabant sous le nom de *pierres de grottes*. Le sable est employé dans l'économie domestique, notamment pour sabler les appartements, suivant l'usage flamand ; on l'emploie aussi dans quelques scieries de pierres, etc.

VII. SYSTÈME LAEKENIEN.

Le système laekenien, tel qu'il est réduit ici, est composé de sables à grains demi-fins ou moyens, gris jaunâtre, commençant par un lit de gravier qui a profondément raviné les assises antérieures.

La couche de gravier qui en forme la base, est formée de grains quartzeux inégaux, un peu arrondis, qui atteignent ordinairement un diamètre de deux à trois millimètres, entremêlés de grains plus fins, de quelques grains arrondis de glauconie et de débris de fossiles bruxelliens. Elle ravine profondément le système précédent, et, dans les anfractuosités qu'elle tend à combler, elle renferme souvent des fragments assez volumineux des roches bruxelliennes. Elle repose tantôt sur l'étage supérieur, tantôt sur l'une ou l'autre assise de l'étage inférieur. Les débris fossiles bruxelliens sont particulièrement communs dans le premier cas ; c'est ainsi que la plupart des fruits de *Nipadites* se rencontrent dans ces conditions. En général, son épaisseur ne dépasse guère dix centimètres. Les sables qui suivent sont à grains moyens, plus ou moins glauconifères, légèrement argileux, gris verdâtre ; ils renferment parfois des lits minces d'argile pure ou sableuse. notamment dans les dépressions. Ils sont suivis de sables demi-fins, meubles, doux au toucher, glauconifères et verdâtres, par altération gris jaunâtre ou brunâtre ; ils deviennent parfois calcarifères vers le haut, pointillés de blanc, et alors ils contiennent des fossiles. Il est très-rare d'y rencontrer du grès calcarifère en bancs minces.

La puissance de ce système est habituellement de 10 à 15 mètres, et souvent beaucoup moins, par suite de dénudations postérieures. Il constitue divers lambeaux qui s'étendent sur le bruxellien ou le panisélien, de Gand à Alost ; il forme ensuite une bande qui repose sur le bruxellien, de l'Escaut à Assche, puis sur le panisélien jusqu'à la Senne, à Vilvorde. Il recouvre ensuite une partie du massif bruxellien du Brabant, jusqu'au delà de Louvain. Il est recouvert par l'étage inférieur du système tongrien ; quelquefois par le diestien dans le Brabant. Le dernier lambeau se trouve à la rive droite de la Geete, à Huppaie. La limite méridionale de ce système ne dépasse pas une ligne tirée de ce dernier point à Nivelles, au Mont Kemmel et à Cassel, dans la Flandre française.

Les fossiles du système laekenien ainsi limité, n'ont pas été distingués suffisamment jusqu'ici des espèces que l'on rencontre dans l'assise bruxellienne à *Nummulites variolaria*. Cependant les mollusques de la liste donnée par M. Le Hon s'y rencontrent presque tous, à l'exception des bryozoaires. Les espèces dont nous avons déterminé le gisement dans le bassin de Paris sont au nombre de 65 ; 56 d'entre elles se rencontrent dans le calcaire grossier, 11, dans les sables inférieurs, et 33, dans les sables moyens. Des 56 espèces du calcaire grossier, 2 descendent dans les sables inférieurs, 21 montent dans les sables moyens, et 6 se rencontrent dans les trois formations ; de sorte que les nombres des espèces propres à chacune sont respectivement 3, 27 et 6.

Il résulte de ces chiffres que notre système laekenien doit être rapporté à quelque partie supérieure du calcaire grossier. C'est au niveau de cet étage que M. Hébert l'a placé depuis longtemps; il le regarde comme représentant le haut du calcaire grossier inférieur et le calcaire grossier moyen. De même, suivant M. Nyst, la faune laekenienne se retrouve en Angleterre dans les sables de Bracklesham.

Dumont, au contraire, considérait ce système comme représentant chez nous les sables moyens ou de Beauchamps. Nous devons faire remarquer à ce sujet que le classement ci-dessus peut être appuyé de considérations stratigraphiques du même ordre que celles dont Dumont s'est servi pour établir son opinion.

Avec nos couches laekeniennes se termine la série éocène de la Belgique. Nous en avons reçu la classification de Dumont; mais on a pu voir par ce qui précède, que les grandes démarcations que l'on peut y découvrir ne permettent pas d'y établir sept *systèmes:* la plupart ne peuvent servir qu'à établir des étages.

VIII. SYSTÈME TONGRIEN.

En 1839, Dumont imposa le nom de système tongrien à un ensemble complexe de couches qu'il subdivisa dix ans plus tard. Les formations auxquelles elles correspondent en France ont donné lieu à un long débat; les uns en faisaient de l'éocène supérieur, tandis que les autres les appelaient miocène inférieur; aujourd'hui, l'accord s'est fait dans les mots, sinon dans les esprits, et c'est la dernière dénomination qui a prévalu.

De son côté, A. d'Orbigny, qui établissait plus de trois divisions de premier ordre, fut amené à considérer la série en question comme une division de cette importance, à laquelle il conserva le nom d'étage tongrien. Plus tard, les géologues allemands insistèrent sur cette séparation, se fondant particulièrement sur ce que l'éocène manque dans tout le nord de l'Allemagne, tandis que cette série y est amplement développée; et M. Beyrich proposa de lui donner le nom d'*oligocène*, qui est accepté aujourd'hui par beaucoup de géologues.

En 1849, Dumont divisa son système tongrien en en trois parties auxquelles il conserva le nom de systèmes, et que nous allons examiner, en commençant par le plus inférieur ou système tongrien proprement dit.

Ce système est divisé en deux étages, l'inférieur, marin, représenté sur la *Carte géologique* par la teinte t^1; le supérieur, fluvio-marin, figuré sous la teinte t^2.

1. — Étage inférieur.

La partie inférieure du système tongrien est constituée de sables plus ou moins glauconifères, purs ou argileux, passant à l'argile sableuse et glauconifère, commençant par un lit de cailloux roulés, et caractérisés par la présence d'*Ostrea ventilabrum* et d'autres fossiles marins. Ce sont les *sables de Vliermael* de M. d'Omalius d'Halloy.

On trouve ordinairement, à la base, un lit inégal et irrégulier de cailloux roulés de silex, du volume d'une noisette à celui d'une noix, mélangés de sables grossiers, plus ou moins glauconifères; il est parfois remplacé par un simple gravier ou même manque tout-à-fait.

Les sables qui viennent au-dessus sont ordinairement à grains quartzeux égaux, fins ou demi-fins, plus ou moins argileux, et pailletés de mica d'un blanc argentin; ils sont presque toujours glauconifères, mais les grains de glauconie forment rarement plus de 1/10 de la masse; assez souvent, surtout dans le Limbourg, ils sont fort rares. La proportion d'argile est également variable; de sorte qu'ils sont ordinairement un peu plastiques quand ils sont mouillés, friables à l'état sec, quelquefois meubles, d'autres fois, fort plastiques et cohérents à l'état sec. La couleur est ordinairement gris verdâtre, rarement grisâtre ou blanchâtre; mais il arrive fréquemment qu'elle passe au jaune verdâtre, au gris jaunâtre et même au brunâtre, par suite de l'altération de la glauconie; les variétés les plus argileuses sont ordinairement hétérogènes et bigarrées de ces diverses teintes. Il est extrêmement rare d'y rencontrer des bancs cohérents de grès ou de psammite; mais on y voit assez souvent des lits d'argile pure ou sableuse, gris verdâtre ou brunâtre, schistoïde ou massive, se polissant ou non dans la coupure.

On connaît, dans cet étage, plus de 200 espèces fossiles, parmi lesquelles nous citerons, comme plus abondantes, *Cancellaria elongata*, *Solarium Dumonti*, *Dentalium acutum*, *Cardita latesulcata*, *Arca sulcicostata*, *Pecten subreconditus*, *Ostrea Queteleti* et surtout *O. Ventilabrum*. Une grande partie de ces espèces se propage plus haut. Elles sont fort inégalement réparties et se rencontrent surtout dans la Hesbaye.

Cet étage forme une longue bande, qui s'étend de la mer à la Meuse, en passant à Bruges, à Eccloo, au nord de Gand, à Termonde, entre Vilvorde et Malines, à Louvain, au sud de Hasselt et au nord de Maestricht. Cette bande s'élargit considérablement dans la Hesbaye, où sa limite méridionale est formée par la vallée de la Meuse jusqu'à Huy, puis par une ligne sinueuse passant près de Huccorgne, de Warnant, de Latinne, de Villers-le-Peuplier, de Landen, de St.-Trond, de Tirlemont et de Corbeck-Loo.

Dans cette région, elle est habituellement recouverte par l'étage supérieur; à l'ouest de la Senne, elle s'enfonce sous le rupélien inférieur. A l'E., elle repose sur l'un ou l'autre étage éocène, crétacé, ou primaire ; à l'O., sur le laekenien ou le bruxellien. Elle laisse quelques lambeaux au midi, à Gossoncourt, à Meeffe, à Seilles, au SO. de Termonde, au Mont Kemmel, au Mont Rouge, etc., jusqu'à Cassel.

L'étage inférieur du système tongrien ne fournit à l'industrie que du sable argileux, employé à la confection des briques, au moulage, etc.

Nous considérons cet étage comme représenté dans le bassin de Paris par le gypse et les marnes gypseuses de Montmartre; en Angleterre, par les séries fluvio-marines de l'île de Wight, jusqu'au calcaire de Bembridge inclusivement; en Allemagne, par l'oligo-cène inférieur, ou système marin d'Egeln.

2. — Étage supérieur.

Cet étage est formé principalement d'argile verte,

avec traces de lignite, alternant avec du sable excessivement fin, jaunâtre ou blanchâtre. C'est la *marne de Hénis* de M. d'Omalius d'Halloy.

Il commence ordinairement par quelques couches de sable à grains généralement fins, blanchâtre. Au-dessus vient une argile verte, plastique, renfermant quelques grains de sable fin et une notable proportion de sable excessivement fin, se polissant plus ou moins dans la coupure et se désagrégeant promptement dans l'eau. Elle se charge parfois de matière ligniteuse et devient brune ou noire ; on y trouve des cristaux de gypse et rarement des fossiles. Au-dessus vient une assise de sable un peu argileux et excessivement fin, qui serait mieux appelé limon, gris blanchâtre ou jaunâtre clair, ordinairement bigarré de taches ocreuses, renfermant beaucoup de fossiles. Il est recouvert d'une nouvelle masse d'argile semblable à la précédente, mais où les fossiles sont moins rares.

L'épaisseur de cet étage est, au plus, de 12 à 15 mètres, et sa stratification est assez irrégulière. Les couches y sont souvent courtes, inégales et ravinées les unes par les autres. Cette disposition, ainsi que la présence de matières ligniteuses, porte à le faire considérer comme un dépôt fluvio-marin ou d'estuaire.

L'examen des fossiles conduit à la même conclusion. Nous citerons parmi les espèces les plus caractéristiques : *Cerithium plicatum*, var. *Galeottii, Hydrobia Duchasteli, Natica Nysti, Corbula subpisiformis, Cytherea incrassata*, et surtout *Cyrena semistriata*.

Cet étage repose sur le précédent depuis la Meuse jusque vers Louvain ; au-delà, on ne le rencontre plus. Il est recouvert par le rupélien inférieur, qui l'a parfois emporté en entier, de sorte que la bande qu'il forme est interrompue en plusieurs endroits.

L'argile verte alimente beaucoup de briqueteries et de fabriques de pannes et de carreaux.

Cette argile verte, avec ses fossiles, se retrouve dans le bassin de Paris, où notre étage a pour équivalent les marnes vertes supérieures au gypse et le calcaire de la Brie. En Angleterre, il est représenté par la partie supérieure de la série de Bembridge, notamment par la marne verte ; en Allemagne, on place à ce niveau les lignites du Rhin, que Dumont considérait comme la partie supérieure de son système boldérien ; nous en trouvons le représentant dans les argiles vertes à cyrènes du bassin de Mayence.

IX. SYSTÈME RUPÉLIEN.

Ce système comprend deux divisions bien tranchées, surtout au point de vue minéralogique. L'étage inférieur, r^1 de la carte géologique, est essentiellement sableux ; l'étage supérieur, r^2, est formé d'argile.

1. — Étage inférieur.

L'étage inférieur du système rupélien est formé de sables divers, où la glauconie est rare ; il commence par un lit de gravier et se termine souvent par un peu d'argile sableuse.

Le gravier de la base forme une couche ordinairement mince, mais qui peut atteindre deux mètres d'épaisseur, ravinant le système tongrien, sur l'étage inférieur duquel elle repose souvent ; elle pénètre, sous forme de petits filons, dans les anfractuosités qu'elle s'y est creusées. Il est composé de graviers ou de petits cailloux roulés, plus souvent quartzeux que siliceux, atteignant rarement le volume d'une noix, entremêlés de sable de toute grosseur. Ils sont suivis de sable grossier à grains de quartz gros et arrondis, jaunâtre, qui passe rapidement à des sables plus fins, dont est souvent constitué tout le reste de l'étage. Ceux-ci sont généralement à grains quartzeux fins ou demi-fins, renfermant quelques grains noirâtres de silex et de glauconie, ainsi que quelques paillettes de mica ; ils sont tantôt purs, tantôt un peu argileux et pailletés, meubles ou friables, de couleur claire, blanchâtre, plus souvent jaunâtre, gris jaunâtre ou jaune brunâtre. On y trouve çà et là quelques lits de sable très-argileux ou d'argile sableuse, grisâtre ou brunâtre ; ailleurs des couches plus ou moins épaisses de sables à gros grains arrondis, à fausse stratification diagonale, rarement des lits ferrugineux cohérents. On y rencontre fréquemment des fossiles dans le Limbourg ; ailleurs ils sont beaucoup plus rares, parfois réunis en amas lenticulaires, le plus souvent disséminés, et alors leur matière calcaire a généralement disparu, et ils n'ont laissé que leur empreinte. L'étage se termine, vers l'Est, par un ou deux mètres d'argile finement sableuse, grise, gris jaunâtre ou gris verdâtre, terne, quelquefois calcarifère, connue sous le nom d'*argile à nucules*, caractérisée par d'assez nombreuses coquilles de ce genre, presque toujours brisées, mais reconnaissables à leur éclat nacré.

L'étude des nombreux fossiles que l'on a recueillis dans les sables rupéliens du Limbourg a permis d'y constater certaines associations sur lesquelles on s'est fondé pour diviser cet étage en trois assises. L'inférieure, qui comprend spécialement le gîte de Vieux-Jonc et les couches inférieures de Berg et de Klein-Spauwen, possède une faune presque entièrement d'eau douce ou saumâtre, dont font partie les espèces de l'étage supérieur du système tongrien. On pourrait donc la réunir à ce dernier étage, si elle constitue un niveau géologique défini. On cite, comme espèces les plus communes : *Cerithium plicatum, C. elegans, Melania Nysti, Rissoa plicata, Hydrobia Draparnaudi, H. Duchasteli.*

L'assise moyenne comprend quelques bancs fossilifères, alternant avec des sables sans fossiles ; sa faune est essentiellement marine ou saumâtre. Parmi les espèces les plus communes, nous citerons, outre les précédentes : *Corbulomya triangula, Cytherea incrassata, Cyrena semistriata, Cyprina Nysti, Lucina Thierensi, Astarte Henckeliusana, Pectunculus obovatus, Limopsis Goldfussi, Janira Hœninghausi.* L'abondance de *Pectunculus obovatus* lui a fait donner le nom de *sables à pétoncles;* c'est le niveau de la plupart des couches fossilifères de Berg et de Klein-Spauwen.

L'assise supérieure est l'argile à nucules, dont la seule espèce commune est *Nucula Lyellana,* Bosq. Sa faune est entièrement marine et ne renferme qu'un très-petit nombre d'espèces propres ; les autres se rencontrent pour la plupart aussi bien plus haut que plus bas.

Comme cette assise ne paraît pas exister sous l'argile

de Boom, et que la plupart de ces fossiles se rencontrent également dans l'argile de cette localité, sir Ch. Lyell en a conclu que ces deux dépôts sont contemporains. L'argile à nucules serait une formation presque littorale, déposée sous une profondeur d'eau d'environ 25 mètres, tandis que l'argile de Boom se serait formée entre 25 et 45 mètres, mais probablement plus près de 25 que de 45. Comme la faune de la première a autant de rapports avec celle des assises plus anciennes qu'avec celle de la seconde, nous ne pouvons accorder une grande valeur à l'argument tiré de ces espèces communes.

La puissance de cet étage nous paraît dépasser rarement 10 mètres. Il forme une bande qui part des bords de la Meuse, un peu au nord de Maestricht, passe par Berg, au sud de Hasselt, au nord de Louvain, de Malines, de Lokeren, et se termine à Ostkerke, sous les dépôts récents des Flandres, comme les étages précédents. Quelques lambeaux isolés se trouvent aux environs de Tongres. Il s'enfonce sous l'étage suivant, et, comme les autres, il est habituellement caché sous le limon ou le sable quaternaire.

Il correspond en France, au grès de Fontainebleau ; en Angleterre, à la série de Hempsteadt, en Allemagne, à la plupart des couches supérieures aux marnes à cyrènes du bassin de Mayence.

2. — Étage supérieur.

L'étage supérieur du système rupélien est essentiellement formé d'argile gris sombre, avec *septaria*. Il est connu sous le nom *d'argile de Boom* (*marnes argileuses de Boom,* de M. d'Omalius d'Halloy).

Il commence par quelques lits de sable argileux très-fin, pailleté, ordinairement cohérent, grisâtre, gris brunâtre par altération, qui devient parfois excessivement fin et passe ainsi au limon ou à l'argile finement sableuse. Au-dessus vient une masse, épaisse de 15 à 30 mètres, d'argile plus ou moins plastique, subschistoïde, ou le devenant par son exposition à l'air, d'un gris sombre un peu bleuâtre, passant au brunâtre, terne, légèrement et finement pailletée de mica. Elle est pure ou un peu sableuse, et se désagrège lentement dans l'eau, à moins qu'elle ne renferme une forte proportion de sable, ce qui est très-rare ; elle se polit plus ou moins dans la coupure. Les variétés sableuses constituent des lits minces dans la masse, ou alternent çà et là avec du sable très-argileux et glauconifère, d'un gris noirâtre. Ces argiles contiennent ordinairement fort peu de calcaire ; parfois cependant, elles passent à la marne. Elles renferment quelquefois des traces de lignite organoïde, habituellement des rognons allongés de sperkise, à surface mamelonnée et cristalline, grenus ou compactes, souvent traversés de fissures de retrait tapissées de cristaux ; vers la surface, on y trouve de gros cristaux de gypse ; à l'air elles se recouvrent souvent d'efflorescences de sulfate de fer. On y trouve aussi, à diverses hauteurs, de gros rognons de calcaire argileux, grisâtre, en forme de disques qui ont parfois plus d'un mètre de diamètre. Ces rognons, appelés *ludus* ou *septaria,* ne présentent rien de particulier à la surface, si ce n'est qu'ils tendent à se déliter en minces feuillets concentriques ; mais leur intérieur est parcouru par un grand nombre de fissures de retrait, tapissées de calcaire ferrifère, jaunâtre, à surface cristalline. Ils renferment quelquefois des fossiles ou de la pyrite. Les fossiles de l'argile y sont disséminés, quelquefois pyritisés.

On a recueilli dans cet étage plus de 40 espèces fossiles, toutes marines, sans compter des dents de poissons appartenant à une dizaine d'espèces. Les plus abondantes sont *Pleurotoma crenata*, *P. regularis*, *P. Selysi*, *Fusus multisulcatus*, *Cardita Kickxi* et surtout *Leda Deshayesana*. La plupart ont apparu avant cette époque.

L'argile de Boom forme une bande qui commence un peu à l'est de Hasselt pour se continuer jusqu'à Pellenberg, près de Louvain, où elle disparaît graduellement par suite de la grande dénudation diestienne. Elle y est généralement recouverte par les sables du système suivant. On la voit reparaître près d'Aerschot, pour se continuer, sur la rive droite de la Dyle et du Rupel, jusqu'à l'Escaut, puis passer en Flandre et de là, dans la Zélande ; cette seconde bande est recouverte par les sables diestiens ou des dépôts plus récents. Elle alimente des fabriques de briques et de carreaux, aussi importantes que nombreuses. Les septaria ont été utilisés pour la préparation de ciment romain. Les rognons de pyrite sont mis à part pour les fabriques d'acide sulfurique.

Cet étage se rencontre dans le nord de l'Allemagne, où il est connu généralement sous le nom d'argile à septaria (*Septarienthon*). En France, il est représenté par le dépôt lacustre supérieur ou calcaire de la Beauce.

X. SYSTÈME BOLDÉRIEN.

Le système boldérien de Dumont comprend deux étages, dont l'inférieur existe seul en Belgique. Cet étage, tel que nous le limitons ici, est formé de sable fin, pailleté, de couleur claire, légèrement glauconifère vers le bas. Nous en excluons, pour la reporter dans le système suivant, auquel elle appartient à tous égards, la couche de cailloux, sables ferrugineux et fossiles silicifiés que l'on trouve au-dessus, au Bolderberg.

Nous n'avons pas encore pu observer nettement le contact de ce système avec le précédent ; mais on y rencontre, suivant Dumont, une petite couche de cailloux roulés. Au-dessus vient du sable fin, doux, meuble, renfermant de grandes paillettes de mica, quelques grains de silex gris et une faible proportion de grains de glauconie ; sa couleur est jaune grisâtre pâle, pointillé de noir verdâtre. Il est recouvert d'autres sables, blanchâtres ou jaunâtres, qui n'en diffèrent que par l'absence plus ou moins complète de la glauconie.

Nous n'y connaissons aucun fossile, ni au Bolderberg, ni ailleurs (1). Il recouvre l'argile de Boom ou l'argile à nucules jusque vers Pellenberg, où il disparaît graduellement par l'effet de la dénudation diestienne. Nous évaluons à une dizaine de mètres sa puissance moyenne.

(1) Est-ce à ce niveau qu'appartiennent les sables fossilifères d'Elsloo, dans le Limbourg néerlandais? D'après M. Bosquet, ils reposent sur l'argile à nucules.

En l'absence de fossiles, il est difficile de dire à quel niveau correspond cet étage. Il est très-probable, cependant, qu'il représente tout ou partie de l'oligocène supérieur de l'Allemagne du Nord.

L'étage supérieur que Dumont rangeait dans ce système, ne se rencontre pas dans notre pays. Il est formé de sables, d'argiles et de lignites alternant, qui constituent les *lignites du Rhin,* que nous avons vus classés dans le tongrien par les géologues allemands.

La couche fossilifère du Bolderberg est un conglomérat, cimenté par la limonite ou la silice, mêlé de sables grossiers, ferrugineux, et renfermant un certain nombre de fossiles, les uns silicifiés, les autres à l'état de moules. Il est impossible, comme nous l'avons reconnu depuis longtemps, de la séparer des sables ferrugineux diestiens qui la recouvrent. Ses fossiles, dont nous donnerons la liste, ont été longtemps considérés comme appartenant à la faune des faluns ou miocène supérieur ; mais, ainsi que M. Nyst l'a dit dès 1861, elle doit être rapportée à celles des sables noirs d'Anvers, où toutes ses espèces se retrouvent, sauf peut-être *Isccardia Harpa.*

XI. SYSTÈME DIESTIEN.

Ce système est essentiellement composé de sables très-glauconifères, noir verdâtre, qui passent au grès ferrugineux par l'altération de la glauconie. Ce sont les *sables de Diest* et les *sables noirs d'Anvers* et *d'Edeghem* de M. d'Omalius d'Halloy.

Il commence par une mince assise de cailloux roulés de silex, de la grosseur d'une noix à celle d'un œuf, entremêlés de sables grossiers, fortement glauconifères; cette assise manque parfois vers l'intérieur du bassin. Au-dessus viennent des sables à grains quartzeux, égaux ou inégaux, demi-fins, moyens ou gros, légèrement arrondis, mêlés à des grains réniformes de glauconie qui forment parfois près des deux tiers de la masse, laquelle serait donc mieux appelée, en ce cas, glauconie quartzifère. Ces sables sont noir verdâtre ou gris verdâtre, quelquefois vert jaunâtre; ils montrent souvent une fausse stratification plus ou moins nette, surtout dans les variétés les plus grossières. Ils renferment rarement des concrétions argilo-calcaires, gris cendré clair. Les variétés à grains fins sont souvent argileuses, surtout lorsqu'elles reposent sur l'argile de Boom; elles sont alors finement micacées.

Par suite de l'altération de la glauconie, ces sables se transforment graduellement en sables ferrugineux, meubles ou friables, ou en grès ferrugineux. Dans les couches à stratification diagonale, les plaquettes de grès sont souvent placées obliquement, dans le sens de la fausse stratification. La roche passe par diverses teintes de vert jaunâtre ou brunâtre et finit par devenir d'une couleur brune uniforme. La limonite s'accumule quelquefois en concrétions plus ou moins pures, géodiques ou cloisonnées, particulièrement à la base, au voisinage de l'argile; ailleurs, ces concrétions enveloppent des parties qui restent ainsi peu altérées; en d'autres points, elle forme des concrétions tubuleuses, dont la disposition fait penser à une origine organique.

La même altération transforme la couche de cailloux de la base en poudingue à ciment ferrugineux.

Le système diestien est habituellement recouvert de sables quaternaires qui rendent assez obscures ses limites vers l'Est et le Nord. Il forme d'abord, dans la Campine et le Brabant, un grand massif, limité vers l'Est par une ligne sinueuse qui part du Bolderberg, passe à Beeringen et à Moll, et aboutit à la vallée de la Petite Geete, près de Casterlé ; au Nord, cette ligne passe à Herenthals, suit la Nèthe jusque vers Broeckem, passe près de Borsbeck, au S. d'Anvers et à Burgt sur la rive gauche de l'Escaut ; à l'Ouest, elle passe près d'Hemixem, de Lierre, d'Aerschot, de Wesemael et aboutit à Kieseghem. La limite méridionale, qui représente à peu près l'ancien rivage, s'étend de Kieseghem au Bolderberg, suivant une direction à peu près ENE. Ce massif repose sur le système boldérien ou le rupélien. Sur le prolongement de son bord méridional se trouve, de Pellenberg à Louvain, un lambeau allongé qui repose successivement sur le boldérien, le rupélien et le tongrien ; puis d'autres lambeaux se continuent dans les mêmes conditions jusqu'au delà de Bruxelles. On ne retrouve pas ce système sur la plus grande partie des Flandres ; cependant les lambeaux restés sur les hauteurs de Renaix, du Mont Kemmel, du Mont Vidaigne, etc., jusqu'à Cassel dans la Flandre française, ne peuvent être considérés, selon nous, que comme les restes d'un vaste dépôt qui a recouvert toute cette région et s'étendait même jusqu'en Angleterre, où l'on en a constaté la présence dans ces dernières années.

Les sables diestiens sont dépourvus de fossiles, sauf aux environs d'Anvers. Ailleurs, on n'a guère rencontré que des moules d'une détermination douteuse ou impossible; ainsi, à Pellenberg, qui est cité depuis longtemps, la seule espèce qu'on ait pu déterminer est *Terebratula grandis*. Au Bolderberg, des circonstances particulières ont facilité la conservation des fossiles en les silicifiant; néanmoins, un grand nombre n'y sont cités que par leurs empreintes.

Au contraire, les sables diestiens des environs d'Anvers sont connus par leurs nombreux fossiles; et comme la glauconie n'y est pas altérée, on les a désignés sous le nom de *sables noirs d'Anvers,* ou de *crag noir d'Anvers,* expression qui doit être abandonnée. Parmi les espèces les plus communes, il faut citer surtout *Pectunculus variabilis,* qui forme parfois, presque seul, des bancs de plus d'un pied d'épaisseur. Viennent ensuite : *Turritella subangulata, Natica Josephiniæ, Voluta Lamberti,* var. *triplicata, Ancillaria obsoleta, Mitra fusiformis, Chenopus Pes-pelecani, Pleurotoma cataphracta?, P. semimarginata, Ringicula buccinea, Dentalium costatum, Corbula gibba, Venus multilamellosa, Lucina Flandrica, Astarte radiata, Arca latesulcata, Nucula Haesendoncki, Pecten tigerinus* et *Lunulites rhomboïdalis.*

Comme Dumont l'a fait remarquer depuis longtemps, la démarcation stratigraphique qui sépare le système diestien du boldérien est la plus tranchée qui s'observe dans notre terrain tertiaire. Après que les systèmes précédents se furent déposés dans une mer dont le rivage était dirigé vers l'ESE., sous forme de bandes parallèles qui semblent indiquer une faible retraite des eaux, survint un mouvement brusque qui changea complètement la direction des côtes, de sorte que le dépôt diestien qui lui succéda, recouvrit l'un ou l'autre des systèmes précédents. On s'accorde à considérer ce mouvement comme produit à l'époque du soulèvement des Alpes occidentales, et le système diestien, comme la base de la formation pliocène.

On a quelquefois attribué un âge différent aux sables noirs d'Edeghem, dont M. Nyst a fait connaître la faune, il y a quelques années. On y rencontre, en effet, un certain nombre d'espèces qui ne se trouvent pas aux environs immédiats d'Anvers; et, dans le nombre, il en est qui appartiennent à des genres différents, et qui ont été citées comme miocènes. Toutefois, il ne faut pas perdre de vue que ces divers gîtes de fossiles ne sont séparés que par quelques kilomètres, et que leur composition minéralogique est la même, si ce n'est que la couche d'Edeghem, reposant immédiatement sur l'argile de Boom, est plus argileuse, tandis que les couches explorées à Anvers sont séparées de l'argile par une certaine épaisseur de sables semblables, que les travaux n'ont pas atteints, mais que l'on connaît parfaitement par les sondages. Aussi, nous considérons tous ces gîtes comme appartenant à une même époque, le commencement de la période pliocène.

Le système diestien ne fournit d'autres matériaux utiles que des grès ferrugineux qui, faute de mieux, ont été employés pour les constructions dans la Campine ; et du minerai de fer, fort quartzeux, provenant de la même assise altérée (1). Il faut remarquer, d'ailleurs, que la plus grande partie du minerai recueilli a été remaniée et lavée à l'époque quaternaire.

(1) Voir E. BIDAUT : *Étude des minerais de fer de la Campine;* 1847; *Annales des travaux publics de Belgique,* t. V, p. 481.

XII. SYSTÈME SCALDISIEN.

Le système scaldisien est d'une composition fort variée, formé de sables divers, ordinairement peu argileux, de grosseur variable, plus ou moins glauconifères, altérés ou non, mélangés de débris de fossiles brisés ou triturés, en proportion variable, ou bien renfermant des fossiles bien conservés.

Il repose partout sur le système précédent; mais le contact n'est pas encore bien connu. Il semble y avoir à la base une légère dénudation, avec un peu de gravier glauconifère. On trouve au-dessus des sables très-variables qui semblent disposés sans ordre. Les uns sont plus ou moins argileux, mais généralement meubles, plus ou moins glauconifères, d'une couleur gris jaunâtre ou gris verdâtre; tantôt ils sont fins, et entre-mêlés de parties calcaires qui paraissent être le résultat de la trituration de fossiles par les flots; tantôt plus grossiers, avec fossiles brisés; d'autres fois, les coquilles y sont bien conservées. Certaines couches sont formées pour la plus grande partie de menus débris de coquilles. Ce sont particulièrement ces assises qui ont été appelées *crag gris d'Anvers,* à cause de l'analogie de leurs fossiles avec ceux du *crag* de l'Angleterre. En certains endroits s'observe une masse de sable fin, meuble, renfermant 1/10 à 2/10 de grains noirâtres dont la plupart sont de glauconie; il est gris, et les fossiles disséminés qu'il contient, y sont parfaitement conservés. Ailleurs, le dépôt se présente avec les mêmes caractères et la même variabilité que dans le crag gris; seulement sa couleur est jaunâtre ou jaune brunâtre. Tel est le *crag jaune d'Anvers,* le crag *rouge de Calloo;* mais on peut s'assurer que ce n'est là qu'une altération superficielle, due à la décomposition de la glauconie. Nous avons pu constater que telle couche est grise en un point, jaune à peu de distance : de même, l'intérieur des coquilles bivalves du crag jaune est souvent, au moins vers le bas, rempli de crag gris.

En résumé, nous ne pouvons établir de subdivision dans ce système. Les observations de M. Nyst ont conduit ce savant paléontologiste au même résultat.

En 1858, M. Nyst a signalé des fossiles scaldisiens près d'Herenthals. Nous avons reconnu le système scaldisien, caractérisé par un certain nombre de ses fossiles, à Lichtaert, entre Herenthals et Casterlé, où il forme une colline allongée que Dumont a coloriée sur sa carte comme appartenant au système diestien. Il y est formé de sable fin, ferrugineux, passant au grès ferrugineux, parfois assez riche pour être exploité comme minerai de fer; la limonite y est disséminée, et non en grains comme dans le système diestien; certaines parties renferment du carbonate de fer, plus ou moins altéré et brun foncé, dont la présence nous a paru liée à celle de fragments de lignite.

Les fossiles du système scaldisien sont nombreux; un grand nombre ont paru dans le système précédent, et la plupart se sont propagés jusque dans nos mers. Ils caractérisent la fin de la période pliocène et peuvent être mis en regard du *crag corallin* et du *crag rouge* de l'Angleterre, ainsi que de quelques lambeaux que l'on rencontre près des côtes françaises de la Manche. Nous citerons, comme espèces les plus communes.

<table>
<tr><td>

Turritella triplicata.
Natica millepunctata.
— *cirrhiformis.*
— *hemiclausa.*
Voluta Lamberti.
Chenopus Pes-pelecani.
Pleurotoma turrifera.
Purpura tetragona.
Fusus gracilis.
— *contrarius.*
Cerithium Woodwardi.
Buccinum Dalei.
Nassa reticosa.
— *labiosa.*
Solen Ensis.
Mya truncata.

</td><td>

Corbulomya complanata.
Corbula planulata.
Syndosmya donaciformis.
Tellina Benedeni.
Isocardia Cor.
Cardium edulinum.
Lucina borealis.
Cyprina islandica.
— *rustica.*
Astarte Omaliusi.
— *incerta.*
Pecten opercularis.
— *complanatus.*
— *pusio.*
Ostrea edulis.
Lingula Dumortieri.

</td></tr>
</table>

Le système scaldisien se rencontre dans la province d'Anvers, sous les dépôts quaternaires et les alluvions de l'Escaut. Sa limite méridionale part d'Anvers et passe au sud de Womelghem et de Wyneghem ; on le retrouve au Nord, près d'Eckeren. Il se continue dans la Flandre Orientale, où il est connu en un certain nombre de points, notamment au Doel et à Calloo, peut-être même au delà de Saint-Nicolas. Enfin, nous avons indiqué la bande de Lichtaert.

Il ne fournit d'autre substance utile que le minerai de cette dernière localité ; encore est-il qu'une partie de ce minerai a été remaniée à l'époque quaternaire.

Nous donnons ci-dessous le tableau comparatif de la classification de notre terrain tertiaire, telle que nous venons de l'exposer, et de celle que Dumont a donnée dans la légende de la carte géologique de la Belgique.

Série supérieure (Pliocène).	Scaldisien. Diestien.	Pliocène.
Miocène.	Boldérien.	Oligocène supérieur.
Eocène supérieur ou miocène inférieur.	Rupélien supérieur. Rupélien inférieur.	Oligocène moyen.
Eocène supérieur.	Tongrien supérieur. Tongrien inférieur.	Oligocène inférieur.
	Laekenien.	
Eocène moyen.	Bruxellien. Panisélien.	Eocène moyen.
	Yprésien supérieur. Yprésien inférieur.	
Eocène inférieur.	Landenien supérieur. Landenien inférieur.	Eocène inférieur.
Crétacé.	Hersien.	
Inconnu.	Calcaire de Mons.	

(Série inférieure.)

CHAPITRE XII

—

TERRAIN QUATERNAIRE.

Les diverses formations postérieures à la grande période tertiaire figurent dans la légende de la carte géologique de la Belgique sous le nom de *terrains quaternaires*, et elles y sont divisées en deux systèmes, le *diluvien* et le *moderne*. Le premier, qui nous occupera seul dans ce chapitre, comprend trois dépôts que Dumont désigne comme *silex et cailloux, sable campinien* et *limon hesbayen*. Il faut y ajouter, outre certains gîtes de minerais de fer, les *dépôts des cavernes*, qui ne sont pas de nature à figurer sur une carte géologique, et par lesquels nous croyons convenable de commencer.

I. DÉPÔTS DES CAVERNES.

Les cavernes de notre pays se rencontrent presque exclusivement dans le calcaire anthraxifère, là surtout où le sol est le plus disloqué. Leur profondeur, leur direction et leur étendue sont très-variables; leur ouverture se trouve à diverses hauteurs sur les flancs d'une vallée, rarement à la surface d'un plateau; parfois on ne les connaît que par les progrès de l'exploitation du calcaire. Ces cavités paraissent résulter de la dislocation des masses, sauf l'agrandissement postérieur qui a été produit par les eaux. Plusieurs sont fort spacieuses et ornées de stalactites qui y attirent les visiteurs; la plus belle de ces grottes est celle de Han-sur-Lesse, bien connue des touristes.

Les ouvertures de la surface livrent quelquefois passage à des cours d'eau de tout volume, qui s'y engouffrent en partie ou en totalité, pour reparaître plus ou moins loin. La plupart de nos bandes calcaires, étant très-fissurées, donnent ainsi lieu à une foule de cours d'eau souterrains; les ouvertures par lesquelles ils disparaissent ont reçu divers noms locaux, *aiguigeois* à Dinant, *chantoirs* dans le Condroz, *agolinas* sur la Vesdre.

Il n'entre pas dans notre plan d'examiner ici, au point de vue de la paléontologie ou de l'archéogéologie, les nombreux travaux auxquels a donné lieu l'exploration des cavernes de la Belgique. Nous n'avons à en parler que par l'importance des éléments qu'ils ont fourni pour la géologie proprement dite de notre terrain quaternaire.

Les cavernes de la province de Liége ont été, de la part de Schmerling (1), l'objet de fouilles aussi pénibles qu'assidues, qui lui coûtèrent sa fortune et sa santé : pour prix de ses sacrifices, il ne recueillit que l'indifférence ou l'opposition de ses contemporains. Aussi serait-il injuste de ne point rappeler le souvenir de ses explorations, exécutées avec le soin le plus scrupuleux. Il exhuma de nos cavernes les débris d'une quantité

---

(1) *Recherches sur les ossements fossiles découverts dans les cavernes de la province de Liége;* 1833-1834; Liége, 2 v. in-4° et atlas in-f°.

d'animaux, qui sont conservés à l'université de Liége. De ces espèces, les unes sont éteintes, telles que l'ours des cavernes, l'hyène des cavernes, etc. ; les autres habitent de nos jours, tantôt notre pays, tantôt des climats plus froids. Schmerling établit ainsi la faune quaternaire de nos régions, mais il ne pensa pas à la subdiviser. On sait qu'il y rencontra des ossements de l'homme et des débris de son industrie, et qu'il mit un soin tout particulier à recueillir les preuves que notre espèce était contemporaine de ces grands carnassiers perdus aujourd'hui. Le crâne d'Engis est cité comme l'un des restes les plus anciens que l'on connaisse.

En 1842, M. Spring eut l'occasion d'explorer quelques cavernes, notamment celle de Chauvaux, entre Namur et Dinant; et la note qu'il publia sur ce sujet (1) est d'une importance toute particulière, moins encore parce qu'elle réveilla l'attention sur cette question, que parce qu'elle s'occupe pour la première fois de l'homme, non plus anté-diluvien, mais anté-historique, et lui accorde une large part dans l'accumulation des ossements que l'on rencontre dans ces souterrains, et dont la présence n'avait encore été attribuée qu'à des carnassiers, ou à l'action des eaux, comme l'admettait Schmerling.

Plus tard, M. Malaise a publié quelques recherches sur le même sujet. Enfin, en 1864, le Gouvernement chargea M. E. Dupont de fouiller les cavernes de la province de Namur. Nous allons exposer succinctement le résultat de ses laborieuses recherches, au point de vue géologique ; nous n'aurons lieu de citer qu'une

_____

(1) *Sur des ossements humains découverts dans une caverne de la province de Namur*; 1853; *Bull. Acad. de Belg.* t. XX, 5e partie, p. 427.

partie de ses communications, celles qui se rapportent à notre sujet et non à la paléontologie.

Dans un premier travail (1), il annonça avoir reconnu la série suivante d'après l'examen de sept cavernes. (Nous numérotons les assises de bas en haut).

6. Couches remaniées, avec objets de la période historique.

5. Argile jaune contenant de nombreux fragments anguleux de calcaire répandus dans toute la masse. Objets taillés : ossements d'homme, de renne, d'ours, etc.

4. Stalagmite.

3. Dépôt argilo-sableux stratifié, sans blocs, ni anguleux, ni roulés, sans ossements, avec concrétions calcaires.

2. Cailloux roulés venant de l'Ardenne.

1. Gravier glauconifère, avec traces de matières tourbeuses.

Bientôt après (2), il résuma comme suit les résulats de l'exploration de quatorze cavernes :

6. Loess.

5. Argile jaune à fragments anguleux de calcaire.

4. Stalagmite.

3. Dépôt argilo-sableux avec veines de gravier.

2. Cailloux roulés ardennais.

1. Sables avec tourbe.

Argile rouge, à râclure brillante.

Cette dernière assise se trouve dans les anfractuosités du plancher, et est considérée comme le reste d'une formation geysérienne antérieure. Nous n'y reviendrons plus.

____

(1) *Notice sur les fouilles scientifiques exécutées dans les cavernes de Furfooz;* juillet 1865 ; *Bull. Acad. de Belg.,* 2e série, t. XX, p. 244.

(2) *Étude sur les cavernes des bords de la Lesse et de la Meuse,* 1865 ; *Bull. Acad. de Belg.,* 2r, série, t. XX, p. 824.

L'année suivante (1), il fit connaître le résultat de ses observations sur les formations quaternaires de la province de Namur, et sur leurs rapports avec celles du Brabant et du bassin de Paris, aussi bien qu'avec celles des cavernes. Voici le tableau résumé de sa classification :

EXTÉRIEUR.	CAVERNES.	
6. Loess, avec ou sans blocaux (2).	Loess avec ou sans blocaux.	Etage supérieur, ou à *Cervus tarandus*.
5. Argile jaune à blocaux.	Argile jaune à blocaux, avec les débris de la faune du renne, des silex taillés, etc.	
4. Dépôt argilo-sableux, irrégulièrement stratifié, traversé par des veines de gravier et de cailloux roulés. Concrétions calcarifères et coquilles terrestres.	Dépôt argilo-sableux, irrégulièrement stratifié, traversé par des veines de gravier. Concrétions calcarifères ; débris d'*Ursus spelæus* et silex taillés.	Etage moyen, ou à *Ursus spelæus*.
3. Sable graveleux avec coquilles fluviatiles.	Sables (traces).	
2. Cailloux roulés, avec *Elephas primigenius*.	Cailloux roulés.	Etage inférieur, ou à *Elephas primigenius*.
1. Sable graveleux.	Sable graveleux, avec matière tourbeuse.	

Il faut remarquer qu'en indiquant ces trois espèces comme caractéristiques de chaque étage, M. Dupont entend dire seulement qu'elles y sont très-prédominantes.

L'étage inférieur et le moyen renferment seuls des espèces perdues ; l'étage supérieur présente seulement

(1) *Étude sur le terrain quaternaire des vallées de la Meuse et de la Lesse dans la province de Namur* ; 1866 ; *Bull. Acad. de Belg.*, 2ᵉ, série, t. XXI, p. 366.

(2) L'expression de *blocaux* a été proposée par M. d'Omalius d'Halloy pour les cailloux anguleux en dépôt incohérent.

quelques espèces aujourd'hui émigrées dans des climats plus froids.

Notons encore qu'une ou plusieurs assises peuvent manquer, mais sans que l'ordre sérial soit jamais interverti.

Nous reviendrons ailleurs sur cette assimilation des dépôts des cavernes avec nos autres formations quaternaires. Notons seulement ici que l'on doit aux laborieuses recherches de M. Dupont, non-seulement d'avoir retrouvé et distingué dans notre pays les fannes du mamouth (*Elephas primigenius*), de l'ours des cavernes (*Ursus spelœus*) et du renne (*Cervus tarandus*), que les travaux de M. Lartet et d'autres observateurs avaient établies en France, mais encore d'importants documents sur l'homme de la faune de l'ours et de celle du renne. Quant à la faune du mammouth, il n'en a trouvé à-peu-près rien dans les cavernes de la province de Namur.

Les ossements humains se sont rencontrés presque exclusivement dans l'argile à blocaux. Le trou de la Naulette, à Walzin, a offert, dans l'étage moyen, un fragment de cubitus et une mâchoire inférieure, remarquable par un prognatisme très-prononcé.

Pour M. Dupont, l'accumulation de tous ces débris serait due à l'action des eaux diluviennes, qui, à diverses reprises, auraient porté le niveau de la Meuse à 100 mètres, et plus, au-dessus de son niveau habituel, donnant ainsi à son cours une largeur de 10 à 15 kilomètres. Suivant lui, « l'observation du terrain des cavernes nous montre que l'homme habita ces souterrains, 1° entre le dépôt des cailloux roulés et le dépôt du limon argilo-sableux ; 2° entre le dépôt de

ce limon et le dépôt de l'argile à blocaux et du loess ;
3° après le dépôt de ces dernières couches. De sorte
que ces groupes sédimentaires sont caractérisés chacun
par une émersion suivie d'une immersion. »

Les travaux de l'auteur ne sont pas terminés, et de
nouvelles recherches l'amèneront peut-être à préciser
certaines idées ou à en modifier d'autres. Néanmoins,
nous ne pouvons nous dispenser de faire remarquer
que cette série d'inondations diluviennes et d'oscilla-
tions du sol nous paraît d'autant plus difficile à
admettre, qu'elle devrait être augmentée en raison du
nombre des couches de stalagmites qui s'interposent
dans ces diverses assises, et qui n'ont pu se former
que dans des périodes d'émersion. Nous préférons de
beaucoup la manière de voir de M. d'Omalius d'Halloy
(*Abrégé de géologie,* 8ᵉ édit., 1868), qui accorde la plus
grande part aux éboulements et aux inondations
locales.

Dans le même travail, M. Dupont avait employé les
expressions de *loess* et de *lehm* pour désigner les assises
6 et 4. Il abandonna bientôt (1) cette nomenclature,
qui n'était pas irréprochable, et modifia en même temps
sa classification, absorbant l'étage moyen dans l'inférieur, conformément au tableau que voici :

Limon supérieur ou terre à briques. Cailloux anguleux.	Etage supérieur, à *Cervus tarandus*.
Limon inférieur ou stratifié. Cailloux roulés.	Etage inférieur, à *Elephas primigenius*.

Le dépôt de cailloux roulés n'existe que dans des

---

(1) *Le terrain quaternaire dans la province de Namur;* 1866; *Bull.
soc. géol. de Fr.,* t. XIV, p. 76. — *Étude sur cinq cavernes explorées
dans la vallée de la Lesse et dans le ravin de Falmignoul pendant l'été de
1866; 1867; Bull. Acad. de Belg.,* t. XXIII, p. 244.

cas spéciaux, lorsque l'entrée de la caverne présente une dépression. Quelle que soit leur longeur, les cavernes ont été envasées par le limon stratifié. Le dépôt de cailloux anguleux est épais à l'ouverture, mais il diminue rapidement et il disparaît bientôt, si la caverne est étroite. La terre à briques y est exceptionnelle.

II. SILEX, CAILLOUX.

La partie de notre pays située au sud de la Sambre et de la Meuse ne présente guère d'autres dépôts diluviens que les cailloux roulés des vallées et des plateaux qui les bordent. Ils sont indiqués, sur la carte géologique de la Belgique, par la lettre δ^1 et un pointillé rouge, au travers duquel apparaît ordinairement la teinte du sous-sol : mais une foule de petits lambeaux n'ont pas été représentés. Ils sont formés de cailloux plus ou moins roulés, de gravier, de limon et quelquefois de tourbe.

Les cailloux roulés consistent en fragments de toutes les roches cohérentes qui constituent la région traversée par le cours d'eau au voisinage duquel nous les observons; mais la fréquence de chaque espèce est en rapport avec sa dureté. Ainsi, les roches quartzeuses y dominent : en premier lieu, les quartzites, les grès, certains poudingues; puis les psammites et les poudingues à ciment phylladeux ou psammitique. On y voit aussi des galets de quartz blanc qui proviennent vraisemblablement des filons de cette substance, si fréquents dans l'Ardenne, et quelquefois des cailloux de silex crétacé. Les fragments schisteux sont plus rares et n'ont jamais parcouru un long trajet. Le calcaire y est tout-à-fait accidentel : on sait qu'il disparaît rapidement par le transport. Parfois on peut y rencontrer quelques fragments de roches plutoniennes : ainsi, nous avons trouvé près de Liége un gros caillou de l'hyalophyre de Mairu près Monthermé (1).

Ces cailloux présentent un volume très-variable ; ordinairement de la grosseur d'une noix à celle du poing, ils dépassent parfois le volume de la tête. Le transport leur a donné une forme plus ou moins arrondie, souvent aplatie. Ils sont entremêlés de gravier et de sable de même composition, et grossièrement stratifiés ; tantôt des masses à fragments volumineux alternent irrégulièrement avec d'autres formées de cailloux plus petits ou, simplement, de gravier ; tantôt ils sont mélangés sans distinction de volume. Ils sont souvent d'un brun sale à la surface, parfois cimentés par la limonite, d'autres fois noircis et réunis par de la manganite, rarement consolidés par du calcaire tufacé ou cristallin.

Ce dépôt occupe le fond des vallées, jusqu'à une profondeur parfois assez considérable au-dessous du niveau des eaux de la surface ; mais sa partie supérieure subit des remaniements à chaque crue, et, ainsi, elle se lie intimement avec les cailloux modernes et les alluvions qui s'étendent horizontalement sur les

(1) Nous avons recueilli dans ce diluvium, près de Maestricht, deux cailloux, de la grosseur du poing, de granit à petit grain dont la provenance nous est inconnue. Serait-ce un accident, comme la présence de cailloux de téphrine de l'Eifel dans le dépôt de transport de l'Amblève, cailloux qui paraissent n'être que des débris de meules de cette roche, employées depuis longtemps pour les moulins à tan de Stavelot et de Malmédy?

rives. Il n'est pas rare d'y trouver des fragments de troncs d'arbres, bien conservés, mais noirs comme l'ébène.

Le même conglomérat s'observe fréquemment sur les flancs des vallées, à une hauteur bien supérieure à celle de nos plus fortes inondations. Toutes choses égales d'ailleurs, cette hauteur est d'autant plus forte qu'il s'agit d'un cours d'eau plus considérable. Ainsi, dans l'Ardenne — où ces lambeaux sont d'ailleurs assez rares — on n'en rencontre pas à des hauteurs comparables à celles qu'ils atteignent dans le Condroz ; et, sur les bords de la Sambre et de la Meuse, ils s'étendent sur les bords des plateaux entre lesquels la vallée est creusée.

Les cours d'eau qui se jettent dans la Sambre ou la Meuse, sur la rive gauche, roulent sur des terrains primaires et présentent un diluvium analogue.

On trouve quelquefois, au milieu des cailloux roulés, des blocs beaucoup plus volumineux et à peine arrondis, dont la provenance est la même. Ils ont été considérés comme transportés par des glaçons, et appelés, en conséquence, blocs erratiques. La réalité de ce mode de transport ne nous semble pas à l'abri de contestation.

Le sable et le limon se trouvent aussi à diverses hauteurs sur les flancs des vallées de cette région, tantôt sur les cailloux, tantôt sur les roches anciennes. Leurs caractères varient avec ceux des roches du voisinage ; mais les différences les plus importantes tiennent à des causes d'un autre ordre, que nous ne connaissons guère. Le limon est de couleur variable, calcareux ou non, massif ou stratifié ; cette stratification est liée à la texture plus sableuse ou à l'interposition de lits de sable ou de gravier. Tout porte à croire qu'il y a là des limons d'âges divers et que beaucoup sont dus à des remaniements. Nous avons rapporté plus haut la classification que M. Dupont a proposé d'y établir. Quant au limon qui recouvre le plateau de la rive droite de la Sambre et de la Meuse, au-dessus du diluvium caillouteux, il semble se rapporter au limon hesbayen, comme Dumont l'a indiqué.

La tourbe a été généralement rencontrée vers le fond des vallées, tantôt entre les cailloux roulés, tantôt vers le haut des sables et limons, ce qui porterait à croire qu'elle s'est formée à diverses époques ; elle est d'ailleurs accidentelle. Elle contient des fragments et des fruits de noisettier, de hêtre, d'aulne, de chêne, de sapin et de cerisier.

On a rencontré dans ce dépôt caillouteux, particulièrement dans les parties basses des vallées, où il a été entamé par de grands travaux publics, des molaires, des défenses et des ossements de mamouth, des dents et des ossements de rhinocéros, etc. Nous y avons aussi indiqué la présence de grandes dents de squales.

Le diluvium à cailloux roulés venus du Condroz et de l'Ardenne se rencontre aussi sur la rive gauche de la Sambre et de la Meuse. Dans cette région, il est presque partout recouvert de limon hesbayen et il ne se prolonge guère vers l'intérieur du pays, sauf dans la partie orientale. Mais au sud de Maestricht, il s'étend dans le Limbourg sous le sol de la Campine, où il se montre au jour dans cette série de collines qui séparent le bassin de la Meuse de celui de l'Escaut, et s'étendent, de Lanaken, d'une part à Beverloo, de l'autre à Nee-roeteren et à Brée, limitant la vallée de la Meuse.

Le diluvium présente des caractères différents entre la craie et le limon hesbayen. Dans le pays de Herve, le long de la crête qui s'étend de Romsée à Henri-Chapelle, il est formé d'une assise de silex crétacés, la plupart brisés et anguleux, habituellement recou-verte de limon et connue sous le nom de *châlon*. Un dépôt analogue s'observe sur la craie de la rive gauche de la Meuse, entre ce fleuve et la Méhaigne. Son épaisseur est parfois assez considérable, et il est exploité en plusieurs endroits pour l'empierrement des chemins. Enfin, on le retrouve à la base de la forma-tion quaternaire du Hainaut ; M. Malaise et MM. Cornet et Briart y ont récemment découvert quelques silex taillés.

Nous n'avons pas encore eu l'occasion de constater les relations stratigraphiques de ce diluvium avec le diluvium à cailloux ardennais roulés. C'est sans doute à lui que s'applique l'expression de *silex*, dans la légende de la carte géologique. Pour le moment nous considé-rons ces deux dépôts comme contemporains. Nous y rattachons aussi, comme M. d'Omalius d'Halloy, les silex roulés sur lesquels repose le limon hesbayen, ainsi que nous le dirons tout-à-l'heure.

Le lambeau sénonien qui recouvre la crête de l'Ar-denne, de la Gleize à la Baraque-Michel, n'était guère connu que par quelques silex superficiels. La profonde tranchée qui y a été pratiquée, il y a quelques années, pour le chemin de fer de Spa à Luxembourg, nous a permis de reconnaître qu'il est composé presque exclusivement de silex entiers ou brisés, mais non roulés, ce qui nous porte à le rapporter au dépôt dont nous traitons en ce moment, bien que nous l'ayons cité à l'occasion du terrain crétacé. M. Malaise, qui l'a visité récemment, s'en est fait la même opinion.

Il est permis de croire que les petits lambeaux qui se trouvent sur les hauteurs intermédiaires, par exemple, à Beaufays, sont dans le même cas.

Les dépôts diluviens sont fort restreints sur le versant méridional de l'Ardenne; on y a trouvé cependant des débris d'*Elephas primigenius*, de *Rhinoceros tichorhinus*, etc. dans une assise de cailloux roulés.

Sur la rive gauche de la Meuse, entre Namur et Liége, on rencontre aussi une assise de cailloux parfaitement roulés, dépassant rarement le volume d'une noix et formés presque exclusivement de quartz blanc. Ce dépôt a été indiqué, il y a longtemps, par Cauchy, entre Houssoy et Saint-Martin-Balâtre; néanmoins il est encore bien peu connu. Nous avons constaté, aux environs de Liége, qu'il ravine le diluvium à silex anguleux dont nous venons de parler. Néanmoins, la circonstance qu'il forme quelquefois des amas consirables, où les cailloux sont mélangés de sable blanc, et qui ont comblé les anfractuosités du sol sous-jacent, nous porte à penser qu'il pourrait bien être plus ancien; le ravinement dont nous venons de parler, serait l'effet d'un remaniement.

Il faut sans doute rattacher à cette formation les cailloux de quartz hyalin connus sous le nom de *diamants de Fleurus*.

III. SABLE CAMPINIEN.

Le sable campinien de Dumont, ou sable de Campine de M. d'Omalius d'Halloy, désigné sur la carte
géologique par la teinte δ^2, forme l'extrémité occidentale d'un vaste manteau sableux qui s'étend du
nord de la Belgique dans la Hollande et dans le nord
de l'Allemagne, sur le rivage de la mer Baltique. Il
donne lieu à une région unie et stérile, couverte de
bruyères ou de marais tourbeux, excepté dans les
Flandres, où le travail persévérant de nos agriculteurs
a fini par le rendre assez fertile. Il est limité chez nous,
d'un côté par les dépôts récents de la côte et la frontière néerlandaise, de l'autre par une ligne qui va de
Dixmude à Maestricht, par Ypres, Courtray, Audenarde, Alost, Malines, Louvain et Hasselt. Au sud de
cette ligne se trouve le limon hesbayen ; mais, comme
l'a dit Dumont, cette limite n'est qu'approximative.
Quelle qu'en soit la cause, ces deux systèmes, à leurs
points de jonction, passent de l'un à l'autre d'une
manière telle que personne, jusqu'ici, n'a réussi à
observer leur superposition ; aussi verrons-nous leur
âge relatif controversé.

Ce système est formé de sables divers, meubles,
généralement à grains moyens et de couleur claire;
quelques-uns sont plus fins, purs ou argileux. Leur
mobilité est telle que, sur certains points stériles de la
Campine, le vent les soulève en nuages, et en a formé
des monticules qui peuvent être considérés, comme on
l'a dit depuis longtemps, comme de véritables dunes
terrestres ; il en résulte qu'il est impossible d'y séparer

ce qui est vraiment quaternaire de ce qui a été remanié à l'époque moderne. La présence des matières tourbeuses leur donne fréquemment une couleur brune ou noire plus ou moins prononcée, mais cette coloration disparaît par le lavage; on prétend même que les sables les plus noirs deviennent ainsi les plus blancs. Après cette opération, ils sont parfois assez purs pour être employés dans les verreries.

Une autre circonstance modifie la couleur de ces sables au point qu'on pourrait être trompé sur leur nature : c'est l'existence de matériaux empruntés aux assises tertiaires sous-jacentes, notamment de la glauconie diestienne. Certaines masses sont tellement riches en grains glauconieux qu'on les rapporterait aisément au sable noir diestien : elles s'en distinguent par la présence, au moins vers le bas, de petits cailloux roulés, de quartz blanc ou de silex noirâtre, qui dépassent rarement le volume d'un pois. D'autres sont colorés en vert, en gris verdâtre, etc., et ressemblent à certains sables scaldisiens. La confusion est d'autant plus facile que la glauconie et le sable n'ont pas été seuls empruntés au terrain tertiaire; les coquilles fossiles s'y retrouvent aussi, mais toujours plus ou moins roulées, et vers le bas seulement. Les travaux d'Anvers en ont montré de nombreux exemples. De même, les sables très-glauconifères de Lierre ont fourni des ossements et des dents de mamouth, de rhinocéros (*R. megarhinus?*), de chien, de cheval, de cerf, etc. En dehors de ces circonstances, les sables de la Campine sont complètement privés de fossiles.

Il nous reste à ajouter quelques mots sur la base de ce système. Autant que nous la connaissions, elle ravine faiblement les assises tertiaires sous-jacentes. Sur les parties unies, elle ne renferme guère que des graviers comme ceux que nous avons cités plus haut; mais dans les dépressions, on trouve des cailloux roulés plus volumineux, ordinairement de silex à l'Ouest, irrégulièrement stratifiés et mélangés de sables divers, parmi lesquels on en voit de gris blanchâtre. Les fossiles y sont communs, si l'on y comprend les débris pliocènes remaniés; c'est ainsi, par exemple, qu'on été trouvées la plupart des dents de poissons d'Anvers. Nous y avons rencontré un fragment de molaire de mamouth.

Le diluvium caillouteux dont nous avons indiqué la présence dans les monticules de la Campine limbourgeoise, passe sous le sable campinien, et nous considérons les graviers et cailloux roulés que nous venons de citer à la base de ce système comme le prolongement, dans la partie occidentale de notre pays, de cette formation, ainsi que des silex sur lesquels nous verrons reposer le limon hesbayen. Nous reviendrons sur ce point à l'occasion de ce dernier système. Nous rapportons à ce niveau les assises post-tertiaires du puits artésien d'Ostende dans lesquelles M. Nyst a rencontré *Cyrena (Corbicula) fluminalis,* coquille caractéristique des dépôts quaternaires les plus anciens de l'Angleterre et du NO. de la France. Enfin, M. Van Beneden nous a appris que la mer rejette parfois sur la plage de notre littoral des débris d'*Elephas primigenius* et de *Rhinoceros tichorhinus :* ce fait confirme notre opinion sur l'âge de ces couches, qui doivent constituer le fond de la mer à peu de distance.

IV. LIMON HESBAYEN.

Le limon hesbayen de Dumont, limon de la Hesbaye de M. d'Omalius d'Halloy, représenté sur la carte géologique par la teinte δ^3, forme une vaste nappe qui recouvre indistinctivement les diverses assises tertiaires, crétacées ou primaires de notre pays, entre le sable campinien et les plateaux de la rive droite de la Sambre et de la Meuse, ainsi que dans le pays de Herve. Les formations plus anciennes ne se montrent guère au jour que sur le flanc des collines ou dans les vallées, sauf dans la Flandre occidentale, où le limon ne parait pas avoir recouvert le sommet des collines de cette région, telles que le Mont-Kemmel, le Mont-Vidaigne et celle sur laquelle est bâtie la ville de Cassel dans la Flandre française. Néanmoins ces sommités n'ont pas entièrement échappé à l'inondation quaternaire, comme on peut s'en convaincre par les débris dont ils sont jonchés et qui nous semblent devoir se rapporter au diluvium caillouteux dont nous avons parlé.

Jusque dans ces derniers temps le limon hesbayen a peu attiré l'attention, et l'on possède peu de détails sur sa constitution. Dumont, qui en a fait connaître les limites, le décrivait comme formé d'une masse argileuse ou argilo-sableuse à grains excessivement fins, de composition variable, jaune grisâtre, non stratifié. Les variétés de composition proviennent, dit-il, de celles des terrains sous-jacents. M. d'Omalius d'Halloy a insisté, au contraire, sur l'uniformité remarquable de ce grand dépôt, qui s'étend de la Seine au Rhin ; il a signalé aussi la facilité avec laquelle il se maintient à l'air en escarpements verticaux. Sir Ch. Lyell a mentionné dans ses assises inférieures la présence de fossiles tertiaires remaniés. La plupart des auteurs qui s'en sont occupés, y ont indiqué quelques coquilles terrestres ou d'eau douce, appartenant à la faune actuelle.

D'après nos propres observations, il importe de diviser ce système en deux étages bien distincts, et de séparer dans l'inférieur, l'assise sableuse, stratifiée, de l'assise limoneuse, qui ne l'est pas. Dès 1863, nous avons montré ces distinctions à la Société géologique de France, réunie à Liége (1) et depuis lors nous en avons parlé dans diverses circonstances. Voici donc quelle est, suivant nous, la composition de la série quaternaire dans la région du limon hesbayen.

On trouve ordinairement à la base une assise de cailloux, d'épaisseur variable, qui ravine plus ou moins les roches plus anciennes sur lesquelles elle repose. Vers le Nord, ce sont des silex roulés, de la grosseur d'une noix à celle d'un œuf; dans les dépressions, où ils sont accumulés sur une certaine épaisseur, ils sont irrégulièrement stratifiés et alternent avec des

---

(1) Voir le *Compte-rendu de la réunion extraordinaire de la Société géologique à Liége;* 1863; *Bull. Soc. géol. de Fr.,* t. XX, p. 802.

A cette époque, diverses circonstances m'ont engagé à ne pas insister sur l'importance de cette division, et je voudrais pouvoir garder encore le silence, étant loin d'avoir levé toutes les difficultés. Entrainé par l'exemple de recherches analogues dans un pays voisin, je cherchais alors la distinction des deux étages surtout dans la provenance des cailloux qu'on observe sous chaque limon; de sorte que la superposition que j'ai montrée à Bilsen, ne concordait pas avec les conclusions auxquelles m'avaient amené mes observations au voisinage de Liége. Je n'ai pas tardé à reconnaître que cette voie était mauvaise, et que le caractère essentiel des cailloux du limon supérieur est leur état anguleux.

couches également irrégulières de sables plus ou moins grossiers, jaunes ou gris jaunâtre. analogues à ceux qu'on trouve ordinairement entre les cailloux. Au contraire, sur la craie du pays de Herve, du midi de la Hesbaye et du Hainaut, les silex sont anguleux ; et sur les rives de la Meuse, cette assise caillouteuse est formée par le diluvium à cailloux roulés ardennais. Nous avons parlé de ces deux derniers dépôt en traitant des cailloux et silex désignés sur la carte géologique par la teinte δ^1, réservant, pour en parler ici, les cailloux roulés de silex qui ne figurent pas sur la carte, puisqu'ils sont recouverts de limon. Nous les plaçons néanmoins au même niveau, avec les cailloux sur lesquels repose le sable campinien, leurs différences pouvant être attribuées aux diverses conditions du courant d'eau qui venait de l'Ardenne.

L'assise qui suit est formée de sables gris jaunâtre ou gris brunâtre, stratifiés. Vers le bas, ils sont plus ou moins grossiers et présentent même parfois une fausse stratification, indice de l'agitation des eaux dans lesquelles ils se sont déposés ; mais ils ne tardent pas à diminuer de grosseur et ils passent insensiblement à l'assise suivante, le limon inférieur. La nature et la grosseur de ces sables varient d'ailleurs avec la nature des roches sous-jacentes. C'est à ce niveau que l'on trouve les fossiles tertiaires remaniés.

Cette assise n'est pas constante ; autant que nous avons pu en juger, on ne la rencontre que dans les dépressions du sol, notamment au pied méridional des petites collines de cette région. Aussi arrive-t-il rarement qu'on ait l'occasion de l'observer.

Le limon inférieur forme la plus grande partie de

cette formation, dont l'épaisseur habituelle est de **2** à
10 mètres. Il est à grains excessivement fins, d'une
couleur jaune grisâtre clair, homogène, non stratifié,
et renferme plus ou moins de calcaire, notamment
sous forme de petits points blancs qui paraissent n'être
que des fragments de craie. On y trouve aussi de
petites concrétions tuberculeuses de calcaire impur,
grisâtre, parcourues de fissures de retrait, semblables,
en un mot, à celles que l'on connaît depuis longtemps
dans le *loess* des bords du Rhin. Ce limon se maintient
parfaitement en escarpements abrupts et se recouvre
lentement de végétation ; ce n'est pas à lui que serait
due la fertilité de la Hesbaye. Il renferme çà et là quelques petites coquilles terrestres et d'eau douce : nous
y avons recuilli : *Helix hispida, Pupa Muscorum, Clau-
silia laminata, Bulimus obscurus, Succinea oblonga* et
quelques autres espèces indéterminées.

L'étage supérieur, qui semble recouvrir le précédent
partout où il existe, commence quelquefois par une
couche mince et interrompue de cailloux anguleux ou
arrondis sur les bords, qui paraissent ordinairement
formés de débris de roches primaires ; cette couche ne
nous a pas paru raviner profondément l'assise sur
laquelle elle repose. Comme les chemins creux et les
tranchées se rencontrent surtout sur les éminences, il
est permis de croire qu'elle existe plus fréquemment
dans les dépressions du sol. Au-dessus, ou sur le
limon inférieur, vient le limon supérieur : il est également dépourvu de stratification, mais il se distingue
du premier par sa couleur gris rougeâtre ou brunâtre,
et la facilité avec laquelle il se délaie sous les influences
météoriques. Il ne fait pas effervescence avec les

acides, ce qui explique pourquoi la craie est tant employée à l'amendement du sol de la Hesbaye. Il contient une notable proportion d'argile ; aussi sert-il presque seul à la confection des briques. Il se recouvre promptement de végétation. Nous n'y avons rencontré que quelques coquilles terrestres du genre *Helix*, savoir : *H. nemoralis*, *H. hortensis*, *H. lapicida* et *H. rotundata*.

M. Delanoue (1) est arrivé de même à diviser le limon hesbayen en deux étages, l'un supérieur, l'autre inférieur. Il ajoute que le premier s'étend bien plus loin et monte bien plus haut.

M. E. Dupont (2) a étudié à son tour le système quaternaire de la province de Namur et son raccordement avec celui du Brabant. Nous avons vu plus haut qu'il admit la série suivante :

6 Loess, avec ou sans blocaux.	} Étage supérieur.
5 Argile jaune à blocaux.	} à *Cervus tarandus.*
4 Dépôt argileux-sableux, irrégulièrement stratifié ; concrétions calcarifères et coquilles terrestres.	} Étage moyen, à *Ursus spelœus.*
3 Sables graveleux avec coquilles.	
2 Cailloux roulés, avec *Elephas primigenius.*	} Étage inférieur.
1 Sable graveleux.	*Elephas primigenius.*

Cette série fut bientôt simplifiée comme suit (3) :

(1) *De l'existence des deux loess distincts dans le nord de la France ;* 1867 ; *Bull. Soc. géol. de France*, t. XXIV, p. 160.

(2) *Étude sur le terrain quaternaire des vallées de la Meuse et de la Lesse dans la province de Namur ;* 1866 ; *Bull. de l'Acad. de Belgique,* 2e série, t. XXI, p. 366.

(3) *Études sur cinq cavernes explorées dans la vallée de la Lesse et le ravin de Falmignoul pendant l'été de 1866 ;* 1867 ; *Bull. de l'Acad. de Belgique,* t. XXIII, p. 244.

Limon supérieur ou terre à briques. ⎫ Étage supérieur.
Cailloux anguleux. ⎰ à *Cervus tarandus.*
Limon inférieur ou stratifié. ⎫ Étage inférieur.
Cailloux roulés. ⎰ à *Elephas primigenius.*

Dans les localités du Brabant qu'il a visitées, M. Dupont ne parait pas avoir reconnu deux limons distincts. Il range toute la masse argilo-sableuse dans son assise supérieure, et la couche de cailloux roulés de la base au niveau de l'*argile jaune à blocaux,* ou *cailloux anguleux,* parce qu'il y a trouvé, avec les silex roulés, des silex brisés et quelques débris tertiaires peu roulés.

Nous ferons remarquer à cet égard que, non-seulement la couche de cailloux roulés, mais encore le limon inférieur appartient à l'étage du mamouth et non à celui du renne. Les débris fossiles recueillis dans cette assise sont assez nombreux pour que l'on ne puisse en douter. L'étage du renne ne pourra être représenté que par le limon supérieur. D'autre part, nous ne pouvons accepter l'assimilation de ce limon supérieur avec le *loess* des bords du Rhin, comme semble l'admettre M. Dupont. Le loess est inférieur à l'étage du renne; et ses caractères essentiels se retrouvent dans le limon inférieur, comme l'a reconnu également M. Delanoue.

Nous ne dirons que quelques mots de l'origine que l'on a attribuée à ce vaste dépôt limoneux. M. d'Omalius d'Halloy le considère comme le résultat d'abondantes éjections geysériennes, seul moyen, selon lui, de se rendre compte de son uniformité; mais on ne connait aucun filon de cette nature. Pour Dumont, c'est une formation d'eau douce qui présente tous les caractères d'un delta (1). Sir Ch. Lyell le considère également comme une alluvion fluviatile. D'autres auteurs l'ont considéré comme formé sous les eaux de la mer ; et pourtant il n'offre pas trace de fossile marin.

Bien que Dumont ait colorié différemment, sur sa carte géologique, le limon hesbayen et le sable campinien, il les considérait comme contemporains. « La première de ces roches, dit-il, située à un niveau toujours plus élevé que la seconde, est une formation d'eau douce qui présente les caractères d'un delta et qui recouvre tous les terrains formés antérieurement ; la seconde, située dans le prolongement du delta, est une formation marine horizontale, produite au détriment de diverses roches tertiaires par le balancement des eaux. »

M. d'Omalius d'Halloy a toujours combattu ce parallélisme, à l'appui duquel n'est apportée aucune preuve stratigraphique. La liaison de ces deux roches à leur ligne de jonction peut n'être qu'apparente et accidentelle ; en tout cas, on conçoit que des matières aussi meubles, déposées par les eaux, se soient mélangées sur cette ligne, lors même que leur formation n'aurait pas été contemporaine. D'un autre côté, comme le courant diluvien venait de l'Ardenne et a entraîné les cailloux jusque dans la Campine, il est impossible d'admettre qu'il ait déposé le limon dans la Hesbaye

---

(1) M. Le Hon raconte (*Périodicité des grands déluges,* 1858, p. 96), que Dumont, peu de jours avant sa mort, lui a dit que : « le limon hesbayen n'est pas un dépôt fluviatile ; il n'est pas nivelé et n'en porte aucunement les caractères ; *il doit avoir été déposé par une couche de glace.* »

Nous ne connaissons rien d'autre sur cette dernière opinion de Dumont. La phrase soulignée mérite cependant une explication.

en entraînant le sable dans la Campine et les Flandres.
Ces raisons nous ont toujours fait préférer la manière
de voir de M. d'Omalius d'Halloy. Nous considérons le
dépôt campinien, sables et cailloux, comme l'atténua-
tion des cailloux et des sables que l'on rencontre sous
le limon inférieur de la Hesbaye.

M. Delanoue (*l. c.*), qui attribue à tort à Dumont
l'opinion que le limon hesbayen est postérieur au
sable campinien, a émis une autre manière de voir.
Bien qu'il dise que ces deux formations sont juxta-
posées, — en quoi il serait d'accord avec Dumont, —
il considère explicitement le sable comme produit,
lors d'un retour de la mer, par la lévigation d'une
partie du limon (supérieur), ce qui le rend postérieur.

V. MINERAIS DE FER QUATERNAIRES.

On exploite depuis longtemps dans le Luxembourg
des gîtes superficiels de minerais de fer, connus sous
le nom de *fers d'alluvions*, mais qui sont antérieurs à
l'époque actuelle. Ils ont été très-bien décrits par
M. Ch. Clément dans un bon travail sur les minerais
de cette province (1).

Les gîtes dont il s'agit forment des lambeaux isolés,
qui reposent indistinctement sur les diverses assises du
lias et dont l'épaisseur surpasse parfois dix mètres. On
trouve souvent à la base une couche d'argile blanche,

----

(1) *Aperçu de la constitution géologique et de la richesse minérale du
Luxembourg; étendue, nature, composition et usages des gîtes ferrifères de la partie méridionale de cette contrée;* Arlon; 1861, in-8°, avec
7 planches.

que nous croyons provenir du remaniement des assises marneuses ou schisteuses. Au-dessus vient la masse du minerai, mélangée d'argile ocreuse, plus ou moins sableuse : la limonite s'y trouve habituellement en fragments peu arrondis, de nuance, de texture et de composition fort variées, qui paraissent provenir des diverses couches ferrifères du lias, depuis le grès de Virton jusqu'à la minette de Mont-Saint-Martin, ou des gîtes pisolithiques encaissés dans le calcaire de Longwy; mais il n'est pas rare d'y trouver de la limonite en roche, concrétionnée et celluleuse, qui a, sans doute, une autre origine. Tantôt cette masse affleure, tantôt elle est recouverte d'un à six mètres d'argile ocreuse, analogue à celle qui renferme le minerai. D'après M. Clément, le minerai exploité peut être évalué à 12000 tonnes par an, en Belgique, et à 18000 dans le Grand-Duché.

On a rencontré dans un amas de cette nature, à Ruette, des ossements de mamouth et de rhinocéros. Ils font partie aujourd'hui des collections de l'université de Liége et de M. Vander Maelen à Bruxelles.

Nous rappellerons ici qu'en parlant des systèmes bruxellien, diestien et scaldisien, nous avons indiqué que la limonite sableuse exploitée aux environs de Bruxelles, de Louvain, d'Herenthals, etc., se trouvait en partie remaniée à l'époque quaternaire, en fragments à peine roulés, faisant partie du diluvium cailouteux.

CHAPITRE XIII

—

TERRAIN MODERNE.

Page 252. Les diverses formations de l'époque actuelle que Dumont a indiquées sur sa carte géologique de la Belgique, sont les *alluvions,* les *dunes,* des *dépôts ferrugineux,* des *dépôts calcareux* et des *tourbes.* Les deux premières sont représentées par des teintes spéciales, affectées respectivement des lettres α^1 et α^2; les trois dernières, n'occupant souvent que des espaces forts restreints, n'ont pas de teintes particulières : elles sont indiquées par les lettres α^3, α^4 et α^5. Nous y ajouterons un chapitre pour les *eaux minérales;* mais auparavant nous avons à parler du sol superficiel, à propos duquel il existe des divergences de vue très-importantes.

I. DÉPOTS MEUBLES SUR LES PENTES.

Sur la plus grande partie de notre pays, c'est-à-dire, dans les régions moyenne et basse, occupées par les terrains tertiaires et secondaires, le sous-sol est formé habituellement par les alluvions modernes ou les dépôts quaternaires, rarement par quelque affleurement de l'une ou l'autre assise tertiaire ou secondaire.

La terre végétale, ou le sol proprement dit, n'en diffère
que par les modifications que lui ont fait subir la végétation et les travaux de l'agriculture. Son épaisseur est
variable ; mais toujours il est facile de reconnaître dans
le sous-sol qu'elle recouvre, les caractères propres à
chacune des assises néozoïques qui peuvent le constituer, tels que nous nous sommes efforcé de les
retracer.

Il n'en est plus de même dans la partie haute de
notre pays, où affleurent nos formations paléozoïques.
Le sous-sol y est formé d'une argile plus ou moins
sableuse qui semble provenir, comme nous l'avons vu
dans la description de nos terrains primaires, de la
décomposition sur place des roches sous-jacentes. En
effet, ses caractères changent avec la nature de ces
roches : rare et sableuse sur les bandes de quartzite,
de grès ou de psammite, elle y possède une couleur
que l'on peut habituellement rattacher à celle de ces
substances ; il en est de même sur les bandes schisteuses, avec cette différence, que l'argile y est beaucoup plus pure ; la nappe qu'elle forme, suit toutes les
inégalités de la surface, mince sur les éminences,
épaisse dans les dépressions. Les bandes calcaires semblent faire exception : le plus souvent elles sont recouvertes d'un manteau plus ou moins épais d'argile ou de
limon qu'il est bien difficile de faire provenir de la
décomposition du calcaire ou de la dolomie. Deux
autres causes peuvent avoir contribué à sa formation :
d'une part, l'éjection de boue limoneuse, d'origine
geysérienne, facilitée par les nombreuses fissures du
calcaire ; d'autre part, l'entraînement, par les eaux
pluviales, des particules les plus fines de la terre des

zones schisteuses ou psammitiques qui, comme nous l'avons dit, se trouvent généralement à un niveau plus élevé.

Le limon des surfaces calcaires présente encore un autre caractère : il n'est pas mêlé de débris plus gros (1), et reste homogène jusqu'à la roche. Au contraire, la terre qui recouvre les bandes quartzeuses ou schisteuses, renferme une quantité de fragments irréguliers, tantôt dès la surface, comme c'est malheureusement le cas trop souvent, tantôt à partir d'une certaine profondeur, quand elle forme une couche épaisse. Ces fragments, profondéments altérés, sont arrondis ou émoussés sur les bords et les angles; à mesure que l'on descend, ils deviennent de plus en plus nombreux et volumineux, et l'on finit par arriver graduellement à la roche, peu altérée, mais parcourue de nombreuses fissures qui, si l'on approfondit davantage, disparaissent à leur tour, de manière que l'on arrive à la roche intacte de la manière la plus graduelle. On peut en conclure que, si les bords des fragments sont arrondis, c'est un résultat normal des altérations par causes météoriques, et non l'effet d'un transport par les eaux (2).

Il arrive cependant que les fragments superficiels ne

(1) A part les phthanites, sur le calcaire carbonifère : nouvelle preuve du mode de formation de la masse.

(2) Signalons ici en passant un changement d'allure qui accompagne l'altération de ces roches et qui expose à de fréquentes méprises l'observateur qui n'en est pas prévenu. La partie supérieure des schistes, altérée, fissurée, mais encore stratifiée et reconnaissable, — souvent la seule visible, — semble avoir fléchi sous le poids de la masse superficielle qui tend à glisser sur la pente; de telle sorte que les couches se replient et que leurs têtes inclinent en sens inverse de la pente du sol, même lorsque la partie inaltérée est inclinée en sens contraire.

proviennent pas de la roche que l'on trouve intacte dans la profondeur ; mais alors leur origine se trouve dans le voisinage immédiat (1) et le transport observé peut s'expliquer par les agents extérieurs ou par l'action de l'homme.

Dans certaines parties de l'Ardenne, notamment entre Spa et Vieilsalm, on rencontre à la surface du sol des blocs d'un volume quelquefois très-considérable, et ordinairement réunis en grand nombre sous forme de traînées. Ils sont formés de quartzite ; leurs bords sont nets et ils ne montrent aucune trace d'usure. On en a parlé quelquefois comme de blocs erratiques ; mais, bien qu'ils semblent parfois dispersés suivant la pente du terrain, ce que nous avons pu observer nous engage à conserver l'opinion adoptée par Dumont, qui les considérait comme disposés le long des bandes de quartzite et produits par des altérations météoriques du genre de celles que nous venons d'indiquer. Jusqu'à présent nous ne connaissons pas de traces de glacier dans notre pays.

Les altérations dont nous venons de parler remontent peut-être à une période très-reculée et se continuent encore de nos jours. Le sous-sol auquel elles ont donné lieu dans l'Ardenne, le Condroz et l'Entre-Sambre-et-Meuse, peut donc être rangé dans les formations modernes.

En parlant ainsi, nous sommes loin de nier l'existence de dépôts diluviens sur quelques plateaux de cette région ; mais tous ceux que nous connaissons occupent des points peu élevés, peu distants des

(1) M. E. Dupont, qui invoque le transport par les eaux, n'a jamais pu constater un déplacement de cent mètres.

rivières, et ils présentent tous les caractères de nos autres dépôts de transport quaternaires. Nous en avons fait mention plus haut.

M. E. Dupont, qui a étudié spécialement (*l. c.*) les formations des plateaux comme des vallées de la province de Namur, nous paraît être d'un avis tout différent. Suivant lui, les plateaux de cette partie du pays (ou au moins la plupart d'entre eux), seraient recouverts d'une ou même deux assises quaternaires, semblables à celles des vallées, savoir l'argile à blocaux ou assise à fragments anguleux, et, parfois, le limon supérieur ou terre à briques. A cet égard, nous nous rangeons entièrement à l'opinion de M. d'Omalius d'Halloy, et nous croyons que cet observateur a dû prendre souvent pour dépôts de transport les masses altérées dont nous venons de parler.

II. ALLUVIONS.

Les alluvions de notre pays sont fluviatiles ou littorales. Les premières se trouvent le long de tous nos cours d'eau. Leur développement est très-variable et, jusqu'à un certain point, indépendant du volume de la rivière qui les a formés : témoin les alluvions de la Dyle et surtout de la Haine. Elles sont formées de cailloux, de gravier et de limon, semblables aux mêmes roches des dépôts quaternaires, avec lesquelles elles se lient intimement, comme nous l'avons dit ; mais elles occupent exclusivement le fond des vallées, où leur surface est remarquablement horizontale.

Les alluvions littorales constituent, dans les Flandres

et la province d'Anvers, une bande d'environ deux lieues de large entre les dunes et l'Escaut, d'une part, le sable campinien et, tout à l'Ouest, le limon hesbayen, de l'autre (1). La limite vers l'intérieur passe à Santvliet, Anvers, Zelzaete, Damme, Oudenbourg, Kevem, Oeren et Houthem ; entre Kevem et Oeren, elle avance vers Dixmude, formant une sorte de golfe qui s'étend jusqu'à Merckem et Elsendam. Cette bande est très-fertile, et parfaitement horizontale ; sa surface est ordinairement un peu au-dessus du niveau moyen de la mer, sans atteindre jamais celui de la haute mer moyenne ($2^m 4$, soit 5^m. au-dessus du zéro d'Ostende). Le long de la mer, elle est habituellement protégée contre les flots par les dunes ; ailleurs, et vers l'Escaut, il y est suppléé par des digues très-coûteuses. La mer tend à envahir le terrain qu'elle a perdu ; ainsi, au XIVe siècle, la ville d'Ostende se trouvait en dehors de la digue : elle est aujourd'hui entièrement dans l'intérieur. Un réseau de canaux et des écluses permettent l'évacuation des eaux à marée basse. Ce système de défense caractérise les *polders* ou poldres.

La couche superficielle de cette région consiste en une argile sableuse, noirâtre, connue sous le nom d'argile des poldres, dans laquelle on trouve de nombreuses coquilles qui habitent aujourd'hui la mer voisine, notamment *Cardium edule*. Son épaisseur est ordinairement de 2 à 3 mètres. Elle repose sur une couche de tourbe, dont la partie inférieure, plus compacte, renferme souvent des restes verticaux de roseaux, ou des arbres, bouleaux, coudriers, hêtres,

(1) Voir surtout : Alph. BELPAIRE : *Etude sur la formation de la plaine maritime depuis Boulogne jusqu'au Danemarck* ; Anvers ; 1855, in-8°.

sapins et même chênes, le plus souvent couchés. rarement debout ; on trouve souvent les souches implantées dans la couche sous-jacente. L'épaisseur de la tourbe est de 1 à 4 mètres ; elle va jusqu'à 6, quand des lits d'argile viennent subdiviser la masse. La base de cette couche se trouve donc de 3 à 6 mètres au-dessous du niveau moyen de la mer. Où la tourbe manque, il est à-peu-près certain qu'elle a été enlevée par l'homme ou par les eaux courantes.

La tourbe est assez souvent traversée de fissures de retrait, qui sont remplies d'argile des poldres, et dont beaucoup ne pénètrent pas jusqu'au fond.

Au-dessous de cette masse se rencontrent des couches de vase, d'argile ou de sable, ordinairement alternantes ; mais elles sont à peine connues, la contrée étant horizontale et les travaux dépassant rarement la tourbe. C'est ce qui fait que nous ne pouvons préciser leurs rapports avec les dépôts quaternaires sur lesquels elles reposent. Au puits artésien d'Ostende, l'épaisseur totale de ces dépôts modernes et des sables et graviers quaternaires est de 27 mètres ; elle paraît souvent beaucoup moindre.

Cette assise se continue sous la mer jusqu'à une distance de quelques lieues, avec la même pente presque insensible ; la mer est là semée de bancs de sable entre lesquels la navigation n'est pas toujours facile. Puis la profondeur de l'eau augmente de 25 à 30 mètres sur une largeur de trois kilomètres. La tourbe passe donc sous les dunes et se prolonge à quelque distance en mer ; après les tempêtes, les flots en rejettent sur la plage.

L'émersion de cette région date probablement de la

formation du Pas-de-Calais. Les médailles et autres objets trouvés à la surface de la tourbe, indiquent qu'elle cessa de se former vers l'époque romaine; l'argile des poldres se déposa au moyen-âge. Les premiers endiguements paraissent dater du XIIᵉ siècle; deux cents ans plus tard, ils étaient à-peu-près terminés.

III. DUNES.

Les dunes sont des collines de sable mobile, apporté par le flux et accumulé par les vents, le long de la plage, en monticules qui ont généralement une hauteur de 8 à 12 mètres au-dessus de la mer. Ce sable est formé presque exclusivement de grains quartzeux; quelques-uns sont de glauconie, rarement de silex; on y trouve, en outre, une faible proportion de débris calcaires. Le plus souvent la zone des dunes n'a pas 300 mètres de large, et elle n'est formée que d'un ou deux rangs de ces monticules; mais vers Heyst, et surtout à l'ouest de Westende, ils s'entassent les uns contre les autres sur une largeur qui atteint près de 2,500 mètres, et laissent entre eux des vallées constamment modifiées par le vent qui s'y engouffre. De même que leur pied est constamment rongé par les fortes marées, contre lesquelles on a dû le protéger par des épis, leur surface est altérée par les vents, qui tendent à les faire progresser vers l'intérieur : toutefois, ce déplacement est peu sensible dans notre pays. On a souvent réussi à fixer le sable par des graminées, notamment par l'hoyat *(Ammophila arenaria, L. sp.)*, et l'on y observe alors une végétation vigoureuse; mais on n'y rencontre d'autres plantes ligneuses que des argousiers nains et des saules rampants, à feuillage également argenté.

Nous avons déjà mentionné l'existence de dunes à l'intérieur du pays, sur le sable campinien. Dumont en a figuré un grand nombre sur sa carte géologique. Beaucoup sont disséminées; les autres sont accumulées sous forme de petites chaînes plus ou moins nettes, notamment vers Herenthals, Moll, Lommel, Hechtel et Neeroeteren. On assure qu'on en voit se former et disparaître d'une année à l'autre; néanmoins, la plupart semblent aussi fixes que les dunes du littoral. L'époque et le mode de leur formation ne sont pas encore suffisamment connus.

IV. DÉPÔTS FERRUGINEUX.

Les dépôts ferrugineux modernes que l'on rencontre en Belgique sont de deux sortes.

Les gîtes les plus importants, les seuls exploitables, se trouvent dans les dépressions du sol, le long des cours d'eau, dans les régions formées de roches glauconifères, particulièrement des systèmes diestien et scaldisien. On peut les envisager comme le résultat secondaire de la décomposition de la glauconie par les agents météoriques : les eaux pluviales entraînent une partie du fer en dissolution, à l'état de bicarbonate ferreux, et elles le laissent déposer sous forme d'hydrate de peroxyde lorsqu'elles sont arrivées à l'air. Ils se rencontrent spécialement le long des deux Nèthes et de leurs affluents, ainsi que de ceux du Démer.

Le minerai est concrétionné, celluleux, brun foncé, brillant dans la cassure. Il forme une couche de 8 à 35 centimètres, rarement plus, reposant sur des sables argileux et ferrugineux qui renferment encore quelques petits fragments de minerai et recouvrent des sables jaunâtres, puis bleuâtres. Il est recouvert par 30 à 80 centimètres de terre végétale très-sableuse, fort ferrugineuse, renfermant vers le bas une foule de fragments de limonite qui semblent être la couche de minerai en voie d'accroissement.

Cette limonite, ou *mine brune,* renferme, en moyenne 40 % de fer; mais la concurrence de la *minette* du Luxembourg en a presque supprimé l'exploitation, ainsi que celle du minerai diestien et scaldisien de la Campine (1).

Les dépôts de la seconde catégorie constituent des amas superficiels peu importants, déposés par les sources acidules ferrugineuses de l'Ardenne. Ils sont formés de limonite jaune d'ocre passant au brun, terne, pulvérulente, terreuse, ou celluleuse et compacte. Ils sont en relation avec des sources minérales qui les accroissent constamment; quelques-uns, cependant, semblent avoir obstrué leurs orifices, de sorte que toute l'eau s'écoule aujourd'hui par les canaux voisins.

Le peu d'importance de ces gîtes et l'inconsistance du minerai font qu'ils ne peuvent guère être exploités, si ce n'est comme ocre.

(1) Voir **E. Bidaut** : *Étude des minerais de fer de la Campine;* 1847 : *Annales des travaux publics de Belgique,* t. VII, p. 521.

V. Dépôts calcareux.

Les sources qui sortent du calcaire anthraxifère sont assez fréquemment chargées de bicarbonate de chaux au point de donner lieu à des incrustations ou même à des dépôts concrétionnés plus ou moins considérables. Le tuf ainsi produit est blanchâtre, poreux ou celluleux, de texture et de consistance très-variées. Il renferme des débris végétaux, branches, feuilles, mousses, le plus souvent à l'état d'empreintes, et des coquilles terrestres ou d'eau douce qui appartiennent à notre faune actuelle.

Les principaux amas de tuf sont ceux de la Cranière dans le bois de Lahage, de Rouillon près d'Annevoie, de Hollogne-aux-Pierres, de Marche-les-Dames, des bords du Hoyoux près de Barse, et de Carnière. On en trouve d'autres moins importants à Goffontaine et à Nessonvaux, à Roly, à Richevaux vis-à-vis de Sclayn, à Vodelée, etc. La formation de quelques-uns paraît terminée.

VI. Eaux minérales (1).

Les dépôts calcareux et ferrugineux dont nous ve-

(1) Voir surtout les Mémoires déjà cités de Davreux et de Dumont (1830); A. Fontan : *Recherches sur les eaux minérales de l'Allemagne, de la Belgique, de la Suisse et de la Savoie; Ann. de chim. et de phys.,* 2ᵉ série, t. LXX. — Ch. Clément : *Mém. sur les sources minérales de l'Ardenne belge; Annales des travaux publics de Belgique, t.* XIX. — G. Dewalque : *Sur la distribution des sources minérales en Belgique;* 1864; *Bull. Acad. de Belg.,* 2ᵉ série, t. XVII, p. 151. — Cutler : *Spa et ses eaux;* Brux., 6ᵉ éd., 1866.—Lersch : *Die kohlensauren Eisenwässer von Spa;* Aachen, (1867).

nons de parler, nous amènent à dire ici quelques mots de nos eaux minérales, sujet qui serait peut-être mieux placé au chapitre suivant.

Les eaux minérales de la Belgique se trouvent toutes sur la rive droite de la Meuse et viennent au jour au milieu de nos terrains anciens. Les unes sont thermales, les autres sont ferrugineuses et froides. On cite aussi des eaux sulfureuses. Enfin, nous dirons quelques mots de certaines eaux rencontrées dans la profondeur par des puits artésiens ou des travaux d'exploitation.

La principale source thermale de notre pays est celle de Chaudfontaine. Elle vient au jour au fond de la vallée de la Vesdre, derrière l'hôtel des bains de ce joli village. Sa température a été trouvée être de 26" R. (32, 5 C.) par Lafontaine vers 1820; de 34°,25 par Delvaux; de 35°,3 par M. Fontan, puis par M. Chandelon; nous lui avons trouvé récemment 34°,1. Elle est limpide, inodore, insipide et ne renferme que très-peu de principes fixes. Nous en donnons l'analyse plus bas. Ces bains sont très-fréquentés.

On a fait servir jadis au même usage, mais en leur donnant artificiellement le surplus de chaleur nécessaire, les eaux du Gadot, source tiède, découverte à peu de distance en 1711, aujourd'hui entièrement abandonnée.

Davreux cite encore diverses sources acidules qui jaillissent en abondance sur plusieurs points du calcaire carbonifère à Juslenville, et conservent une température constante de 14° à 17°.

Les sources ferrugineuses sont minéralisées par le carbonate ferreux, tenu en dissolution par un excès d'acide carbonique, et elles laissent échapper constamment de grosses bulles de ce gaz. Elles sont limpides, d'une saveur acidule et ferrugineuse, à laquelle se mêle quelquefois un léger goût d'hydrogène sulfuré qui tient probablement à la décomposition des sulfates par les matières organiques que ces eaux renferment, et qu'elles semblent avoir reçu des infiltrations des eaux tourbeuses du voisinage. Exposées à l'air, elles se recouvrent d'une pellicule irisée et déposent un sédiment ocracé plus ou moins abondant. Leur température est ordinairement de 9° à 10°, plus constante que celle des sources ordinaires de la contrée.

Les plus célèbres sont celles de Spa, dont la réputation est depuis longtemps européenne et qui semblent avoir été connues du temps de Pline. Les principales sont : 1° le Pouhon, au centre de la ville, à environ 250 mètres au-dessus de la mer; 2° le vieux et le nouveau Tonnelet, situés à 2 kilomètres à l'ENE., à côté l'un de l'autre; non loin de là est le Watroz, abandonné; 3° dans la même direction, la source de Nivesé (Sart), récemment captée pour le service de l'Hôtel des bains; ces dernières se trouvent à environ 330 à 350 mètres; 4° la Sauvenière, à 2 1/2 kilom. à l'ESE., et environ à 410 mètres d'altitude, sur la route de Spa à Malmédy; 5° le Groesbeck, qui n'en est éloigné que de quelques pas; 6° la Géronstère, à peu près à la même hauteur que la Sauvenière, à 3 kilomètres au sud de Spa; 7° le Barisart, récemment remis en honneur, à peu près dans la même direction, vers 360 mètres d'altitude. Outres ces sources, qui appartiennent à la ville, il en existe une foule d'autres plus moins abondantes, même dans l'intérieur de Spa, par exemple, celle dite du prince de Condé, située à une trentaine de mètres du Pouhon et exploitée en concurrence avec les *fontaines* de la ville.

Malgré les grandes différences de niveau qui existent entre ces diverses sources, on a constaté entre elles des relations hydrostatiques qui les rendent jusqu'à un certain point solidaires.

On rencontre un grand nombre de sources semblables en Ardenne, surtout dans cette région; elles y sont désignées du nom commun de pouhons (du wallon *poûhi,* puiser). Les principales sont celles de Blanchimont (Stavelot), de Malmédy (Prusse), du Bru (Chevron), des Pouhons (Harzé), de Bosson (Werbomont) et du Grand-Bru (Izier). Celle de Sainte-Catherine, à Huy, est beaucoup moins riche en fer et dégage peu de bulles d'acide carbonique. Les sources de Hourt (Grand-Halleux), de Ruy (La Gleize), de Burnontige (Ferrière), de Laidloiseau (Mormont), etc., sont également peu importantes.

De même que la température de ces sources est influencée par celle du sol, de même leur abondance et leur saturation se modifient par les eaux pluviales qui viennent s'y mêler et que l'on n'a qu'incomplètement réussi à écarter.

Presque toutes ces sources surgissent dans le terrain ardennais; quelques-unes seulement dans le rhénan ou la partie inférieure de l'anthraxifère. Nous avons montré qu'elles semblent disposées sur des lignes de dislocation orientées de 119° à 124°, en moyenne 122°, direction qui ne diffère que de 1° de celle du système du Thuringerwald et du Morvan, dont nous avons parlé à propos des soulèvements de nos terrains primaires. On remarquera que M. Houzeau fait aboutir l'arête du soulèvement aux Hautes-Fagnes, près de Spa ; l'Eau Rouge, qui prend ses sources dans cette région, doit son nom à la couleur que lui donnent une quantité de petites fontaines ferrugineuses. Nous avons indiqué la continuation de ce soulèvement jusque vers Fraiport, près de Chaudfontaine.

Nous devons encore mentionner ici, bien qu'elles ne soient pas de véritables eaux minérales, les sources ferrugineuses de Tongres, de Brée, etc., qui prennent naissance dans le terrain tertiaire. Au lieu d'avoir été minéralisées dans les profondeurs du sol, comme les précédentes, ces sources résultent de l'infiltration des eaux pluviales, qui se chargent de carbonate de fer en traversant des assises plus ou moins riches en glauconie et viennent au jour dans les points les plus bas. Elles ne dégagent jamais de bulles d'acide carbonique, comme les pouhons.

On peut rapprocher de ces sources les eaux plus ou moins minéralisées qui sont fournies par plusieurs de nos puits artésiens. Elles sont caractérisées par une forte proportion de chlorure et de carbonate sodiques. Nous ne connaissons d'analyses que pour celles d'Ostende et de la maison de force de Saint-Bernard près d'Anvers. La première jaillit du landénien supérieur et de la craie ; elle dégage de petites bulles d'acide carbonique. La seconde vient de l'étage supérieur du système bruxellien.

Il est difficile de se rendre compte de la composition de ces eaux. Comme les assises qui les renferment ne semblent pas avoir jamais été émergées, on serait tenté de croire que leurs sels alcalins proviennent les uns, d'un résidu d'eau de mer, les autres, de la décomposition de la glauconie. Néanmoins, cette explication n'est pas à l'abri de difficultés.

Une circonstance de nature à nous faire hésiter, c'est l'existence de sources analogues dans le système houiller. Les travaux d'exploitation en ont rencontré un grand nombre, tant aux environs de Liége que dans le Hainaut. Le carbonate sodique et la matière organique qui y existent, les rendent mousseuses et font qu'elles ne peuvent servir à l'alimentation des locomotives. On n'en connait guère d'analyses ; plusieurs de celles qui ont été faites, sont tenues secrètes (1). Il ne faut pas perdre de vue que les résultats transcrits dans le tableau ci-dessous se rapportent à l'eau mixte fournie par l'ensemble des travaux ; mais nous croyons savoir que certains griffons ont donné de l'eau presque saturée.

Les eaux sulfureuses que l'on a mentionnées dans notre pays, sortent toutes du schiste houiller aux environs de Liége : on en a cité à Sclessin, derrière la station des Guillemins et au faubourg Vivegnis ; la plus connue est celle des Basses-Wez, à Grivegnée. Mais toutes ces sources sont sans importance, et elles n'ont aucun rapport avec celles d'Aix-la-Chapelle. Ce sont des *eaux d'areines,* qui proviennent d'anciens travaux de houillères et qui ne renferment que des traces d'acide

____

(1) Nous avons rencontré, il y a plus de vingt ans, dans les schistes extraits d'une houillère de Liége, de petites masses blanches, solubles, formées en grande partie de carbonate sodique.

sulfhydrique, provenant sans doute de la réduction des sulfates par des matières organiques. Delvaux, qui a analysé l'eau des Basses-Wez et examiné le dépôt blanc qu'elle abandonne dans la galerie où elle coule, l'a trouvé formé de sable limoneux, renfermant 4 % de soufre.

Nous avons réuni, dans les tableaux ci-dessous, les résultats des analyses exécutées sur les diverses eaux que nous venons de passer en revue (1). Seulement, nous avons ramené les nombres à 10,000 parties d'eau; et nous avons calculé comme carbonates les nombres donnés pour des bicarbonates. Chaque analyse porte en tête le nom de l'auteur, l'indication de l'année où elle a été faite, et un numéro d'ordre pour quelques remarques additionnelles dont nous faisons suivre les tableaux. L'acide carbonique en excès est rapporté au volume de l'eau pris pour unité.

(1) Les chiffres ont généralement été puisés dans les écrits mêmes des auteurs; ceux de Struve et de Monheim sont tirés de l'ouvrage cité de M. Lersch, qui a eu en mains le manuscrit de ce dernier chimiste et a refait les calculs; M. le professeur Martens, de son côté, a bien voulu nous confier les manuscrits de son père; les analyses de Delvaux sont empruntées aux *Recherches statistiques sur la province de Liége* de R. Courtois, sauf celle de Chaudfontaine, qui est extraite du *Rapport décennal sur la situation administrative du Royaume* (1852); enfin celle de Chaudfontaine par mon frère et celles de M. le professeur Chandelon sont publiées pour la première fois.

	POUHON.				SAUVENIÈRE.		
	Struve.	Mon- heim.	Pla- teau.	Mar- tens.	Mon- heim.	Pla- teau.	Mar- tens.
	1824	1825	1830	1838	1825	1830	1837
	1	2	3	4	5	6	7
Chlorure sodique	0,585	0,266	0,256	0,23	0,081	0,057	0,20
Sulfate sodique.	0,049	0!	0,203	0,10	0,098	0,043	0,01
Sulfate potassique	0,103	0!	0,080				
Carbonate potassique.			0.080			0,044	
Carbonate sodique.	0,960	1,179	0,894	0,98	0,392	0,268	0,33
Carbonate calcique.	1,283	0,977	1,202	1,16	0,287	0,774	0,62
Carbonate magnésique	1,462	0,407	1,104	1,26	0,142	0,323	0,41
Carbonate ferreux.	0,488	1,139	0,518	0,64	0,571	0,518	0,42
Carbonate manganeux	0,068		traces			traces	
Silice	0,649	0,366	0,629	0,56	0,093	0,107	0,10
Alumine	1	0,027	traces		0,008	traces	
Total.	5,675	4,381	4,966	4,96	1,672	2,134	2,09
Densité.	1,00098	1,001			1,00075		
Acide carbonique en excès.	1,100	0,642	1,036	1,025	0,574	1,149	1,039

	GROESBECK.			GÉRONSTERE.			Prince de Condé.
	Mon- heim.	Pla- teau.	Mar- tens.	Mon- heim.	Pla- teau.	Mar- tens.	Henry.
	1825	1830	1837	1825	1830	1837	1862
	8	9	10	11	12	13	14
Chlorure sodique	0,061	0,051	0,11	0,122	0,065	0,11	0,24
Sulfate sodique.	0,031	0,094	0,01	0,053	0,031	traces	0,01
Carbonate potassique.		0,045			0.049		
Carbonate sodique.	0,292	0,096	0,25	0,589	0,260	0.44	0.52
Carbonate calcique.	0,210	0,787	0,34	0,431	1,092	0 80	2,15
Carbonate magnésique	0,106	0,750	0,28	0,212	0,800	0,55	1,58
Carbonate ferreux	0,319	0,521	0,22	0,593	0,305	0,23	1,96
Carbonate manganeux		traces			traces		traces
Silice	0,060	0,049	0,07	0,139	0,150	0,11	0,30
Alumine	0,007	traces		0,018	traces		
Total.	1,086	2,393	1,28	2,157	2,752	2,24	6,56
Densité.	1,00075			1,0008			
Acide carbonique en excès.	0,614	1,106	1,128	0,403	1,069	0,905	0,901

	VIEUX TONNELET.		Nouveau Tonnelet.	Watroz.	BLANCHIMONT.		
	Monheim.	Plateau.	Monheim.	Monheim.	1re G. Dewalque.	2de	Chandelon.
	1825	1830	1825	1825	1858	1858	1867
	15	16	17	18	19	20	21
Chlorure sodique.	0.020	0,079	0,059	0,019	0,07	0,06	0,0906
Sulfate sodique	0,609	0,191	0,027	0,005	0,17	0,14	
Sulfate calcique							0,2550
Carbonate potassique . . .		0,018			0,03	0,02	
Carbonate sodique	0,145	0.008	0,283	0,139			
Carbonate calcique	0,168	0,434	0,200	0,230	0,11	0,14	0,0803
Carbonate magnésique. . .	0,084	0,261	0,110	0,246	0,04	0,05	0,1575
Carbonate ferreux	0,327	0,444	0,508	0,483	0,44	0,34	0,4422
Carbonate manganeux. . .		traces					
Silice	0,036	0,207	0,054	0,074	0,07	0,07	0,0800
Alumine.	0,009	traces	0,010	0,093	0,02	0,02	
Total. . . .	0,798	1,642	1,251	1,289	0,95	0,84	1,1056
Résidu sec					0,85	0,75	
Densité	1,0007		1,00075				
Acide carbonique en excès .	0,564	1,133	0,629	0,388			0,194

	Sainte-Catherine. Delvaux.	Grand Bru. Lafontaine.	Brée. Martens.	Tongres. Martens.	CHAUDFONTAINE		
					Delvaux.	Fr. Dewalque	Chandelon
	1828	1808	1853 ?	1853?	?	1865	1867
	22	23	24	25	26	27	28
Chlorure sodique	0,095		0,02	0,06	1,042	0,446	1,073
Chlorure potassique. . . .						0,095	
Sulfate sodique	0,059		0,07		0,144		0.093
Sulfate potassique					0,022		0,020
Sulfate calcique			0,03	0,10	0,410	0,589	0,440
Carbonate potassique . . .							
Carbonate sodique			0.10			0,442	
Carbonate calcique	1,777	0,922	0,12	1,51	1,404	1,142	1,398
Carbonate magnésique. . .	0,525	1,362	traces	0,21	0,310	0,690	0,296
Carbonate ferreux	0,168	0,488	0,14	0,17	0,019	0,013	
Carbonate manganeux. . .	0,100						
Silice	0,067		0,22	0,20	0,195	0,179	0,180
Alumine	0,010					0,025	
Total.	2,599	2,772	0,70	2,23	3,546	3,630	3,520
Résidu sec						3,649	3,633
Densité					1,0006	1,0005	1,001
Acide carbonique en excès. .	0,012		0,580	0,103	0,058		0,069

	Ostende. Fr. Dewalque.	Saint-Bernard. Gosselin.	HOUILLÈRES DE				Basse-Wez. Delvaux.	Juslenville. Delvaux.
			L'Aumonier. Stévart.	La Nouvelle Espérance. Stévart.	Ste-Marguerite. Delvaux.	Ste-Walburge. Delvaux.		
	1864	1866	1863	1863	1827 ?	1827 ?	1827?	1827
	29	30	31	32	33	34	35	36
Chlorure sodique . . .	13,266	4,21	0,41	0,33	0,32	0,371	0,301	0,194
Sulfate sodique	3,082		2,11	2,10	3,92	4,797	1,040	0,357
Sulfate potassique . . .	3,279							
Phosph. bydro-bisodique.	0,070							
Carbonate sodique . .	7,181	5,81	3,74	4,99	2,24	0,312	0,225	
Carbonate calcique . .	0,205	0,07			1,43	1,800	1,995	1,436
Carbonate magnésique .	0,313	0,08			1,11	0,822	0,692	0,350
Carbonate ferreux . . .	0,091	0,04			traces	traces		
Carbonate manganeux .		traces			traces	traces	traces	
Silice	0,116	0,06			0,08	0,278		
Alumine	traces						0,056	0,200	0,272
Total	27,603	10,27	6,26	7.42	9,10	8,436	4,453	2,609
Résidu sec	27,810	10,45	9,74	9,38				

1. En outre, 0,017 de phosphate calcique et 0,011 de
phosphate aluminique, qui sont compris dans le
total. — La densité est due à Jones.

MM. A. Chevalier et Gobley ont trouvé, dans les eaux de
Spa, des traces d'arsenic, corps qui, depuis vingt ans, a été
reconnu dans un grand nombre d'eaux minérales, surtout
d'eaux ferrugineuses.

2. En outre, 0,020 de perte, comprise dans le total.

3. En outre, quelque peu d'oxygène et d'azote (?) comme
dans les autres eaux de Spa, et des traces d'hypo-
sulfite.

5. En outre, traces d'hydrogène.

11. En outre, traces d'hydrogène.

12. En outre, 0,000155 vol. d'acide sulfhydrique.

13. En outre, traces d'acide sulfhydrique.

14. En outre, traces de matière organique; le chlorure
sodique renferme du chlorure potassique.

15. En outre, traces d'hydrogène.
17. En outre, traces d'hydrogène.
19. En outre, acides organiques et perte : 0,06. Le résidu
a été pesé après dessiccation entre 120 et 130°.
20. En outre, acides organiques et perte : 0,04. Le résidu
a été pesé après dessiccation entre 120 et 130°.
21. En outre, matière organique et perte 0,008.
22. Le manganèse a été dosé comme « oxyde » : nous
avons supposé qu'il s'agit de l'oxyde manganoso-
manganique.
24. En outre, 0,03 de matière organique.
25. En outre, 0,02 de chlorure calcique, 0,66 de matière
organique azotée gélatiniforme, et 0,270 vol. d'air.
26. La densité a été prise à 18°. Lafontaine y avait
indiqué l'alumine (1820).
27. La densité a été prise à 15°.
28. Le spectroscope y a fait reconnaître la présence du
lithium.
La densité a été déterminée à 23°.
29. Le résidu a été pesé après dessiccation à 150°. L'auteur
n'y a trouvé ni cœsium, ni rubidium, ni lithium.
On y a indiqué la présence de l'iode et du brôme (?).
30 En outre, traces de matière organique et d'iode.
31 et 32. Le *total* ne se rapporte qu'aux sels alcalins, les
seuls que l'auteur ait dosés, ainsi que le résidu sec.
35. En outre, traces de matière organique.
36. En outre, traces de matière organique.

On remarquera que les résultats des analyses qui
ont été faites à diverses époques par différents auteurs,
présentent des divergences très-considérables, au point
qu'il est difficile de dire quelle source est la plus riche
en fer. La raison principale de ces différences est
l'influence de la saison, surtout des pluies, sur le débit
et la richesse de ces sources ; les observateurs du siècle
dernier l'avaient déjà constaté.

Nous ajoutons ici les résultats obtenus par M. Lersch,
dans une série de dosages volumétriques, exécutés le
20 septembre 1865, et rapportés à 10,000 parties
d'eau.

Noms des sources.	Fer.	Carbonate de fer.	Bicarbonate de fer.
1 Forage de Nivesé	0,326	0,676	0,932
2 Sauvenière	0,246	0,510	0,702
3 Groesbeck	0,215	0,446	0,615
4 Géronstère	0,185	0,385	0,529
5 Barisart	0,150	0,310	0,427
6 Pouhon	0,269	0,557	0,768
7 Prince de Condé, n° 1	0,432	0,895	1,236
8 Prince de Condé, n° 2	0,592	0,813	1,121

VII. TOURBE.

La formation de la tourbe se continue de nos jours
dans un grand nombre de localités de la Belgique, mais
les masses les plus importantes sont dans l'Ardenne et
dans la Campine, où elle est exploitée comme com-
bustible.

Les tourbières de l'Ardenne occupent les plateaux
les plus élevés de cette région, d'une part aux environs
de Vieilsalm, vers Ottré, Bihain, les Tailles, d'autre
part, sur l'arête des Hautes-Fagnes, entre La Gleize et
la Baraque-Michel; on en rencontre, d'ailleurs, sur
une foule d'autres points, mais elles n'y forment pas
de couche aussi étendue ni aussi puissante et, le plus

souvent, elles ne pourraient être exploitées. On y trouve fréquemment, à la partie inférieure, des fragments de troncs et de grosses branches de chêne, de bouleau, de coudrier, etc. ; et, chose remarquable, cette dernière essence n'existe plus dans ces cantons de temps immémorial.

Les tourbières de la Campine se rencontrent, au contraire, dans les dépressions marécageuses. Les principales se trouvent vers Casterlé, Arendonck, Rethy, Desschel, Pael et Neerpelt.

Il faut rattacher à ce gisement la tourbe que l'on rencontre fréquemment dans les vallées de toutes les régions du pays ; mais les amas qu'elle forme sont ordinairement insignifiants. On y a trouvé des produits de l'industrie de l'homme et des ossements de diverses espèces, notamment de castor.

La flore de nos tourbières est encore à faire.

CHAPITRE XIV

—

TERRAINS GEYSÉRIENS (1).

Les formations que l'on a souvent appelées *matières de filons* et que Dumont a désignées sous le nom de *terrains geysériens,* se rencontrent très-fréquemment dans nos terrains anciens, sous la forme de filons ou d'amas, transversaux ou couchés. Elles sont fort rares dans nos terrains secondaires, et l'on n'en connait pas dans les dépôts plus récents.

(1) Outre les mémoires couronnés de CAUCHY, DE DUMONT, DE DAVREUX, DE STEININGER et d'ENGELSPACH-LARIVIÈRE, voir particulièrement : D'OMALIUS D'HALLOY : *Notice sur le gisement et l'origine des dépôts de minerais, d'argile, de sable et de phthanites du Condroz;* 1842 ; *Bull. de l'Académie des sciences de Belgique,* 2e série, t. VIII, 1re part., p. 310. — BURAT : *Théorie des gîtes métallifères;* 1845, p. 159. — DUMONT : *Mémoire sur le terrain ardennais et le terrain rhénan; Mémoires de l'Académie des sciences de Belgique,* 1848-1850, t. XVIII et t. XX. — RUCLOUX : *Notice sur les dépôts métallifères du Nord de la province de Namur;* 1849 ; *Annales des travaux publics de Belgique,* t. VIII, p. 157. — CLÉMENT : *Description géologique de la partie septentrionale de la province du Luxembourg;* 1849 ; Ib., p. 213. — DELANOUE : *Géogénie des minerais de zinc, plomb, fer et manganèse en gîtes irréguliers* 1850 ; *Annales des mines,* 4e série, t. XVIIIe, p. 455. — BOUHY : *Notice sur le gisement et l'exploitation du minerai de fer dans la province de Hainaut;* 1855 ; *Mémoires de la Société des sciences, des arts et des lettres du Hainaut,* 2e série, t. IV, p. 205, et *Annales des travaux publics de Belgique,* t. XIV, p. 223. — MEUGY : *Sur le gisement, l'âge et le mode de formation des minerais de fer du département du Nord et de la Belgique;* 1855 ; *Annales des mines,* 5e série, t. VIII, p. 147. — M. BRAUN : *Uber die Galmeilagerstätte des Altenberg... Zeitschrift der deutschen geologischen Gesellschaft,* 1857, t. IX, p. 354.

Leur importance est des plus considérables, non par leur masse, qui est généralement très-faible, mais en raison des matières qu'elles fournissent à l'industrie.

On les a divisées, d'après leur composition, en lithoïdes et en métallifères ; néanmoins, il existe, comme nous le verrons, des liaisons intimes entre ces deux classes de roches.

I. FORMATIONS LITHOÏDES.

1. Quartz.

Le quartz cristallin occupe ici le premier rang par sa fréquence. Il constitue, dans les divers systèmes de roches de l'Ardenne, de très-nombreux filons, ordinairement transversaux, souvent minces, plans, à faces bien parallèles, d'autres fois plus épais, irréguliers, contournés, atteignant plusieurs mètres d'épaisseur et se continuant sur des distances considérables. On les rencontre surtout dans le système salmien, aux environs de Vieilsalm, et dans le coblencien, autour de Bastogne.

Le quartz est ordinairement blanc laiteux et translucide, ou bien hyalin, compacte ou caverneux, quelquefois fendillé, comme *étonné*, à éclat habituellement vitreux ; les cavités présentent de nombreux cristaux prismés, sans modifications. Cette substance est fréquemment associée à la chlorite, plus rarement à l'oligiste spéculaire, à la pyrophyllite ou à la bastonite. Les filons des ardoisières de Vieilsalm renferment beaucoup d'autres espèces ; Dumont y cite : phillipsite, chalcosine, chalcopyrite, oligiste laminaire, limonite, pholérite, chlorite, chloritoïde, aphérèse, chalcolithe, malachite, calcaire ferro-manganésifère et quelques autres espèces douteuses.

Ces filons sont beaucoup plus rares dans le terrain anthraxifère. Le quartz est ordinairement hyalin, cristallisé, carié ou bréchiforme. Le quartz carié que l'on a trouvé dans quelques amas couchés, accompagnant les phthanites et la limonite ou d'autres substances métallifères, est probablement, comme les phthanites, au moins dans certains cas, le résidu insoluble des parois du gîte. En effet, on ne rencontre ces roches siliceuses que dans les amas du calcaire carbonifère, le seul, comme on sait, qui renferme des phthanites.

Le quartz de l'Ardenne est quelquefois exploité pour la fabrication du verre, de la faïence et de la porcelaine. On l'utilise fréquemment pour l'empierrement des routes.

2. Sable.

Les amas sableux sont fort rares dans le terrain ardennais (Rocroy) et le rhénan (Bastogne). Ils sont abondants, au contraire, dans le terrain anthraxifère, surtout à la limite entre le poudingue de Fépin et le calcaire de Givet et entre les psammites du Condroz et le calcaire carbonifère. Le sable qui les constitue est très-variable, pur ou argileux, souvent micacé, blanchâtre, jaunâtre ou rougeâtre ; il est quelquefois mêlé de petits cailloux ou de débris de grès, indépendamment des cailloux roulés qui s'observent parfois vers la surface et semblent dus à un remaniement opéré à l'époque quaternaire.

Le sable est en outre associé à l'argile dans un grand nombre de gîtes.

Nous considérons ces sables comme produits par des eaux minérales qui ont décomposé dans la profondeur les diverses roches quartzeuses qu'elles ont traversées. Ils sont souvent exploités pour la fabrication du verre et des produits réfractaires.

3. Argile.

On connaît quelques filons d'argile dans le terrain anthraxifère ; les parois en sont lisses ou tapissées de cristaux de calcaire ; la masse est une argile pure ou finement sableuse, ferrugineuse et jaunâtre qui renferme accidentellement des cristaux de calcaire, du quartz rubigineux, de la lithomarge, etc.

Les amas d'argile sont très-fréquents dans le même terrain, surtout vers les limites du calcaire carbonifère. Cette substance y présente de nombreuses variétés ; les unes sont dues à la présence du sable, ces deux roches pouvant passer de l'une à l'autre, et se trouvant fréquemment associées dans le même gîte ; d'autres sont produites par le fer qui les accompagne fort souvent et leur communique des teintes très-variées, uniformes ou bigarrées; les variétés grises ou noires doivent leur coloration à des matières végétales ; on y a même trouvé des débris végétaux. Aussi Dumont et M. Meugy les ont assimilées aux argiles aachéniennes de Baudour. Ces argiles noires sont souvent pyritifères, se recouvrent d'efflorescences à l'air et deviennent rouges par la calcination ; dans le cas contraire, elles blanchissent au feu et sont souvent assez pures pour être exploitées comme terre à pipes et à creusets, etc. C'est ce qui a lieu notamment entre Huy et Namur : les argiles réfractaires d'Andenne sont très-recherchées et s'exportent jusqu'en Espagne et en Suède.

Ces diverses variétés d'argile ou de sable ne sont pas disposées irrégulièrement ; pour peu que le gîte soit étendu, elles montrent une tendance prononcée à se disposer par couches emboîtées ou fonds de bateaux ; mais on n'observe aucun ordre dans leur succession.

Sans vouloir exclure tout autre mode de formation, nous attribuons à ces gîtes la même origine qu'aux précédents, c'est-à-dire que nous les croyons produits par la désagrégation des schistes sous l'action d'eaux minérales qui les ont transformés en argile, laquelle a été lavée et entraînée dans les cavités du calcaire où elle s'est déposée. On peut observer en divers points du Condroz et de l'Ardenne, notamment près de Naninne, de Libramont, de Gouvy, des couches quartzeuses ou schisteuses profondément modifiées par des actions geysériennes : comme résultat de désagrégation, de décoloration ou de coloration, ces roches altérées, mais restées en place, présentent les plus grandes analogies avec celles que nous supposons avoir été entraînées pour former nos amas sableux ou argileux.

4. Pyrophyllite.

Cette substance, toujours associée au quartz, que

nous avons trouvé moulé sur elle, forme plusieurs filons transversaux dans le système salmien, entre Salm-Château, Bihain et Lierneux ; c'est par erreur qu'on l'indique parfois comme provenant de Spa. Elle est radiée ou lamellaire, ordinairement blanche, quelquefois d'un beau vert par mélange de malachite. Elle renferme aussi parfois de l'oligiste laminaire, de la pholérite, de la chloritoïde, et des cristaux bleus, très-durs, obscurément prismatiques, qui sont considérés comme de l'andalousite.

5. Calcaire.

Le calcaire, laminaire ou lamellaire, forme quelques filons, rares et minces, dans le terrain rhénan, particulièrement dans le système coblencien (dans lequel Dumont a aussi trouvé une veine d'aragonite à Thilay, sur la Semois) ; il y est quelquefois associé à la sidérose. Il est beaucoup plus commun dans le terrain anthraxifère, où il forme de nombreux filons presque toujours transversaux. Il est généralement laminaire dans le calcaire bleu, bacillaire dans la dolomie, limpide ou blanc, plus ou moins géodique ; les cavités sont tapissées de cristaux où l'on a cité un grand nombre de formes. Il renferme parfois de la fluorine, de la marcassite, de la chalcopyrite, etc.

Des filons analogues s'observent dans les assises calcareuses du terrain jurassique, surtout dans le calcaire de Longwy et la limonite oolithique de Mont-Saint-Martin.

6. Barytine.

Cette substance forme quelques petits filons dans le terrain rhénan, notamment près de Martelange. Dans l'anthraxifère, elle constitue des filons plus nombreux et plus importants, transversaux, irréguliers, dont la direction paraît comprise entre 150 et 160°; la plupart se trouvent dans le calcaire de Givet, le long du bord septentrional de l'Ardenne, de Couvin à Marche. La barytine y est cristallisée ou cristalline, blanche ou jaunâtre, associée à de l'argile ferrugineuse. Une belle variété concrétionnée, jaune ou brunâtre, fibreuse et mamelonnée ou stalactitique, se trouve à La Rochette près de Chaudfontaine, et dans quelques autres localités, associée au quartz et à l'argile. Cristalline et blanche, cette substance, accompagnée de calcaire, forme la gangue de la sperkise et de la galène du gîte de Villers-en-Fagne.

7. APATITE.

L'apatite concrétionnée, compacte, stratiforme ou bréchiforme, blanchâtre, jaunâtre ou brunâtre, a été rencontrée dans ces derniers temps à Ramelot et à Baelen. Elle s'y trouve en fragments, parfois assez volumineux, disséminés à la partie supérieure des argiles qui accompagnent le minerai de fer. Jusqu'à présent, ces gîtes ne paraissent pas devoir offrir de grandes ressources à l'agriculture.

II. FORMATIONS MÉTALLIFÈRES.

1. Manganèse.

Le manganèse oxydé, plus ou moins hydraté, mélange mal connu de diverses espèces, forme de nombreux filons couchés dans les phyllades oligisteux ou oligistifères du système salmien, surtout entre Vielsalm, Arbre-Fontaine et Bihain ; deux concessions sont accordées dans ces deux dernières localités, et il y en a une troisième à Lierneux, mais jusqu'à présent l'exploitation n'est pas en activité.

Le minerai est quelquefois concrétionné et très-pur, réniforme ou stalactitique, dur, compacte, et d'un noir velouté un peu bleuâtre dans la cassure ; mais le plus souvent il ne consiste qu'en imprégnations de phyllades, en masses corrodées, ayant conservé leur texture et ayant pour gangue une argile rouge violet, semblable au phyllade qui reste comme résidu après l'attaque de ce minerai par l'acide sulfurique et l'oxalate de potassium.

D'après une série d'essais, exécutés par mon frère François Dewalque lorsqu'il était conservateur des collections minérales de l'université de Liége, les masses concrétionnées ont une densité de 4,20 à 4,25 et renferment environ 75 % de pyrolusite ; la densité des imprégnations varie de 2,87 à 3,68 et leur contenu en peroxyde, de 8 à 51 %.

On ne trouve que des traces de manganèse dans le système revinien. Il en existe quelques filons plus importants dans le terrain silurien du Brabant et dans

le rhénan, mais ils n'ont pas donné lieu à des tentatives
d'exploitation. On en a reconnu récemment un amas
à la partie supérieure de l'étage de Burnot, à Marchin ;
mais ce gîte est plutôt comparable à nos gîtes de
limonite, dans lesquels le manganèse se rencontre
accidentellement.

2. Cuivre.

La chalcopyrite, qui forme la masse principale de
quelques filons exploités près de Vianden, dans
l'Ardenne grand-ducale, ne se rencontre pas dans
notre pays, si ce n'est comme minéral accidentel.

La malachite, qui n'est pas rare dans les filons et les
fissures du phyllade aux environs de Vieilsalm, a
donné lieu récemment à des travaux de recherches qui
semblent abandonnés ; elle s'y trouve imprégnant un
filon de quartz avec oligiste et le phyllade encaissant.

Les imprégnations de malachite que nous avons
signalées dans les schistes de l'étage de Burnot, près
de Rouvroy, ont donné lieu à une concession qui n'a
jamais été mise en activité.

3. Plomb.

La galène forme d'assez nombreux filons dans le
terrain rhénan, à Longwilly, à La Roche, à Wissem-
bach (Fauvillers), etc. ; elle renferme souvent un peu
de blende et de sperkise. Le minerai y forme des
plaques, des rognons disséminés, ou s'y trouve en
cristaux accolés aux parois ; il a pour gangue le quartz,

l'argile et quelquefois le calcaire laminaire. Vers le haut, ces gîtes présentent des minerais oxydés, céruse, pyromorphite, etc. Celui de Longwilly est seul exploité.

La galène est plus commune dans le terrain anthraxifère, seule ou associée à la blende ou à la pyrite; elle y constitue des filons ou des amas; les premiers ont souvent une gangue quartzeuse ou calcaire, avec un peu d'argile et de limonite; dans les seconds, la gangue habituelle est l'argile noirâtre. On la rencontre particulièrement de Couvin à Marche, de Namur à Chokier et dans le massif de la Vesdre, où se trouve notamment le filon de Bleyberg, le seul, dans notre pays, qui pénètre dans l'étage houiller. Le minerai qui constitue la richesse actuelle de ce gîte, forme un amas considérable entre cet étage et le calcaire carbonifère.

Dans ces gîtes, comme dans les précédents, la galène est souvent accompagnée de céruse, qui est parfois fort abondante.

Voici les quantités de minerai extraites en 1863 et leur valeur en francs.

	TONNES.	VALEUR.
Province de Namur.	5,752	346,386
— de Luxembourg.	34	7,455
— de Liége	6,442	1,434,781
Le royaume	12,228	1,788,620

4. Pyrites.

La pyrite forme quelques petits filons dans le terrain silurien du Brabant (Glimes) ou dans le rhénan (Ortheuville). Elle est plus commune dans le terrain anthraxifère, ordinairement en filons, seule ou avec d'autres sulfures ; la gangue est généralement formée de calcaire bacillaire ou laminaire et d'argile.

La sperkise est rare en Ardenne : on en a exploité un filon puissant dans le terrain rhénan à Vonèche. Elle est commune dans le terrain anthraxifère, où elle est plus abondante que la pyrite. Comme cette dernière, elle est ordinairement en filons transversaux, dont la direction est comprise entre 140° et 160°, et et dont les gangues sont les mêmes. Ces filons sont encaissés dans le calcaire ; arrivés au schiste, ils s'y appauvrissent et s'y perdent promptement. Leur partie supérieure, au-dessus du niveau habituel des eaux, est transformée en limonite.

Les amas pyriteux sont situés vers le contact du calcaire et du schiste ; tantôt les pyrites y prédominent ou les constituent exclusivement, comme à Saint-Marc, Saint-Servais, Morivaux, Vezin, Jemelle, Rocheux et Oneux, etc.; le plus souvent elles accompagnent, comme substances accessoires, la galène ou la blende. Leur gangue habituelle est l'argile noirâtre pyriteuse. La partie supérieure de ces gîtes est ordinairement convertie en minerais oxydés, surtout au voisinage du calcaire ou de la dolomie.

Le tableau suivant indique les quantités de pyrites extraites en 1863, leur valeur et les exportations.

	TONNES.	FRANCS.
Province de Namur.	8,318	166,375
— de Liége . . . . :	27,926	538,610
Le royaume	36,244	704,994

Exportation en Angleterre 10,783 tonnes.
— France 5,452 —
— Prusse 1,060 —

5. Zinc.

La blende est fort rare en Ardenne; elle est associée à la galène dans le filon de Longwilly, situé dans le terrain rhénan.

Cette substance est beaucoup plus commune dans le terrain anthraxifère. Quelques filons ordinairement transversaux, sont analogues au précédent, par exemple, ceux des concessions de Masbourg et de Tellin, dans l'étage quartzoschisteux eifelien. Le plus souvent elle forme des amas, associée, tantôt à la galène et à la sperkise ou à la pyrite, tantôt aux minerais de zinc oxydés, que l'on confond souvent sous le nom de calamine.

Les amas zincifères dont il s'agit, sont plus ou moins irréguliers ou couchés, situés vers la limite de la dolomie ou du calcaire et des schistes ou des psammites, tantôt dans l'une de ces roches, tantôt dans l'autre, le plus souvent dans les deux; de ces amas partent souvent des ramifications qui se prolongent sous forme de filons irréguliers dans les fractures de la dolomie. La partie principale de ces gîtes est formée de minerais oxydés; ils se trouvent du côté de la dolomie, tandis que les sulfures sont habituellement vers le schiste. C'est la smithsonite qui est le minerai ordinaire; la calamine proprement dite est beaucoup plus rare et la willémite ne s'est rencontrée que dans l'amas de Moresnet, dans lequel on n'a pas encore trouvé de sulfures. La calamine en général est mélangée de limonite en proportions très-variables; parfois cette dernière substance est de beaucoup prépondérante, et la masse serait prise pour minerai de fer si la valeur plus grande du zinc qu'elle peut fournir, ne la faisait considérer comme calamine.

Les minerais oxydés de ces amas ont pour gangue des argiles fort variables, ferrugineuses, bariolées, renfermant quelquefois de la céruse lamellaire; elles renferment du nickel à Moresnet; la gangue habituelle des sulfures est une argile noirâtre. Dans les filons, au contraire, la gangue est presque toujours formée de calcaire spathique.

Ces gîtes plus ou moins zincifères se rencontrent dans les deux bassins anthraxifères. Dans les calcaires du bassin du Condroz se trouvent les concessions de Dourbes, de Sautour, de Vodecée, de Philippeville, de Barbençon et de Solre-Saint-Géry; mais les amas les plus importants sont dans le bassin de Namur, particulièrement le long de la Meuse, de Huy à Chokier, dans le massif de la Vesdre et dans celui de Theux. Il suffira de citer Ampsin, Corphalie, Haies-Monet, Flône, Engis, Verviers, Membach, Welkenraedt, Moresnet, Rocheux et Oneux.

Les quantités extraites en 1863 et leur valeur sont indiquées dans le tableau suivant.

	BLENDE.		CALAMINE.	
	TONNES.	VALEUR.	TONNES.	VALEUR.
Province de Namur .	527	26,350	511	10,220
— de Liége . .	14,377	661,346	47,357	1,942,191
Le royaume	14,890	687,686	46,868	1,952,411

6. Oligiste.

L'oligiste laminaire, que nous avons vu accompagner le quartz dans les filons des environs de Vieilsalm, y est quelquefois assez abondant pour en constituer la partie principale; mais tous les gîtes reconnus jusqu'aujourd'hui sont trop peu puissants pour être exploités, malgré la pureté du minerai et son contenu en manganèse. Notons cependant qu'on vient d'entreprendre l'exploitation d'un filon considérable, découvert récemment dans le même système près de Malmédy, non loin de notre frontière.

L'oligiste rouge, compacte, fibreux ou terreux, constitue à Porcheresse, un filon assez puissant qui a été exploité; il est encaissé dans le terrain rhénan qu'il traverse avec une direction de 38°.

L'oligiste rouge forme aussi quelques imprégnations sans importance dans les phyllades du terrain rhénan. On le rencontre très-rarement dans les amas de limonite encaissés dans le terrain anthraxifère.

7. Limonite.

La limonite est très-rare dans le terrain ardennais.

Elle forme quelques filons dans le terrain silurien et surtout dans le rhénan, les uns transversaux, les autres couchés. Ceux-ci, qui sont les plus nombreux, ne consistent le plus souvent qu'en imprégnations analogues à celles des gîtes de manganèse. Les principaux sont à Naux, à Daverdisse, à Bouillon, à Champlon, à La Neuville près Tenneville ; depuis longtemps, il ne sont plus exploités dans notre pays.

Dans le terrain anthraxifère, la limonite se rencontre abondamment et constitue des gîtes de deux sortes, des filons et des amas couchés.

Les filons sont encaissés dans le calcaire ou la dolomie, qu'ils coupent sous une direction de 140° à 160°, comme nous l'avons vu pour la plupart des gîtes métallifères de cette classe. La limonite y est jaunâtre ou brunâtre, cloisonnée, mamelonnée, stalactique, etc., associée à de l'argile ferrugineuse qui tapisse les parois et renferme accessoirement ou accidentellement du calcaire, de la barytine, du quartz, de l'halloysite, de la sperkise, de la galène, de la céruse, etc. Le minerai est souvent un peu sulfureux ; dans la profondeur, il le devient davantage et passe à la sperkise.

Dans certaines régions, par exemple vers Nisme et Couvin, le filon s'élargit vers le haut sur certains points, de manière à constituer de vastes entonnoirs, qu'il n'y a pas lieu de considérer comme une classe de gîtes spéciale.

Les amas couchés sont situés, comme ceux dont nous avons déjà parlé, vers le contact du calcaire et du schiste, quelquefois dans l'un ou l'autre exclusivement, parfois passant du schiste dans le calcaire, ce qui montre bien qu'ils remplissent des fractures, le plus souvent entre les deux roches. Dans le schiste, les gîtes sont beaucoup plus étroits et plus réguliers que dans le calcaire ; souvent le minerai y conserve une puissance régulière jusqu'à la profondeur des travaux ; on pourrait donc les considérer comme des filons coupant les couches sous un angle très-aigu ; mais l'expression de couche ne peut plus être employée. Dans le calcaire, au contraire, les gîtes sont beaucoup plus irréguliers, ce qui tient à la manière différente dont la roche s'est fracturée, et surtout à sa corrosion, qu'atteste suffisamment l'état arrondi des surfaces. Ils affectent la forme de coins inclinés, plus ou moins allongés parallèlement aux couches ; on en connaît qui s'étendent ainsi sur plus d'un kilomètre en direction, toutefois avec de nombreuses étreintes qui leur donnent parfois une disposition en chapelet. Leur puissance atteint souvent 15 mètres et va jusqu'à 40 et peut-être plus ; en profondeur, ils diminuent rapidement ; mais, comme la diminution porte surtout sur l'argile et que le minerai est ordinairement de meilleure qualité, il arrive souvent que le gîte, réduit à deux mètres, est encore plus riche que lorsque son épaisseur était dix fois plus considérable. On a quelquefois trouvé la fin à huit ou dix mètres de profondeur ; d'autres fois on ne l'a pas rencontrée à 50 mètres. Il est rare que l'on pousse les travaux à cette profondeur : presque partout on les a interrompus avant d'avoir atteint le fond, lorsque la venue des eaux aurait nécessité l'établissement d'une machine à vapeur ; ce qui arrive ordinairement à 25 ou 30 mètres.

Quelques amas de l'Entre-Sambre-et-Meuse sont exploités de temps immémorial.

Un grand nombre de ces amas sont accompagnés d'épanchements superficiels ou *chapeaux* qui se continuent quelquefois jusqu'à plus de 100 mètres de la tête; c'est ce que les mineurs du pays de Liége appellent *plateures*. Il arrive même que certains gîtes sont essentiellement formés de tels épanchements. Bien que nous les disions superficiels, ils sont souvent recouverts de dépôts quaternaires plus ou moins stratifiés, avec cailloux roulés vers le bas : c'est ce qu'on observe notamment au nord de l'étage houiller. Ces épanchements reposent presque toujours sur le calcaire (ou la dolomie); c'est une preuve que leur formation est postérieure au plissement du terrain anthraxifère, par suite duquel le calcaire carbonifère occupait les dépressions.

La limonite se présente dans ces gîtes avec une abondance qui varie beaucoup. Elle est de couleur variable, jaune d'ocre, brune, noir brunâtre ou brun rougeâtre, en masses amorphes, quelquefois de la grosseur de la tête, en veines, en géodes irrégulières ou ramifiées au milieu des gangues, massive, cloisonnée ou celluleuse. Les parties cohérentes sont plus ou moins compactes, quelquefois fibreuses; les cavités irrégulières sont remplies d'argile ferrugineuse : les géodes renferment souvent un noyau d'argile ferrugineuse, quelquefois du phthanite ou de l'eau; leur parois, ordinairement mamelonnées, quelquefois stalactitiques, sont formées d'hématite ou de goethite, lisses, parfois irisées à la surface ou recouvertes d'un enduit de manganite, rarement de pyrolusite. Les variétés rouge bruu paraissent devoir cette teinte à la présence d'une certaine proportion d'oligiste. Enfin, on trouve parfois des fossiles transformés en limonite; ils proviennent sans doute d'une épigénie de fragments calcaires éboulés des parois. Des transformations analogues ont été notées dans nos amas zincifères.

La limonite renferme ordinairement une faible proportion de manganèse et souvent un peu de zinc. On y trouve quelquefois de la céruse, de la galène, du fer sulfuré (presque toujours sperkise) rarement des veines de quartz ou des géodes de calcaire, très-rarement de la vivianite terreuse. C'est surtout vers le bas et sous les eaux que l'on rencontre les sulfures; on y trouve en même temps de la sidérose lithoïde, compacte, dense, gris bleu, brune à la surface, toujours un peu sulfureuse. Souvent la richesse du minerai n'est pas la même dans toutes les parties du gîte. En général, il est plus riche à une certaine profondeur; on remarque aussi que la limonite qui avoisine le calcaire est plus riche, et renferme plus d'hématite fibreuse, à poussière brune, alternant avec les parties compactes; tandis que, au voisinage du schiste, le minerai est plus mélangé d'argile et passe au schiste imprégné de limonite.

La gangue de ce minerai, si important pour notre pays, paraît formée aux dépens des roches encaissantes. C'est une masse argileuse hétérogène, comme celle des amas d'argile que nous avons dits se lier intimement aux amas métallifères. Sa couleur est très-variable, souvent jaune, d'autres fois rouge, violette, etc., uniforme ou bigarrée. On y trouve des masses isolées d'argile presque pure, des parties mêlées de sable, des fragments ou blocs de schiste limoniteux, quelquefois du quartz carié ou jaspé ferrugineux, et, dans le calcaire carbonifère, diverses variétés de phtanites, que l'on paraît s'accorder aujourd'hui à considérer comme le résultat de la dissolution des bancs calcaires renfermant ces concrétions siliceuses que nous avons vues désignées sous ce nom collectif.

Vers le haut des gîtes on rencontre fréquemment des cailloux plus ou moins roulés qui paraissent dus à un remaniement à l'époque quaternaire. Vers le bas, et, en général, séparé par une démarcation nette, le minerai, qui devient sulfureux ou carbonaté, est accompagné d'argile noire pyriteuse, dans laquelle on a signalé la présence de débris végétaux ; ce qui complète l'analogie avec les gîtes d'argile plastique d'Andenne. Il est bien à désirer que l'on recueille ces précieux fossiles pour les comparer avec ceux des argiles aachéniennes de Baudour et de Saint-Vaast.

La bande du calcaire de Longwy que l'on rencontre à l'extrémité méridionale de la province de Luxembourg, renferme quelques gîtes, aujourd'hui presque épuisés, de minerai très-recherché pour fer fort. C'est une limonite pisolithique, testacée, brunâtre et luisante, disséminée dans de l'argile jaune brunâtre avec laquelle elle forme des filons irréguliers, corrodant le calcaire, et affectant une direction de l'OSO. à l'ENE.

Enfin, en décrivant le système aachénien du Hainaut, nous avons signalé la limonite en fragments ou en amas dans et sur ce système aux environs de Tournay ; quelques épanchements reposent directement sur le calcaire carbonifère. Tels sont les gîtes de Tournay, de Chercq, de Vaux et de Gaurain-Ramecroix. Sauf leur situation dans le terrain crétacé, ils ne diffèrent pas de ceux que l'on rencontre dans le terrain anthraxifère.

Il est assez difficile d'indiquer la quantité de limonite exploitée dans le pays, les tableaux de la statistique officielle ne renfermant que la seule rubrique *minerai de fer* (mine lavée), qui doit comprendre par conséquent l'oligiste oolithique stratifié et les minerais du Luxembourg dits d'alluvion. Voici les nombres renseignés pour 1863.

	TONNES.	VALEUR EN FRANCS.
Province de Hainaut	112,760	941,960
— de Namur.	578,012	6,226,805
— de Luxembourg.	42,619	327,773
— de Liége	122,799	796,280
Le royaume	856,190	8,292,818

Nous trouvons encore que, la même année, l'exportation a été comme suit :

Oligiste
40 tonnes en Prusse.
11,308 — — France.

Mine de fer jaune
11,033 — dans le Zollverein.
163,213 — en France.

III. Age et mode de formation.

Les gîtes métallifères, si communs dans notre terrain anthraxifère, de même que les masses argilo-sableuses qu'on ne peut en séparer, ont été considérés pendant longtemps comme des couches faisant partie de ce terrain. Plus tard, on les reconnut pour des amas d'origine indépendante, mais on continua à les considérer comme contemporains, ou à peu près, des roches encaissantes. La circonstance qu'ils ne pénètrent pas dans l'étage houiller, semblait autoriser à les considérer comme antérieurs au dépôt de cet étage ; mais l'exemple du filon de Bleyberg, qui le traverse sur une longueur d'un kilomètre, a montré depuis longtemps que cette conclusion n'était pas fondée. Cauchy lui-même, tout en rappelant l'analogie de nos argiles d'Andenne avec l'argile plastique de Paris et de Londres, insistait sur l'impossibilité d'en séparer les amas métallifères, et défendait l'opinion que ces diverses masses avaient été produites à une époque peu distante de celle de la formation des couches encaissantes, puisque les sulfures pénètrent souvent dans les salbandes à une profondeur de plusieurs décimètres, ce qui n'aurait pu se produire, selon lui, qu'à une époque où ces couches n'avaient pas encore pris leur cohérence.

Tous les géologues qui se sont occupés de cette question depuis Cauchy, ont admis, comme lui, qu'il est impossible de séparer les amas exclusivement argilo-sableux de ceux qui renferment du minerai plus ou moins prépondérant. Ce point de départ admis, deux opinions ont été soutenues.

M. d'Omalius d'Halloy, considérant que tous ces gîtes sont postérieurs aux dépôt devoniens et carbonifères, à la surface desquels ils se sont épanchés, et qu'ils sont surtout caractérisés par l'abondance du fer, place leur origine à la révolution qui a plissé ces dépôts, puisque c'est elle qui a immédiatement précédé le grès des Vosges, roche qui renferme une si grande quantité de fer.

Nous avons vu, en étudiant les mouvements éprouvés par nos terrains primaires, que la révolution dont il s'agit semble plutôt devoir être placée à la fin de l'époque houillère ; mais cette circonstance n'est pas de nature à contrarier notablement l'argumentation de M. d'Omalius d'Halloy, car le *roth-liegende* n'est pas moins riche en fer que le grès des Vosges.

Dumont et M. Meugy, s'appuyant sur les caractères des masses lithoïdes, et non sur la présence du fer, ont soutenu une autre manière de voir. Selon eux, l'analogie qui existe entre les argiles de nos gîtes geysériens et celles des dépôts aachéniens — nous l'avons signalée plus haut, — est telle que toutes doivent avoir été formées de la même manière et à la même époque. Cette conclusion est corroborée par la présence de la limonite dans les argiles aachéniennes de Tournay.

C'est cette opinion qui nous paraît la plus probable ; et nous avons fait remarquer, il y a plusieurs années (1), que la direction générale de nos filons métallifères se rapporte sensiblement à celle du système de soulèvement du Mont-Viso et du Pinde, placé par M. E. de Beaumont entre le terrain crétacé inférieur et le supérieur. Cette circonstance ne peut qu'appuyer l'opinion de Dumont, à la condition de placer le système aachénien, dans la série des formations, à un niveau un peu

---

(1) *Compte-rendu de la réunion extraordinaire de la Société géologique de France à Liége* ; 1865. *Bulletin Soc. géol.*, 2ᵉ, série, t. XX, p. 765.

supérieur à celui qui lui était assigné par notre illustre maître; ce changement est de nature à être approuvé par les paléontologistes.

Ajoutons que, récemment, M. d'Omalius d'Halloy faisait remarquer que la présence de la chaux phosphatée dans le gîte de Ramelot tend aussi à le faire rapporter à l'époque crétacée, cette substance ne se rencontrant guère que dans les assises formées durant cette période.

L'origine du calcaire cristallin, de la barytine, etc., que l'on rencontre fréquemment dans nos filons, ne présente rien de particulier à noter ici. Quant aux argiles et aux sables de nos terrains geysériens, les auteurs s'accordent pour admettre, d'une manière plus ou moins explicite, que ces roches proviennent de la destruction et du remaniement des roches encaissantes par les actions qui ont produit ces gîtes et que nous caractérisons aujourd'hui par l'expression de geysériennes.

Le même accord ne se présente plus dans les idées émises au sujet du mode de formation de nos masses métallifères.

S'appuyant sur des expériences dans lesquelles il a réussi à décomposer à chaud, par le calcaire ou la dolomie, les dissolutions de plomb, de zinc, de fer et de manganèse, M. Delanoue explique de la manière suivante la formation de nos gîtes irréguliers de ces métaux. Les sulfures se sont déposés les premiers, produits par la réaction de la matière organique des roches traversées sur les sulfates des eaux thermales métallifères; aussi les trouve-t-on au milieu des argiles noires et dans les fentes non corrodées du calcaire. La willémite et la calamine proviennent de la réaction des silicates alcalins de ces eaux sur le sulfate métallique ; l'hydratation a varié avec la température ; ces substances ont entraîné, en se précipitant, une certaine quantité de matière organique. La smithsonite résulte d'une double décomposition qui s'est opérée entre le calcaire ou la dolomie et les sels de zinc dissous dans la source métallifère. De même que, dans le laboratoire, le carbonate de plomb se précipite le plus facilement, puis celui de zinc, enfin ceux de fer et de manganèse, de même, dans les gîtes, la céruse se trouve en dessous, puis vient la smithsonite, puis la sidérose, ou la limonite, résultat de l'altération du carbonate ou de sa transformation en hydrate de peroxyde par l'action de l'air. Le calcaire spathique s'est déposé le dernier, quand les eaux ont cessé d'être métallifères. Ainsi les calamines sont loin d'être une épigénie de la blende. Quant aux minerais de fer qui constituent seuls la plupart de nos gîtes, ce sont peut-être les chapeaux de carbonates métalliques, qui ne seraient eux-mêmes que des têtes de filons de blende et de galène.

Pour M. Meugy, au contraire, la formation du minerai de fer appartient à un autre ordre de phénomènes que celle des gîtes zincifères. Quoiqu'il reconnaisse que ceux-ci sout toujours associés à la dolomie ou au calcaire, il est porté à considérer les calamines comme produites par une altération de la blende. Quant à la limonite, elle proviendrait de sources chargées de bicarbonate ferreux et tenant en suspension l'argile noire pyritifère : la sidérose s'est déposée au fond des gîtes ; au fur et à mesure, l'eau devenait moins riche

en fer et la décomposition par l'air, plus facile ; de là,
le minerai riche superposé au carbonate. La large surface de certains gîtes a facilité le passage du bicarbonate à l'état d'hydrate. Le minerai du haut du gîte,
géodique ou celluleux et moins riche, aurait été produit
par le mélange des eaux de la surface. Suivant cet
habile ingénieur, comme la pyrite se trouve toujours
dans la sidérose, tandis qu'on ne voit jamais l'inverse,
on peut admettre que le carbonate de fer provient d'une
altération du sulfure. Aussi distingue-t-il avec soin
deux sortes de gîtes ; les filons transversaux, oxydés
vers le haut, sulfurés dans la profondeur ; et les amas
couchés, produits par les sources qui se sont échappées
de ces filons pour se répandre dans les fissures longitudinales, où elles ont produit des minerais ordinairement sans plomb ni soufre, sauf peut-être un peu dans
la profondeur.

CHAPITRE XV

—

TERRAIN PLUTONIEN.

Page 295. On rencontre dans notre pays peu de roches éruptives ou considérées comme telles : elles sont indiquées dans la légende de la carte géologique de la Belgique sous les noms d'*albite phylladifère,* d'*hypersthénite,* d'*eurite,* de *porphyre,* de *diorite,* d'*hyalophyre* et de *chlorophyre.* Toutes se rencontrent dans le terrain ardennais ou le silurien ; et Dumont les a décrites dans son *Mémoire sur le terrain ardennais et le terrain rhénan* (1). On peut les réunir en trois ou quatre groupes, d'après leur texture et la nature du feldspath qui en fait partie.

I. EURITES.

L'*eurite* est compacte ou subgrenue, quelquefois porphyroïde, bréchiforme ou subcelluleuse, à cassure unie ou inégale, droite ou largement conchoïde et écailleuse, d'un éclat mat et d'une couleur blanche, grisâtre ou jaunâtre. Elle est très-riche en silice, infusible même sur les bords les plus aigus, fréquemment

---

(1) En lisant le mémoire de DUMONT, on devra se rappeler que ce savant avait établi sous le nom d'*albites,* un groupe de feldspaths comprenant les espèces clinaxiques ; et que c'est, sans doute, dans ce sens général qu'il faut prendre cette expression dans ce mémoire.

traversée de petites veines de quartz. Elle renferme parfois des paillettes très-minces ou même de légers enduits d'une substance noirâtre ou vert sombre, à éclat bronzé, auxquelles se mêlent quelquefois des cristaux de quartz rudimentaires (près du cimetière de Spa); c'est dans ce dernier cas l'*hyalophyre pailleté* de Dumont. Elle affecte quelquefois une tendance à former des noyaux globuleux (Spa).

L'eurite simple ou quartzeuse a été trouvée dans le terrain ardennais à Spa et près de Rocroy; l'eurite pailletée ou porphyroïde à Spa. Dans le massif silurien du Brabant, on rencontre l'eurite simple ou quartzeuse à Grand-Manil près Gembloux, à Sombreffe et en quelques points aux environs de Nivelles; à Grand-Manil, un banc porphyroïde renferme de gros cristaux émoussés d'orthose. L'eurite simple se trouve aussi dans le massif silurien du Condroz à Piroy, près de Beuzet (Malonne).

A Spa, cette roche constitue, entre autres, un filon bifurqué, qui semble nettement éruptif, quoiqu'il n'ait pas altéré le phyllade des salbandes; mais le plus souvent, elle forme des filons couchés dont la nature est d'autant plus problématique qu'elle s'y trouve ordinairement en bancs qui affectent l'apparence d'une stratification, sont parfois associés à des quartzites altérés, et se lient aux phyllades altérés qui les avoisinent.

L'eurite de Nivelles est exploitée pour la fabrication de la porcelaine; celles de Grand-Manil et de Piroy, pour l'empierrement des chemins.

II. Orthophyres.

Un second type est constitué par la roche que Dumont a appelée *hyalophyre* et que l'on pourrait appeler *orthophyre quartzifère,* si elle ne différait considérablement de la plupart des roches que les auteurs ont décrites sous ce nom. M. Gosselet le réunit au précédent ; mais nous croyons utile de l'en distinguer, à cause de sa cristallisation plus nette, des matières étrangères que ce porphyre contient, et de l'aspect général qui en résulte.

Cette roche est essentiellement composée d'une pâte euritique renfermant des cristaux d'orthose et de quartz. L'eurite y est subcompacte, grisâtre ou gris bleuâtre, dure et très-tenace ; elle renferme de nombreuses lamelles, de chlorite noirâtre ou d'un vert sombre, et d'autres lamelles, blanches ou grisâtres, qui semblent être de la pyrophyllite. Les cristaux d'orthose, ordinairement quadrihexagonaux, simples ou mâclés, très-nets, isolés et complets, d'un blanc jaunâtre mat, légèrement translucides, ont souvent plus de deux centimètres ; quelques-uns sont de plus grandes dimensions, atteignant même un décimètre de long, mais alors ils sont plus ou moins émoussés ou arrondis, fendillés ou cariés, et ils renferment dans leurs fissures de la chlorite, du quartz cristallisé, etc. Les cristaux de quartz, un peu moins nombreux que ceux d'orthose, sont des dihexaèdres simples ou à peine prismés, arrondis sur les arêtes et les angles, atteignant un centimètre de long, vitreux, transparents ou translucides, gris bleuâtre ou violacé et un peu opalins.

Cette roche renferme, en outre, des lamelles de pyrophyllite réunies en feuillets minces et ondulés, des fragments de quartzite et de phyllade, et des veines de quartz qui contiennent accidentellement divers minéraux, blende, pyrite, pyrrhotine, chalcopyrite, galène, chlorite, sidérose, Dumont y indique même des fissures tapissées de cristaux d'albite.

Elle forme quelques filons couchés dans le terrain ardennais des bords de la Meuse, au nord de Deville, notamment au moulin de Mairus. On a tenté de l'exploiter pour pavés.

III OLIGOPHYRES.

Nous réunissons sous ce nom les porphyres à élément feldspathique clinaxique que Dumont a décrits sous les noms d'*hypersthénite,* de *chlorophyre* et de *diorite.*

La roche que Dumont a désignée sous le nom d'*hypersthénite* semble former un petit culot à Hozémont, vers l'extrémité orientale du massif silurien reconnu du Brabant. Elle est formée d'une pâte euritique peu abondante, compacte, gris verdâtre, d'un aspect mat ou cireux, translucide ; de cristaux d'un feldspath qui est probablement de l'oligoclase (tandis que c'est le labradorite qui entre comme élément dans les vraies hypersthénites), simples ou mâclés, blanc verdâtre, vitreux ou nacrés ; et de grains cristallins, clivables, noir verdâtre ou brunâtre, souvent très-éclatants, que

Dumont considérait comme de l'hypersthène, mais qui pourraient bien être du diallage, comme dans les *gabbro* du Harz. Elle renferme en outre des lamelles de chlorite, tantôt rares, tantôt abondantes et réunies en petites masses lamellaires d'un vert sombre ; on y trouve accidentellement de la pyrrhotine, de la diallage (Dumont), du grenat et des veines de calcaire, de dolomie et de quartz. Les fissures sont quelquefois tapissées de cristaux d'un feldspath clinaxique ; plus souvent elles sont remplies d'asbeste souillée d'argile ferrugineuse.

Cette roche est très-tenace ; en masse, sa couleur est le gris verdâtre, pointillé de vert noirâtre ou brunâtre, et son aspect, mat. Elle est exploitée pour pavés, pour moellons et l'empierrement des chemins.

Le *chlorophyre massif* de Dumont a été analysé par M. Delesse. Il est formé d'une pâte euritique compacte, mate, translucide, grise, gris verdâtre, gris rosâtre ou noir bleuâtre, qui renferme de l'oligoclase, de la chlorite (d'où le nom de chlorophyre), de l'épidote et souvent du quartz. L'oligoclase y est en cristaux ordinairement mâclés, de un à quatre millimètres de grandeur, blancs, quelquefois un peu verdâtres, à éclat vitreux, souvent altérés et jaune verdâtre, à éclat grais, ou roses. La chlorite s'y trouve en petites masses finement lamellaires, d'un vert noirâtre foncé et d'un aspect mat ; l'épidote y est en grains vitreux ou en aiguilles d'un vert jaunâtre ; et le quartz, en grains vitreux, grisâtres ou enfumés, de un à quatre millimètres de grandeur. Cette roche renferme accidentellement de nombreux minéraux ; pyrite, sperkise, pyrrhotine, chalcopyrite, galène, blende, aimant ou nigrine, oligiste, limonite, quartz, axinite, orthose, zoïsite,

épidote, hornblende, margarite?, chlorite, talc, malachite, calcaire, mélanthérie. On y trouve fréquemment
des masses irrégulières, souvent sphéroïdales, subcompactes, de volume variable, de couleur noir verdâtre,
à contours nets, qui semblent ordinairement schisteuses, et qui, dans d'autres cas, paraissent être du
porphyre à grains indistincts.

Cette roche est dure et tenace, à cassure droite ou
largement conchoïde, d'un aspect terne et d'une couleur tantôt gris verdâtre ou noir bleuâtre tacheté de
blanc verdâtre, tantôt gris rosâtre ou rougeâtre,
tacheté de vert foncé. Elle est massive, divisée par des
fissures variables. Dans certaines carrières, surtout
vers les bords du typhon, ces fissures sont nombreuses,
planes, parallèles et simulent une stratification fortement inclinée; sur d'autres points, ces fissures sont
moins nombreuses et semblent parallèles à la surface
du sol; dans les deux cas, d'autres fissures plus rares
subdivisent la masse en parallélipipèdes droits ou
obliques. Elle constitue deux typhons dans le massif
silurien du Brabant, à Quenast et à Lessines. On y a
ouvert de nombreuses et importantes carrières pour la
confection de pavés, dont une grande partie est
exportée en France et en Hollande.

Le *diorite* est formé de grains blanc verdâtre d'un
feldspath clinaxique, de lamelles clivables, noirâtres,
qui paraissent être de la hornblende, et de lamelles de
chlorite vert sombre. Celles-ci varient beaucoup en
nombre; aussi Dumont distinguait deux variétés de
diorite, l'une simple, l'autre chloritifère. Au témoignage
de M. Gosselet, M. Delesse a reconnu que le feldspath
d'un de ces diorites de l'Ardenne est de l'oligoclase.

Cette roche est granitoïde, dure et extrêmement tenace, d'un vert clair pointillé de vert foncé ; elle renferme fréquemment des grains vitreux ou des aiguilles d'un vert clair ou jaunâtre, qui paraissent être de l'épidote. On y trouve aussi, mais beaucoup plus rarement, de la pyrite et du calcaire. Elle forme des filons couchés dans le massif ardennais de Rocroy, près de Deville et de Monthermé, dans celui de Stavelot, près de cette ville et dans le massif silurien du Brabant, près de Lembecq. On a essayé d'en faire des pavés ; mais ces exploitations sont abandonnées.

IV. PORPHYRES SCHISTOÏDES.

Nous réunissons sous ce nom les roches que Dumont a décrites sous les noms de *porphyre schistoïde*, *d'hyalophyre schistoïde*, de *chlorophyre schistoïde*, *d'albite phylladifère* et *d'eurite phylladeuse*. Si les roches précédentes peuvent être considérées comme éruptives, celles-ci nous paraissent plutôt métamorphiques ; c'est pourquoi nous les réunissons sous la dénomination ci-dessus, employée pour l'une d'elles par Dumont, quoiqu'elle soit sujette à critiques. Nous aurions peut-être dû les décrire aux chapitres du terrain ardennais et du silurien, comme nous l'avons fait pour des roches analogues du système coblencien ; mais nous avons cru préférable, après avoir fait connaître notre opinion, de les laisser à côté de celles où elles ont été placées dans les mémoires de Dumont et sur sa carte géologique.

Le *porphyre schistoïde* de Dumont a été décrit par ce savant comme formé d'une eurite feuilletée, d'un gris pâle ou foncé, renfermant des cristaux blanchâtres de feldspath qui peuvent atteindre jusqu'à cinq millimètres de grandeur. Les feuillets sont séparés par des enduits de pyrophyllite nacrée, blanchâtre, grisâtre ou jaunâtre, ou de phyllade d'un gris bleuâtre subluisant ; ils sont d'autant plus minces que la matière phylladeuse est plus abondante. On y trouve accidentellement des grains de quartz et du calcaire ; il passe au chlorophyre schistoïde, avec lequel il se rencontre dans le massif silurien du Brabant, à Enghien, près de la ferme Ste-Catherine, et au château de Fauquez. On a voulu en faire des pavés, mais l'essai n'a pas été satisfaisant.

Le *chlorophyre schistoïde* de Dumont est composé d'une pâte euritique gris verdâtre, de cristaux feldspathiques, clinaxiques ou non, simples ou mâclés, de un à cinq millimètres de grandeur, et de chlorite d'un vert sombre ou noirâtre, en petites masses finement lamellaires ; on y trouve accessoirement des grains de quartz et des lames phylladeuses. Il est strato-porphyroïde ou schisto-porphyroïde, d'un gris verdâtre clair, tacheté de blanc et de vert foncé. On le rencontre en divers points du massif silurien du Brabant, au Vert-Chasseur près d'Enghien, au nord des fermes de Grande-Haye et de Petite-Haye, près de Rebecq, près du hameau des Ardennes, sous Hennuyères, et au château de Fauquez, sous Ittre.

L'*hyalophyre schistoïde* de Dumont renferme les mêmes éléments que la variété massive, décrite plus haut ; mais les cristaux d'orthose et de quartz sont beaucoup plus petits ; et la pâte euritique est schistoïde, divisible en feuillets ondulés, étranglés, nacrés, qui paraissent séparés par des enduits phylladeux. Les cristaux sont couchés dans le sens des feuillets. Cette roche renferme accidentellement de la pyrite, de la galène et des veines de quartz avec chlorite. Elle forme quelques filons couchés dans le terrain ardennais de la vallée de la Meuse, près de Laifour, elle y est quelquefois associée au diorite, ce qui porterait à la retrancher du groupe où nous la plaçons ici avec hésitation.

L'*albite phylladifère* est composée de grains feldspathiques ordinairement mâclés et striés, blanchâtres, translucides ou opaques, dispersés en tous sens dans du phyllade gris bleuâtre ou verdâtre. Elle forme quelques filons couchés dans le terrain ardennais des bords de la Meuse, à Revin, etc. ; on la rencontre aussi dans le massif silurien du Brabant, à Pitet, près Fallais et à Monstreux ; selon Dumont, elle y est sous forme de culots.

L'*eurite phylladeuse* que Dumont a indiquée à Pitet, associée à la roche précédente, est subcompacte, dure et cohérente, à cassure subconchoïde et écailleuse, translucide sur les bords, d'un gris clair, mate, pointillée de grains phylladeux gris foncé. Elle diffère de la précédente par une plus grande proportion de feldspath, que l'on peut considérer comme en grains extrêmement fins.

V. ÉPOQUE DES ÉRUPTIONS.

Il est très-difficile de déterminer l'époque précise à laquelle ont apparu les diverses roches que nous venons de décrire, d'autant plus que leur étude est encore fort incomplète.

Si l'on regarde les porphyres schistoïdes comme métamorphiques, on ne peut guère se guider que par cette considération, que les phénomènes qui ont pu donner lieu à des formations de ce genre, sont en rapport avec les mouvements du sol et les éruptions qui s'y lient ; d'où l'on peut croire qu'elles sont contemporaines de nos autres roches plutoniennes, ou, du moins, qu'elles les ont suivies de fort près. Mais ces roches schistoïdes pourraient avoir été formées sous d'autres conditions ; et si l'on était amené à les considérer comme le résultat d'éruptions sous-marines, elles deviendraient contemporaines des assises dans lesquelles elles sont intercalées.

En admettant que les eurites et les porphyres massifs sont des roches éruptives, leurs analogies de composition et de gisement sont telles qu'on est entraîné à rapporter leur apparition à une même époque, postérieure à la formation du terrain silurien du Brabant et antérieure à celle du terrain devonien, dans lequel ils ne pénètrent pas.

Dumont, confondant ce terrain silurien avec le rhénan de l'Ardenne, considérait ces éruptions comme liées au soulèvement qui, redressant le terrain rhénan du Condroz et du Brabant, séparait la période rhénane de celle du terrain anthraxifère ; celui-ci, dans cette manière de voir, reposait en stratification discordante sur le rhénan. Il était confirmé dans cette opinion en rencontrant des cailloux, possédant les caractères du porphyre de Lessines, dans les bancs du poudingue de Burnot, sur quelques points de la bande septentrionale.

Le terrain ardoisier du Brabant étant reconnu aujourd'hui pour silurien, ce dernier argument a perdu son importance; mais nous n'en restons pas moins fondé à considérer nos éruptions porphyriques comme liées aux mouvements qui, antérieurement à la période devonienne, ont redressé et disloqué le terrain silurien de cette région.

ADDITIONS

—

Les premières feuilles de notre travail étant imprimées depuis plusieurs mois, nous avons déjà plusieurs Page 304. additions à y faire.

M. d'Omalius d'Halloy nous ayant appris qu'il préparait une nouvelle édition de son *Abrégé de géologie*, a bien voulu nous donner connaissance des modifications qu'il va faire subir à la précédente. Nous en avons profité avec empressement pour mettre notre ouvrage au courant, à partir des terrains secondaires; il nous reste à indiquer ici les observations relatives aux terrains primaires.

D'autre part, nous avons l'avantage de pouvoir résumer ici diverses communications que MM. Cornet et Briart, Gosselet et Malaise, etc., vont faire paraître sans délai.

1. TERRAIN ARDENNAIS.

Les nouvelles observations de MM. Gosselet et Malaise (1) remettent en question toute la classification de ce terrain, telle que nous l'avons résumée d'après Dumont.

Après avoir mis hors de tout doute la discordance

(1) *Sur le terrain silurien de l'Ardenne; Bull. Acad. des sciences de Belg.*, 2ᵉ série, t. XXV, 1868.

qui existe entre la stratification du terrain ardennais et
et celle du rhénan, ces deux observateurs ont étudié
la constitution des deux massifs de Rocroy et de
Stavelot ; leurs recherches les ont amenés à considérer
comme de pures hypothèses les faits sur lesquels
Dumont s'est appuyé pour établir l'âge relatif des
diverses bandes de roches que l'on y rencontre. Ainsi,
selon eux, les bandes devilliennes de Rimogne, de
Fumay, de Grand-Halleux ne présentent nullement la
disposition en série symétrique d'où Dumont conclut
qu'elles constituent des selles ou des bassins ; les voûtes
que Dumont a cru voir, n'existent pas davantage ; de
sorte que nous n'avons aucune raison pour attribuer
un âge plutôt qu'un autre aux bandes reviniennes qui
les avoisinent. En ce cas, le plus simple est de considérer les superpositions apparentes comme l'expression
de la réalité. Quant au système salmien, sa position à
la périphérie du massif de Stavelot, et le bassin qu'il
forme à Rahier, en font l'étage le plus élevé ; seulement,
les auteurs y réunissent des assises de phyllades noirs
avec peu de quartzites, que Dumont range dans le
revinien.

Dans cette hypothèse, on peut établir la succession
suivante :

6. Phyllades violets à coticule de Salm-Château.

5. Quartzophyllades de la Lienne.

4. Quartzites et phyllades noirs pyritifères de Bogny
et de Pont.

3. Quartzites et phyllades blanc verdâtre de Deville
et de Grand-Halleux.

2. Quartzites et phyllades noirs de Revin et des
Hautes-Fagnes.

1. Quartzites et phyllade de Fumay.

Quant à cette dernière assise, les auteurs hésitent, et préfèrent l'hypothèse qu'elle représenterait le salmien supérieur. Enfin, la bande revinienne que Dumont a figurée au nord de la bande devillienne de Fumay, n'a pu être reconnue par les auteurs; suivant eux, on ignore sur quoi reposent les ardoises de Fumay.

Dans un rapport sur ce travail (1), nous avons indiqué comment nos propres observations ne s'accordent pas avec celles des auteurs, mais confirment la plus grande partie de celles de Dumont.

Ajoutons que les diverses bandes formées par les deux étages salmiens vers Lierneux, bandes que Dumont regardait comme le résultat de plissements, ont été reconnues par ces deux observateurs comme produites par un système de failles.

II. TERRAIN RHÉNAN.

Dans le même travail, MM. Gosselet et Malaise divisent le système gedinnien de la manière suivante : 1. *Poudingue de Fépin;* 2. *Arkose de Weisme;* 3. *Schistes fossilifères de Mondrepuits;* 4. *Schistes bigarrés d'Oignies.* Ce sont les divisions proposées par Dumont, sauf celle du poudingue, dont les variétés pisaires ont été séparées pour former l'arkose de Weisme. Nous avons dit ailleurs que ce dédoublement ne nous semble pas suffisamment justifié.

M. d'Omalius d'Halloy désigne aujourd'hui nos trois systèmes rhénans sous les noms de *poudingue de Fépin,*

(1) *Bull. Acad. des sciences de Belg.,* 2ᵉ série, t. XXV; 1868.

de *phyllades de Houffalize* et de *grès de Montigny-sur-Meuse;* mais il comprend, en outre, dans la même grande période, le système suivant, c'est-à-dire le *poudingue de Burnot,* par lequel nous avons continué de commencer le terrain anthraxifère. Ce classement semble le plus rationnel, comme nous l'avons dit, p. 60. Mais une modification plus profonde, est celle par laquelle notre savant maître a supprimé la dénomination de *terrain rhénan,* pour la remplacer par celle de *système inférieur du terrain devonien.* Ce changement rend sans objet nos observations, p. 54.

III. TERRAIN ANTHRAXIFÈRE.

Par suite de la modification que nous venons de rappeler, la classification de M. d'Omalius d'Halloy est rentrée dans le moule de la classification anglaise, et le terrain anthraxifère est définitivement rayé de la nomenclature par son illustre auteur, qui divise de la manière suivante les diverses assises devoniennes et carbonifères de notre pays.

TERRAIN HOUILLER.	Supérieur. — Houille de Liége.	
	Moyen. — Ampélite de Chokier.	
	Inférieur. — Calcaire de Falmignoul.	
TERRAIN DEVONIEN.	Supérieur.	Psammites du Condroz. Schistes de Famenne. Calcaire de Frasne.
	Moyen.	Calcaire de Givet. Calcaire de Couvin.
	Inférieur.	Poudingue de Burnot. Grès de Montigny-sur-Meuse. Phyllades de Houffalize. Poudingue de Fépin.

Nous ne pouvons que maintenir l'expression des regrets que nous éprouvons de voir supprimer une expression qui avait acquis droit de cité chez nous. Nous persistons à considérer notre terrain anthraxifère comme beaucoup plus clair et mieux connu que le type que l'on va généralement chercher dans les Iles-Britanniques, et nous ne désespérons pas de lui voir reprendre dans la science le rang qui lui est dû.

IV. LIAS INFÉRIEUR.

En parlant des diverses subdivisions du lias inférieur du Luxembourg, nous avons exposé les différences de nomenclature avec quelques détails, parce qu'il est nécessaire de bien s'entendre sur les mots, si l'on veut éviter des discussions inutiles. Nous avons conservé la nomenclature pétrographique que nous avions employée jadis, après l'avoir reçue de nos maîtres; mais nous avons indiqué avec soin les niveaux géologiques ou zones paléontologiques que les observations y ont fait reconnaître successivement. En parlant de la nomenclature de M. d'Omalius d'Halloy, qui emploie les mêmes termes que nous, mais dans un sens plus restreint, nous avons dit (p. 130) que nous ne pouvions nous rallier à ce système parce qu'il nous paraît incomplet; et nous hasardions (p. 134) de subdiviser le calcaire sableux d'Orval de notre savant maître.

Depuis lors, nos réflexions et les observations judicieuses d'un de nos savants correspondants nous ont convaincu de plus en plus que le meilleur moyen de s'entendre serait d'entrer décidément dans cette voie et d'établir hardiment, non pas une, mais les deux divisions que nous croyons utiles. En conséquence, notre *marne de Jamoigne* serait remplacée par les trois assises suivantes, correspondant aux trois zones qui y sont reconnues : 1° *Marne d'Helmsingen;* 2° *Marne de Jamoigne;* 3° *Calcaire et marne de Warcq.* Les diverses zones reconnues dans notre *grès de Luxembourg* deviendraient de même : 1° *Grès de Luxembourg;* 2° *Grès de Florenville;* 3° *Calcaire sableux d'Orval.* Enfin, notre *marne de Strassen* serait divisée en : 1° *Calcaire et marne de Warcq;* 2° *Marne de Strassen.*

On nous reprochera sans doute d'augmenter la confusion déjà grande qui existe sur ce sujet; mais nous espérons que, cet inconvénient n'étant que provisoire, on pourra s'entendre pour accepter ces dénominations. Au moins ne les proposons-nous qu'avec la ferme conviction qu'elles sont également acceptables pour tous, à quelque point de vue qu'on soit placé. Si, contre notre attente, cet heureux résultat n'est pas atteint, les dénominations défectueuses rejoindront dans l'oubli beaucoup d'autres expressions de ce genre; et nous réclamerons le bénéfice des circonstances atténuantes en faveur de nos intentions.

V. SYSTÈME SÉNONIEN DU HAINAUT.

Par suite de nouvelles recherches que MM. Cornet et Briart ont eu l'occasion de faire récemment dans la craie blanche du Hainaut, ils établissent, dans ce système, les subdivisions suivantes.

1° *Craie de Saint-Vaast.*

Partie inférieure : craie blanche, légèrement grisâtre, traçante, douce au toucher, un peu marneuse, stratifiée irrégulièrement en bancs épais, peu fissurés, avec de nombreux et peu volumineux silex bigarrés de blanc, de gris et de noir, disséminés ou en lits continus. Elle n'existe que sur le versant septentrional du bassin, où elle repose sur la craie glauconifère (les *gris*), séparée par une dénudation avec de petits amas de glauconie.

Partie supérieure : craie blanche, traçante, douce au toucher, en bancs peu épais, très-fissurés et sans silex ; on y rencontre des sphéroïdes de pyrite souvent décomposée. Elle occupe les deux versants du bassin, débordant les assises sous-jacentes.

La puissance de la craie de Saint-Vaast est de 54 mètres près de Trivières, mais elle augmente considérablement vers l'Ouest. Les auteurs n'ont trouvé dans cette assise que des fragments d'un grand inocérame et *Ostrea sulcata*.

2° *Craie d'Obourg*.

Elle commence par un conglomérat de peu d'épaisseur, formé de nodules très-durs, gris et contenant du phosphate de calcium, de spongiaires, de débris de coquilles et de fragments de craie, le tout réuni par une pâte très-dure et tenace. Au-dessus, on trouve une craie blanche ou un peu grisâtre, douce et traçante, en bancs peu épais, très-fissurés ; en certains endroits, elle renferme quelques rognons de silex noir ; dans d'autres, ces rognons sont fréquents.

Parmi les nombreux fossiles de cette assise, MM. Cornet et Briart ont reconnu :

Aptychus crassus, Héb.
Belemnitella mucronata, Schl.
    »   *quadrata*, Bl.
Ostrea flabelliformis, Nils.
    »   *vesicularis*, Lm.
Terebratula carnea, Sow.

Terebratula Heberti, d'Orb.
Terebratulina striata, Wahl.
Rhynchonella octoplicata, d'Orb.
Cardiaster Heberti, Cott.
Ananchites conoïdea, Gold.
    »   *gibba*, Lm.

Sur quelques points, **B.** *quadrata* est commune dans le conglomérat ; cette espèce, de même que les ananchites, ne se rencontrent que dans cette assise, qui passe graduellement à la suivante.

3° *Craie de Nouvelles*.

Blanche, traçante, douce au toucher, irrégulièrement stratifiée en bancs épais, très-fissurés, avec rognons rares de silex noir. MM. Cornet et Briart y ont rencontré :

Belemnitella mucronata, Schl.
Ostrea vesicularis, Lm.
Terebratula carnea, Sow.

Magas pumilus, Sow.
Rhynchonella octoplicata, d'Orb.
Ananchites ovata, Lm.

Ces espèces sont peu abondantes, sauf *Magas pumilus*, qui caractérise ce niveau.

Ces deux assises réunies ont une puissance de 30 à 40 mètres au NO. d'Harmignies. La craie d'Obourg correspondrait, suivant MM. Cornet et Briart, à la partie inférieure de la *craie de Meudon* de M. Hébert, et la craie de Nouvelles, à la partie supérieure.

4° *Craie de Spiennes*.

Craie blanche, un peu grisâtre, subgrenue, non traçante, rude au toucher, en bancs épais, peu fissurés, renfermant beaucoup de silex gris brun, en bancs et en rognons volumineux, gisant par lits ou disséminés. Elle repose sur l'assise précédente, jaunie, durcie et ravinée; au contact, on rencontre des nodules et des spongiaires.

MM. Briart et Cornet y ont rencontré les espèces suivantes :

Belemnitella mucronata, Schl.
Baculites Faujasi, Lm.
Janira substriato-costata, d'Orb.
Ostrea flabelliformis ?, Nils.
　　» *Larva*, Lm.
　　» *vesicularis*, Lm.
Terebratula carnea, Sow.

Terebratula semiglobosa, Lm.
Terebratulina striata, Wahl.
Fissurirostra Palissii, Woodw.
Rhynchonella octoplicata, d'Orb.
　　» *limbata*, Schl.
Ananchites ovata, Lm.
Cardiaster granulosus, Forb.

Cette assise possède, près de Spiennes, une puissance de plus de 100 mètres. Elle y supporte le *tufeau de Maestricht* par l'intermédiaire du *poudingue de la Malogne*. Les auteurs présument qu'elle passe, sans démarcation tranchée, à la *craie brune* de Ciply.

VI. TERRAIN TERTIAIRE.

1. Tongrien inférieur.

D'après une communication de M. Bosquet, *Turritella crenulata*, *Modiola Nysti* et même *Isocardia transversa* seraient plus communs que plusieurs des espèces que nous avons indiquées comme les plus répandues.

VII. TERRAIN QUATERNAIRE.

Dans une notice très-intéressante *Sur l'âge des silex ouvrés de Spiennes* (1), MM. Cornet et Briart ont fait

(1) *Bull. de l'Acad. de Belgique*, 1868; 2ᵉ série, t. XXV, p. 126. — On trouvera des renseignements plus détaillés dans le *Rapport sur les découvertes géologiques et archéologiques faites à Spiennes en 1867*, par MM. BRIART, CORNET et HOUZEAU DE LEHAIE ; *Mém. de la Soc. des sciences du Hainaut*, 1868, 3ᵉ série, t. II, p. 355; avec pl.

connaître la composition du terrain quaternaire de cette partie du pays. Ils y ont reconnu : 1° vers le bas, le diluvium caillouteux ; 2° le limon jaune, sableux et stratifié vers le bas, avec ossements de mamouth, etc.; plus haut avec *Succinea oblonga* et autres coquilles vivantes, connu sous le nom d'*ergeron*; 3° le limon brun, terre à briques. En outre, ils ont fourni des preuves irréfragables que la fabrication des armes en silex a eu lieu, à Spiennes, avec des matériaux extraits dans la localité, postérieurement à tout changement topographique important de nos contrées.

VIII. FORMATION DES GITES MÉTALLIFÈRES.

On trouve si fréquemment la dolomie au contact de nos amas geysériens que beaucoup de personnes ont été tentées de considérer cette roche comme métamorphique. Il ne faudrait pas exagérer cette manière de voir, en perdant de vue que les dolomies carbonifères stratifiées sont d'origine neptunienne comme les couches calcaires dans lesquelles elles sont intercalées; mais nous sommes porté à nous y ranger dans plusieurs cas.

CHAPITRE XVII

—

—

Dans la description des divers étages de nos terrains Page 313.
neptuniens, nous avons omis à dessein l'énumération
des différentes espèces fossiles que nous y avons rencontrées ou qui y ont été indiquées par les auteurs, et
nous nous sommes borné à l'indication de quelques
espèces caractéristiques, sauf dans quelques cas où le
nombre total était fort restreint. Nous avons préféré
réunir ici des listes aussi complètes que possible ; grâce
à des travaux récents, de même qu'aux communications bienveillantes de MM. Bosquet, Coemans et Nyst,
on s'apercevra aisément que cette partie de nos
connaissances a fait des progrès notables.

Lorsqu'un nom générique est suivi d'un autre nom
entre parenthèses, cela veut dire que l'auteur qui a
établi l'espèce sous le nom indiqué, l'avait rangée dans
le genre dont le nom figure dans la parenthèse.

Le nom spécifique est suivi du nom (abrégé) de
l'auteur qui le premier a fait connaître cette espèce. Si
l'on trouve des exceptions, ce sont des inadvertances
que nous corrigerons à la première occasion.

1. FOSSILES DU TERRAIN ARDENNAIS.

Voir p. 24. — Ajoutez *Chondrites antiquus*, Goep., *var. minor*, du salmien de Spa (M. Malaise) (*).

2. FOSSILES DU TERRAIN SILURIEN.

Voir p. 36. — Ajoutez *Hierophycus? dilatatus, sp. n.* (M. Malaise) (*).

3. FOSSILES DU TERRAIN RHÉNAN.

Voir p. 49. — Ajoutez, avec *Halyserites Dechenanus*, Goep., du poudingue de Fépin, *Chondrites Nessigi*, Goep., *var. major*, et *Dictyonema Hisingeri*, Goep., du coblencien de Houffalise (*), la liste de fossiles donnée par M. De Koninck dans l'*Abrégé de géologie* de M. d'Omalius d'Halloy :

CRUSTACÉS.

Pleuracanthus laciniatus, *Roem.*
Homalonotus armatus, *Burm.*

GASTÉROPODES.

Pleurotomaria Daleidensis, *Roem.*
Pileopsis cassideus, *d'Arch. et de Vern.*
Tentaculites annulatus, *Schloth.*

LAMELLIBRANCHES.

Venulites concentricus, *Roem.*
Pterinea costata, *Roem.*
» truncata, *Roem.*

BRACHIOPODES.

Megathyris (Terebratula) Archiaci, *de Vern.*
Spirifer simplex, *Phill.*

Spirifer (Terebratulites) hystericus, *Schloth.*
» cultrijugatus, *Roem.*
» Rojasi, *de Vern.*
» subspeciosus, *de Vern.*
» macropterus, *Goldf.*
» micropterus, *Goldf.*
Athyris Pelapayensis, *de Vern.*
» subconcentrica, *de Vern.*
Atrypa reticularis, *Linn.*
Rhynchonella Pila, *Schnur.*
» Daleidensis, *Roem.*
Orthis (Terebratulites) vulvaria, *Schloth.*
Strophomena rugosa, *Dalm.*
Leptæna explanata, *Sow.*
» Sandbergerana. *De Kon.* (laticosta, *Sandb., non Conrad*).
» tæniolata, *Sandb.*
» subarachnoïdes, *d'Arch et de V.*
» (Orthis) Sedgwicki, *d'Arch et de Vern.*
» » Murchisoni, *d'Arch. et de V.*

(*) Nous devons à l'obligeance de notre savant confrère, M. E. Coemans, la détermination des plantes siluriennes et devoniennes recueillies par M. Malaise et par nous.

Chonetes (Orthis) dilatata, *Roem.*
» (Terebratuliles) sarcinulata, *Schloth.*
» (Leptæna) semiradiata, *Sow.*
Hoplotheca venusta, *Schnur.*

BRYOZOAIRES.

Fenestella (Gorgonia) Infundibulifor-
mis, *Goldf.*

ÉCHINODERMES.

Ctenocrinus typus, *Bronn.*
» decadactylus, *Roem.*

ANTHOZOAIRES.

Pleurodyctium problematicum, *Goldf.*

TERRAIN ANTHRAXIFÈRE.

4. FOSSILES DU POUDINGUE DE BURNOT.

Voir p. 58. — Ajoutez : *Chondrites antiquus,* Goep.,
var. *major* et *v. minor* (M. Malaise), *Filicites lepidorachis,*
n. sp. et *F. pinnatus, n. sp.* (1).

5. SCHISTES ET CALCAIRE DE COUVIN.

POISSONS.

Holoptychius Omaliusi, *Ag.*

CRUSTACÉS.

Gerastos lœvigatus, *Goldf.*
Phacops latifrons, *Bronn.*
Bronteus flabellifer, *Goldf.*
Dalmanites stellifer, *de V. et Barr.*

CÉPHALOPODES.

Orthoceras nodulosum, *Schl.*
Gyroceras (Spirula) nodosum, *Bronn.*
» (Cyrtoceras) Eifeliense, *d'Arch.*
et de *Vern.*

GASTÉROPODES.

Capulus (Pileopsis) priscus, *Goldf.*
Bellerophon tuberculatus, *Fer.*
Pleurotomaria (Evomphalus) radiata,
Goldf.

LAMELLIBRANCHES.

Pterinea elegans, *Goldf.*
Conocardium clathratum, *d'Orb.*
Lucina proavia, *Goldf.*

BRACHIOPODES.

Terebratula elongata? *Schloth.*
» scalprum, *Roem.*
Spirifer carinatus, *Schnur.*
» curvatus, *Schloth.*
» cultrijugatus, *Roem.*
» elegans, *Schnur.*
» heterophyllus, *Defr.*
» imbricolamellosum, *Sandb.*
» intermedius, *Schnur.*
» lævigatus, *Schloth.*
» Lens, *Schnur.*
» micropterus, *Goldf.*
» muralis, *Murch.*
» ostiolatus, *Schloth.*
» simplex, *Phill.* (S. medius), *Sow.*
» speciosus, *Schloth.*
» squamosus, *Roem.*
» subcuspidatus, *Schnur.*
Athyris (Terebratula) concentrica, *de
Buch.*
» » gracilis, *Sandb.*
» » Prunulum, *Schn.*
» » squammigera, *Stein.*
Atrypa (Terebratulites) affinis, *Schl.*
» » aspera, *Schl.*
» (Terabratula) latilinguis, *Schnur.*
» (Anomia) reticularis, *L.*

(1) Voir la note au bas de la page précédente.

Rhynchonella (Terebratula) diluviana, *Stein.*
»   »   implexa, *Sow.*
»   »   Orbignyana, *Schn.*
»   »   primipilaris, *Goldf.*
»   »   Schnuri, *de Vern.*
»   »   subcordiformis, *Schn.*
»   »   Wahlenbergi, *Goldf.*
Camarophoria (Terebratula) micro-rhyncha, *Stein.*
Pentamerus galeatus? *Dalm.*
»   biplicatus, *Schnur.*
Orthis Eifliensis, *d'Arch. et de Vern.*
»   prisca, *Schnur.*
»   (Terebratulites) striatula, *Schl.*
»   tenuistriata, *Sow.*
»   tetragona, *Roem.*
»   (Terebratulites) Umbraculum, *Schl.*
Strophomena (Producta) depressa, *Sow.*
Leptæna Lepis, *d'Arch. et de Vern.*
»   Naranjoana, *de Vern.*
Productus subaculeatus, *Murch.*
Chonetes (Orthis) dilatata, *Roem.*
»   »   minuta, *Goldf.*

Calceola sandalina, *Lm.*
Crania prisca, *Goldf.*

BRYOZOAIRES.

Fenestrella (Retepora) antiqua, *Goldf.*

ANNÉLIDES.

Serpula ammonia, *Goldf.*
»   omphalotes, *Goldf.*

ANTHOZOAIRES.

Favosites (Calamopora) basaltica, *Goldf.*
»   Goldfussi, *d'Orb.*
»   (Calamopora) polymorpha, *Goldf.*
»   (Alveolites) reticulata, *de Blainv.*
Cyathophyllum ceratites, *Goldf.*
»   helianthoïdes, *Goldf.*
»   vermiculare, *Goldf.*
Cystiphyllum (Cyathophyllum) lamellosum, *Goldf.*
»   »   vesiculosum, *Goldf.*

6. FOSSILES DU CALCAIRE DE GIVET.

CRUSTACÉS

Phacops latifrons, *Bronn.*

CÉPHALOPODES.

Orthoceras nodulosum, *Schl.*

GASTÉROPODES.

Natica (Deshayesia) Raulinana, *de de Ryckh.*
Macrochilus (Buccinum) arculatus, *Schl.*
»   »   imbricatus, *Sow.*
»   »   subcostatus, *Schl.*
Pleurotomaria (Helicites) delphinuloïdes, *Schl.*
»   exaltata, *d'Arch. et de Vern.*
Murchisonia angulata, *Phill.*
»   (Cerithium) antiqua, *Stein.*
»   (Melania) bilineata, *Goldf.*
»   binodosa, *d'Arch. et de Vern.*
Euomphalus (Spirorbis) maximus, *Stein.*
»   Rotula, *Goldf.*
»   spinosus, *Goldf.*
»   Wahlenbergi, *Goldf.*
Serpularia centrifuga, *Roem.*
Bellerophon striatus, *Fér*
»   tuberculatus, *d'Arch. et de V.*

LAMELLIBRANCHES.

Megalodon carinatum, *Goldf.*
»   cucullatum, *Sow.*
Lucina antiqua, *Goldf.*
Conocardium anglicum, *d'Orb.*
Avicula Neptuni, *Goldf.*

BRACHIOPODES.

Terebratula caïqua, *d'Arch. et de V.*
Stringocephalus Burtini, *Defr.*
Spirifer (Terebratulites) aperturatus, *Schl.*
»   subcuspidatus, *Schn.*
»   undiferus, *Roem.*
Athyris (Terebratula) concentrica, *de Buch.*
Atrypa (Anomia) reticularis, *L.*
Uncites gryphus, *Defr.*
Pentamerus formosus, *Schn.*
Productus subaculeatus, *Murch.*

ANTHOZOAIRES.

Heliolites (Astræa) porosa, *Goldf.*
Favosites (Calamopora) basaltica, *Goldf.*
»   (Alveolites) cervicornis, *de Bl.*
»   (Calamopora) fibrosa, *Goldf.*
»   Goldfussi, *d'Orb.*

Favosites (Calamopora) polymorpha, *Goldf.*
 » (Alveolites) reticulata, *de Bl.*
Cyathophyllum cæspitosum, *Goldf.*
 » ceratites, *Goldf.*
 » hexagonum, *Goldf.*

Cyathophyllum quadrigeminum, *Goldf.*
 » vermiculare, *Goldf.*
Alveolites suborbicularis, *Lm.*
Aulopora (Milleporites) repens, *Kn. et W.*

7. FOSSILES DU SYSTÈME FAMENNIEN.

Voir p. 66. — Dans la liste suivante F^1 = schistes et calcaires de Frasne; F^2 = schistes de la Famenne; F^3 = psammites du Condroz.

	F^1	F^2	F^3
CRUSTACÉS.			
Bronteus flabellifer, *Goldf.*	—		
CÉPHALOPODES.			
Bactrites subconicus, *Sandb.*	—		
Goniatites retrorsus, *de Buch.*	—		
Gomphoceras Ficus, *Roem.*	—		
LAMELLIBRANCHES.			
Cardiola retrostriata, *de Buch sp.* (Cardium palmatum, *Goldf.*)	—		
Mytilus Aduaticorum, *de Ryckh.*	·	—	
» Namurcanus, *de Ryckh.*	·	—	
» Sabesianus, *de Ryckh.*	·	—	
Pecten linteatus, *Goldf.*	·	—	
Avicula Damnoniensis, *Sow.*	·	—	
Pterinea subelegans, *d'Orb.*	—		
BRACHIOPODES.			
Spirifer acutosinus, *Bouch*	?		
» Bouchardi, *Murch.*	?		
» comprimatus, *Schl*	?		
» conoïdeus, *Roem.*	—		
» Dumarlii, *Bouch*	?	—	
» euryglossus, *Schn.*	—		
» extensus, *Sow.*	?	—	
» nudus, *Sow.*	—		
» simplex, *Phill*	—		
» tenticulum, *de Vern. et de Keys*	—		
» Verneuili, *Murch.* (S. Lonsdalei, *Murch.*, S. Archiaci, *Murch.* et S. disjunctus, *Sow.*)	—	—	—
Cyrtia (Spirifer) heteroclyta. *Defr*	—		
» » Murchisonana, *de Kon*	·		
Athyris (Terebratula) concentrica, *de Buch.*	—		
» » elongata, *Schl*	—		

— 358 —

	F¹	F²	F³
Athyris (Terebratula) indentata, *Sow*	—		
» » juvenis, *Sow.*	?		
» » Pelapayensis, *de Vern*	?		
Atrypa (Terebratulites) aspera, *Schl*	—		
» (Anomia) reticularis, *L.*	—	—	?
Rhynchonella (Atrypa) Boloniensis, *d'Orb*	—	?	—
» (Terebratula) cuboïdes, *Sow.*	—	?	—
» » Dutertrei, *Murch.*	—		
» » fallax, *Sow.*	?		
» » Pugnus, *Sow*	—	—	
» » protracta ? *Sow.*	?		
» » semilævis, *Roem.*	—	—	
» » solidentata, *Sow*	?		
» » subreniformis, *Schnur*	—		
» » triangularis, *Sow.*	?		
» » triloba, *Sow.*	?		
» » Wahlenbergi, *Goldf.*	?		
Camarophoria (Terebratula) formosa, *Schn.*	—		
Pentamerus galeatus, *Dalm.*	—		
Orthis Dumonti, *de Vern.*	·	—	
» elegans, *Bouch.*	?		
» (Terebratulites) striatula, *Schl.*	—	—	?
» tenuis, *Bouch*	?		
Strophonema (Leptæna) depressa, *Sow*	—	—	—
Leptæna interstrialis? *Phill.*	·	—	
Productus Murchisonanus, *de Kon.*	?	—	
» scabriculus? *de Kon.*	·	·	—
» subaculeatus, *Murch*	—	—	—
Chonetes (Leptæna) convoluta, *Phill.*	—		
» (Orthis) crenulata, *Roem.*	—		
Davidsonia Bouchardana, *de Kon.*	—		
» Woodwardi, *de Kon*	—		
Lingula Amayana, *de Ryckh.*	·	—	
» subparallela?, *Sandb.*	·	?	

ECHINODERMES

	F¹	F²	F³
Cupressocrinus elongatus, *Goldf.*	—		
Melocrinus hieroglyphicus, *Goldf*	?		
Actinocrinus annulatus? *Goldf.*	—		
» muricatus, *Goldf.*	—		
Cyathocrinus rugosus, *Goldf.*	—		

ANTHOZOAIRES.

	F¹	F²	F³
Cyathophyllum cæspitosum, *Goldf.*	—		
» hexagonum, *Goldf.*	—	—	
Favosites (Alveolites) cervicornis, *de Blainv*	—	—	
» » polymorpha, *de Blainv.*	—	—	
» » reticulata, de *Blainv.*	—	—	
Alveolites subæqualis, *E. et H.*	—	—	
» suborbicularis, *Lm.*	—	—	
Metriophyllum Bouchardi, *Edw. et H.*	·	?	
Clisiophyllum Omaliusi, *Haime*	·	—	

	F¹	F²	F³
Campophyllum flexuosum, *Edw. et H.*	.	?	
Acervularia Goldfussi, *Edw. et H.*	—	—	
» (Cyatophyllum) pentagona, *Goldf.*	—	—	
» Troscheli, *Edw. et H.*	—	?	
Aulopora (Milleporites) repens, *Kn. et W.*	—	?	

SPONGIAIRES.

	F¹	F²	F³
Receptaculites Neptuni, *Defr.*	—		

ALGUES.

	F¹	F²	F³
Chondrites confertus, *Coem.*	.	.	—

FOUGÈRES.

	F¹	F²	F³
Schizopteris primæva, *Coem*	?		

Les espèces suivantes ont été décrites par M. de Ryckholt comme appartenant à notre terrain devonien. Celles qui sont marquées d'un astérisque, sont vraisemblablement famenniennes.

GASTÉROPODES.

*Natica (Naticopsis) Normaniana, *de Ryckh.*
» (Naticodon) otaroïdes *de Ryckh.*
» (Naticodon) Pyrula, *de Ryck.*
Pileopsis (Capulus) Dumontanus, *de Ryckh.*
* » » hecticus, *de Ryckh*
* » » procumbens, *de Rychk.*
Dentalium antiquum, *Goldf.*
» Navicanum, *de Ryckh.*
*Bellerophon Hupschi
*Conularia Namurcana, *de Ryckh.*

LAMELLIBRANCHES.

Dorsomya dorsata, *de Rychk.*
Astarte devonica, *de Ryckh.*

Solenomya (Solemya) devonica, *de Ryckh.*
*Leda crinita, *de Ryckh.*
* » Justinæ, *de Ryckh.*
* » liosoma, *de Ryckh.*
* » prælata, *de Ryckh.*
* » saginata, *de Ryckh.*
* » schisticola, *de Ryckh*
* » valens, *de Ryckh.*
*Mytilus devonicus, *de Ryckh.*
» Floenianus, *de Ryckh.*
» Lefebvreanus, *de Ryckh.*

BRACHIOPODES.

*Productus (Spirifer) microgemma, *Phill.*
Discina (Orbiculoïdea) Cantraineana, *de Ryckh.*
* » » Cimacensis, *de Ryckh.*
* » » Namona, *de Ryckh.*

8. FOSSILES DU CALCAIRE CARBONIFÈRE (1).

	Assise I. Tournay.	Assise IV. Waulsort.	Assise VI. Visé.	Assise indéterminée.
POISSONS.				
Palædaphus iusignis, *v. Ben.* et *de Kon.*	...	...	...	?
Palæoniscus striolatus, *Ag.*	...	...	...	?
Psammodus porosus, *Ag.*	...	...	—	...
» rugosus, *Ag.*	...	...	—	...
Orodus ramosus, *Ag.*	—	...	...	...
Helodus bisulcatus, *de Kon.*	...	...	...	—
» fimbriatus, *de Kon.*	...	...	...	—
» lævissimus, *Ag.*	—	...	—	...
Chomatodus linearis, *Ag.*	...	...	...	—
Cochliodus contortus, *Ag.*	...	...	...	—
» maximus, *de Kon.*	...	...	...	—
CRUSTACÉS.				
Dithyrocaris tenuistriatus, *Scouler* (Avicula paradoxides, *de Kon.*).	...	...	—	...
» lateralis, *M'Coy.*	...	...	—	...
Phillipsia (Entomolites) Derbyensis, *Martin.*	—	...	...	...
» (Asaphus) gemmulifera, *Phill.*	—	—	—	...
» » globiceps, *Phill.*	...	—	—	...
» » granulifera, *Phill.*	...	...	—	...
» Jonesi, *Portl.*	...	—	...	...

(1) Nous sommes encore loin de connaître exactement la faune des diverses assises de cet étage, notamment de la partie supérieure du calcaire à crinoïdes de Dumont, dans laquelle **M. Dupont** a établi ses assises II à IV, et de la dolomie moyenne qui constitue son assise V et qui est pauvre en fossiles. En attendant mieux, nous donnons ici la liste des espèces des assises I (Tournay) et VI (Visé), d'après les travaux de **M. De Koninck** et de **M. de Ryckholt**, et celle des fossiles de l'assise IV (Waulsort), qui nous a été obligeamment communiquée par **M. Dupont**. Nous y joignons, dans une quatrième colonne, les noms de quelques espèces qui sont citées dans les listes de **M. De Koninck**, mais dont le gisement exact nous a paru impossible à préciser. Il ne faut pas perdre de vue que les assises II à V commencent seulement à être étudiées.

	Assise I. Tournay.	Assise IV. Waulsort.	Assise VI. Visé.	Assise indéterminée.
Phillipsia (Asaphus) obsoleta, *Phill.*	...	...	—	...
» M'Coyi, *Portl.*	...	—	—	...
» (Asaphus) pustulata, *Schl.*	—	...	...	...
» » seminifera, *Phill.*	...	—	...	...
» » truncatula, *Phill.*	...	...	—	...
Cyclus (Agnostus?) radialis, *Phill.*	...	...	—	...
Cyprella chrysalidea, *de Kon.*	...	...	—	...
Cypridella cruciata, *de Kon.*	...	...	—	...
Cythere (Cypridina) annulata, *de Kon.*	...	...	—	...
» » concentrica, *de Kon.*	...	...	—	...
Cythere (Cypridina) Edwardsana, *de Kon.*	...	...	—	...
» Phillipsana, *de Kon.*	...	...	—	...

CÉPHALOPODES.

	Assise I. Tournay.	Assise IV. Waulsort.	Assise VI. Visé.	Assise indéterminée.
Nautilus biangulatus, *Sow.*	...	...	—	...
» cyclostomus, *Phill.*	...	...	—	...
» discors, *M'Coy.*	...	—	...	...
» dorsalis, *Sow.*	...	—	...	...
» dorsatus, *Sow.*	...	—	...	...
» Edwardsanus, *de Kon.*	...	...	—	...
» globatus, *Sow.*	...	...	—	...
» ingens, *Mart.*	...	...	...	—
» Konincki, *d'Orb.* (N. cariniferus, *de Kon.*, non *Sow.*)	—	—	...	...
» Leveilleanus, *de Kon.*	...	—	—	...
» multicarinatus, *Sow.*	—	...	...	...
» Omaliusanus, *de Kon.*	...	...	—	...
» oxystomus, *Phill.*	...	...	—	...
» Phillipsanus, *d'Orb.* (N. sulcatus, *Sow.*, non *Risso.*)	—	—	—	...
» pinguis, *de Kon.*	—	—	...	...
» (Gyroceras) serratus, *de Kon.*	—	...	...	...
» subsulcatus, *Phill.*	—	...	—	...
» sulcifer, *Lév.*	—	...	—	...
» sulciferus, *Phill.*	...	—	...	...
» tuberculatus, *Sow.*	...	...	—	...
Orthoceras acuarius, *de Kon.*	...	...	...	—
» anceps, *de Kon.*	...	...	—	...

	Assise I. Tournay.	Assise IV. Waulsort.	Assise VI. Vise.	Assise Indéterminée.
Orthoceras Breyni, *Martin.*	...	...	...	—
» Calamus, *de Kon.*	—	—	—	...
» cinctum, *Sow.*	—	...	—	...
» conquestum, *de Kon.*	—	...	—	...
» Cucullus, *de Kon.*	...	...	—	...
» dactyliophorum, *de Kon.*	—	—	...	...
» dilatatum, *de Kon.*	...	...	—	...
» fusiforme, *Sow.*	...	—	...	...
» Gesneri, *Martin.*	—	—	—	...
» giganteum, *Sow.*	...	...	—	...
» Goldfussanum, *de Kon.*	—	—	—	...
» inæquiseptum, *Phill.*	...	—	...	...
» laterale, *Phill.*	—	...	—	...
» lineale, *de Kon.*	—	...	...	...
» Martinanum, *de Kon.*	—	—	—	...
» Morrisanum, *de Kon.*	...	...	—	...
» Munsteranum, *de Kon.*	—	—	—	...
» Sagitta, *de Kon.*	...	...	—	...
» subcanaliculatum, *de Kon.*	—	...	...	...
» subcentrale, *de Kon.*	—	...	...	...
Melia (Orthoceras) pygmœa, *de Kon.*	...	...	—	...
Gyroceras (Cyrtoceras) Ægoceros, *de Münst.*	—	...	...	...
» Meyeranum, *de Kon.*	—	...	...	...
Cyrtoceras arachnoïdeum, *de Kon.*	—	...	...	...
» cinctum, *de Münster.*	—	...	...	...
» (Orthoceras) fusiforme, *Phill.*	...	...	...	—
» » Gesneri, *Mart.*	...	—	—	...
» Puzosanum, *de Kon.*	—	...	...	...
» (Orthocera) rugosum, *Flem.*	...	...	—	...
» tenue, *de Kon.*	—	...	...	...
» tessellatum, *de Kon.*	...	...	—	...
» (Orthoceras) Unguis, *Phill.*	—	—	—	...
» Verneuilanum, *de Kon.*	—	—	—	...
Goniatites (Ammonites) Belvalanus, *de Kon.*	—	—	...	...
» Calyx, *Phill.*	...	...	—	...
» Carina, *Phill.*	...	...	—	...
» ceratoïdes, *de Buch.* (Amm. ophideus, *de Kon.*).	...	...	—	...

	Assise I. Tournay.	Assise IV. Waulsort.	Assise VI. Visé.	Assise indéterminée.
Goniatites (Ammonites) complicatus, *de Kon.*	...	...	—	...
» dorsatus, *Phill.*	...	—	...	...
» implicatus, *Phill.*	...	...	—	...
» (Ammonites) interruptus, *de Kon*	...	...	—	...
» mucronatus, *Phill.*	...	...	...	—
» mutabilis, *Phill.*	...	—	—	...
» obtusus, *Phill.*	...	—	...	...
» Princeps, *de Kon.*	—	...	...	...
» rotatorius, *de Kon.*	—	...	...	...
» (Nautilites) sphæricus, *Mart.*	...	—	—	...
» spirorbis, *Phill.*	...	...	—	...
» (Ammonites) striatus, *Sow.*	...	...	—	...
» tæniolobus, *Phill.*	...	...	—	...
» truncatus, *Phill.*	...	...	—	...
» vittiger, *Phill.*	...	...	—	...
GASTÉROPODES.				
Natica antiqua, *M'Coy.*	...	—	...	...
» Omaliusana, *de Kon.*	...	...	—	...
» rugosa, *de Kon.*	...	...	—	...
Ampullacera tabulata, *Phill.*	—	—	—	...
Narica (Natica) lyrata, *Phill.*	...	...	—	...
» spinescens, *de Ryckh.*	...	...	—	...
Chemnitzia carbonaria, *de Kon.*	—	...	—	...
» (Turbinites) constricta, *Mart.*	...	...	—	...
» (Buccinum) curvilinea? *Phill.*	—	...	—	...
» elongata, *de Kon.*	—	—	...	...
» gracilis, *de Kon.*	—	...	...	•
» (Rissoa) Lefebvrei, *Lév.*	—	—	—	...
» (Turritella) megaspira, *M'Coy.*	...	—	...	...
» Murchisonana, *de Kon.*	...	...	—	...
» (Fusus) primordialis, *de Kon.*	...	...	—	...
» (Melania) rugifera, *Phill.*	...	...	—	...
» » scalaroïdea, *Phill.*	...	—	—	...
» similis, *de Kon.*	...	...	—	...
» subconstricta, *de Kon.*	...	...	—	...

	Assise I. Tournay	Assise IV. Waulsort	Assise VI. Visé	Assise indéterminée.
Chemnitzia (Turritella) suturalis, *Phill.*	...	...	—	...
» ventricosa, *de Kon.*	—	—	—	...
Eulima Phillipsana, *de Kon.*	—	—	...	...
Macrocheilus (Buccinum) acutus, *Sow.*	—	—	—	...
» » imbricatus, *Sow.*	...	...	—	...
» maculatus, *de Kon.*	...	...	—	...
» Michotanus, *de Kon.*	—	—	...	...
» Phillipsanus, *de Kon.*	...	...	—	...
» (Buccinum) rectilineus, *Phill.*	...	...	—	...
Cerithium parvulum, *de Kon.*	...	...	—	...
Littorina (Turbo) biserialis, *Phill.*	...	...	—	...
» Lacordaireana, *de Kon.*	...	...	—	...
» solida, *de Kon.*	...	...	—	...
Nerita ampliata, *Phill.*	...	...	—	...
» (Naticodon) brevispirata, *de Ryckh.*	...	...	—	...
» elliptica, *Phill.*	...	...	—	...
» elongata, *Phill.*	...	...	—	...
» plicistria, *Phill.*	...	—	—	...
» rugosa, *de Kon*	...	...	—	...
» spirata, *Sow.*	...	—	—	...
» (Naticodon) variata, *Phill.*	—	—	—	...
Turbo cryptogrammus, *de Kon.*	—	...	—	...
» deornatus, *de Kon.*	...	...	—	...
» Hœninghausanus, *de Kon.*	...	...	—	...
» pygmæus, *de Kon.*	—	...	...	...
Trochus biserratus, *Phill.*	...	...	—	...
» coniformis, *de Kon.*	...	...	—	...
» Hisingeranus, *de Kon.*	...	...	—	...
» lepidus, *de Kon.*	...	...	—	...
» (Trochella) priscus, *M'Coy.*	...	—	...	...
» tenuispira, *de Kon.*	...	...	—	...
Euomphalus (Cirrus) acutus, *Sow.*	—	—	—	...
» (Planorbis) æqualis, *Sow.*	—	...	—	...
» angiostomus, *de Kon.*	...	—	—	...
» anguis, *M'Coy.*	...	...	...	—
» bifrons, *Phill.*	...	—	...	...
» (Inachus) catilloïdes, *Conr.*	...	—	—	...
» (Helicites) Catillus, *Mart.*	...	...	...	...
» (Straparolus) Dionysii, *Montf.*	—	...	—	...

	Assise I. Tournay.	Assise IV. Waulsort.	Assise VI. Visé.	Assise indéterminée.
Euomphalus fallax, *de Kon*	...	...	—	...
» (Ampullaria) helicoïdes, *Sow.*	—	—	—	...
» Konincki, *d'Orb.* (E. planorbis, *de K., non d'A. et de* V).	...	...	—	...
» lepidus, *de Kon.*	...	...	—	...
» nodosus, *Sow.*	...	...	—	...
» (Cirrus) pentagonalis, *Phill.*	...	...	—	...
» pentangulatus, *Sow.*	—	—	—	...
» (Cirrus) pileopsideus, *Phill.*	...	...	—	...
» pugilis, *Phill.*	...	...	—	...
» radians, *de Kon.*	—	—	—	...
» serus, *de Kon.*	...	...	—	...
» tabulatus, *Phill.*	—	...	...	...
» tuberculatus, *de Kon.*	—	...	...	...
Serpularia (Evomphalus) angiostoma, *de Kon.*	...	...	—	...
» » Serpula, *de Kon.*	—	—	—	...
Pleurotomaria acuta, *Phill.*	—	...	—	...
» angulata, *de Kon.*	...	...	—	...
» atomaria, *Phill.*	...	...	—	...
» Benedenana, *de Kon.*	—	...	...	...
» blanda, *de Kon.*	...	...	—	...
» callosa, *de Kon.*	...	...	—	...
» carinata, *Sow.*	—	—	—	...
» catenata, *de Kon.*	...	...	—	...
» Cauchyana, *de Kon.*	—	...	...	...
» cirrhiformis, *Sow.*	...	...	—	...
» concentrica, *Phill.*	...	—	...	...
» conica, *Phill..*	—	...	—	...
» contraria, *de Kon.*	...	...	—	...
» dives, *de Kon.*	—	...	—	...
» Elieana, *de Kon.*	...	...	—	...
» exarata, *de Kon.*	...	...	—	...
» expansa, *Phill..*	...	...	—	...
» fragilis, *de Kon.*	...	...	—	...
» Frenoyana, *de Kon.*	...	...	—	...
» Galeottiana, *de Kon.*	...	...	—	...
» gemmulifera, *Phill.*	...	...	—	...
» granulosa, *de Kon.*	...	...	—	...

	Assise I. Tournay.	Assise IV. Waulsort.	Assise VI. Visé	Assise indéterminée.
Pleurotomaria Griffithi, *M'Coy*. . .	...	...	—	...
» inflata, *de Kon.*	...	...	—	...
» insculpta, *de Kon.* . . .	...	...	—	...
» interstrialis, *Phill.* . . .	—	...	—	...
» Konincki, *d'Orb.* (P. delphi-nuloïdes, *de Kon., non Schl.*).	—	...	...	...
» laticincta, *de Kon.* . . .	...	...	—	...
» limbata, *Phill.*	...	...	—	...
» minuta, *de Kon.*	...	...	—	...
» naticoïdes, *de Kon.* . .	—	—	—	...
» nobilis, *de Kon.*	—	...	...	...
» ornatissima, *de Kon.* . .	...	...	—	...
» Panope, *d'Orb.* (P. Munste-rana, *de K., non Roem*) .	—	...	—	...
» Phillipsana, *de Kon.* . .	...	...	—	...
» Portlockana, *de Kon.* . .	...	—	—	...
» pulchella, *de Kon.* . . .	...	...	—	...
» pyramidalis, *de Kon.* . .	...	...	—	...
» quadricincta, *Phill.* . .	—	...	...	...
» radula, *de Kon.*	—	—	...	...
» Ryckholtana, *de Kon.* . .	...	—	...	...
» Scala, *de Kon.*	...	...	—	...
» scripta, *de Kon.*	...	...	—	...
» sculpta, *Phill.*	...	...	—	...
» Sowerbyana, *de Kon.* . .	—	—	...	...
» spiralis, *de Kon.* . . .	...	...	—	...
» squamula, *Phill.*	...	...	—	...
» submonilifera, *d'Orb.* (P. monilifera, *de Kon., non Ziet.*)	...	...	—	...
» sulcatula, *Phill.*	...	...	—	...
» striata, *Sow.*	—	—	—	...
» tornatilis, *Phill.*	...	...	—	...
» variata, *de Kon.*	...	...	—	...
» virgulata, *de Kon.* . . .	...	...	—	...
» vittata, *Phill.*	...	—	...	...
» Yvani, *Lév.*	—	—	—	...
Murchisonia (Turritella) abbreviata, *Sow.*	...	...	—	...
» (Rostellaria) angulata, *Phill.*	—	—	—	...

	Assise I. Tournay.	Assise IV. Waulsort.	Assise VI. Visé.	Assise indéterminée.
Murchisonia Archiacana, *de Kon.*	...	...	—	...
» Brongniartana, *de Kon.*	...	...	—	...
» Humboldtana, *de Kon.*	...	...	—	...
» lineata, *Phill.*	...	—	...	...
» melanioïdes, *de Kon.*	...	...	—	...
» multilineata, *Phill.*	...	—	...	...
» quadricarinata, *M'Coy.*	...	...	—	...
» quadricincta, *M'Coy.*	...	...	...	—
» Sedgwickana, *de Kon.*	—	...	...	...
» striatula, *de Kon.*	...	...	—	...
» subsulcata, *de Kon.*	...	...	—	...
» (Turritella) tæniata, *Phill.*	...	...	—	...
» Verneuilana, *de Kon.*	...	...	—	...
Cirrus armatus, *de Kon.*	...	...	—	...
Emarginula carbonifera, *de Ryckh.*	—	...	...	...
Pileopsis (Capulus) adroceras, *de Ryckh.*	—	...	...	...
» angustus, *Phill.*	...	—	—	...
» canaliculatus, *M'Coy.*	...	...	...	—
» (Capulus) corpuratus, *de Ryckh.*	—	...	...	...
» » euomphaloïdes, *de Ryckh.*	—	...	...	...
» » insculptus, *de Ryckh.*	—	...	...	...
» (Infundibulum) Koninckanum, *de Ryckh.*	—	...	...	...
» lævigatus, *M'Coy.*	...	—	...	...
» neritoïdes, *Phill.*	—	...	...	...
» (Infundibulum) Nerviorum, *de Ryckh.*	—	...	...	...
» priscus, *Goldf.*	...	—	...	...
» (Capulus) rectus, *de Ryckh.*	—	...	—	...
» » trilobus, *Phill.*	...	—	—	...
» tubifer, *Sow.*	—	—	—	...
» vetustus, *Sow.*	—	—	—	...
Patella (Metoptoma) elliptica, *Phill.*	...	...	—	...
» » heptaedralis, *de Ryckh.*	—	...	...	...
» » imbricata, *Phill.*	...	...	—	...
» lateralis, *Phill.*	—	...	—	...
» mucronata, *Phill.*	...	—	—	...
» (Metoptoma) oblonga, *Phill.*	...	...	—	...

	Assise I. Tournay.	Assise IV. Waulsort.	Assise VI. Visé.	Assise Indéterminée.
Patella (Metoptoma) Pileus, *Phill.*	...	...	—	...
» retrorsa, *Phill.*	...	...	—	...
» Ryckholtana, *de Kon.*	—	...	...	...
» scutiformis, *Phill.*	...	—	—	...
» sinuosa, *Phill.*	...	...	—	...
» solaris, *de Kon.*	...	...	—	...
Acmæa?(Helcion)Busscherana, *de Ryckh.*	...	...	—	...
» » cilicina, *de Ryckh.*	...	...	—	...
» » glebosa, *de Ryckh.*	...	...	—	...
» » humilis, *de Ryckh.*	—	...	...	...
» » loxogonoïdes, *de Ryckh.*	...	...	—	...
Siphonaria? Konincki, *M'Coy.*	...	—	...	...
Dentalium inæquale, *de Ryckh.*	...	...	—	...
» ingens, *de Kon.*	—	...	—	...
» ornatum, *de Kon.*	...	...	—	...
» perarmatum, *de Ryckh.*	...	...	—	...
» priscum, *de Münst.*	—	—	...	...
Chiton Barrandeanus, *de Ryckh.*	...	...	—	...
» concentricus, *de Kon.*	...	...	—	...
» cordifer, *de Kon.*	—	...	...	...
» Nervicanus, *de Ryckh.*	—	...	...	...
» priscus, *de Münst.*	—	...	...	...
» Sluseanus, *de Ryckh.*	...	...	—	...
» subgemmatus, *d'Orb.* (C. gemmatus, *de Kon.*, non *de Bl.*)	...	...	—	...
» (Helminthochiton) Tornacianus, *de Ryckh.*)	—	...	...	...
Porcellia Puzosi, *Lév.*	—	—	—	...
» (Bellerophon) Verneuili, *d'Orb.*	...	...	—	...
» (Nautilites) Woodwardi, *Mart.*	—	—	—	...
Bellerophon bicarenus, *Lév.*	—	...	—	...
» canaliferus, *Goldf.*	...	—	—	...
» Coriei, *d'Orb.*	...	—	...	...
» Cornu-arietis, *Sow.*	...	...	...	—
» costatus, *Sow.*	...	...	—	...
» decussatus, *Flem.*	—	—	—	...
» Duchasteli, *Lév.*	—	...	...	...
» Dumonti, *d'Orb.*	...	...	—	...
» Ferussaci, *d'Orb.*	...	...	—	...
» hiulcus, *Mart.*	—	—	—	...

	Assise I. Tournay.	Assise IV. Waulsort.	Assise VI. Visé.	Assise indéterminée.
Bellerophon hyalinus, *de Ryckh.*	—	…	…	…
» Keynanus, *de Kon.*	…	…	—	…
» Leveilleanus, *de Kon.*	…	…	—	…
» papyraceus, *de Ryckh.*	—	…	…	…
» Phalæna, *de Ryckh.*	—	…	…	…
» plicatus, *de Ryckh.*	—	…	…	…
» scalifer, *Lév.*	…	…	—	…
» Sowerbyi, *d'Orb.*	…	—	…	…
» subdiscoïdeus, *de Ryckh.*	—	…	…	…
» tangentialis, *Phill.*	—	—	—	…
» tenuifascia, *Sow.*	…	…	—	…
» tricarenus, *Lév.*	—	…	…	…
» Urei, *Flem.*	—	—	—	…
» vasulites, *Montf.*	…	—	—	…
» Witryanus, *de Kon.*	—	—	…	…
Conularia irregularis, *de Kon.*	…	…	—	…

LAMELLIBRANCHES.

	Assise I. Tournay.	Assise IV. Waulsort.	Assise VI. Visé.	Assise indéterminée.
Solen siliquoïdes, *de Kon.*	…	…	—	…
Solenopsis Omaliusi, *de Ryckh*	…	…	—	…
» (Solenella) orbitosa, *de Ryckh.*	…	…	—	…
» (Cypricardia) parvula, *de Kon.*	…	…	—	…
» » rhombea, *Phill.*	…	—	…	…
» (Solenella) Scalpellus, *de Ryckh*	…	…	—	…
» Scapha, *de Ryckh.*	…	…	—	…
» siliquoïdes, *de Ryckh.*	…	…	—	…
» (Cypricardia) striato-lamellosa, *de Kon.*	…	—	—	…
» tabulata, *de Ryckh.*	…	…	…	—
» (Cypricardia) tricosta, *Portl.*	…	…	—	…
» (Sanguinolaria) tumida, *Phill.*	…	—	…	…
» uniplicata, *de Ryckh.*	…	…	—	…
» (Pholadomya) Visetensis, *de Ryckh.*	…	…	—	…
Panopæa Coyana, *de Ryckh.*	…	…	—	…
» gravida, *de Ryckh.*	…	…	—	…
» Scaldisiana, *de Ryckh.*	…	…	—	…
Pholadomya maxima, *de Ryckh.*	…	…	—	…
» Omaliusana, *de Kon.*	—	—	…	…

	Assise I. Tournay.	Assise IV. Waulsort.	Assise VI. Vise.	Assise Indéterminée.
Pholadomya Tornacensis, *de Ryckh.*	—			
» Vaulxiana, *de Ryckh.*	—			
Scaldia Benedenana, *de Ryckh.*	—		—	
» Davreuxana, *de Ryckh.*	—			
» Kickxana, *de Ryckh.*	—			
» Lambotteana, *de Ryckh.*	—			
» Morrenana, *de Ryckh.*	—			
» Omaliusana, *de Ryckh.*	—			
Lyonsia (Sedgwickia) gigantea, *M'C*	—			
» Recquiana, *de Ryckh.*	—			
Tapes (Pullastra) bistriata, *Portl.*	—			
Cypricardia (Trapezium) Annæ, *de Ryckh.*			—	
» bipartita, *de Kon.*			—	
» cingulata, *M'Coy.*		—	—	
» concinna, *M'Coy.*				—
» elliptica, *Phill.*				
» (Trapezium) fabalis, *de Ryckh.*			—	
» glabrata, *Phill.*			—	
» globosa, *de Kon.*			—	
» (Trapezium) Juliæ, *de Ryckh.*	—			
» Kickxana, *de Ryckh.*	—			
» Koninckana, *d'Orb.* (C. trapezoïdalis, *de K.* non *Roem*).			—	
» (Trapezium) Lyellana, *de Ryckh.*			—	
» (Venus) parallela, *Phill.*	—		—	
» (Trapezium) præsecta, *de Ryckh.*			—	
» prosecta, *de Ryckh.*			—	
» (Trapezium) quadrilateralis, *de Ryckh.*			—	
» retrosecta, *de Ryckh.*			—	
» Selysana, *de Kon.*			—	
» (Modiola) squammifera, *Phill.*	—	—	—	
» transversa, *de Kon.*	—			
» Vesalei, *de Ryckh.*	—			
Conocardium (Cardium) alæforme, *Sow.*	—	—	—	
» (Pleurorhynchus) armatum, *Phill.*			—	
» » giganteum, *M'Coy.*		—		
» (Cardium) hibernicum, *Sow.*	—	—		
» » irregulare, *de Kon.*			—	
» (Pleurorhynchus) minax, *Phill.*			—	

	Assise I. Tournay.	Assise IV. Waulsort.	Assise VI. Visé.	Assise indéterminée.
Conocardium (Arcites) rostratum, *Martin*	...	...	—	...
» (Cardium) strangulatum, *de Kon.*	...	...	—	...
» (Pleurorhynchus) trigonale, *Phill.*	...	...	—	...
Isocardia deperdita, *de Kon.*	...	...	—	...
» pumila, *de Kon.*	...	—	—	...
Cardiomorpha Archiacana, *de Kon.*	—	—	...	...
» bicatenulata, *de Ryckh.*	—	...	...	...
» compressa, *M'Coy.*	...	—	...	...
» corrugata, *Phill.*	...	—	...	...
» (Pullastra) crassistria, *M'Coy.* (C. striata, *de K.*)	...	...	—	...
» cuneata, *M'Coy.*	...	...	...	—
» Egertoni, *M'Coy.*	...	—	...	...
» elegans, *M'Coy*	...	—	...	...
» elongata, *de Kon.*	...	—	—	...
» elliptica, *de Kon.*	...	...	—	...
» (Leptodomus) fragilis, *M'Coy.*	...	—	...	...
» (Astarte) gibbosa, *M'Coy.*	...	...	...	—
» glebosa, *de Ryckh.*	—	...	...	...
» Lacordaireana, *de Ryckh.*	—	...	...	...
» lamellosa, *de Kon.*	...	...	...	—
» laminata, *Phill.*	—	—	...	...
» livida, *de Kon.*	...	...	—	...
» (Venus) luciniformis, *Phill.*	...	...	—	...
» Mosensis, *de Ryckh.*	...	...	—	...
» nana, *de Kon.*	...	...	—	...
» oblonga, *Sow.*	...	—	—	...
» (Cardium) orbicularis, *M'Coy.*	...	—	...	...
» orbitosa, *de Ryckh.*	—	...	...	...
» prisca, *de Kon.*	...	—	...	...
» (Astarte) quadrata, *M'Coy.*	...	...	...	—
» Puzosana, *de Kon.*	—	—	...	...
» radiata, *de Kon.*	...	...	—	...
» scalaris, *M'Coy.*	...	—	—	...
» sector, *de Ryckh*	—	...	...	...
» (Corbula) senilis, *Phill.*	...	...	—	...
» solida, *de Ryckh.*,	—	...	...	...
» (Sanguinolaria) striata, *de Münst.*	...	...	—	...
» sulcata, *de Kon.*	...	—	—	...
» undata, *M'Coy.*	...	—	...	...

	Assise I. Tournay.	Assise IV. Waulsort.	Assise VI. Visé.	Assise indéterminée.
Edmondia Josepha, *de Kon.*		—	—	
» (Isocardia) unioniformis, *Phill.*			—	
Astarte Cantraineana, *de Ryckh.*			—	
» decurtata, *de Ryckh*			—	
» Dewalqueana, *de Ryckh.*			—	
» M'Coyana, *Sow.* (Astarte elegans, *Sow*).			—	
» orbitosa, *de Ryckh.*			—	
» Queteletana, *de Ryckh*			—	
› rhomboïdalis, *de Kon.*			—	
» stenosoma, *de Ryckh.*	—			
» tremula, *de Ryckh.*			—	
» Visetensis, *de Ryckh.*			—	
Dolabra æquilateralis, *M'Coy.*	—			
» Cantraincana, *de Ryckh.*	—			
» securiformis, *M'Coy*	—			
Niobe fragilis, *M'Coy.*		—		
» obliqua, *M'Coy.*		—		
» subtruncata, *M'Coy.*		—		
Cardinia ? (Lucina) laminata, *Phill.*	—			
Arca decussata, *M'Coy.*		—		
» fimbriata, *de Kon.*			—	
» pinguis, *de Kon.*			—	
» reticulata, *M'Coy.*				—
» (Byssoarca) semicostata, *M'Coy.*		—		
» tessellata, *de Kon.*			—	
Cucullæa (Arca) anatina, *de Kon.*			—	
» » aviculoïdes, *de Kon.*			—	
» » arguta, *Phill.*		—	—	
» » elegantula, *de Kon.*			—	
» » Faba, *de Kon.*		—	—	
» » fallax, *de Kon.*			—	
» » Haimeana, *de Kon.*			—	
» » Lacordaireana, *de Kon.*	—	—	—	
» » M'Coyana, *de Kon.*			—	
» » obscura, *de Kon.*			—	
» » obtusa, *Phill.*			—	
» » Verneuilana, *de Kon.*			—	
Nucula tumida, *Phill.*			—	
Leda colliculus, *de Ryckh.*			—	

	Assise I. Tournay.	Assise IV. Waulsort.	Assise VI. Visé.	Assise indéterminée.
Leda (Nucula) cuneata, *Phill.*	—	. . .	. . .	. . .
» gibbosa, *Flem.*	—	. . .	. . .	. . .
» (Nucula) luciniformis, *Phill.*	—	. . .	. . .	. . .
» Phillipsi, *de Ryckh.* (Nuc. undata, *Phill.*).	—	. . .	. . .	. . .
» S^ti-Hadelini, *de Ryckh.*	. . .	. . .	—	. . .
» sinuosa, *de Ryckh.*	—	. . .	. . .	. . .
Solenomya (Solemya) abbreviata, *de Ryckh*	. . .	. . .	. . .	—
» » arcuata, *de Ryckh.*	—	. . .	. . .	. . .
» » parallela, *de Ryckh.*	—	. . .	. . .	. . .
» » Puzosana, *de Kon.*	—	. . .	. . .	. . .
» » saginata, *de Ryckh.*	—	. . .	. . .	. . .
Pinna (Pinnites) flabelliformis, *Mart.*	. . .	. . .	—	. . .
» membranacea, *de Kon.* (P. prisca, *de Kon.*. P Konincki, *d'Orb.*).	. . .	. . .	—	. . .
Mytilus ampliatus, *de Ryckh.*	. . .	. . .	—	. . .
» apicicrassus, *de Ryckh.*	. . .	. . .	—	. . .
» cestinotus, *de Ryckh.*	. . .	. . .	—	. . .
» Cordolianus, *de Ryckh.*	—	. . .	. . .	. . .
» (Lithodomus) dactyloïdes, *M'Coy.*	—	—	. . .	. . .
» fabalis, *de Ryckh.*	—	. . .	. . .	. . .
» Flemingi, *M'Coy.*	—	. . .	. . .	. . .
» Fontenoyanus, *de Ryckh.*	—	. . .	. . .	. . .
» Geinitzanus, *de Ryckh.*	—	. . .	. . .	. . .
» granulosus, *Phill.*	. . .	—	. . .	. . .
» Koninckanus, *de Ryckh.*	. . .	. . .	—	. . .
» ligonula, *de Ryckh.*	—	. . .	. . .	. . .
» (Modiola) lingualis, *Phill.*	. . .	. . .	—	. . .
» lividus, *de Ryckh.*, (Modiola megaloba, *M'C.*).	. . .	. . .	—	. . .
» lunulatus, *de Ryckh.*	. . .	. . .	. . .	. . .
» Mariæ, *de Ryckh.*	—	. . .	. . .	. . .
» (Modiola) Mac-Adami, *Portl.*	. . .	. . .	—	. . .
» Mosensis, *de Ryckh.*	. . .	. . .	—	. . .
» Omaliusanus, *de Ryckh.*	. . .	. . .	—	. . .
» palmatus, *de Ryckh.*	. . .	. . .	—	. . .
» pernella, *de Ryckh*	. . .	. . .	—	. . .
» (Inoceramus) pernoïdes, *Portl.*	—	. . .	. . .	. . .
» radiatus, *de Kon.*	. . .	. . .	—	. . .
» retrocessus, *de Ryckh.*	. . .	. . .	—	. . .

	Assise I. Tournay.	Assise IV. Waulsort.	Assise VI. Visé.	Assise indéterminée.
Mytilus (Cardiomorpha) tener, *de Kon.*	...	—	—	...
Myalina Goldfussana, *de Kon.*	...	...	—	...
» lamellosa, *de Kon.*	...	—	—	...
» Virgula, *de Kon.*	...	...	—	...
Avicula acutirostris, *de Kon.*	...	...	—	...
» Benedenana, *de Kon.*	...	...	—	...
» Bosquetana, *de Kon.*	...	...	—	...
» Buchana, *de Kon.*	...	—	—	...
» (Pecten) depilis, *M'Coy.*	...	—	...	...
» Dumontana, *de Kon.*	...	...	—	...
» (Pterinea) desquamata, *M'Coy.*	...	...	...	—
» elliptica, *Phill.*	...	—	...	...
» fabalis, *de Ryckh.*	—	...	...	...
» (Pecten) fallax, *M'Coy.*	...	—	...	...
» » interstit ialis, *Phill.*	...	...	—	...
» irradiata, *de Ryckh.* (Pecten plicatus, *Phill.*, non *Sow*)	...	...	—	...
» lævigata, *de Kon.*	...	—	—	...
» (Gervilia) laminosa, *Phill.*	...	—	...	...
» lepida, *de Kon.*	...	...	—	...
» ligonula, *de Ryckh.*	—	...	—	...
» (Gervilia) lunulata, *Phill.*	...	—	—	...
» magnifica, *de Kon.*	...	...	—	...
» nobilis, *de Kon.*	...	...	—	...
» Nystana, *de Kon.*	...	...	—	...
» radiata, *Phill.*	...	...	—	...
» radula, *de Kon.*	...	...	—	...
» recta, *de Kon.*	...	—	...	...
» rigida, *M'Coy.*	...	...	—	...
» (Pecten) simplex, *Phill*	...	...	—	...
» (Gervilia) squammosa, *Phill.*	...	...	—	...
» subgranosa, *de Kon.* (Pecten granosus, *Phill.*, non *Sow.*).	...	...	...	—
» sublævigata, *d'Orb.* (A. lævigata, de Kon., non *Ziet.*)	...	...	—	...
» sublobata, *Phill.*	...	...	—	...
» tessellata, *de Kon.*	...	...	—	...
» Valenciennesana, *de Kon.*	...	...	—	...
Posidonomya (Pecten) hemisphærica, *Phill.*	...	...	—	...

	Assise I. Tournay.	Assise IV. Waulsort.	Assise VI. Visé.	Assise indéterminée.
Posidonomya lamellosa, *de Kon.*	···	···	—	···
» (Inoceramus) vetusta, *Sow.*	···	—	—	···
Pecten Bathus, *d'Orb.* (P. Sowerbyi, M'Coy, non *Nyst*).	···	—	—	···
» dissimilis, *Flem.*	—	···	—	···
» ellipticus, *Phill.*	···	···	···	—
» elongatus, *M'Coy.*	···	—	···	···
» fimbriatus, *Phill.*	···	···	—	···
» illegalis, *de Kon.*	···	···	—	···
» mactatus, *de Kon.*	—	—	···	···
» orbiculatus, *M'Coy.*	···	—	···	···
» Phillipsanus, *de Kon.*	···	···	—	···
» planicostatus, *M'Coy.*	···	—	—	···
» sclerotis, *M'Coy.*	···	—	···	···
» Sedgwicki, *M'Coy.*	···	···	···	—
» villanus, *de Kon.*	···	···	—	···
Ostrea nobilissima, *de Kon.*	···	···	—	···

BRACHIOPODES.

	Assise I. Tournay.	Assise IV. Waulsort.	Assise VI. Visé.	Assise indéterminée.
Terebratula hastæformis, *de Kon.*	—	···	···	···
» hastata, *Sow.*	···	—	···	···
» (Anomites) sacculus, *Martin.*	—	—	—	···
» subcrispata, *d'Orb.* (T. crispata, *de Kon.*, non *Sow*)	—	···	···	···
» vesicularis, *de Kon.*	···	···	—	···
Spirifer acuticostatus, *de Kon.*	···	···	—	···
» bisulcatus, *Sow.*	···	—	—	···
» Bronnanus, *de Kon.*	···	···	—	···
» Buchanus, *de Kon.*	···	···	—	···
» chiropteryx, *de Vern.*	···	···	—	···
» convolutus, *Phillips.*	···	···	—	···
» crassus, *de Kon.*	···	···	—	···
» (Anomites) cuspidatus, *Mart.*	—	—	···	···
» distans, *Phillips.*	···	—	···	···
» duplicicosta, *Phillips.*	···	···	—	···
» Fischeranus, *de Kon.*	···	···	—	···
» (Anomites) glaber, *Mart.*	—	—	—	···
» Goldfussanus, *de Kon.*	—	···	···	···

	Assise I. Tournay.	Assise IV. Waulsort.	Assise VI. Visé.	Assise Indéterminée.
Spirifer grandicostatus, *M'Coy.*	...	...	—	...
» humerosus, *Phillips.*	...	...	—	...
» insculptus, *Phillips* (S. crispus et S. heteroclytus, *de Kon.*).	—	...	—	...
» integricosta, *Phillips* (S. rotundatus, v. planatus, *de K.*)	...	...	—	...
» (Anomites) lineatus, *Martin.*	—	—	—	...
» mesogonius, *M'Coy.*	...	...	—	...
» Mosquensis, *Fisch.* (S. Sowerbyi, *de K.*).	—	—	—	...
» ornatus, *de Kon.*	...	—	—	...
» ovalis, *Phillips.*	...	—	—	...
» pectinoïdes, *de Kon.*	...	...	—	...
» pinguis, *de Kon.* (et S. rotundatus, *de K*)	—	—	—	...
» planatus, *Phill.*	...	—	—	...
» recurvatus, *de Kon.*	...	—	—	...
» Roemeranus, *de Kon.*	—	—	—	...
» Schnuranus, *de Kon.*	...	...	—	...
» (Anomites) striatus, *Mart* (et S. attenuatus, *de K.*)	...	—	—	...
» sublamellosus, *de Kon.*	...	...	—	...
» (Anomites triangularis), *Martin*	...	...	—	...
» trigonalis, *Sow.*	...	...	—	...
» radialis, *Phill.* (et S trisulcosus, *de K.*)	...	...	—	...
» Urei, *Fleming.*	...	—	...	...
Spiriferina (Spirifer) laminosa, *M'Coy.* (Spirifer tricornis *et* S. hystericus, *de Kon*).	—	—	—	...
» (Spirifer) octoplicata, *Sow.*	—	—	—	...
» (Spirifera) sculpta, *Phill*	...	—	...	...
Athyris (Spirifer) ambigua, *Sow.*	...	...	—	...
» » globularis, *Phill.*	...	...	—	...
» » lamellosa, *Lév.*	...	...	—	...
» » planosulcata, *Phill.*	—	...	—	...
» » Royssi, *Léveillé.*	—	—	—	...
» subtilita, *Hall*	—	—	...	—
» (Terebratula) squammigera, *de Kon.*	...	...	...	...

	Assise I. Tournay.	Assise IV. Waulsort.	Assise VI. Visé.	Assise indéterminée.
Cyrtia (Spirifer) septosa, *Phill.* (S. subconicus, *de K.*).	...	...	—	—
Retzia (Atrypa) radialis, *Phill.* (Terebratula Mantiæ, *de K.*).	—	—	—	...
» (Terebratula) serpentina, *de Kon.*	—	...	...	...
» » ulothrix, *de Kon.*	—	—	...	...
Rhynchonella (Anomites) acuminata, *Mart*	...	—	—	...
» (Anomia) angulata, *L.*	...	...	—	...
» (Terebratula) flexistria, *Phill.*	...	...	—	—
» » pleurodon, *Phill.* (T. pentatoma *et* T. Davreuxiana, *de K.*).	—	—	—	...
» (Anomia) Pugnus, *Mart.*	—	—	—	...
» (Terebratula) reflexa, *de Kon.*	...	...	—	...
» » reniformis, *Sow.*	...	...	...	—
» » rhomboïdea, *Phill.*	...	...	—	...
» » simia, *de Kon.*	...	...	—	...
» » trilatera, *de Kon.*	...	...	—	...
Orthis (Spirifera) arachnoïdea, *Phill.*	—	—	...	...
» Bechei. *M'Coy.*	...	—	...	...
» (Spirifera) connivens, *Phill.*	...	...	—	...
» » crenistria, *Phill.* (O. umbraculum, *de K.*)	—	—	—	...
» Keyserlingana, *de Kon.*	...	...	—	...
» Konincki, *d'Orb.* (O. striatula, *de Kon.*, non *Schl.*)	...	...	—	...
» Lyellana, *de Kon.*	...	...	—	...
» (Terebratula) Michelini, *Lév.*	—	—	—	...
» (Spirifera) radialis, *Phill.*	...	...	...	—
» (Anomites) resupinata, *Mart.*	—	—	—	...
» (Spirifera) senilis, *Phill.*	...	...	—	...
Strophomena (Producta) analoga, *Phill.*	—	—	—	...
Chonetes Buchana, *de Kon.*	...	...	—	...
» (Productus) comoïdes, *Sow.*	...	...	—	...
» concentrica, *de Kon.*	...	—	—	...
» Dalmanana, *de Kon.*	...	—	—	...
» elegans, *de Kon.*	—	...	—	...
» (Spirifera) papilionacea, *Phill.*	...	—	—	...
» perlata, *M'Coy.*	...	...	...	—
» (Leptæna) sulcata, *M'Coy.*	...	...	—	...

	Assise I. Tournay.	Assise IV. Waulsort.	Assise VI. Visé.	Assise indéterminée.
Chonetes (Leptæna) tuberculata, *de Kon.*	· · ·	· · ·	—	· · ·
» (Productus) variolata, *d'Orb.*	—	· · ·	· · ·	—
Productus (Anomites) aculeatus, *Martin.*	—	—	—	· · ·
» arcuarius, *de Kon.*	· · ·	· · ·	—	· · ·
» Buchanus, *de Kon.*	· · ·	· · ·	—	· · ·
» Cora, *d'Orb.*	—	· · ·	—	· · ·
» Deshayesanus, *de Kon.*	· · ·	· · ·	—	· · ·
» elegans, *M'Coy.*	· · ·	—	· · ·	· · ·
» ermineus, *de Kon.*	· · ·	· · ·	—	· · ·
» expansus, *de Kon.*	· · ·	· · ·	—	· · ·
» fimbriatus, *Sow.*	· · ·	—	—	· · ·
» flexistria, *M'Coy.*	· · ·	· · ·	—	· · ·
» (Anomites) giganteus, *Martin.*	—	· · ·	—	· · ·
» Griffithanus, *de Kon.*	· · ·	· · ·	—	· · ·
» Heberti, *de Vern.*	· · ·	· · ·	· · ·	· · ·
» Humboldti, *d'Orb.*	· · ·	· · ·	· · ·	—
» Koninckanus, *de Vern.*, (P. spinulosus, *de K., non Sow., et* P. granulosus, *de K.*).	· · ·	· · ·	—	· · ·
» Keyserlinganus, *de Kon.*	· · ·	· · ·	—	· · ·
» latissimus, *Sow.*	· · ·	· · ·	—	· · ·
» longispinus, *Sow.*	—	—	—	· · ·
» Leuchtenbergensis, *de Kon.*	· · ·	· · ·	—	· · ·
» margaritaceus, *Phill.*	—	—	—	· · ·
» marginalis, *de Kon.*	· · ·	· · ·	—	· · ·
» Medusa, *de Kon.*	· · ·	· · ·	—	· · ·
» mesolobus, *Phill.*	—	—	—	· · ·
» Nystanus, *de Kon.*	· · ·	· · ·	—	· · ·
» plicatilis, *Sow.*	· · ·	—	—	· · ·
» proboscideus, *de Vern.*	· · ·	· · ·	—	· · ·
» (Anomites) punctatus, *Martin.*	· · ·	· · ·	—	· · ·
» pustulosus, *Phill.* (et P. pyxidiformis, *de K.*).	—	—	—	· · ·
» (Anomites) scabriculus, *Mart.*	—	—	—	· · ·
» semireticulatus, *Mart.*	—	—	—	· · ·
» (Leptæna) sinuatus, *de Kon.*	· · ·	—	—	· · ·
» sublævis, *de Kon.* (et P. Christiani, *de K.*).	· · ·	· · ·	—	· · ·
» (Mytilus) striatus, *Fischer.*	· · ·	· · ·	—	· · ·
» tessellatus, *de Kon.*	· · ·	· · ·	—	· · ·

	Assise I. Tournay.	Assise IV. Waulsort.	Assise VI. Visé.	Assise indéterminée.
Productus undatus, *Defr*..	...	...	—	...
» undiferus, *de Kon*.	—	...	—	...
Crania (Orbicula) quadrata, *M'Coy*.	...	...	...	—
» (Patella) Ryckholtana, *de K.* (Anomianella Proteus, *de Ryckh*)	—	—	...	...
Discina (Emarginula) carbonifera, *de Ryckh*.	—	...	...	...
» (Orbicula) concentrica, *de Kon*.	...	...	—	...
» » Davreuxana, *de Kon*.	—	...	—	...
» (Orbiculoïdea) Dumontana, *de Ryckh*	...	...	—	...
» (Orbicella) gibbosa, *de Ryckh*.	—	...	...	...
» (Helcion) glebosa, *de Ryckh*.	...	...	—	...
» (Metoptoma) heptaedralis, *de Ryckh*.	—	...	...	...
» (Orbicella) hieroglyphica, *de Ryckh*.	—	...	...	...
» (Orbicella) mesocœla, *de Ryckh*.	—	...	...	...
» (Orbicula), nitida, *Phill*.	—	...	...	...
» (Orbiculoïdea) obtusa, *de Ryckh*.	—	...	...	...
» (Orbicella) psammophora, *de Ryckh*.	—	...	...	...
» (Orbiculoïdea) tortuosa, *de Ryckh*.	—	...	...	...
» (Orbicula) truncata, *de Kon*.	—	...	...	...
Hypodema (Calceola) Dumontana, *de Kon*.	...	...	—	...
Lingula mytiloïdes, *Sow*.	—	...	—	...
BRYOZOAIRES.				
Hemitrypa hibernica, *M'Coy*.	...	—	...	...
Retepora laxa, *Phill*.	...	...	—	...
» (Gorgonia) ripisteria, *Goldf*.	—	—	...	...
Fenestella ejuncida, *M'Coy*.	...	—	...	...
» (Retepora) membranacea, *Phill*.	—	—	—	...
» Michelini, *d'Orb*., (Gorgonia undulata, *Mich*., non *Phill*.)	—	...	...	...
» multiporata. *M'Coy*.	...	—	...	...
» (Retepora) nodulosa, *Phill*.	...	...	—	...

	Assise I. Tournay.	Assise IV. Waulsort.	Assise VI. Visé.	Assise indéterminée.
Fenestella oculata, *M'Coy*.		—		
» plebeia, *M'Coy*.		—		
» (Retepora) tenuifila, *Phill*.			—	
» » undulata, *Phill*.			—	
Polypora (Gorgonia) fastuosa, *de Kon*.	—			
» » Goldfussana, *de Kon*.			—	
» papillata, *M'Coy*.				—
» (Gorgonia) retiformis, *de Kon*.			—	
» verrucosa, *M'Coy*.				—
Ptylopora pluma, *Scouler*.				—
» (Glauconome) pulcherrima, *M'Coy*.				—
Ichthyorachis (Gorgonia) dubia, *de Kon*.			—	
Crisioïdes tubæformis, *Mich*.	—			

ANNÉLIDES.

	Assise I. Tournay.	Assise IV. Waulsort.	Assise VI. Visé.	Assise indéterminée.
Ditrupa? carbonifera, *de Ryckh*.			—	
Serpula Archimedis, *de Kon*.			—	
» clavæformis, *de Kon*.			—	
» parallela, *.M'Coy*.			—	
» Sowerbyana, *de Kon*.	—			
» spinosa, *de Kon*.	—			

ECHINODERMES.

	Assise I. Tournay.	Assise IV. Waulsort.	Assise VI. Visé.	Assise indéterminée.
Cidaris Munsterana, *de Kon*.			—	
Echinocrinus (Cidaris) Nerei, *de Münst*.	—			
» » prisca, *de Münst*.	—			
» » Protei, *de Münst*.	—			
Archæocidaris Shumardana, *Hall*.			—	
Palæchinus ellipticus, *Scouler*.	—			
Pentremites caryophyllatus, *de Kon. et Leh*.	—			
» crenulatus, *Roem*.	—			
» Orbignyanus, *de Kon*.	—			
» Puzosi, *de Münst*.	—			
» Waterhouseanus, *de Kon. et Le H*.	—			

	Assise I. Tournay	Assise IV. Waulsort.	Assise VI. Visé.	Assise indéterminée.
Lageniocrinus seminulum, *de K. et Le H.*	. . .	. . .	—	. . .
Platycrinus arenosus, *de K. et Le H.* . .	—	. . .	. . .	. . .
» armatus, *de Münst.*	—	. . .	. . .	. . .
» Austinanus, *de Kon. et Le H.*	—	. . .	. . .	. . .
» granosus, *de K. et Le H.* .	—	—	. . .	. . .
» granulatus, *Mill.*	—	. . .	. . .	. . .
» lævis, *Mill.*	—	. . .	. . .	. . .
» Mulleranus, *de K. et Le H.* .	—	. . .	. . .	. . .
» Olla, *de K. et Le H.* . . .	—	. . .	. . .	. . .
» ornatus, *M'Coy.*	—	. . .	. . .	. . .
» pileatus, *Goldf.*	—	. . .	. . .	. . .
» planus, *de K. et Le H.* (P. lævis, *de K.,* non *Mill.*). .	—	. . .	. . .	. . .
» punctatus, *de Münst.*	—	. . .	. . .	. . .
» spinosus, *Austin.*	—	. . .	. . .	. . .
» striatus, *Mill.*	—	. . .	. . .	. . .
» (Actinocrinites) triacontadactylus, *Mill.*	—	. . .	. . .	. . .
» » tuberculatus, *Mill.*	—	. . .	. . .	. . .
Taxocrinus nobilis, *Phill.*	—	. . .	. . .	. . .
Dichocrinus elegans, *de K. et Le H.* . .	—	. . .	. . .	. . .
» expansus, *de K. et Le H.* .	—	. . .	. . .	. . .
» fusiformis, *Austin.*	—	. . .	. . .	. . .
» granulosus, *de K. et Le H.*	—	. . .	. . .	. . .
» intermedius, *de K. et Le H.*	—	. . .	. . .	. . .
» irregularis, *de K. et Le H.*	—	. . .	. . .	. . .
» radiatus, *de Münst.* . . .	—	. . .	. . .	. . .
» sculptus, *de K. et Le H.* . .	—	. . .	. . .	. . .
Actinocrinus armatus, *de K. et Le H.* .	—	. . .	. . .	. . .
» costus, *M'Coy.*	—	. . .	. . .	. . .
» deornatus, *de K. et Le H.* .	—	. . .	. . .	. . .
» dorsatus, *de K. et Le H.* .	—	. . .	. . .	. . .
» icosidactylus, *Portl.* . .	—	. . .	. . .	. . .
» lævis, *Miller.*	—	. . .	. . .	. . .
» polydactylus, *Mill.*	—	. . .	. . .	. . .
» stellaris, *de K. et Le H.* (A. Gilbertsoni, *de K.,* non *Mill.*)	—	. . .	. . .	. . .
» tenuis, *de K. et Le H.* . .	—	. . .	. . .	. . .
» triacontadactylus, *Mill.* . .	—	. . .	. . .	. . .

	Assise I. Tournay.	Assise IV. Waulsort.	Assise VI. Visé.	Assise indéterminée.
Actinocrinus tricuspidatus, *de K et Le H.*	...	...	—	...
Forbesiocrinus (Poteriocrinus) nobilis, *Phill.*	—	...	...	...
Graphiocrinus encrinoïdes, *de K. et Le H.*	—	...	...	...
Mespilocrinus Forbesanus, *de K. et Le H.*	—	...	...	...
» granifer, *de K. et Le H.*	...	...	—	...
Rhodocrinus stellaris, *de K. et Le H.*	—	...	...	...
» uniarticulatus, *de K. et Le H.*	...	...	—,	...
Poteriocrinus (Cupressocrinus) Calyx, *M'C.*	...	...	—	...
» conoïdeus, *de K. et Le H*	...	...	—	...
» crassus, *Mill.*	—	—	...	...
» M'Coyanus, *de K. et Le H* (Cupressocrinus impressus, *M'C.*)	...	...	—	...
» Phillipsanus, *de K. et Le H.*	...	...	—	...
» plicatus, *Austin* (P. crassus, *de K.*)	—	...	...	...
» radiatus, *Austin*	—	...	...	...
» spissus, *de K. et Le H.* (P. conicus, *de K.*)	—	...	...	...
» tenuis, *Mill.*	—	...	...	...
Cyathocrinus conicus, *Mill.*	—	...	...	...
» mamillaris, *Phill.*	...	...	—	...

ANTHOZOAIRES.

	Assise I. Tournay.	Assise IV. Waulsort.	Assise VI. Visé.	Assise indéterminée.
Harmodites catenatus, *Fischer*	...	...	...	—
Favosites parasitica, *Phill.*	..	...	...	—
Emmonsia alternans, *Edw. et H.*	?	...	...	...
Michelinia (Dictyophyllia) antiqua, *M'Coy.*	—	...	...	...
» (Manon) favosa. *Goldf.*	—	...	—	...
» (Calamopora) megastoma, *Phill.*	—	...	...	...
» » tenuisepta, *Phill.*	—	...	...	...
Chætetes (Calamopora) tumidus, *Phill*	—	...	—	...
Syringopora distans, *Fisch* (Aulopora intermedia, *Phill.*	—	...	...	...
» geniculata, *Phill.*)	...	...	—	—
» ramulosa, *Goldf.*	—	...	—	...
» reticulata, *Goldf.*	...	...	...	...

	Assise I. Tournay.	Assi-e IV. Waulsort.	Assise VI. Visé.	Assise indéterminée.
Pyrgia Michelini, *Edw. et H.*	—			
Cyathaxonia Cornu, *Mich.*	—			
» Konincki, *Edw. et H.*	—			
» tortuosa, *Mich.*	—			
Zaphrentis Bowerbanki, *Edw. et H.*				—
» (Caninia) Cornu-copiæ, *Mich*	—			
» (Favosites) cylindrica, *Edw. et H.*	—			
» Delanouei, *Edw. et H*	—			
» Konincki, *Edw. et H.*	—			
» Omaliusi, *Edw. et H.*	—			
» (Caninia) patula, *Mich.*	—			
» Phillipsi, *Edw. et H.*	—			
» tortuosa, *Edw. et H.*	—			
Amplexus coralloïdes, *Sow.*	—	—	—	
» (Caninia) Cornu-bovis, *Mich.*	—			
» Henslowi. *Edw. et H.*			—	
» nodulosus, *Phill*			—	
» spinosus, *de Kon.*	—			
Menophyllum tenuimarginatum, *Edw. et H*	—			
Lophophyllum Dumonti, *Edw. et H.*	—			
» Konincki, *Edw. et H.*	—			
Cyathophyllum ? Burtini, *Edw. et H.* (Caryophyllia duplicata, *de Kon.*)			—	
» regium, *Phill.*				—
» Wrighti, *Edw et H.*				—
Clisiophyllum Keyserlingi, *M'Coy.*			—	
» Konincki, *Edw. et H.*			—	
Lithostrotion Ananas, *M'Coy.*				—
» basaltiforme, *Conyb.*				—
» fasciculatum.			—	
» irregulare, *Phill.*				—
» junceum, *Flem.*			—	
» Martini. *Conyb*			—	
» Phillipsi, *Edw. et H.*				—
» Portlocki, *Haime.*				—
Axophyllum expansum, *Edw. et H.*			—	
» Haimeanum, *de Kon.*				—
» ? Konincki, *Edw. et H.*			—	
» radicatum, *Edw. et H.*			—	
Lonsdaleia floriformis, *Edw. et H.*				—
Mortieria vertebralis, *de Kon.*	—			

9. FOSSILES DE L'ÉTAGE HOUILLER SANS HOUILLE.

Voir p. 92.

10. FOSSILES DE L'ÉTAGE HOUILLER

proprement dit (1).

Voir p. 97. — Ajoutez *Palœorbis Ammonis*, v. Ben. et Coem., (*Gyromyces Ammonis*, Goepp., *Spirorbis carbonarius*, Daws.), et *Omalia macroptera*, v. Ben. et Coem. (2).

Plantes.

Asterophyllites arcuata, *Sauv.*
  » delicatula, *Stern. sp.*
  » elegans, *Sauv.*
  » longifolia, *Stern. sp.*
  » patens, *Sauv.*
  » rigida, *Stern. sp.*
  » subulata, *Sauv.*
Annularia longifolia, *Brongn.*
  » radiata, *Stern.*
  » sphenophylloïdes, *Ung.*
Sphenophyllum emarginatum, *Brong.*
  » erosum, *Lindl. et Hutt.*
  » », B, saxifragœfolium, (S. multifidum), *Sauv.*
  » longifolium, *Germ.*
  » Schlotheimi, *Brong.*
    » B, tetraphyllum (S. tetraphyllum, *Sauv.*).
Sigillaria alternans, *Sauv.*

Sigillaria angustata, *Sauv.*
  » antiqua, *Sauv.*
  » contigua, *Sauv.*
  » cristata, *Sauv.*
  » Davreuxi. *Brong.*
  » distans, *Sauv.*
  » elongata, *Brong.*
  » gigantea, *Sauv.*
  » grandis, *Sauv.*
  » Hippocrepis. *Brong.*
  » lævigata, *Brong.*
  » lævis, *Sauv.*
  » lenticularis, *Sauv.*
  » mamillaris, *Brong.*
  » minuta, *Sauv.*
Sigillaria Morandi, *Sauv.*
  » notata, *Brong.*
  » oblonga, *Sauv.*
  » ovata, *Sauv.*
  » peltata, *Sauv.*

(1) La liste ci-dessous des végétaux de cet étage est empruntée, sauf quelques modifications, à M. d'Omalius d'Halloy, qui l'a extraite des ouvrages d'Ad. Brongniart et de Sauveur.

(2) Ce genre de névroptère, dédié à M. d'Omalius d'Halloy, devra recevoir un autre nom, celui qu'il porte ayant été donné antérieurement à un genre de mollusques lamellibranches par M. de Ryckholt.

Sigillaria pulchella, *Sauv.*
» reniformis, *Brong.*
» rimosa, *Sauv.*
» tessellata, *Sternb.*
» sexangula, *Sauv.*
» undulata, *Sauv.*
» Walchi, *Sauv.*
Stigmaria ficoïdes, *Brong.*
» gigantea, *Sauv.*
» Mosana, *Sauv.*
Lepidodendron aculeatum, *Stern.*
» alternans, *Sauv.*
» cœlatum, *Brong.*
» clathratrum, *Sauv.*
» confluens, *Stern.*
» Costaï, *Sauv.*
» crenatum, *Stern.*
» cuneatum, *Sauv.*
» dilatatum, *Sauv.*
» dissitum, *Sauv.*
» dubium. *Stern. sp.*
» elegans, *Stern. sp.*
» elongatum, *Sauv.*
» gibbosum, *Sauv.*
» imbricatum, *Stern.*
» laricinum, *Stern.*
» minutum, *Sauv.*
» obovatum. *Stern.*
» obtusum, *Sauv.*
» ophiurus, *Brong.*
» pulchellum, *Brong.*
» Rhodianum, *Stern.*
» rimosum, *Stern.*
» rugosum, *Brong.*
» selaginoïdes, *Stern.*
» Sternbergi, *Brong.*
» undulatum, *Stern.*
Calamites approximatus, *Stern.*
» Artisi. *Sauv.*
» cannæformis, *Schloth.*
» Cisti, *Brong.*
» distans, *Stern.*
» dubius, *Artis.*
» insignis, *Stern.*
» nodosus, *Schloth.*
» ramosus, *Artis.*
» Suckowi, *Brong.*
» undulatus, *Brong.*

Lonchopteris elegans, *Sauv.*
» elongata, *Sauv.*
» pectinata, *Sauv.*
» Roehli, *Andr.*
» rugosa, *Brongn.*
» subacuta, *Sauv.*
Pecopteris amœna, *Sauv.*
» arborescens, *Schloth.*
» aspidioïdes. *Stern.*
» bifurcata, *Stern.*
» brachyloba, *Sauv.*
» cyathea. *Brong.*
» Davreuxi, *Brong.*
» debilis. *Stern.*
» dentata, *Brong.*
» gigantea, *Schloth.*
» Hannonica, *Sauv.*
» heterophylla. *Lind. et H.*
» Hoffmanni. *Sauv.*
» lonchitica. *Schloth. sp.*
» Mantelli, *Brong.*
» multiformis, *Sauv.*
» muricata, *Schloth.*
» nervosa, *Brong.*
» Oreopteridis, *Brong.*
» pennata, *Stern.*
» Pluckeneti, *Schloth.*
» rugosa, *Sauv.*
» Sauveuri. *Brong.*
» Volkmanni, *Sauv.*
Sphenopteris alata, *Brong.*
» artemisiæfolia, *Stern.*
» delicatula, *Stern.*
» dissecta, *Brong.*
» distans, *Stern.*
» elegans, *Brong.*
» furcata, *Brong.*
» grandifrons, *Sauv.*
» Hœninghausi, *Brong.*
» latifolia, *Brong.*
» obtusiloba, *Brong.*
» rigida, *Brong.*
» stricta, *Stern.*
» trifoliata. *Artis.*
Odontopteris appendiculata, *Sauv.*
» Brardi, *Brong.*
Nevropteris angustifolia, *Brong.*
» appendiculata, *Sauv.*

Nevropteris auriculata, *Sauv.*
»   Dufrenoyi, *Brong.*
»   flexuosa, *Stern.*
»   gigantea, *Stern.*
»   heterophylla, *Brong.*
»   Loshi, *Brong.*
»   microphylla, *Brong.*
»   Scheuchzeri, *Hofmann.*

Nevropteris tenuifolia, *Schloth. sp.*
Cyclopteris (Otopteris) cycloïdea,
    Sauv.
»   gibbosa, *Sauv.*
»   orbicularis, *Brong.*
»   reniformis, *Sauv.*
»   semicordata, *Sauv.*
»   undulata, *Sauv.*

11. FOSSILES DES CAILLOUX DU POUDINGUE DE MALMÉDY.
Voir p. 119.

Crustacés.

Phacops latifrons, *Bronn.*
Pleuracanthus laciniatus, *Roem.*

Gastéropodes.

Dentalium antiquum, *Goldf.*
Tentaculites annulatus, *Schl.*

Lamellibranches.

Pterinea costulata (P. costata,
Goldf., non Sow.)

Brachiopodes.

Stringocephalus Burtini, *Defr.*
Rhynchonella (Terebratula) Dalei-
    densis, *Roem.*
»   » pila, *de Buch.*
»   » Wahlenbergi, *Goldf.*
Spirifer cultrijugatus, *Roem.*
—   (Terebratulites) hysteri-
    cus, *Schl.*
Spirifer undiferus, *Roem.*
Athyris (Terebratula) concentrica,
    de Buch.
Atrypa (Anomia) reticularis, *L.*
Orthis opercularis, *de Vern.*
»   (Terebratulites) striatula,
    Schl.
»   » Umbraculum, *Schl.*
Leptæna (Orthis) interstrialis,
    Phill.
»   laticosta, *Conr.*

Productus subaculeatus, *Murch.*
»   Murchisonanus, *de Kon.*
Chonetes (Orthis) dilatata, *Roem.*
»   (Terebratulites) sarcinulata,
    Schl.
Calceola sandalina, *Lm.*

Bryozoaires.

Fenestrella (Retepora) antiqua,
    Goldf.
»   (Gorgonia) infundibu-
    liformis, *Goldf.*

Echinodermes.

Cyathocrinus pinnatus, *Goldf.*

Anthozoaires.

Heliolites (Astræa) porosa, *Goldf.*
Favosites (Calamopora) alveolaris,
    Goldf.
»   basaltica, *Goldf.*
»   (Alveolites) cervicornis, *de
    Bl.*
»   Goldfussi, *d'Orb.*
»   (Calamopora) polymorpha,
    Goldf.
»   (Alveolites reticulata, *de Bl.*
Cyathophyllum   caespitosum,
    Goldf.
»   hypocrateriforme, *Goldf.*
»   quadrigeminum, *Goldf.*
Stromatopora concentrica, *Goldf.*
»   polymorpha, *Goldf.*
Pleurodyctium problematicum,
    Goldf.

TERRAIN JURASSIQUE.

12. FOSSILES DU LIAS INFÉRIEUR (1).

Voir p. 126 à 135 et p. 308.

	Grès de Martinsart.	Marne de Jamoigne.			Grès de uxembourg.			Marne de Strassen.	
		Marne d'Helmsingen	Marne de Jamoigne.	Calcaire de Warcq.	Grès de Luxembourg.	Grès de Florenville.	Calcaire sableux d'Orval.	Calcaire de Warcq.	Marne de Strassen
	1	2	3	4	5	6	7	8	9
CRUSTACÉS.									
Cythere denticulata, *Terq.*	.	.	.	4	.	.	.	.	.
» flexiplicata, *Terq.*	.	.	.	4	.	.	.	.	.
Cytherella abbreviata, *Terq.*	.	.	.	4	.	.	.	.	.
» ampla, *Terq.*	.	.	.	4	.	.	.	.	.
» tenella, *Terq.*	.	.	.	4	.	.	.	.	.
CÉPHALOPODES.									
Belemnites acutus, *Mill.*	.	.	.	.	.	.	7	.	9
Nautilus aratus, *Schl.*, v. striatus, *Sow.*	.	.	.	4	.	6	7?	8	9?
» » v. intermedius, *Sow.*	.	.	.	.	.	.	7	.	.
» » v. afflnis, *Ch. et Dew.*	.	.	.	.	.	6	7?	8	9?

(1) La liste ci-dessous comprend, outre les espèces décrites ou mentionnées par M. Chapuis et nous-même, toutes celles que MM. Terquem et Piette ont·citées en Belgique dans leur mémoire sur *Le lias inférieur de l'est de la France, etc.,* (*Mém. Soc. géol. de Fr.,* 2ᵉ s., t. VIII ; 1865). Nous éprouvons de grandes difficultés pour répartir un bon nombre des premières en quatre niveaux au lieu de deux; aussi verra-t-on, par exemple, beaucoup d'indications affectées d'un signe de doute dans les deux zones à *Ammonites angulatus* et à *A. planorbis* (marne de Jamoigne et marne d'Helmsingen) de notre ancienne marne de Jamoigne inférieure. Pour les espèces empruntées au mémoire de MM. Terquem et Piette, qu'elles eussent été citées par nous, ou non, nous avons pris les données de ces savants relatives aux localités belges seulement. La comparaison de ces indications avec les nôtres nous a convaincu que nous ne sommes pas d'accord avec ces géologues sur la place à assigner à plusieurs espèces; mais comme notre liste ne comporte pas de discussion, nous n'avons eu d'autre parti à prendre que d'accepter leurs données purement et simplement.

	Grès de Martinsart.	Marne de Jamoigne.			Grès de Luxembourg.			Marne de Strassen.	
		Marne d'Helmsingen.	Marne de Jamoigne.	Calcaire de Warcq.	Grès de Luxembourg.	Grès de Florenville.	Calcaire sableux d'Orval.	Calcaire de Warcq.	Marne de Strassen.
	1	2	3	4	5	6	7	8	9
Ammonites angulatus, *Schl.*			3		5				
» bisulcatus, *Brug.*				4		6		8	9
» Carusensis, *d'Orb.*							7		
» Charmassei, *d'Orb.*								8	
» Condeanus, *Ch. et Dew.*						6?			
» Conybeari, *Sow.*						6	7		
» Hagenowi, *Dunk.*			3						
» Johnstoni, *Sow.*		2		4					
» Kridion, *Hehl.*								8	
» multicostatus, *Sow.*						6	7		
» obtusus, *Sow.*							7		
» planorbis, *Sow.*		2							
» raricostatus, *Ziet.*								8	
» Sinemuriensis, *d'Orb.*								8	
» stellaris, *Sow.*						6			

GASTÉROPODES.

	Grès de Martinsart.	Marne de Jamoigne.			Grès de Luxembourg.			Marne de Strassen.	
		Marne d'Helmsingen.	Marne de Jamoigne.	Calcaire de Warcq.	Grès de Luxembourg.	Grès de Florenville.	Calcaire sableux d'Orval.	Calcaire de Warcq.	Marne de Strassen.
	1	2	3	4	5	6	7	8	9
Chemnitzia turbinata, *Terq.*			3						8?	
» (Melania) Zenkeni, *Dunk.*			3	4	5				
Cerithium acuticostatum, *Terq.*			3	4	5				
» anceps, *Dew.* (Chemnitzia? nuda, *Ch et Dew*)					5	6			
» conforme, *Ch. et Dew.*				4					
» (Chemnitzia) Davidsoni *Ch. et Dew.*						6			
» Dumonti, *Ch. et Dew*				4					
» gratum, *Terq.*				4					
» (Chemnitzia?) ingratum, *Ch. et Dew.*						6			
» Jamoignense, *Terq. et P.*				4					
» Quinettcum, *Piette*					5				
» regulare, *Terq. et P.*				4					
» rotundatum, *Terq.*				4					
» subnudum, *Mart.*			3						
» subturritella, *Ch. et Dew.* (C. Jobæ, *Terq*)			3	4					
» verrucosum, *Terq.*			3		5				

	Grès de Martinsart.	Marne de Jamoigne.			Grès de Luxembourg.			Marne de Strassen.	
		Marne d'Helmsingen	Marne de Jamoigne.	Calcaire de Warcq.	Grès de Luxembourg.	Grès de Florenville.	Calcaire sableux d'Orval.	Calcaire de Warcq.	Marne de Strassen.
	1	2	3	4	5	6	7	8	9
Turritella Deshayesana, *Terq.*	.	2	.	.	.	.	.	.	.
» unicingulata, *Quenst.*	.	.	3	.	.	.	.	.	.
Littorina Arduennensis, *Piette.*	.	.	3	.	.	.	.	.	.
» clathrata, *Desh.* (Chemnitzia aliena, *Ch. et D.* et Natica Koninckana, *Ch et Dew*)	.	.	3	4	5	.	7	.	.
Solarium liasinum, *Dunk*	.	.	.	4	.	.	.	.	.
Ampullaria angulata, *Desh.*	.	.	.	.	5	.	.	.	.
» carinata, *Terq.*	.	.	.	.	5	.	.	.	.
» obliqua, *Terq.*	.	.	.	.	5	.	.	.	.
» obtusa, *Desh.*	.	.	.	.	5	.	.	.	.
» planulata, *Terq.*	.	.	.	.	5	.	.	.	.
Turbo atavus. *Ch. et Dew*	.	.	3	4	.	.	.	.	.
» Buvignieri, *Ch. et D*	.	.	.	.	.	.	.	8?	.
» costellatus, *Terq.*	.	.	3	4	.	.	.	.	.
» fragilis, *Terq. et P.*	.	.	.	4	.	.	.	.	.
» inornatus, *Terq. et P.*	.	.	.	4	.	.	.	.	.
» insculptus, *Ch. et Dew.*	.	.	.	.	.	.	.	8?	.
» liasicus, *Martin*	.	.	3	.	.	.	.	.	.
» Nysti, *Ch. et Dew*	.	.	3	4	.	.	.	.	.
» selectus, *Ch. et Dew.*	.	.	.	4	.	.	.	8	.
» solarium, *Piette*	.	.	.	4	.	.	.	.	.
» tenuis, *Terq. et P.*	.	.	.	4	.	.	.	.	.
Phasianella nana, *Terq.*	.	.	.	4	.	.	.	.	.
Trochus acuminatus, *Ch. et D.*	.	.	3	4	.	.	7	.	.
» intermedius, *Ch. et D.*	.	.	3	4	.	.	.	.	.
» Jamoignacus, *Terq. et P.*	.	.	.	4	.	.	.	.	.
Pleurotomaria basilica, *Ch. et D.*	.	2?	3	4	.	.	.	.	.
» cognata, *Ch. et D.*	.	.	3	4?	.	.	.	.	.
» densa, *Terq.*	.	.	.	4	.	.	.	.	.
» Dewalquei, *Terq. et P.*	.	.	.	.	.	.	.	8?	.
» (Rotella) expansa, *Sow.*	.	.	3	4	.	.	.	.	.
» foveolata, *E. Dest.*	.	.	3	.	.	.	.	.	.
» heliciformis, *E. Dest.*	.	.	.	4	.	.	.	.	.
» Hettangiensis, *Terq.*	.	.	3	4	.	.	.	.	.
» Jamoignaca, *Terq et P.*	.	.	.	4	.	.	.	.	.
» Metzertensis, *T. et P.*	.	2	.	.	.	.	.	.	.
» Moseilana, *Terq.*	.	.	3	.	.	.	.	.	.

	Grès de Martinsart.	Marne de Jamoigne.			Grès de Luxembourg.			Marne de Strassen.	
		Marne d'Helmsingen	Marne de Jamoigne.	Calcaire de Warcq.	Grès de Luxembourg.	Grès de Florenville.	Calcaire sableux d'Orval.	Calcaire de Warcq.	Marne de Strassen.
	1	2	3	4	5	6	7	8	9
Pleurotomaria planula, *Terq. et P.*	.	.	3	4	.	.	.	.	.
» principalis, *Ch. et D.*	.	.	3	.	.	.	.	.	.
» rotellæformis, *Dunk.*	.	.	3	.	.	.	.	.	.
» rustica, *E. Dest.*	.	.	.	.	.	.	.	8?	.
» Wanderbachi, *Terq.*	.	.	3	4	.	.	.	.	.
Patella Hettangiensis, *Terq.*	.	.	.	.	5	.	.	.	.
Acmæa (Helcion) discrepans, *de Ryckh.*	.	.	.	4?	.	.	.	.	.
» » infra-liasina, *de Ryckh.*	.	.	.	4?	.	.	.	.	.
Dentalium compressum, *d'Orb.*	.	.	.	4	.	.	.	.	.
Tornatella inermis, *Terq.*	.	.	.	.	5	.	.	.	.
» Milium, *Terq.*	.	.	3	.	.	.	.	.	.
» Secale, *Terq.*	.	.	3	4	.	.	.	.	.
Orthostoma Avena, *Terq.*	.	.	3	.	.	.	.	.	.
» Frumentum, *Terq.*	.	.	3	.	.	.	.	.	.
» Oryza, *Terq.*	.	.	3	.	.	.	.	.	.
» turgida, *Terq.*	.	.	3	.	.	.	.	.	.

LAMELLIBRANCHES.

	1	2	3	4	5	6	7	8	9
Solen Deshayesi, *Terq.*	.	.	3	.	.	.	.	.	.
Pleuromya crassa, *Ag.*	.	.	3	4	.	.	.	.	.
» Dunkeri, *Terq.*	.	.	.	4	.	.	.	.	.
» Galathea, *Ag.*	.	.	3	4	.	.	.	.	.
» striatula, *Ag.*	.	.	3	4	.	.	.	8?	9?
Pholadomya (Homomya) Alsatica, *Ag.*	.	.	.	.	.	.	.	8?	.
» ambigua, *Sow.*	.	.	.	.	.	.	.	8?	9?
» Archiaci, *Terq. et P.*	.	.	.	.	.	.	.	8	.
» glabra, *Ag.*	.	.	.	.	.	.	.	8?	9?
» jurassioïdes, *Chap.*	.	.	.	.	.	.	.	8?	9?
» (Homomya) Konincki, *Ch et D.*	.	.	.	.	.	.	.	8?	.
» rhombifera, *Goldf.*	.	.	3	4	.	.	.	.	.
» ventricosa, *Ag.*	.	.	.	.	.	.	.	8	.
Cardium Philippianum, *Dunk.*	.	.	.	4	5	.	.	.	.
Isodonta Engelhardti, *Terq.*	.	.	.	.	.	6	.	.	.
Tancredia (Hettangia) angusta, *Terq.*	.	.	.	.	5	.	.	.	.
» » Deshayesana, *Terq.*	.	.	.	4	5	.	.	.	.
» » ovata, *Terq.*	.	.	.	.	.	6	7	.	.

	Grès de Martinsart.	Marne de Jamoigne.			Grès de Luxembourg			Marne de Strassen.	
		Marne d'Helmsingen	Marne de Jamoigne.	Calcaire de Warcq.	Grès de Luxembourg.	Grès de Florenville.	Calcaire sableux d'Orval.	Calcaire de Warcq.	Marne de Strassen.
	1	2	3	4	5	6	7	8	9
Lucina arenacea, *Dunk.*	.	2	3	4	.	.	.	.	.
» (Mactromya) liasina, *Ag.*	.	.	.	4	.	.	.	.	.
» ovula, *Terq. et P.*	.	2	.	.	.	.	.	.	.
» problematica, *Terq.*	.	.	3	.	.	.	.	.	.
Astarte (Unio) abducta, *Phill.*	.	.	3	4?	.	.	.	.	.
» cingulata, *Terq.*	1	.	3	4	5	.	.	.	.
» consobrina, *Ch. et D.*	1	2	.	.	.	.	.	.	.
» irregularis, *Terq.*	1	.	3	4	5	.	7	.	.
Cardita Heberti, *Terq.*	.	.	.	.	5	.	7	.	.
» tetragona, *Terq.*	.	.	.	.	5	6	.	.	.
Myoconcha inclusa, *Terq.*	.	.	.	4	.	.	.	.	.
» scabra, *Terg. et P.*	.	.	.	.	.	6	.	.	.
Cardinia amygdala, *Ag.*	.	.	.	4	.	.	.	.	.
» angustiplexa, *Ch. et D.*	.	2	3	4	.	.	.	.	.
» concinna, *Sow.*	.	.	.	.	5	.	7	.	.
» copides, *de Ryckh.*	.	.	.	.	.	6	7	.	.
» (Unio) crassiuscula, *Sow.*	.	.	.	.	5	6?	.	.	.
» Deshayesi, *Terq.*	.	2	.	.	5	.	.	.	.
» Dunkeri, *Ch. et D.* (Unio trigonus, *K. et D.*).	.	2?	.	.	.	.	.	.	.
» exigua, *Terq.*	.	.	.	.	.	6	.	.	.
» gibba, *Ch. et D.*	.	.	3	4	.	.	.	.	.
» (Unio) hybrida, *Sow.*	.	.	.	4	.	6	.	8	.
» Cytherea) lamellosa, *Goldf.*	1?	2	3?	.	.	.	.	.	.
» (Unio) Listeri, *Sow.*	.	.	.	4	.	.	.	8	.
» Lycetti, *Chap.*	.	.	3	.	.	.	.	.	.
» Morisi, *Terq.*	.	2	.	.	.	.	.	.	.
» (Unio) Nilsoni, *K et Dunk.*	.	.	3	.	.	.	.	.	.
» Oppeli, *Chap.*	.	.	.	.	.	6	.	.	.
» ovalis, *Stutch.*	.	.	3	.	.	.	.	.	.
» porrecta, *Ch. et D.*	.	2	3	4	.	.	.	.	.
» pyriformis, *Terq. et P.*	.	.	.	.	.	.	7	.	.
» quadrata, *Ag.*	.	2?	3?	.	.	.	.	.	.
» similis, *Ag.*	.	.	.	.	5?	.	.	.	.
» subæquilatera, *Ch. et D.*	.	2?	3?	.	.	.	.	.	.
» unioïdes, *Ag.*	.	2	3	.	.	.	.	.	.
Arca pulla, *Terq.*	.	.	3	4	.	.	.	.	.
Cucullœa Hettangiensis, *Terq.*	1	.	.	.	.	.	.	.	.
Nucula fallax, *Terq. et P.*	.	.	.	4	.	.	.	.	.

	Grès de Martinsart.	Marne de Jamoigne.			Grès de Luxembourg.			Marne de Strassen.	
		Marne d'Helmsingen	Marne de Jamoigne.	Calcaire de Warcq.	Grès de Luxembourg	Grès de Florenville.	Calcaire sableux d'Orval.	Calcaire de Warcq.	Marne de Strassen.
	1	2	3	4	5	6	7	8	9
Leda tenuistriata, *Piette*	.	.	.	4	.	.	.	.	.
Pinna diluviana, *Schl.*	.	.	.	.	.	6	7	8?	9?
» Hartmanni, *Ziet.*	.	.	3	4	.	6	7	.	.
» Oppeli, *Dew.* (P. fissa, *Ch. et D., non Goldf.*)	.	.	3	4	.	.	7	.	.
» similis, *Ch. et D.*	.	.	3?	4	.	.	.	.	.
Mytilus Hillanoïdes, *d'Orb.*	.	.	3	.	.	.	.	.	.
» psilonotus, *de Ryckh.* (M. Simoni, *Terq.*)	.	.	.	4	.	.	.	.	.
» rusticus, *Terq.*	.	.	3	.	.	.	.	.	.
» Scalprum, *Sow.*	.	.	.	.	.	.	.	8?	9?
» Terquemanus, *de Ryckh.*	1	2	.	4	.	.	.	.	.
Avicula Alfredi, *Terq.*	.	.	.	4	.	.	.	.	.
» Buvignieri, *Terq.*	.	.	3	4	.	.	7	.	.
» Deshayesi, *Terq.*	1	.	.	.	.	.	.	.	.
» Sinemuriensis, *d'Orb.*	.	.	.	4	.	6	7	8	9
Perna infraliasica, *Quenst.*	.	.	.	.	.	.	7	.	.
Lima amœna, *Terq.*	.	.	.	.	5	.	.	.	.
» antiquata, *Sow.*	.	.	.	.	5	.	.	.	.
» compressa, *Terq.*	.	.	.	4	.	.	.	.	.
» dentata, *Terq.*	.	2	3	4	.	.	.	.	.
» (Plagiostoma) duplicata, *Sow.*	.	.	3	4	5	.	.	8?	9?
» fallax, *Ch. et D*	.	.	3	.	.	.	.	.	.
» (Plagiostoma) gigantea, *Sow.*	1	2	3	4	5	6	7	8	9
» » Hermanni, *Voltz.*	.	.	3	4	5	.	.	.	.
» » Hausmanni, *Dunker.*	.	.	3	4	.	.	.	.	.
» Hettangiensis, *Terq.*	.	2	3	4	.	.	.	.	.
» incisa, *Terq. et P.* (L. punctata, *Ch. et D., non Sow*	.	2	3	4	.	.	.	8	.
» nodulosa, *Terq.*	.	.	.	.	5	.	.	.	.
» Omaliusi, *Ch et D.*	.	.	3	.	.	.	.	.	.
» plebeïa, *Ch. et D.*	.	2	3	.	.	.	.	.	.
» tuberculata, *Terq.*	.	2f	3?	.	5	.	.	.	.
Limea duplicata, *de Münst.*	.	.	.	4	.	.	.	.	.
» Koninckana, *Ch. et D.*	.	.	3	4	.	.	7	.	.
Pecten calvus, *Goldf.*	.	.	3	4	.	.	7	8	.
» disciformis, *Schübi.*	.	.	.	.	.	6?	7	8?	9
» Jamoignensis, *Terq. et P.*	.	.	.	4	.	.	.	.	.
» Piettei, *Dew.* (P. dispar, *Terq.*)	.	.	.	.	5	.	.	.	.

	Grès de Martinsart.	Marne de Jamoigne.			Grès de Luxembourg.			Marne de Strassen.	
		Marne d'Helmsingen	Marne de Jamoigne.	Calcaire de Warcq.	Grès de Luxembourg.	Grès de Florenville.	Calcaire sableux d'Orval.	Calcaire de Warcq.	Marne de Strassen.
	1	2	3	4	5	6	7	8	9
Pecten priscus, *Schlot.*								8?	9?
» punctatissimus, *Quenst.*			3	4					
». textorius, *Schl.*						6	7	8	9
» vimineus, *Sow.*							7		9
Hinnites (Carpenteria) Heberti, *Terq. et Piette.*		2	3	4	5		7		
» liasicus, *Terq.*					5				
» Orbignyanus, *Terq.*			3						
Plicatula Deslongchampsi, *Terq. et Piette.*			3						
» Heberti, *Terq. et P.*				4					
» Hettangiensis, *Terq.*			3	4	5		7		
» (Spondylus) liasina, *Terq.*			3	4			7		
Ostrea anomala, *Terq.*					5				
» (Gryphæa) arcuata, *Lm.*				4		6	7	8	9
» complicata, *Terq*					5				
» irregularis, *de Münst.*	1	2	3	4	5	6	7		
» læviuscula, *de Münst.*				4					
» Marmoraï, *Haime.*				4					
» pseudo-placuna, *Terq.*			3		5				
Anomia irregularis, *Terq.*				4					
» pellucida, *Terq.*				4	5	6			
BRACHIOPODES.									
Terebratula Causoniana, *d'Orb.*									9?
» perforata, *Piette*			3	4					
Spiriferina (Spirifer) Walcotti, *Sow.*								8?	9
Rhynchonella anceps, *Ch. et D.*			3	4				8?	9?
» (Terebratula) Buchi? *Roem*						6?	7?	8?	9?
» » calcicosta, *Quenst*				4					
» » tetraedra, *Sow.*							7		
Lingula Metensis, *Terq.*				4					
» Voltzi, *Terq.*							7		
BRYOZOAIRES.									
Berenicea striata, *Haime.*			3						
Neuropora undulata, *Terq. et P.*			3						

	Grès de Martinsart.	Marne d'Helmsingen	Marne de Jamoigne.		Grès de Luxembourg			Marne de Strassen.	
			Marne de Jamoigne.	Calcaire de Warcq.	Grès de Luxembourg.	Grès de Florenville.	Calcaire sableux d'Orval.	Calcaire de Warcq.	Marne de Strassen.
	1	2	3	4	5	6	7	8	9
ANNELIDES.									
Galeolaria filiformis, *Terq. et P.*	.	.	3	4	.	.	7	.	.
Serpula flaccida, *Schl.*	.	.	3	.	.	.	.	.	.
» Limax, *Goldf*	.	.	.	4	5	.	.	.	.
» socialis, *Goldf.*	.	.	3?	4?	5	6?	.	8?	9?
ECHINODERMES.									
Cidaris Edwardsi, *Wright*	.	.	3	.	.	.	.	.	.
Pentacrinus tuberculatus, *Mill.*	.	.	3	4	.	.	7	.	9
ANTHOZOAIRES.									
Montlivaultia Guettardi, *de Bl.*	.	.	.	4	.	.	.	8	.
» Haimei, *Ch. et D.*	1	2	3	.	.	.	.	.	.
» polymorpha, *Terq. et P.*	.	.	3	.	.	.	.	.	.
Thecosmilia strangulata, *Terq. et P.*	.	.	.	.	.	.	7	.	.
Streptastræa excavata, *de From.*	.	.	.	.	.	6	7	.	.
Isastræa Condeana, *Ch. et D.*	.	.	.	.	.	6	7	.	.
» Orbignyi, *Ch. et D.*	.	.	3	.	.	.	.	.	.
FORAMINIFÈRES									
Placopsilina Breoni, *Terq.*	.	.	.	4	.	.	.	.	.
» crassa, *Terq.*	.	.	.	4	.	.	.	.	.
Cristellaria cincta, *Terq.*	.	.	.	4	.	.	.	.	.
ANIMAUX PARASITES									
Cupularia læviuscula, *Terq. et P.*	.	.	3	4	.	.	.	.	.
Haimeina Michelini, *Terq. et P.*	.	.	3	4	.	.	.	.	.
Talpina porrecta, *Terq. et P.*	.	.	3	4	.	.	.	.	.
» squamosa, *Terq. et P.*	.	2	.	.	.	.	.	.	.

13. FOSSILES DU GRÈS DE VIRTON (1).

Céphalopodes.

Belemnites abbreviatus, *Miller*.
» elongatus, *Miller*.
Nautilus aratus, *Schloth.*, var. affinis, *Ch. et Dew.*
Ammonites Guibalianus, *d'Orb.*
» multicostatus, *Sow.*
» obtusus, *Sow.*
» planicosta, *Sow.*
» Valdani, *d'Orb.*

Gastéropodes.

Pleurotomaria expansa, *Sow.*
» multicincta, *Z'et.*

Lamellibranches.

Pholadomya Davreuxi, *Chapuis et Dew.*
» Deshayesi, *Chap. et Dew.*
» Dumonti, *Ch. et Dew.*
» Hausmanni, *Goldf.*
» Nysti, *Ch. et Dew.*
» Voltzi, *Ag.*
Pleuromya Candezei, *Chap.*
» glabra, *Ag.*
» rugosa, *Chap.*
Cardinia gigantea, *Quenst.*
» Konincki, *Ch. et Dew.*

Cardinia Ryckholti, *Chap.*
Pinna inflata, *Chap. et Dew.*
Mytilus scalprum, *Sow.*
Lima (Plagiostoma) duplicata, *Sow.*
» » punctata, *Sow.*
Avicula Sinemuriensis, *d'Orb.*
Pecten acuticosta, *Lm.*
» æquivalvis. *Sow.*
» disciformis, *Schübl.*
» priscus, *Schl.*
» textorius, *Schl.*
Ostrea (Gryphæa) Cymbium, *Lm.*
» irregularis, *de Münst.*

Brachiopodes.

Terebratula numismalis. *Lm.*
» punctata, *Sow.*
» subpunctata, *Dav.*
» subovoïdea, *Roem.*
Spiriferina (Spirifer) oxyptera, *Bav.*
» » rostrata, *Schloth.*
Rhynchonella (Terebratula) variabilis, *Schloth.*
» » Buchi, *Roem.*
» » tetraedra, *Sow.*
Lingula Voltzi, *Terq.*

Annélides.

Serpula socialis, *Goldf.*

14. FOSSILES DU SCHISTE D'ETHE.

Céphalopodes.

Ammonites capricornus, *Schloth.*
» Davoei, *Sow.*
» fimbriatus, *Sow.*

Ammonites Henleyi, *Sow.*
» hybridus, *d'Orb.*
» Jamesoni, *Sow.*
» margaritatus, *Montf.*
» Zieteni. *Oppel.*

(1) Nous avons rédigé cette liste avec M. Chapuis pour les *Nouvelles recherches* que notre excellent ami a publiées *sur les fossiles des terrains secondaires de la province de Luxembourg;* il en est de même pour celles qui suivent, jusqu'au *calcaire de Longwy* inclusivement

Lamellibranches.

Avicula Sinemuriensis, *d'Orb.*
Ostrea (Gryphæa) Cymbium ,
Lm.

Brachiopodes.

Terebratula punctata, *Sow.*
Spiriferina (Spirifer) rostrata ,
Schl.
Rhynchonella (Terebratula) varia-
bilis, *Schloth.*

15. FOSSILES DU MACIGNO D'AUBANGE.

Céphalopodes.

Belemnites abbreviatus, *Mill.*
» clavatus, *de Bl.*
» paxillosus, *Schloth.*
» umbilicatus, *de Bl.*
Ammonites armatus, *Sow.*
» brevispina, *Sow.*
» capricornus, *Schloth.*
» Henleyi, *Sow.*
» hybridus, *d'Orb.*
» Loscombi, *d'Orb.*
» spinatus, *Brug.*

Gastéropodes.

Turbo cyclostoma, *Benz.*
» minax, *Ch. et Dew.*
Pleurotomaria (Rotella) expansa,
Sow.
Cerithium subcurvicostatum ,
Desl.

Lamellibranches.

Pholadomya decorata, *Hartm.*
» foliacea, *Ag.*
» Hausmanni, *Goldf.*
» Roemeri, *Ag.*
Pleuromya (Donacites) Audouini,
Al. Brong.

Pleuromya rostrata, *Ag.*
» (Venus) unioïdes, *Roem.*
Ceromya (Gresslya) erycina, *Ag.*
» (Lutraria) gregaria ,
Tancredia (Hettangia) lucida ,
Terq.
Astarte Voltzi, *Terq.*
Mytilus scalprum, *Sow.*
Nucula inflexa, *Quenst.*
Avicula cycnipes, *Phill.*
» Sinemuriensis, *d'Orb.*
Pecten acuticosta, *Lm.*
» æquivalvis, *Sow.*
» disciformis, *Schubl.*
» priscus, *Schloth.*
» textorius, *Schloth.*
Plicatula pectinoïdes, *Lm.* (P. spi-
nosa, *Sow.*)
Ostrea (Gryphæa) Cymbium, *Lm.*
» irregularis, *Münst.*

Brachiopodes.

Terebratula punctata, *Sow.*
Spiriferina (Spirifer) rostrata ,
Schloth.
Rhynchonella (Terebratula) acuta,
Sow.
» » tetraedra, *how.*
» » variabilis, *Schloth.*
Lingula Sacculus, *Ch. et Dew.*

16. FOSSILES DU SCHISTE ET DE LA MARNE DE GRAND-COUR.

Céphalopodes.

Belemnites acuarius, *Schloth.*
» compressus, *Voltz.*

Belemnites incurvatus, *Ziet.*
» irregularis, *Schloth.*
» paxillosus, *Schloth.*
» tripartitus, *Schloth.*

Nautilus aratus, *Schloth.*, var.
striatus, *Sow.*
» » » var. intermedius,
Sow.
Ammonites Aalensis, *Ziet.*
» bifrons, *Brug.*
» Braunanus, *d'Orb.*
» Comensis. *de Buch.*
» communis, *Sow.*
» complanatus. *Brug.*
» concavus, *Sow.*
» Cornu-copiæ, *Y. et B.*
» heterophyllus, *Sov.*
» Holandrei, *d'Orb.*
» mucronatus, *d'Orb.*
» radians, *Rein.*
» Raquinanus, *d'Orb.*
» serpentinus, *Schloth.*
» variabilis, *d'Orb.*

Gastéropodes.

Orthostoma pisolina, *Buv.*
Turbo subduplicatus, *d'Orb.*
Cerithium armatum, *de Münst.*
» truncatum, *de Münst.*

Lamellibranches.

Pleuromya (Donacites) Audouini,
Al. Brong.
Lucina elegans, *Roem.*
Astarte subtetragona *Roem.*
Nucula amœna, *Ch. et Dew.*
» Omaliusi, *Ch. et Dew.*
» subglobosa, *Roem.*
» subtrigona, *Roem.*
Cucullæa elegans, *Roem.*
» inæquivalvis, *Roem.*
Inoceramus amygdaloïdes, *Goldf.*
Posidonomya Bronni, *Voltz.*
Monotis substriatus, *Ziet.*
Lima proboscidea, *Sow.*
Pecten paradoxus, *Goldf.*
» textorius, *Schloth.*
Plicatula pectinoïdes, *Lm.* (P. spi-
nosa, *Sow.*

Brachiopodes.

Terebratula resupinata, *Sow.*
Rhynchonella (Terebratula) tetraedra, *Sow.*
» » variabilis, *Sow.*
Lingula Longo-viciensis, *Terq.*

17. FOSSILES DE LA LIMONITE OOLITHIQUE DE MONT-St-MARTIN.

Céphalopodes.

Belemnites compressus, *Voltz.*
» giganteus, *Schl.*
Ammonites Levesquei, *d'Orb.*
» radians, *Rein.*

Lamellibranches.

Ceromya (Gresslya) cordiformis,
Ag.
» Konincki, *Chap.*
» (Gresslya) pinguis, *Ag.*
» Queteleti, *Chap.*

Astarte lurida, *Sow.*
Trigonia costellata, *Ag.*
» tuberculata, *Ag.*
Pinna fissa, *Goldf.*
Mytilus Sowerbyanus, *d'Orb.* (Mo-
diola plicata, *Sow.*, *non*
Gm.)
Gervilleia tortuosa, *Phill.*
Lima proboscidea, *Sow.*
Pecten Germaniæ, *d'Orb.*
» obscurus, *Phill.*
Ostrea Phædra, *d'Orb.*
» polymorpha, *de Münst.*
» sandalina, *Goldf.*

18. FOSSILES DU CALCAIRE DE LONGWY.

Voir p. 163. — I = calcaire ferrugineux ; II = calcaire subcompacte et calcaire à polypiers ; III = *fuller's earth.*

CÉPHALOPODES.	I	II	III
Belemnites apiciconus, *de Bl.*	..	—	..
" giganteus, *Schl.*	—	—	—
Nautilus clausus, *d'Orb.*	..	—	..
Ammonites Blagdeni, *Sow.*	—	—	—
" Martinsi, *d'Orb.*	..	—	..
" Murchisonæ, *Sow.*	—	..	..
" Parkinsoni, *Sow.*	..	..	—
" Sowerbyi, *Mill.*	—	..	..

GASTÉROPODES.	I	II	III
Rostellaria Hamus, *Desl.*	..	..	—
Chemnitzia Aspasia, *d'Orb.*	..	..	—
" (Melania) Heddingtonensis, *Sow.*	..	—	—
" procera, *d'Orb.*	—	..	..
Turbo ditior, *Ch. et Dew.*	..	—	..
" lævigatus, *Phill.*	..	..	—
Pleurotomaria gyroplata, *Desl.*	—	..	..
" mutabilis, *Desl.*	—	—	..
" Phine, *Ch. et D.*	..	—	..
Euomphalus (Straparolus) glabratus, *Ch. et D.*	..	..	—

LAMELLIBRANCHES.	I	II	III
Pleuromya Agassizi, *Chap.* (Myopsis Jurassi, *Ag.*).	..	..	—
" angusta, *Ag.*	—	..	..
" (Donacites) Audouini, *Al. Brongn.*	—	—	..
" (Lutraria) decurtata, *Goldf.*	..	—	—
" " elongata, *de Münst.*	—	—	—
" Helena, *Ch. et D.*	—	..	..
" (Myopsis) marginata, *Ag.*	..	..	—
" Omaliusana, *Ch.*	..	..	—
" (Lutraria) sinuosa, *Roem.*	—	—	—
" " tenuistria, *de Münst.*	—	—	—
Pholadomya Bucardium, *Ag.*	—	—	..
" fidicula, *Sow.*	—	—	..
" media, *Ag.*	—	—	..

	I	II	III
Pholadomya Murchisoni, *Sow.*	—	—	..
" socialis, *Morr. et Lyc.*	—	..	..
" (Homomya) Terquemi, *Ch. et D.*	..	—	..
" triquetra, *Ag.*	—	..	—
" Vezelayi, *Laj.*; (Homomya gibbosa, *Ch. et D.*).	..	—	—
" Zieteni, *Ag.* (P. fidicula, *Ziet., non Sow.*)	—	..	..
Anatina Deshayesea, *Chap.*	..	..	—
Ceromya (Gresslya) concentrica, *Ag.*	..	—	—
" " conformis, *Ag.*	—	—	..
" " erycina, *Ag.*	—	..	..
" " Konincki, *Chap.*	..	..	—
" " latior, *Ag.*	—	—	—
" " lunulata, *Ag.*	—	—	—
" " major, *Ag.*	—	..	—
" " pinguis, *Ag.*	—	..	..
" (Lutraria) striato-punctata, *de Münst.*	..	..	—
" (Gresslya) truncata, *Ag.*	—	—	—
Isodonta Buvignieri, *Terq.*	—	—	—
Tancredia axiniformis, *Lyc.*	..	..	—
" donaciformis, *Lyc.*	—	..	—
Trigonia costata, *Lm.*	..	..	—
" signata, *Ag.*	—	—	..
Cucullæa oblonga, *Sow.*	—	—	..
Mytilus (Modiola) gibbosus, *Sow.*	—	—	—
Lithophagus (Lithodomus) Waterkeyni, *Ch. et D.*	..	—	..
Avicula digitata, *Desl.*	..	—	—
" echinata, *Sow.*	..	—	—
Lima alticosta, *Ch. et D.*	—	..	..
" (Plagiostoma) duplicata, *Sow.*	—	—	—
" proboscidea, *Sow.*	—	—	..
" (Plagiostoma) semicircularis, *Goldf.*	..	—	..
Pecten annulatus, *Sow.*	..	..	—
" articulatus, *Schl.*	..	—	—
" demissus, *Phill.*	—	—	—
" Germaniæ, *d'Orb.*	—	—	—
" personatus, *Goldf.*	—	..	..
" Saturnus, *d'Orb.*	—	..	—
" textorius, *Schl.*	—	—	—
Ostrea acuminata, *Sow.*	..	..	—
" explanata, *Goldf.*	—	..	..
" Marshi, *Sow.*	..	—	—
" obscura, *Sow.*	..	—	—
" sandalina, *Goldf.*	—	..	..
" subcrenata, *d'Orb.* (O. crenata, *Goldf., non Gm.*)	—	..	..

BRACHIOPODES.

	I	II	III
Terebratula globata, *Sow.*	..	..	—
„ perovalis, *Sow.*	—	—	—
„ spinosa, *Schl.*	..	..	—
„ subbucculenta, *Ch. et D.*	—	—	—
Rhynchonella Davidsoni, *Ch. et D.*	..	—	—
„ Langleti, *Ch. et D.*	..	—	..
„ Niobe, *Ch. et D.*	..	—	..
„ (Terebratula) obsoleta, *Sow.*	..	—	—
„ Pallas, *Ch. et Dew.*	..	—	—
Lingula Beani, *Sow.*	—	..	..

ANNÉLIDES.

	I	II	III
Serpula filaria, *Goldf.*	..	—	—
„ Limax, *Goldf.*	—	—	—
„ socialis, *Goldf.*	—	—	—
„ tricarinata, *Goldf.*	—	—	..

ECHINODERMES.

	I	II	III
Cidaris Wrigti, *Des.*	..	—	..
Pedina gigas, *Ag.*	..	—	..
Echinus bigranularis, *Lm.*	..	—	..
„ subconoïdeus, *Des.*	..	—	..
Holectypus (Echinites) depressus, *Leske.*	..	—	..
„ (Discoïdea) hemisphæricus, *Ag.*	..	..	—
Hyboclypus ovalis, *Wright.*	..	..	—
Echinobrissus (Echinites) clunicularis, *Lhw.*	..	..	—
Clypeus sinuatus, *Leske.*	..	—	..

ANTHOZOAIRES.

	I	II	III
Isastræa Bernardana, *d'Orb.*	..	—	..
„ Conybeari, *Edw. et H.*	..	..	—
„ limitata, *Edw. et H.*	..	—	..
„ serialis, *Edw. et H.*	..	..	—
„ tenuistria, *Edw. et H.*	..	..	—
Thamnastrea Defranceana, *Edw. et H.*	..	..	—
„ Dumonti, *Ch. et Dew.*	..	—	..

TERRAIN CRÉTACÉ.

19. FOSSILES DU MASSIF CRÉTACÉ DU LIMBOURG (1).

	Aachenien.	Hervien.	Sénonien.	Maestrichtien.
REPTILES.				
Mosasaurus Camperi, *H. v. Meyer.*	..	..	s	m
» gracilis, *Owen.*	..	..	..	m
Goniosaurus Binkhorsti, *H. v. Meyer.*	..	..	..	m
Chelonia Hoffmanni, *Gray.*	..	..	..	m
POISSONS.				
Enchodus Faujasi, *Ag.*	..	..	s	m
» Lewesiensis, *Mant. sp.*	..	..	s	m
Pycnodus subclavatus, *Ag.*	..	..	..	m
» cretaceus, *Ag.*	..	..	..	m
Sphærodus crassus, *Ag.*	..	..	..	m
Acrodus rugosus, *Ag.*	..	..	s	m
Notidanus microdus, *Ag.*	..	..	..	m?
Otodus serratus, *Ag.*	..	..	..	m
» latus, *Ag.*	..	h	s	m
» appendiculatus, *Ag.*	..	..	..	m
Lamna Bronni, *Ag.*	..	..	s	m
» acuminata, *Ag.*	..	..	s	m
Corax pristodontus, *Ag.*	..	h	s	m
» affinis, *de Münst.*	..	..	s	m
» heterodon, *Ag.*	..	h	s	m
» planus, *Ag.*	..	..	..	m
Galeocerdo denticulata, *Ag.*	..	..	..	m
Ancistrodon n. sp., *Debey.*	..	..	..	m

(1) V. p. 165. — Nous sommes redevable à l'obligeance de M. Bosquet de la liste suivante des animaux fossiles du massif crétacé du Limbourg; nous la donnons telle que notre savant confrère a bien voulu nous la communiquer. Nous avons extrait des mémoires de MM. Debey et d'Ettingshausen la liste des végétaux fossiles du même massif, et la bienveillance de M. Debey nous a permis d'y faire quelques additions et corrections.

Bien qu'un grand nombre des espèces citées proviennent de localités étrangères, nous n'avons pas cru pouvoir les éliminer, Maestricht et Aix-la-Chapelle étant à nos portes et offrant les types de deux des systèmes que nous avons empruntés à Dumont.

	Aachenien.	Hervien.	Sénonien.	Maestrichtien.
CRUSTACÉS.				
Callianassa Faujasi, *Desm.*, (Mesostylus Faujasi, *Bronn*.)				m
Oncopareia Bredaï, *Bosq.*		h		m
» heterodon, *Bosq.*				m
Eumorphocorystes sculptus, *Binckh.*				m
Notopocorystes Mulleri, *Binck.*				m
Aulacopodia Riemsdyki, *Bosq.*				m
Dromia Ubaghsi, *Bosq.*, 1868				m
Stephanometopon granulatum, *Bosq.*				m
Cypridina ovulata, *Bosq.*			s	m
» Konincki, *Bosq.*				m
Cythereis cristata, *Bosq.*			s	m
» macroptera, *Bosq.*				m
» Hagenowi, *Bosq.*				m
» minuta, *Bosq.*				m
» trigonoptera, *Bosq.*				m
» laticristata, *Bosq.*		h	s	
» alata, *Bosq.*			s	m
» phylloptera, *Bosq.*			s	
» serrulata, *Bosq.*		h	s	m
» ornata, *Bosq.*		h	s	m
» quadrilatera, *Roemer.*			s	
» semicancellata, *Bosq.*				m
» celleporacea, *Bosq.*				m
» Koninckiana, *Bosq.*			s	m
» ornatissima, *Reuss.*		h	s	
» » var. *A. Bosq.*				m
» eximia, *Bosq.*			s	m
» elegantula, *Bosq.*				m
» horridula, *Bosq.*				m
» labyrinthica, *Bosq.*				m
» hieroglyphica, *Bosq.*			s	m
» variolata, *Bosq.*				m
» ?arenosa, *Bosq.*			s	m
» ?quadridenta, *Bosq.*				m
» ?lepida, *Bosq.*				m
» ?complanata, *Bosq.*				m
» ?orchidea, *Bosq.*				m
» ?sagittata, *Bosq.*				m
» ?macrophthalma, *Bosq.*			s	m
» longispina, *Bosq.*			s	

	Aachenien.	Hervien.	Sénonien.	Maestrichtien.
Cythereis ? umbonella, *Bosq*	..	..	s	m
Cythere strangulata, *Bosq.*	..	..	..	m
» gibberula, *Bosq.*	..	..	..	m
» cerebralis, *Bosq.*	..	..	..	m
» vesiculosa, *Bosq.*	..	..	..	m
» puncturata, *Bosq.*	..	..	s	m
» multilamellata, *Bosq.*	..	..	s	..
» subtetragona, *Bosq.*	..	..	..	m
» radiosa, *Bosq.*	..	..	..	m
» elegans, *Bosq.*	..	..	..	m
» propinqua *Bosq.*	..	..	..	m
» striatocostata, *Bosq.*	..	..	..	m
» pulchella, *Bosq.*	..	h	s	m
» interrupta, *Bosq.*	..	..	s	m
» euglypha, *Bosq.*	..	..	..	m
» furcifera, *Bosq.*	..	..	..	m
» concentrica, *Ad. Roem.*	..	h	s	m
» Favrodiana, *Bosq.*	..	..	s	m
» fusiformis, *Bosq.*	..	..	..	m
Cytheridea perforata, *Ad. Roem. sp.*	..	..	..	m
» Harrisiana, *Jones.*	..	..	..	m
» ovata, *Bosq.*	..	..	..	m
Bairdia arcuata, *Munst. sp.*	..	h	s	m
» subdeltoïdea, *Munst. sp.*	..	h	s	m
Cytherella Williamsoniana, *Jones.*	..	h	s	..
» denticulata, *Bosq.*	..	..	s	m
» auricularis, *Bosq.*	..	..	s	m
» Munsteri, *Ad. Roem. sp.*	..	h	s	m
» ovata, *Ad. Roem. sp.*	..	h	s	m

CIRRHIPÈDES.

	Aachenien.	Hervien.	Sénonien.	Maestrichtien.
Mitella Smeetsii, *Bosq.*	..	..	..	m
» Nilssoni, *Bosq.*, 1868. (Pollicipes Nilssoni, *Steenstr.*, 1839; M. lithotryoïdes, *Bosq.*, 1857)	..	..	..	m
» Darwini, *Bosq.*	..	..	..	m
» valida, *Bosq.*, 1854. (Pollicipes validus, *Steenstr.*, 1839)	..	..	..	m
» fallax, *Bosq.*, 1854. (Pollicipes fallax, *Darw.*).	..	..	s	..
» Guascoï, *Bosq.*	..	..	..	m
» elegans, *Darw. sp.*	..	..	..	m

	Aachenien.	Hervien.	Sénonien.	Maestrichtien.
Mitella glabra, *Roem. sp.*	..	..	s	m
" striata, *Darw. sp.*	..	..	s	..
Scalpellum radiatum, *Bosq.*		..	..	m
" Hagenowi, *Bosq.*	..	..	..	m
" Beisseli, *Bosq.*	..	..	s	..
" Darwini, *Bosq.*	..	..	s	m
" pulchellum, *Bosq.*	..	..	..	m
" fossula, *Darwin.*	..	..	s	..
" maximum, *Sow.*	..	..	s	..
" " var. gracile, *Bosq.*.	..	..	s	m
" maximum, var. pygmæum, *Bosq.*	..	..	..	m
" solidulum, *Darwin.* (Pollicipes solidulus, *Steenstr.*)	..	h	..	..
Verruca pusilla, *Bosq.*.	..	..	..	m
" prisca, *Darw. et Bosq.*	..	..	s	m

CÉPHALOPODES.

	Aachenien.	Hervien.	Sénonien.	Maestrichtien.
Belemnitella mucronata, *Schloth. sp.*	..	..	s	m
" quadrata, *Blainv. sp.*	..	h	..	..
Rhyncholithus Debeyi, *Mull.*	..	h	s	m
" minimus, *Binkh.*	..	..	..	m
" aquisgranensis, *Mull.*	..	..	s	..
" Buchi, *Mull.*	..	..	..	m
Acanthotheuthis mosaetrajectensis, *Bosq.*, 1868, (Maestrichtiensis, *Binkh.*, 1861).	..	..	..	m
Nautilus Dekayi, *Mort.*	..	..	..	m
" Lehardyi, *Binkh.*	..	..	..	m
" depressus, *Binkh.*	..	..	..	m
" Heberti, *Binkh.*	..	..	..	m
" Vaelsiensis, *Binkh.*	..	..	s	..
" danicus, *Schloth.*	..	..	..	m
Baculites Faujasi, *Lamk.*	..	..	s	m
" anceps, *Lamk.*	..	h	..	m
" carinatus, *Binkh.*	..	..	..	m
" rotundus? *Reuss.*	..	..	..	m
" nodosus, *Mull. in litt.*	..	h	..	..
" Knorri, *Desmar.*	..	h	..	..
" compressus, *Mull. in litt.*.	..	h	..	..
Hamites Roemeri, *Gein.*	..	h	..	..
" rotundus, *Defr.*	..	..	..	m
" cylindraceus. *Defr.*	..	..	s	m
" canteriatus,? *Brongn.*	..	h	..	..

	Aachenien.	Hervien.	Sénonien.	Maestrichtien.
Hamites lacunosus, *Mull. in litt.*	. .	h	. .	. .
" indicus, ? *Forb.*	. .	h?	. .	. .
Scaphites constrictus, *d'Orb.*	. .	h	. .	m
" pulcherrimus, *Ad. Roem.*	. .	. .	s	. .
" binodosus, *Ad. Roem.*	. .	. .	s	. .
" compressus, *Ad. Roem.*	. .	h	. .	. .
" tridens, *Kner.*	. .	. .	s	. .
" trinodosus, *Kner.*	. .	. .	s	. .
Ammonites pedernalis, *v. Buch.*	. .	. .	. .	m
" colligatus, *Binkh.*	. .	. .	. .	m
" Decheni, *Binkh.*	. .	. .	. .	m
" exilis, *Binkh.*	. .	. .	. .	m
" pungens, *Binkh.*	. .	. .	. .	m
" laticlavus, *Sharpe.*	. .	. .	. .	m
" Siva, ? *Forb.*	. .	. .	. .	m
Aptychus rugosus, *Sharpe*	. .	. .	. .	m

GASTÉROPODES.

	Aachenien.	Hervien.	Sénonien.	Maestrichtien.
Rissoa incrassata, *Mull.*	. .	h	. .	. .
" Bosqueti, *Mull.*	. .	h	. .	. .
Keilostoma Winkleri, *Stol.* (Rissoa Winkleri, *Mull.*)	. .	h	. .	. .
Scalaria striatocostata, *Mull.*	. .	h	. .	. .
" Ritzi, *Mull.*	. .	h	. .	. .
" Philippii, *Reuss.*	. .	h	. .	. .
" Haidingeri, *Binkh.*	. .	. .	. .	m
Turritella nodosa, *Ad. Roem.*	. .	h	. .	. .
" quadricincta, *Goldf.*	. .	h	. .	. .
" sexcincta, *Goldf.*	. .	h	. .	. .
" multilineata, *Mull.*	. .	h	. .	. .
" Carnalliana, *Mull.*	. .	h	. .	. .
" gothica, *Mull.*	. .	h	. .	. .
" Noeggerathiana, *Goldf.*	. .	h	. .	. .
" quinquelineata, *Mull.*	. .	h	. .	. .
" Hagenoviana, *Mull.*	. .	h	. .	. .
" Reussiana, *Mull.*	. .	h	. .	. .
" socialis, *Mull.*	. .	h	. .	. .
" scalaris, *Mull.*	. .	h	. .	. .
" Eichwaldiana, *Goldf.*	. .	h	. .	. .
" acutissima, *Mull.*	. .	h	. .	. .
" affinis, *Mull.*	. .	h	. .	. .
" Omaliusi, *Mull.*	. .	h	. .	. .

	Aachenien.	Hervien.	Sénonien.	Maestrichtien.
Turritella Althausi, *Mull.*	..	h	..	..
" Humboldti, *Mull.*	..	h	..	..
" acanthophora, *Mull.*	..	h	..	..
" alternata, *Ad. Roem.*	..	h	..	..
" cingulatolineata, *Mull.*	..	h	..	..
" Buchiana, *Mull.*	..	h	..	..
" tenuilineata, *Mull.*	..	h	..	..
" quinquecincta, *Goldf.*	..	h	..	..
" plana, *Binkh.*	..	..	..	m
" nitidula, *Binkh.*	..	..	..	m
" conferta, *Binkh.*	..	..	..	m
" falcoburgensis, *Binkh.*	..	..	..	m
Vermetus cochleiformis, *Mull.*	..	h	..	..
" clathratus, *Binkh.*	..	..	..	m
Nerinea ultima, *Binkh.*	..	..	..	m
" excavata, *Mull.*	..	..	s	..
Chemnitzia bulimoïdes, *Mull.*	..	h	..	..
" turritellæformis, *Mull.*	..	h	..	..
Chemnitzia, Mulleri, *Bosq.*	..	h	..	..
" clathrata, *Binkh.*	..	..	..	m
Eulima acuminata, *Mull.*	..	h	..	..
" lagenalis, *Mull.*	..	h	..	..
Globiconcha nana, *Mull.*	..	..	..	..
Actæon giganteus,? *Sow.*	..	h	..	..
" Mulleri, *Bosq.*	..	h	..	..
" cylindraceus, *Mull.*	..	h	..	..
" doliolum, *Mull.*	..	h	..	..
" bullæformis, *Mull.*	..	h	..	..
" acutissimus, *Mull.*	..	h	..	..
" coniformis, *Mull.*	..	h	..	..
" granulatolineatus, *Binkh.*	..	..	..	m
" cinctus, *Binkh.*	..	..	..	m
Avellana Archiaciana, *d'Orb.*	..	h	..	..
" paradoxa, *Mull.*	..	h	..	..
" Humboldti, *Mull.*	..	h	..	..
" Hagenovi, *Mull.*	..	h	..	..
" gibba, *Binkh.*	..	..	..	m
" ventricosa, *Binkh.*	..	..	..	m
Volvaria tenuis, *Reuss.*	..	h	..	..
" cretacea, *Binkh.*	..	..	..	m
Ringicula pinguis, *Mull.*	..	h	..	..
Natica vulgaris, *Ad. Roem.*	..	h	..	..
" acutimargo, *Ad. Roem.*	..	..	..	m

	Aachenien.	Hervien.	Sénonien.	Maestrichtien.
Natica Klipsteini, *Mull.*	..	h	..	..
» exaltata, *Goldf.*	..	h	..	..
» Geinitzi, *Mull.*	..	h	..	..
» patens, *Binkh.*	..	..	..	m
» ampla, *Binkh.*	..	..	..	m
» spissilabrum, *Binkh.*	..	..	..	m
» Bronni, *Binkh.*	..	..	..	m
Naticella Strombecki, *Mull.*	..	h	..	..
Littorina Dewalquei, *Bosq.* 1868 (Nerita Montis Sancti Petri (1), *Binkh.*, 1861)	..	..	..	m
Nerita rugosa, *Hoeningh.*	..	..	..	m
» parvula, *Binkh.*	..	..	..	m
Aenophora onusta, *Nilss.*	..	h	..	m
Trochus quinquecostatus, *Mull.*	..	h	..	..
» quadricinctus, *Mull.*	..	h	..	..
» Goldfussi, *Binkh.*	..	..	..	m
» lineatus, *Binkh.*	..	..	..	m
» sculptus, *Binkh.*	..	..	..	m
» Binkhorsti, *Bosq.*, 1868 (F. Montis Sancti Petri, *Binkh.*)	..	..	..	m
Solarium cordatum, *Binkh.*	..	..	..	m
» Kunraedtense, *Binkh.*	..	..	..	m
Delphinula spinulosa, *Binkh.*	..	..	..	m
Turbo laevis, *Mull.*, 1851 (Trochus laevis, *Nilss.*, 1827)	..	h	..	..
» concinnus, *Mull.*, 1851 (Trochus concinnus, *Ad. Roemer*, 1841)	..	h	..	..
» Walferdini, *d'Arch.*	..	h	..	..
» paludinæformis, *Mull.*	..	h	..	..
» glaber, *Mull.*	..	h	..	..
» detritus, *Binkh.*	..	..	..	m
» bidentatus, *Binkh.*	..	..	..	m
» Strombecki, *Binkh.*	..	..	..	m
» rimosus, *Binkh.*	..	..	..	m
» clathratus, *Binkh.*	..	..	..	m
» rudis, *Binkh.*	..	..	..	m
» filogranus, *Binkh.*	..	..	..	m
» cariniferus, *Binkh.*	..	..	..	m
» inflexus, *Binkh.*	..	..	..	m

(1) D'après les figures données par M. Binkhorst de sa *Nerita Montis Sancti Petri*, il n'y a pas de doute que ce ne soit une *Littorina*. Comme en outre la phrase de *Montis Sancti Petri* ne saurait être admise comme nom spécifique, je propose de la dédier à M. le professeur Dewalque (J. B.).

	Aachenien.	Hervien.	Sénonien.	Maestrichtien.
Turbo scalariformis, *Binkh.*	..	..	..	m
» Hcrklotsi, *Binkh.*	..	..	..	m
» Zekelii, *Binkh.*	..	..	..	m
Liotia macrostoma, *Stoliczka*, 1868. (Scalaria macrostoma, *Mull.*, 1851)	.	h	..	..
Pleurotomaria subgigantea, *d'Orb.*		h	..	..
» linearis, *Mant.*		h	..	..
Cypræa Deshayesi, *Binkh.*		..	..	m
Volutilithes Orbignyana, *Stol.*, 1867. (Voluta Orbignyana, *Mull.*, 1851).	..	h	..	..
» Mulleri, *Bosq.* (Voluta cingulata, *Mull., non Nyst*).	..	h	..	..
» nitidula, *Bosq.*, 1868. (Voluta nitidula, *Mull.*, 1851)	..	h	..	..
» Benedeni, *Bosq.*, 1868. (Voluta Benedeni, *Mull.*, 1851).	..	h	..	..
» laticostata, *Bosq.*, 1868. (Voluta costata, *Mull.*, 1851)	..	h	..	..
» ?corrugata, *Bosq.*, 1868. (Voluta corrugata, *Binkh.*, 1861).	..	..	..	m
» Debeyi, *Bosq.*, 1868. (Voluta Debeyi, *Binkh.*, 1861).	..	..	..	m
» nana, *Bosq.*, 1868. (Voluta nana, *Mull.*, 1851).	..	h	..	..
» Noeggerathi, *Bosq.*, 1868. (Fusus Noeggerathi, *Mull.*, 1851)	..	h	..	..
» ?rigida, *Stol.*, 1867, (Pyrula rigida, *Mull.*, 1851).	..	h	..	..
» ?Schœni, *Bosq.*, 1868. (Pyrula Schœni, *Mull.*, 1851).	..	h	..	..
Fulguraria deperdita, *Stol. et Bosq.*, 1867, (Voluta deperdita, *Sow. et Goldf.*, 1843).	..	..	..	m
» Murchisoni, *Stol. et Bosq.*, 1867. (Mitra Murchisoni, *Mull.*, 1851).	..	h	..	..
Voluta ? monodonta, *Binkh.*	..	..	..	m
Mitra Waeli, *Binkh.*	..	..	..	m
» cancellata, *Sow.*	..	..	..	m
Volutomitra pyruliformis, *Stol.*, 1868. (Mitra pyruliformis, *Mull.*, 1851 et Pyrula Binkhorsti, *Mull.*, 1859),	..	h	..	..
Gosavia? Limburgensis, *Stol.*, 1868. (Imbricaria Limburgensis, *Binkh.*, 1861).	..	..	..	m

	Aachenien.	Hervien.	Sénonien.	Maestrichtien.
Merica? obtusa, *Stol.*, 1867, (Cancellaria obtusa, *Binkh.*, 1861).	..	..	..	m
Conus cylindraceus, *Gein.*	..	h	..	..
Pleurotoma Heysiana, *Mull.*	..	h	..	..
Strombus inermis, *Mull.*	..	h	..	..
Chenopus Westphalicus, *d'Orb. sp.*	..	h	..	..
" stenopterus, *Bosq.*, 1868. (Rostellaria stenoptera, *Goldf.*, 1843).	..	h	..	..
" gibbosus, *Zekeli.*	..	h	..	..
" anserinus, *Nilss.*	..	h	..	..
" Nilssoni, *Mull.*	..	h	..	..
" granulosus, *Mull.*	..	h	..	..
" arachnoïdes, *Mull.*	..	h	..	..
" subelongatus, *d'Orb.*	..	h?	..	..
" Schlotheimi, *Mull.*	..	h	..	..
" Furca, *Mull.*	..	h	..	..
" striata, *Goldf. sp.*	..	h	..	..
" Vespertilio, *Goldf. sp.*	..	h	..	..
" Limburgensis, *Binkh.*	..	..	..	m
Alaria papilionacea, *Stol.*, 1867. (Rostellaria papilionacea, *Goldf.*, 1843).	..	h	..	..
" nuda, *Bosq.*, 1868. (Rostellaria nuda, *Binkh.*, 1861)	..	..	..	m
" inornata, *Bosq.*, 1868. (Rostell, inornata, *d'Orb.*, 1842).	..	h	..	..
Alaria Roemeri, *Bosq.*, 1868. (Rostellaria Roemeri, *Mull.*, 1851).	..	h	..	..
" ? minuta, *Bosq.*, 1868. (Rostellaria minuta, *Mull.*, 1851).	..	h	..	..
Tritonidea Requieniana, *Stol.*, 1867. (Fusus Buchi, *Mull.*, 1851).	..	h	..	..
" Goepperti, *Bosquet*, 1868. (Fusus Goepperti, *Mull.*, 1851).	..	h	..	..
Fusus Decheni, *Mull.*	..	h	..	..
" Salm-Dykianus, *Mull.*	..	h	..	..
" Hupschianus, *Mull.*	..	h	..	..
" tenerrimus, *Mull.*	..	h	..	..
" nanus, *Mull.*	..	h	..	..
" muriciformis, *Mull.* (1)	..	h	..	..

(1) Les *Fusus Nysti, Dunkeri* et *Budgei* de M. J. Muller sont indubitablement des *Chenopus* incomplets, et son *Fusus glaberrimus* est un moule intérieur d'*Alaria*; il proviennent aussi du système hervien.

	Aachenien.	Hervien.	Sénonien.	Maestrichtien.
Fusus nodosus, *Reuss.*	..	..	..	m
„ undatus, *Goldf. sp.*	..	h	..	..
„ lemniscatus, *Binkh.*	..	..	..	m
„ squamosus, *Binkh.*	..	..	..	m
„ formosus, *Binckh.*	..	..	..	m
„ obliqueplicatus, *Binkh.*	..	..	..	m
Pirula fenestrata, *Ad. Roem.*	..	h	..	..
„ minima, *Hoeningh.*	..	h	..	..
„ ambigua, *Bronn.*	..	..	..	m
„ fusiformis, *Binkh.*	..	..	..	m
Rapa Monheimi, *Mull.*	..	h	..	..
„ coronata, *Mull.*	..	h	..	..
„ filamentosa, *Stol.*, 1867. (Pyrula filamentosa, *Binkh.*, 1861)	..	..	..	m
„ ?nodifera, *Stol.*, 1867. (Pyrula nodifera, *Binkh.*, 1861)	..	..	..	m
„ ? Burckhardi, *Bosq.*, 1868. (Fusus Burckhardi, *Mull.*, 1851)	..	h	..	..
„ ?Beuthiana, *Stol.*, 1867. (Pirella Beuthiana, *Mull.*, 1851)	..	h	..	..
Rapana ?tuberculosa, *Stol.*, 1867. (Pyrula tuberculosa, *Binkh.*, 1861)	..	..	..	m
„ ?parvula, *Stol.*, 1867. (Pyrula parvula, *Binkh.*, 1861)	..	..	..	m
„ ?plicata, *Stol.*, 1867. (Pyrula plicata, *Binkh.*, 1861)	..	..	..	m
Tudicla? planissima, *Stol.*, 1867. (Pyrula planissima, *Binkh.*, 1861)	..	..	..	m
„ planulata, *Stol.*, 1867. (Pyrula planulata, *Nilss.*, 1827)	..	h	..	..
Trichotropis Konincki, *Stol.*, 1867. (Trochus Konincki, *Mull.*, 1851)	..	h	..	..
Turbinella supracretacca, *Binkh.*	..	..	..	m
„ plicata, *Binkh.*	..	..	..	m
Tritonium cretaceum, *Mull.*	..	h	..	..
„ Konincki, *Binkh.*	..	..	..	m
Murex pleurotomoïdes, *Mull.*	..	h	..	..
Cerithium subfasciatum, *d'Orb.*	..	h	..	..
„ foveolatum, *Mull.*	..	h	..	..
„ Sartoriusi, *Mull.*	..	h	..	..
„ Geinitzi, *Mull.*	..	h	..	..
„ Ryckholti, *Mull.*	..	h	..	..
„ binodosum. *Ad. Roem.*	..	h	..	..

	Aachenien.	Hervien.	Sénonien.	Maestrichtien.
Cerithium Nerei, *Goldf.*	..	h	..	..
" tuberculiferum, *Binkh.*	..	..	..	m
" tectiforme, *Binkh.*	..	..	..	m
" alternatum, *Binkh.*	..	..	..	m
" pliciferum, *Binkh.*	..	..	..	m
" maximum, *Binkh.*	..	..	..	m
Buccinum Steiningeri, *Mull.*	..	h	..	..
" supracretaceum, *Binkh.*	..	..	..	m
Cassidaria cretacea, *Mull.*	..	h	..	..
Hipponix Dunkeri, *Bosq.*	..	..	..	m
Capulus militaris, *Mull.*	a?	..	..	..
" carinifer, *Mull.*	a?	..	..	..
" Troscheli, *Mull.*	a?	..	..	..
Emarginula fissuroïdes, *Bosq.*	..	..	..	m
" Stoliczkaï, *Bosq.*, 1868. (Emarginula Mulleri, *Bosq.*, 1851, non E. Mulleri, *Ed. Forbes*, 1850)	..	..	..	m
" conica, *Binkh.*	..	..	..	m
" Dewalquei, *Binkh.*	..	..	..	m
" radiata, *Binkh.*	..	..	..	m
" Hoeveni, *Binkh.*	..	..	..	m
" depressa, *Binkh.*	..	..	..	m
" clypeata, *Binkh.*	..	..	..	m
" Kapfi, *Binkh.*	..	..	..	m
Acmæa Ciplyana, *de Ryckh.*	..	..	..	m
" lævigata, *Binkh.*	..	..	..	m
Siphonaria antiqua, *Binkh.*	..	..	..	m
Patella parmophoroïdea, *Binkh.*	..	..	..	m
Dentalium ellipticum, *Sow. ap. Fitt.*	..	h	..	..
" glabrum, *Mull.*	..	h	..	..
" alternans, *de Ryckh.*	..	h	..	..
" Nysti, *Binkh.*	..	..	..	m
" Cidaris, *Gein.*	..	h	..	..
Bulla Mulleri, *Bosq.*	..	h	..	..
" Archiaci, *Bosq.*	..	h	..	..
" Palassoui, *d'Arch.*	..	h	..	..

LAMELLIBRANCHES.

	Aachenien.	Hervien.	Sénonien.	Maestrichtien.
Anomia verrucifera, *Mull.*	..	..	s	..
" pellucida, *Mull.*	..	..	s	m
Placunopsis? ciliata, *Bosq.*, 1860. (Orbicula ciliata, *Mull.*, 1851).	..	..	s?	m

	Aachenien.	Hervien.	Sénonien.	Maestrichtien.
Ostrea Bronni, *Mull.*		h		
» armata, *Mull. (Goldf.)*		h		
» sulcata, *Blumenb.*, 1803. (O. flabelliformis, *Nilss.*, 1827).		h		
» diluviana, *L.*, 1767. (Ostrea Frons, *Park.*, 1811)		h	s	m
» larva, *Lm.*				m
» lunata, *Nilss.*				m
» minuta, ? *Roemer.*		h	s	
» Nilssoni, *Hagen.*			s	
» hippopodium, *Nilss.*			s	m
» vesicularis, *Lm.*			s	
» acutirostris, *Nilss.*				m
» curvirostris, *Nilss.*				m
» lateralis, *Nilss.*			s	m
» laciniata, *Nilss.*		h	s	
» auricularis, *Nilss.*				m
» subinflata, *d'Orb.*				m
» plicata, *Goldf. sp.*		h	s	
» decussata, *Goldf. sp.*				m
» conica, *Goldf. sp.*				m
» Cornu-arietis, *Goldf. sp.*		h		
» haliotidea, *Sow.*		h	s	m
Spondylus undulatus. *Reuss.*			s	
» lineatus, *Goldf.*			s	m
» sublævis, *Goldf.*				m
» subplicatus, *d'Orb.*				m
» lineatus, *Goldf.*			s	m
» spinosus, *Sow.*		h		
Lima nobilis, *Bosq.*, 1865. (Inoceramus nobilis, *Goldf.*, 1845).				m
» ovata, *Nilss. sp.*				m
» muricata, *Goldf.*				m
» squamifera, *Goldf.*				m?
» Dutempleana, *d'Orb.*				m
» granulata, *Nilss.*				m
» rectangularis, *d'Arch.*				m
» truncata, *Munst. sp. (Goldf.)*				m
» Geinitzi, *Hagen.*			s	
» dentata, *Mull.*			s	
» inflata, *Muller.*			s	
» pseudo-cardium, *Reuss.*			s	m
» Hoperi, *Mant. sp.*			s	

	Aachenien.	Hervien.	Sénonien.	Maestrichtien.
Lima multicostata, *Gein.*	..	..	s	m?
„ semisulcata, *Nilss.*	..	..	s	m
„ tecta, *Goldf.*	..	..	s	m
Vola æquicostata, *Lm. sp.* (Janira æquicostata, *d'Orb.*)	..	h	..	..
„ quadricostata, *Sow. sp.*	..	h	s	m
„ striatocostata, *Goldf. sp.*	..	h	s	m
„ Dutemplei, *d'Orb. sp.*	..	..	..	m
Pecten lævis, *Nilss.*	..	h	s	m
„ tricostatus, *Mull.*	..	..	s	m
„ trigeminatus, *Goldf.*	..	..	s	m
„ pulchellus, *Nilss.*	..	..	s	m?
„ cretosus, *Brongn.*	..	..	s	m
„ divaricatus, *Reuss.*	..	h	s	m
„ membranaceus, *Nilss.*	..	..	s	m
„ laminosus, *Mant.*	..	h	..	..
„ Nilssoni, *Goldf.*	..	..	..	m
„ Dujardini, *Ad. Roem.*	..	h	..	m
„ dentatus, *Nilss.*	..	..	..	m
„ cicatrisatus, *Goldf.*	..	h?	..	m
„ septemplicatus, *Nilss.*	..	..	..	m
„ complicatus, *Goldf.*	..	..	..	m
„ multicostatus, *Nilss.*	..	..	..	m?
„ decemcostatus, *Munst.*	..	..	..	m?
„ actinodus, *Goldf.*	..	..	..	m
Avicula modiolæformis, *Mull.*	..	h	..	m
„ pectinoïdes, *Reuss.*	..	h	..	..
„ granulosa, *Mull.*	..	..	s	..
„ Beisseli, *Mull.*	..	..	s?	..
„ cœrulescens, *Nilss.*	..	..	..	m
Inoceramus Cuvieri, *Goldf.*	..	..	s	..
„ Brongniarti, *Mant.*	..	h?	s	..
„ Cripsi, *Mant.*	..	h	s	..
„ planus, *Munst.*	..	..	s	..
„ concentricus, *Park.*	..	..	s	..
Perna triptera, *Goldf. sp.*	..	..	..	m
„ approximata, *Schloth sp.*	..	..	..	m
Gervilleia solenoïdes, *Defr.*	..	h	..	..
„ silicula, *Mull.*	..	..	s	..
Pinna quadrangularis, *Goldf.*	..	h	..	m
„ restituta, *Hoeningh.*	..	..	..	m
„ decussata, *Goldf.*	..	..	s	m
Mytilus lineatus ? *d'Orb.*	..	h	..	..

	Aachenien.	Hervien.	Sénonien.	Maestrichtien.
Mytilus gryphoïdes, *Mull.*	..	h	..	..
„ Debeyanus, *Bosq.*, 1860. (Mytilus lanceolatus, *Mull.*, non *Sow.*)	..	h	..	..
„ tegulatus, *Mull.*	..	h	..	..
„ Aquisgranensis, *de Ryckh.*	..	h	..	..
„ ? oviformis, *Mull.*	..	..	..	..
„ spectabilis, *Mull.*	..	..	s	..
„ Guerangeri, ? *d'Orb.*	..	..	..	m
„ ornatus, *de Munst.*	..	..	..	m
„ Cottæ? *A d. Roem.*	..	..	..	m
Modiola inflata, *Bosq.*, 1860. (Mytilus inflatus, *Mull.*, 1847)	..	h	..	..
„ Morreniana, *Bosq.*, 1860. (Mytilus Morrenianus, *de Ryckh.*, 1852)	..	..	s	..
„ nuda, *de Ryckh. sp.*	..	..	..	m
„ Cypliana, *de Ryckh. sp.*	..	..	..	m
„ Mulleri, *Bosq.*, 1860. (Mytilus reversus, *Mull.*, non *Sow.*).	..	..	..	m
„ flagellifera, *Forb.*, 1846, var. angusta, *Bosq.*, 1860.	..	..	..	m
Lithodomus Faba, *Mull. sp.*	..	h	..	..
„ Ciplyanus, *de Ryckh.*	..	..	..	m
„ similis, *de Ryckh.*	..	..	..	m
„ Weberi, *Mull.*	..	..	s	..
„ contortus, *d'Orb.*, 1847. (Modiola contorta, *Dujard.*, 1837).	..	..	..	m
Cucullæa texta, *Mull.*	..	h	..	..
„ Goldfussi, *Mull.*	..	h?	..	..
Arca exaltata, *Nilss.*	..	h	..	..
„ subglabra, *d'Orb.*	..	h	..	m
„ Kaltenbachi, *Mull.*	..	h	..	..
„ Aquisgranensis, *Mull.*	..	h	..	..
„ rhombea, *Nilss.*	..	..	..	m
Pectunculus Lens, *Nilss.*	..	h	..	..
Limopsis Hoeninghausi, *Bosq.*, 1860. (Pectunculus Hoeninghausi, *Mull.*, 1847).	..	h	..	..
Trigonocœlia galeata, *Bosq.*, 1860. (Cardium galeatum, *Mull.*, 1847).	..	h	..	..
Nucula tenera, *Mull.*	..	h	..	..
„ pulvillus, *Mull.*	..	h	..	..
„ caudata, *Mull.*	..	h	..	..
„ ovata, *Nilss.*	..	..	..	m
Leda acutissima, *Mull.*	..	h	..	..

	Aachenien.	Hervien.	Sénonien.	Maestrichtien.
Leda Foersteri, *d'Orb.*, 1847. (Nucula Foersteri, *Mull.*, 1846)	. .	h	. .	. .
„ Siliqua, *d'Orb.*, 1847. (Nucula Siliqua, *Goldf.*, 1838)	. .	h	. .	m
„ angusta *de Ryckh.*	. .	h	. .	. .
„ alata, *Mull.*	. .	. .	s	. .
„ Hagenowi, *Mull.*	. .	. .	s	. .
„ producta, *d'Orb.*, 1847. (Nucula producta, *Nilss.*, 1827)	. .	h	. .	. .
Trigonia limbata, *d'Orb.*	. .	h	. .	. .
„ subexcentrica, *d'Orb.*	. .	h?	. .	. .
Astarte cœlata, *Mull.*	. .	h	. .	. .
„ Roemeri, *Mull.*	. .	h?	. .	. .
„ Benedeni, *Mull.*	. .	h	. .	. .
„ Miqueli, *Mull.*	. .	. .	s	. .
„ similis, *Goldf.*	. .	h	. .	. .
„ porrecta, *Reuss.*	. .	h	. .	. .
„ acuta, *Mull.*	. .	h	. .	. .
Crassatella arcacea, *Ad. Roem.*	. .	h	. .	. .
„ rugosa, *Mull.*	. .	h	. .	. .
„ Bosquetiana, *d'Orb.*	. .	. .	. .	m
Lucina tenuis, *Mull.*	. .	h	. .	. .
„ Geinitzi, *Mull.*	. .	h	. .	. .
Corbis sublamellosa, *d'Orb.*	. .	. .	. .	m
Chama? Munsteri, *Bosq.*, 1860. (Exogyra Munsteri, *Hag.*, 1839)	. .	. .	s	m
Isocardia cretacea, *Goldf.*	. .	h	. .	. .
„ trigona, *Ad. Roem.*	. .	h	. .	. .
Cardium tubuliferum, *Goldf.*	. .	h	. .	. .
„ Becksi, *Mull.*	. .	h	. .	. .
„ semipustulosum, *Mull.*	. .	h	. .	. .
„ Marquarti, *Mull.*	. .	h	. .	. .
„ alutaceum, *Münst.*	. .	h	. .	. .
„ Noeggerathi, *Mull.*	. .	h	. .	. .
„ Benedeni, *Mull.*	. .	h	. .	. .
„ gibbosum, *Mull.*	. .	h	. .	. .
„ productum,? *Sowerb.*	. .	h	. .	. .
„ alternatum,? *d'Orb.*	. .	. .	. .	m
„ propinquum, *Munst.*	. .	. .	. .	m
„ pectiniforme, *Mull.*	. .	h?	. .	. .
„ decussatum, *Mant.*	. .	. .	s	. .
Cyprina Mulleri, *Bosq.*, 1860. (Cyprina rostrata, *Mull.*, non *Sow.*)	. .	h	. .	. .

	Aachenien.	Hervien.	Sénonien.	Maestrichtien.
Cyprina Reyi, *Bosq.* ,	..	h	..	..
» Bosquetiana, *d'Orb.*	..	..	..	m
Myoconcha discrepans, *Mull. sp.*	..	h	..	..
Dozyia lenticularis, *Bosq.*, 1868. (Dosinia lenticularis, *Bosq.*, 1860; Lucina lenticularis, *Goldf.*, 1839).	..	h	..	..
Cytherea subovalis, *d'Orb.*	..	h	..	..
» subfaba, *d'Orb.*	..	h	..	..
Venus tumida, *Mull.*	..	h	..	..
» subplana, *d'Orb.*	..	h	..	..
» nuciformis, *Mull.*	..	h	..	..
» immersa, *Mull.*	..	h	..	..
» subparva, *d'Orb.*	..	h	..	..
» porrecta, *Mull.*	..	h	..	..
Tellina Goldfussi, *Ad. Roem.*	..	h	..	..
» pseudoplana, *Ad. Roem.*	..	h	..	..
» Royana, *d'Orb.*	..	h	..	..
» subradiata, *d'Orb.*	..	h	..	..
Arcopagia costulata, *d'Orb.*, 1847. (Tellina costulata, *Goldf.*).	..	h	..	..
» strigata, *d'Orb.*, (Tellina strigata, *Goldf.*)	..	h	..	..
Capsa gigantea, *Mull.*	a?	h?	..	..
Mactra Debeyana, *Bosq.*, 1860. (Cardium Debeyanum, *Mull.*, 1847)	..	h	..	..
» angulata, *Mull. an Sow?*	..	h	..	..
Sphærulites Faujasi, *Bayle.*	..	..	..	m
» Hoeninghausi, *Desm.*	..	..	..	m
Radiolites Trigeri, *Bayle.*	..	..	..	m
» Lapeyrousi, *Goldf. sp.*	..	..	..	m
» Royana, *d'Orb.*	..	..	..	m
» Jouanneti, *Desmoul.*	..	..	..	m
» Ciplyana, *de Ryckh.*	..	..	..	m
Requienia Ciplyana, *de Ryckh.*	..	..	s	..
Caprotina costulata, *Mull*	..	..	..	m
Anatina arcuata, *d'Orb.*	..	..	..	m
Neæra longicauda, *Bosq.*	..	h	..	..
Poromya? æquivalvis, *d'Orb.*	..	h	s	m
Goniomya designata, *Goldf.*	..	h	s?	m
Pholadomya Esmarki, *Pusch.*	..	..	..	m
Panopæa Goldfussi, *d'Orb.*	..	h	..	..
» Jugleri, *Ad. Roem.*	..	h	..	..

	Aachenien.	Hervien.	Sénonien.	Maestrichtien
Panopæa Ryckholti, *Bosq.*, 1868. (Panopæa Sancti Petri (1), *de Ryckh.*, 1851).				m
Solecurtus subcompressus, *d'Orb.*		h		
Solen æqualis, *Mull. (d'Orb.)*	a?	h?		
Fistulana aspergilloïdes, *Ed. Forb.*				m
Gastrochæna amphisbæna, *Goldf. sp.*				m
» voracissima, *Mull.*			s	m
Clavagella elegans, *Mull.*		h		
» divaricata, *Mull.*				m
Pholas supracretacea, *de Ryckh.*				m
» ? reticulata, *Mull.*			s	

BRACHIOPODES.

	Aachenien.	Hervien.	Sénonien.	Maestrichtien
Lingula? Visetana, *de Rychh.*		h		
Crania Davidsoni, *Bosq.*			s	m
» Mulleri, *Bosq.*				m
» Suessi, *Bosq.*				m
» nodulosa, *Hoeningh.*				m
» comosa, *Bosq.*,				m
» Bredaï, *Bosq.*				m
» Ignabergensis, *Retz.*				m
» » var. paucicostata, *Bosq.*, 1859.			s	m
» antiqua *Defr.*			s	
» Hagenovi, *de Kon.*			s	m
Thecidium affine, *Bosq.*				m
» vermiculare, *Davids.* (Terebratulites vermicularis, *Schloth.*, 1813).			s	m
» Suessi, *Bosq.*				m
» digitatum, *G. B. Sow.*		h		m
» longirostre, *Bosq.*				m
» hieroglyphicum, *Goldf. (Defr.).*				m
» papillatum, *Davids.*, 1851. (Terebratulites papillatus, *Schloth.*, 1813).			s	m
Argiope Davidsoni, *Bosq.*				m
» Faujasi, *Bosq.*				m
» megatremoïdes, *Bosq.*				m
» microscopica, *Schloth. sp.*			s	m
Morrisia Suessi, *Bosq.*				m

(1) J'ai cru devoir changer le nom spécifique de cette Panopée pour la même raison pour laquelle j'ai changé celui de la *Littorina* et du *Trochus Montis Sancti Petri*. (J.-B.).

	Aachenien.	Hervien.	sénonien.	Maestrichtien.
Morrisia inflata, *Bosq.*	..	..	..	m
Magas pumilus, *Sow.*	..	..	s	..
— spathulatus, *Wahl. sp.*, var. minor, *Bosq.*, 1860	..	..	..	m
— Davidsoni, *de Kon. et Bosq.*	..	..	..	m
Terebratella pectiniformis, *Bosq.*, 1860, (Terebratulites pectiniformis, *Schl.*, 1813)	..	..	..	m
— Palissei, *Bosq.*, 1860. (Trigonosemus Palissii, *Woodw.*, 1853)	..	..	s	..
— elegans, *Davids.*, 1852. (Trigonosemus elegans, *König*, 1825)	..	..	s	..
— Konincki, *Bosq.*	..	..	..	m
— Davidsoni, *de Ryckh.*	..	..	..	m
— plicata, *Bosq.*	..	..	..	m
— megaptycha, *Bosq.*	..	..	..	m
— Humboldti, *Hagen.*	..	..	s	..
— Knerri, *Bosq.*	..	..	s	..
Megerleia Lima, *Defr. sp.*	..	..	s	..
— pustulosa, *Bosq.*	..	..	..	m
Terebratulina costata, *Bosq.*	..	..	..	m
— Bosqueti, *Mull. sp.*	..	..	s	..
— Hagenovi, *Mull. sp.*	..	..	s	..
— Santonensis, *Bosq.*, 1860. (Terebratella Santonensis, *d'Orb.*, 1847).	..	..	..	m
— striata, *Wahlenb. sp.*	..	..	s	—
— gracilis, *Schloth. sp.*	..	..	s	..
Terebratula Gisei, *Hagen.*	..	..	s	..
— carnea, *Sow.*	..	..	s	—
— „ var. elongata, *Sow.*	..	..	s	..
— Scaphula, *Schloth. sp.*	..	..	..	m
— Fittoni, *Hagen.*	..	..	s	..
— biplicata, *Sow.*	..	..	s	..
— Sowerbyi, *Hagen.*	..	..	s	..
Rhynchonella limbata, *Schl. sp.*	..	..	s	..
— plicatilis, *Sow. sp.*	..	..	s	..
— „ var. octoplicata, *Davids.*	..	..	s	..
— alata, *Nilss.*, non *Lm.*	..	h	s	m
— Davidsoni, *Bosq.*	..	..	..	m
— grosseplicata, *Bosq.*	..	..	..	m
— depressa, *Sow. sp.*	..	h	s?	..

	Aachenien.	Hervien.	Sénonien.	Maestrichtien.
BRYOZOAIRES.				
Stichopora clypeata, *Hagen*.	..	..	..	m
Lunulites cretacea, *d'Orb*.	..	..	s	..
» Goldfussi, *Hagen*.	..	..	s	m
» Hagenovi, *Bosq*.	..	h	s	m
Reptescharipora elegantula, *Hag. sp*.	..	..	s	m
Semiescharipora galeata, *Beissel*, 1865. (Cellepora galeata, *Hag.*, 1851).	..	..	s	..
» cornuta, *Beissel*.	..	..	s	..
» ornata, *Goldf. sp*.	..	..	..	m
» cruciata, *Ubaghs*.	..	..	..	m
Multescharipora pinguis, *d'Orb*. (Cellepora pinguis, *Hag.*, 1851).	..	..	..	m
Escharella Edwardsiana, *d'Orb*.	..	..	..	m
Escharifora amphiconica, *Beissel*, 1865. (Eschara amphiconica, *Hag.*, 1839).	..	..	s	..
» Circe, *d'Orb*.	..	..	..	m
» Mulleri, *Bosq.*, 1860. (Eschara Mulleri, *Hag.*, 1851).	..	..	..	m
» quinquepunctata, *Beissel*, 1865. (Eschara quinquepunctata, *Hag.*, 1851).	..	..	..	m
» Jussieui, *Bosq.*, 1868. (Eschara Jussieui, *Hag.*, 1851)	..	..	..	m
» polystoma, *Beiss.*. 1865. (Eschara polystoma, *Hag.*, 1856)	..	..	..	m
» vicinalis, *Beiss.*, 1865. (Eschara vicinalis, *Hag.*, 1851)	..	..	..	m
» foveolata, *Beiss.*, 1865. (Eschara foveolata, *Hag.*, 1851).	..	..	..	m
» flabellata, *d'Orb.*, 1851. (Eschara flabellata, *Hag.*, 1851).	..	..	s	..
» rhomboïdea, *Beiss.*, 1865.	..	..	s	..
» verrucosa, *Beiss.*, 1865.	..	..	s	..
» striata, *d'Orb.*, 1851.	..	..	s	m
» Verneuili, *Bosq.*, 1868. (Eschara Verneuili, *Hag.*, 1851).	..	..	..	m
» semistellata, *Bosq.*, 1868. (Eschara semistellata, *Hag.*, 1851).	..	..	..	m
» ? filograna, *Bosq.*, 1868. (Eschara filograna, *Goldf.*, 1830)	..	..	..	m

	Aachenien.	Hervien.	Sénonien.	Maestrichtien.
Escharifora goniostoma, *Bosq.*, 1868. (Eschara goniostoma, *Hag.*, 1851) . . .	..	..	..	m
— variabilis, *Bosq.*, 1868. (Eschara variabilis, *Hag.*, 1851). . . .	..	..	..	m
— coronata, *Bosq.*, 1868. (Eschara coronata, *Hag.*, 1851). . . .	..	..	..	m
— ?Kleini, *Bosq.*, 1868. (Eschara Kleini, *Hag.*, 1851)	..	..	..	m
— Rondeleti, *Bosq.*, 1868. (Eschara Rondeleti, *Hag.*, 1851) . . .	..	..	..	m
— Peyssonelli, *Bosq.*, 1868. (Eschara Peyssonelli, *Hag.*, 1851) . . .	..	..	..	m
— Desmaresti, *Bosq.*, 1868. (Eschara Desmaresti, *Hag.*, 1851) . . .	..	..	..	m
— Peroni, *Bosq.*, 1868. (Eschara Peroni, *Hag.*, 1851)	..	..	..	m
— Defrancei, *Bosq.*, 1868. (Eschara Defrancei, *Hag.*, 1851). . . .	..	..	..	m
— Boryana, *Bosq.*, 1858. (Eschara Boryana, *Hag.*, 1851)	..	..	..	m
— Archiaci, *Bosq.*, 1868. (Eschara Archiaci, *Hag.*, 1851)	..	..	..	m
Reptescharinella Mohli, *d'Orb.*, 1851. (Cellepora Mohli, *Hag.*, 1851) .	..	..	..	m
— ringens, *d'Orb.*, 1851. (Cellepora ringens, *Hag.*, 1851).	..	..	..	m
— subgranulata, *d'Orb.*, 1851. (Cellepora subgranulata, *Hag.*, 1851).	..	..	..	m
— pusilla, *d'Orb.*, 1851. (Cellepora pusilla, *Hag.*, 1851).	..	..	..	m
— Villiersi, *d'Orb.*	..	..	..	m
— Labryi, *Ubaghs.*	..	..	..	m
— pulchella, *d'Orb.*	..	..	..	m
Vincularina Hagenovi, *Bosq.*	..	..	..	m
Cellepora subinflata, *d'Orb.*	..	..	..	m
Semieschara simplex, *d'Orb.*	..	..	..	m
— Meudonensis, *d'Orb.*	..	..	..	m
— arborea, *Reiss.*	..	..	s	..
— crassa, *Reiss.*	..	..	s	..
Pavolunulites costata, *d'Orb.*	..	..	s	..
— elegans, *Reiss.*	..	..	s	..
— grandis, *Bosq.*	..	..	..	m

	Aachenien.	Hervien.	Sénonien.	Maestrichtien.
Pavolunulites planulata, *Bosq.*	..	..	..	m
Eschara Lamourouxi, *Hag.*	..	..	s	m
" papyracea, *Hag.*	..	..	s	m
" microstoma, *Hag.*	..	..	s	m
" rhombea, *Hag.*	..	..	..	m
" stigmatophora, *Goldf.*	..	..	..	m
" scindalata, *Hag.*	..	..	..	m
" Elea, *d'Orb.*	..	..	..	..
" pyriformis, *Goldf.*	..	..	..	m
" dichotoma, *Goldf.*	..	..	..	m
" Audouini, *Hag.*	..	..	..	m
" Blainvillei, *Hag.*	..	..	..	m
" Nysti, *Hag.*	..	..	..	m
" Lamarcki, *Hag.*	..	..	..	m
" propinqua, *Hag.*	..	..	..	m
" sexangularis, *Goldf.*	..	..	..	m
" Artemis. *d'Orb.*	..	..	..	m
" Nerei, *d'Orb.*	..	..	..	m
" Danae, *d'Orb.*	..	..	..	m
" Ellisi, *Hag.*	..	..	..	m
" lepida, *Hag.*	..	..	..	m
" pusilla, *Hag.*	..	..	..	m
" ampullacea, *Hag.*	..	..	..	m
" Arcas, *d'Orb.*	..	..	s	..
" cancellata, *Goldf.*	..	..	..	m
" fissa, *Hag.*	..	h	s	..
" galeata, *Hag.*	..	..	s	..
" pulchra, *Bronn.*	..	h	s	m
Vincularia areolata, *Hag.*	..	..	s	m
" bella, *Hag.*	..	..	..	m
" canalifera, *Hag.*	..	..	s	m
" procera, *Hag.*	..	..	..	m
" disparilis, *d'Orb.*	..	h	s	..
" canaliculata, *d'Orb.*	..	..	s	..
Semiflustrina vesiculosa, *Beiss.*	..	..	s	..
Flustrina Binkhorsti, *Ubaghs.*	..	..	..	m
" ? ichnoïdea, *Hag. sp.*	..	..	..	m
" ? detrita, *Hag. sp.*	..	..	..	m
" ? Solandri, *Hag. sp.*	..	..	..	m
Semiflustrella, elegans, *Bosq.*	..	..	..	m
Flustrella Savignyana, *d'Orb.*, 1851. (Eschara Savignyana, *Hag.*, 1851)	..	..	..	m

	Aachenien.	Hervien.	Sénonien.	Maestrichtien.
Flustrella Gaymardi, *d'Orb.*, 1854. (Eschara Gaymardi, *Bosq.* ap. *Hag.*, 1851).	..	..	..	m
" Cuvieri, *d'Orb.*, 1851. (Eschara Cuvieri, *Hag.*, 1851).	..	..	..	m
Membranipora camerata, *Hag. sp.*	..	..	..	m
" Koninckana, *Hag. sp.*	..	..	..	m
" subpyriformis, *Hag. sp.*	..	..	..	m
" impressa, *Hag. sp.*	..	..	s	..
" ? Oweni, *Hag. sp.*	..	..	..	m
" subdepressa, *Hag. sp.*	..	..	..	m
" irregularis, *Hag. sp.*	..	..	..	m
" Hippocrepis, *Goldf. sp.*	..	..	..	m
" Normanniana, *d'Orb.*	..	h	..	..
" Deshayesi, *Hag. sp.*	..	..	..	m
" crustulenta, *Goldf. sp.*	..	..	..	m
" Velamen, *Goldf. sp.*	..	..	..	m
" subsimplex, *d'Orb.*	..	..	..	m
" odontophora, *Hag. sp.*	..	..	..	m
" concatenata, *d'Orb.*	..	..	s	m
" Pallasiana, *Hag. sp.*	..	..	..	m
" bidens, *Busk.*	..	..	..	m
" Faujasi, *d'Orb*	..	..	..	m
" Granti, *Hag. sp.*	..	..	..	m
" vaginata, *Hag. sp.*	..	..	..	m
" dentata, *Goldf. sp.*	..	..	..	m
" Duchateli, *Hag. sp.*	..	..	..	m
" annulifera, *Bosq.*	..	..	..	m
" monilifera, *Hag. sp.*	..	..	..	m
" Lyra, *Hag. sp.*	..	..	..	m
Lepralia signata, *Bosq.*, 1860. (Cellepora signata, *Hag.*, 1851).	..	..	..	..
" Lessoni, *Bosq.*, 1860. (Cellepora Lessoni, *Hag.*, 1851).	..	..	..	..
" cornuta, *Bosq.*, 1860. (Cellepora cornuta, *Hag.*, 1851)	..	..	s	..
" plicatella, *Bosq.*, 1860. (Cellepora plicatella, *Hag.*, 1851).	..	..	..	..
" elegantula, *Bosq.*, 1860. (Cellepora elegantula, *Hag.*, 1851).	..	..	..	..
" Brongniarti, *Bosq.*, 1860. (Cellepora Brongniarti, *Hag.*, 1851)	..	..	..	..
" Bosqueti, *Ubaghs*	..	..	..	..

	Aachenien.	Hervien.	Sénonien.	Maestrichtien.
Flustrellaria pentasticha, *Beiss.*, 1865. (Cellepora pentasticha, *Hag.*, 1839).	..	..	s	..
cylindrica, *d'Orb.*, 1851. (Siphonella cylindrica, *Hag.*, 1851).	..	..	..	m
subcompressa, *d'Orb.*, 1851. (Siphonella subcompressa, *Hag.*, 1851)	..	..	..	m
inornata, *d'Orb.*	..	..	..	m
monodonta, *Bosq.*	..	..	..	m
Biflustra pavonia, *Hag. sp.*	..	..	..	m
Lesueuri, *d'Orb.*, 1851. (Eschara Lesueuri, *Hag.*, 1851).	..	..	..	m
Esperi, *d'Orb.*, 1851. (Eschara Esperi, *Hag.*, 1851)	..	..	..	m
nana, *d'Orb.*, 1851. (Eschara nana, *Hag.*, 1851)	..	..	..	m
Orbignyana, *Bosq.*	..	..	..	m
quadriseriata, *Bosq.*	..	..	s	m
marginata, *Bosq.*	..	..	..	m
flabellata, *d'Orb.*	..	..	s	m
subbipunctata, *d'Orb.*, 1851. (Cellepora subbipunctata, *Goldf.*, 1826).	..	..	..	m
subcyclostoma, *d'Orb.* (Eschara cyclostoma, *Hag.*, 1851).	..	..	s	m
Quadricellaria Trigeri, *Ub.*	..	..	..	m
Cellarina lepida, *Bosq.*	..	..	..	m
Melicerites dubia, *Hag. sp.*	..	..	..	m
Meudonensis, *d'Orb.*	..	..	s	m
tubiporacea, *d'Orb.*, 1852. (Inversaria tubiporacea, *Hag.*, 1851).	..	..	..	m
trigonopora, *d'Orb.*, 1852. (Inversaria trigonopora, *Hag.*, 1851).	..	h!	..	m
milleporacea, *d'Orb.*, 1852. (Ceriopora milleporacea, *Goldf.*, 1826).	..	..	..	m
Multelea sessilis, *Beissel*, 1865. (Ceriopora sessilis, *Hag.*, 1851).	..	..	..	m
magnifica, *d'Orb.*	..	..	..	m
Theonia radians, *Haime*, 1854. (Lopholepis radians, *Hag.*, 1851).	..	..	..	m
irregularis, *Haime*, 1854. (Lopholepis irregularis, *Hag.*, 1851).	..	..	..	m
alternans, *Haime*, 1854. (Lopholepis alternans, *Hag.*, 1851).	..	..	..	m

	Aachenien	Hervien	Sénonien	Maestrichtien
Osculipora repens, *d'Orb.*, 1852. (Truncatula repens, *Hag.*, 1851)				m
" truncata, *d'Orb.*, 1849. (Retepora truncata, *Goldf.*, 1831)				m
Cyrtopora elegans, *Hag.*				m
Fungella Dujardini, *Hag.*				m
Pavotubigera flagellata, *d'Orb.*				m
Discotubigera Michelini, *Hag. sp.*				m
Reptotubigera ramosa, *d'Orb.*				m
" serpens, *d'Orb.*				m
Idmonea ramosa, *d'Orb.*				m
" subgracilis, *d'Orb.*				m
" macilenta, *Hag.*				m
" dorsata, *Hag.*				m
" irregularis, *Beiss.*			s	
" Mulleri, *Beiss.*			s	
" lineata, *Hagen.*				m
" pseudo-disticha, *Hagen.*				m
" Cypris, *d'Orb.*				m
" excavata, *d'Orb.*				m
" communis, *d'Orb.*				m
" Cytherea, *d'Orb.*				m
" gibbosa, *Hagen.*				m
" divaricata, *Ub.*				m
" geniculata, *Hag.*				m
" unipora, *d'Orb.*			s	
Clavitubigera excavata, *d'Orb.*				m
" navicularis,, *Reissel.*			s	
Spiropora verticillata, *Goldf.* (S. antiqua, *Lamour.*)		h	s	m
" disticha, *Haime.*				m
" annulato-spiralis, *Haime.*				m
Peripora Ligeriensis, *d'Orb.*		h		m
Berenicea papillosa, *d'Orb.*				m
Proboscina fasciculata, *d'Orb.*, 1847. (Diastopora fasciculata, *Reuss*, 1846)				m
Stomatopora ramea, *Bronn.*				m
Tubulipora parasitica, *Hag.*				m
Diastopora Tubulus, *d'Orb.*				m
Discosparsa tuberculata, *d'Orb.*				m
Filisparsa Mulleri, *Beiss.*			s	
" tubulifera, *d'Orb.*				m

	Aachenien.	Hervien.	Sénonien.	Maestrichtien.
Mesenteripora compressa, *d'Orb.*, 1852. (Ceriopora compressa, *Goldf.*, 1830).	..	..	..	m
" anomalopora, *Busk*, 1859. (Ceriopora anomalopora, *Goldf.*. 1830).	..	..	..	m
Cavaria ramosa, *Hag.*	..	..	..	m
" micropora, *Hag.*	..	..	..	m
Cœlocochlea torquata, *Hag.*	..	..	..	m
Entalophora tubulosa, *d'Orb.*, 1852. (Pustulipora tubulosa, *Hag.*, 1851).	..	..	..	m
" geminata, *d'Orb.*, 1852. (Pustulipora geminata, *Hag.*. 1851).	..	..	..	m
" raripora, *d'Orb.*	..	..	s	m
" subregularis, *d'Orb.*	..	..	..	m
" linearis, *d'Orb.*	..	..	..	m
" pustulosa, *d'Orb.*, 1847. (Pustulopora pustulosa, *Blainv.*, 1834).	..	..	..	m
" madreporacea, *d'Orb.*, 1847. (Ceriopora madreporacea, *Goldf.*, 1830)	..	..	..	m
" Beisseli, *Ub.*	..	..	..	m
" lineata, *Beiss.*	..	..	s	..
" Bosqueti, *Beiss.*	..	..	s	m
Spiroclausa spiralis, *d'Orb.*	..	..	..	m
" canalifera, *Ub.*	..	..	..	m
Multicrisina costata, *d'Orb.*	..	..	..	m
Crisina lichenoïdes, *d'Orb.*, 1852. (Retepora lichenoïdes, *Goldf.*, 1829).	..	..	..	m
" geometrica, *d'Orb.*, 1852. (Idmonea geometrica, *Hag.*, 1851).	..	..	..	m
Filicrisina verticillata, *d'Orb.*	..	..	..	m
Tecticavea boletiformis, *d'Orb.*	..	..	..	m
Domopora Bosqueti, *d'Orb.*, 1846. (Stellipora Bosquetiana, *Hag.*, 1851).	..	..	..	m
Multicavea magnifica, *d'Orb.*	..	..	..	m
Stellocavea Francqi, *d'Orb.*	..	..	..	m
" cultrata, *d'Orb.*	..	..	..	m
" bipartita, *Ub.*	..	..	..	m
" trifoliiformis, *Ub.*	..	..	..	m
Radiocavea diadema, *d'Orb.*, 1852. (Defrancia diadema, *Hag.*, 1851)	..	..	..	m
" Francqi, *d'Orb.*	..	..	..	m

	Aachenien.	Hervien.	Sénonien.	Maestrichtien.
Radiocavea Sellula, *d'Orb.*, 1852. (Defrancia sellula, *Hagen.*, 1851).	..	..	..	m
„ reticulata, *d'Orb.*, 1852. (Defrancia reticulata, *Hag.*, 1851)	..	..	..	m
Discocavea compressa, *d'Orb.*	..	..	..	m
Lichenopora disticha, *Haime*, 1854. (Actinopora disticha, *d'Orb.*, 1852).	..	..	..	m
„ Gaudryana, *Haime*, 1854. (Actinopora Gaudryana, *d'Orb.*, 1850).	..	..	..	m
„ cariosa, *d'Orb.*, 1852. (Defrancia cariosa, *Hag.*, 1851).	..	..	..	m
„ stellata, *d'Orb.*, 1852. (Ceriopora stellata, *Goldf.*, 1829)	..	..	..	m
Sparsicavea dichotoma, *d'Orb.*, 1852. (Heteropora dichotoma, *Hag.*, 1851)	..	..	s	m
„ undulata, *d'Orb.*, 1852. (Heteropora undulata, *Hag.*, 1851).	..	..	..	m
Cavea Dumonti, *d'Orb.*, 1852. (Heteropora Dumonti, *Hag.*, 1851)	..	..	..	m
Zonopora pseudo-torquata, *d'Orb.*, 1852. (Plethopora pseudo-torquata, *Hag.*, 1851)	..	..	..	m
Reptomulticavea theloïdea, *d'Orb.*, 1852. (Ceriopora theloïdea, *Hag.*, 1851).	..	..	..	m
„ Schweiggeri, *d'Orb.*, 1853. (Ceriopora Schweiggeri, *Hag.*, 1851).	..	..	..	m
„ polytaxis, *d'Orb.*, 1852. (Ceriopora polytaxis, *Hag.*, 1851).	..	..	..	m
„ cavernosa, *d'Orb.*, 1852. (Ceriopora cavernosa, *Hag.*, 1851).	..	..	..	m
Ceriopora micropora, *Goldf.*	..	..	..	m
„ nuciformis, *Hag.*	..	..	s	..
„ ? racemosa, *Goldf.*	..	..	..	m
„ ? sessilis, *Hag.*	..	..	..	m
„ digitalis, *d'Orb.*	..	..	..	m
Retecava clathrata, *d'Orb.*, 1852. (Idmonea clathrata, *Goldf.*, 1829).	..	..	..	m
Filicava triangularis, *d'Orb.*	..	..	..	m
Echinocava mitra, *Beiss.*, 1865. (Ceriopora mitra, *Goldf.*, 1829).	..	h	..	..
Truncatula filix, *Hag.*	..	..	..	m

	Aachenien.	Hervien.	Sénonien.	Maestrichtien.
Plethopora verrucosa, *Hag.*, 1851. (P. truncata, *Hag.*)				m
Neuropora cretacea, *Hag.*				m
Heteropora cryptopora, *Goldf.*				m
" crassa, *Hag.*				m
" tenera, *Hag.*				m
" anomaloporata, *Ub.*				m

ANNÉLIDES.

	Aachenien.	Hervien.	Sénonien.	Maestrichtien.
Serpula filiformis *Sow.*		h		
" implicata, *Hag.*			s	m
" gordialis, *Schloth.*		h	s	m
" quadrangularis, *Ad. Roem.*			s	
" ampullacea, *Sow.*		h		
" conica, *Hagen.*			s	
" subrugosa, *Munst.*			s	
" tuba?, *Sow.*		h		
" prolifera?, *Goldf.*			s	
" arcuata, *Munst.*			s	
" umbilicata, *Hag.*			s	
" draconocephala, *Goldf.*				m
" erecta, *Goldf.*				m
" trachinus?, *Goldf.*			s	
" cincta, *Goldf.*			s	m
" heptagona, *Hag.*				m
" lophioda, *Goldf.*			s	m
" subtorquata, *Schloth.*			s	m
" Noeggerathi, *Schloth.*				m
Ditrupa? Ciplyana, *de Ryckh.*				m
" ? clava, *Bosq.*, 1865. (Dentalium Clava, *Lm.*)			s	m
" sexcarinata, *Bosq.*, 1865. (Dentalium sexcarinatum, *Goldf.*, 1830).				m

ECHINIDES.

	Aachenien.	Hervien.	Sénonien.	Maestrichtien.
Echinocorys vulgaris, *Breyn* (var. ovata, gibba, hemisphærica et subconica).			s	
" papillosus, *d'Orb.*			s	
" sulcatus, *Goldf.*			s	
Hemipneustes striato-radiatus, *d'Orb.*, 1854.			s	m
Spatangus? hieroglyphicus, *Mull.*				m?

	Aachenien.	Hervien.	sénonien.	Maestrichtien.
Cardiaster ananchytis, *d'Orb.*, 1853. (Spatangus ananchytis, *Leske*, 1778). .	. .	h	s	m
„ bicarinatus, *d'Orb.*, 1853. (Holaster bicarinatus, *Ag.*, 1840). . . .	. .	. .	s	. .
Micraster cor-anguinum, *Agass.*, 1847. . .	. .	. .	s	m
„ Leskei, *d'Orb.*, 1853. (Spatangus Leskei, *Desm.*, 1837)	. .	. .	s	. .
Hemiaster prunella, *Lm. sp.*	. .	. .	. .	m
„ breviusculus, *d'Orb.*	. .	. .	s	. .
„ Koninckianus, *d'Orb.*	. .	. .	s	. .
Isaster amygdala, *Goldf. sp.*		. .	. .	m?
Periaster bucardium, *d'Orb.*, 1853. (Spatangus bucardium, *Goldf.*, 1829) . . .	. .	. .	. .	m?
- lacunosus, *d'Orb.*, 1853. (Spatangus lacunosus, *Goldf.*, 1829). . . .	. .	. .	. .	m?
Faujasia apicalis, *d'Orb.*, 1855. (Pygurus apicalis, *Desor*, 1847)	. .	. .	. .	m
- Faujasi, *d'Orb.*, 1855. (Echinolampas Faujasi, *Desmoul.*, 1837)	. .	. .	. .	m
Pygaster depressus, *Agass.*	. .	. .	s	. .
Rhynchopygus Marmini, *d'Orb.*, 1855. (Nucleolites Marmini, *Desmoul.*, 1837).	. .	. .	. .	m
Cassidulus lapis cancri. *Lm.*, 1816. (Echinites lapis cancri, *Leske*, 1778) . . .	. .	. .	. .	m
„ elongatus, *d'Orb.*	. .	. .	. .	m
Conoclypus ovatus, *Lm. sp.*	. .	. .	. .	m?
Caratomus sulcato-radiatus, *Desor*, 1847. (Galerites sulcato-radiatus, *Goldf.*, 1830).	. .	. .	s	. .
„ hemisphæricus, *Desor.*	. .	. .	s	. .
„ Gehrdensis, *Ad. Roemer.*	. .	. .	s?	. .
Fibularia subglobosa, *Desor*, 1847. (Echinoneus subglobosus, *Goldf.*, 1830) . . .	. .	. .	s	. .
Echinocyamus placenta, *Ag.*, 1837. (Echinoneus placenta, *Goldf.*, 1830).	. .	. .	. .	m
Trematopygus analis, *d'Orb.*, 1855. (Nucleolites analis, *Ag.*, 1847) . .	. .	. .	. .	m?
„ ovulum, *d'Orb.*, 1855. (Nucleolites ovulum, *Goldf.*, 1830) .	. .	. .	. .	m?
Echinobrissus scrobiculatus, *d'Orb.*, 1854. (Nucleolites scrobiculatus, *Goldf.*, 1829).	. .	. .	s	m
Catopygus, lævis, *Ag.*	. .	. .	s	m
„ fenestratus. *Ag.*	. .	. .	s	m

	Aachenien.	Hervien.	Sénonien.	Maestrichtien.
Catopygus pyriformis, *Ag.*	..	..	s	m
" conformis, *Desor.*	..	..	s	..
" elongatus, *Desor.*	..	..	..	m
Oolopygus pyriformis, *d'Orb.*	..	..	..	m
Pyrina nucleus, *d'Orb..*	..	..	s	..
Echinoconus conicus, *Breyn*, 1732.	..	..	s	..
" globulus, *d'Orb.*	..	..	..	m?
Tetragramma variolare, *Ag.*	..	..	s	..
Hemipedina miliaris, *Cotteau.* (Pseudodiadema Kleini, *Desor*).	..	..	..	m
Salenia anthophora, *Mull.*	..	h	s	m
" minima, *Desor*	..	..	..	m
" Bourgeoisi, *Cotteau.*	..	..	..	m
Goniophorus ? pentagonalis, *Mull.*	..	..	..	m?
Hyposalenia heliophora, *Desor.*	..	..	..	m
Goniopygus Menardi ?, *Ag.*	..	..	..	m?
Glypticus Konincki, *Desor*	..	..	..	m?
Cyphosoma spathuliferum, *Forb.*	..	..	..	m?
Cidaris Hardouini, *Desor.*	..	..	..	m
" Faujasi, *Desor*	..	..	s	m
" Forchhammeri, *Desor*	..	..	..	m
" regalis, *Goldf.*	..	..	..	m
" lingualis, *Desor*	..	..	..	m
" subvesiculosa, *d'Orb.*	..	..	s	..
" pistillum, *Quenst.*	..	..	..	m

CRINOÏDES.

	Aachenien.	Hervien.	Sénonien.	Maestrichtien.
Hertha mystica, *Hag.*	..	..	..	m
Comatula conoïdea, *Goldf.*	..	..	..	m
Glenotremites paradoxus, *Goldf.*	..	..	..	m?
Eugeniacrimus Hagenovi, *Goldf.*	..	..	..	m
Bourgueticrinus ellipticus, *Mill.*	..	..	s	..
" æqualis, *d'Orb.*	..	..	s	..
Pentacrinus Agassizi, *Hag.*	..	h	..	m

ASTÉRIDES.

	Aachenien.	Hervien.	Sénonien.	Maestrichtien.
Pentagonaster quinquelobus, *d'Orb.*, 1847. (Asterias quinqueloba, *Goldf.*, 1830).	..	..	..	m
" polygonatus, *Forb.*	..	..	s	m
" punctatus, *Bosq.*, 1865. (Asterias punctata, *Hag.*, 1851)	..	..	s	m

	Aachenien.	Hervien.	Sénonien.	Maestrichtien.
Pentagonaster Dunkeri? *Ad. Roem.* . . .	..	..	s	m
Palæocoma Furstenbergi, *d'Orb.*. 1847. (Ophiura Furstenbergi, *Mull.*, 1847) . .	..	h	..	m
ANTHOZOAIRES.				
Cyathina Bredaï, *Edwards et Haime*. . . .	..	..	..	m
„ cylindrica, *Edw. et Haime*. . .	..	..	..	m
„ Debeyana, *Edw. et Haime*. . . .	..	h	..	..
„ Konincki, *Edw. et Haime*	..	..	..	m
Cyclolites cancellata, *Blainv.*	..	..	..	m
„ undulata, *Blainv.*	..	..	..	m
Micrabacia coronula?, *Goldf. sp.*	..	..	s	m
Trochosmilia Faujasi, *Edw. et Haime*. . .	..	..	..	m
Parasmilia Faujasi, *Edw. et Haime*.. . .	..	..	..	m
„ centralis, *Edw. et Haime*. . . .	..	..	s	..
„ punctata, *Edw. et Haime*. . .	..	..	..	m
„ elongata, *Edw. et Haime*. . . .	..	..	..	m
Diploctenium cordatum, *Goldf.*	..	..	..	m
„ pluma, *Goldf.*	..	..	..	m
Aplosastræa geminata, *d'Orb.*, 1849. (Astrœa geminata, *Goldf.*, 1831). . .	..	..	..	m
Actinastræa Goldfussi, *d'Orb.*, 1849. (Astrœa geminata, *Goldf.*, pro parte, 1831)	..	..	..	m
Phyllocœnia arachnoïdes, *d'Orb.*(Astrœa arachnoïdes, *Goldf.*, 1831). . . .	..	..	..	m
Cryptocœnia rotula, *d'Orb.*, 1848. (Astrœa rotula, *Goldf.*, 1831) . . .	..	..	..	m
Paracœnia macrophthalma, *d'Orb.*, 1847. (Astrœa macrophthalma, *Goldf.*, 1831).	..	..	..	m
Stephanocœnia angulosa, *d'Orb.*, 1847. (Astrœa angulosa, *Goldf.*, 1831).	..	..	..	m
Dictyophyllia reticulata, *Blainv.*	..	..	..	m
Dimorphastræa escharoïdes, *d'Orb.*, 1849. (Astrœa escharoïdes, *Goldf.*, 1831).	..	..	..	m
Thamnastræa velamentosa, *Edw. et Haime*, 1849. (Astrœa velamentosa, *Goldf.*, 1831)	..	..	..	m
„ textilis, *Edw. et Haime*, 1849. (Astrœa textilis, *Goldf.*, 1831).	..	..	..	m
„ flexuosa, *Edw. et Haime*, 1849. (Astrœa flexuosa, *Goldf.*, 1831).	..	..	..	m

	Aachénien.	Hervien.	Sénonien.	Maestrichtien.
Thamnastræa geometrica, *Edw. et Haime,* 1849. (Astrœa geometrica, *Goldf.*, 1831)	..	..	..	m
— clathrata, *Edw. et Haime,* 1849. (Astrœa clathrata, *Goldf.*, 1831).	..	..	..	m
Parastræa elegans, *Edw. et Haime,* 1849. (Astrœa elegans, *Goldf.*, 1831)	..			
" gyrosa, *Edw. et Haime,* 1849. (Astrœa gyrosa, *Goldf.*, 1831)		..	..	m
Gorgonia? bacillaris, *Goldf.*		..	..	m
Moltkea Isis, *Steenstr.*		..	..	m
POLYCYSTINÉES.				
Surirella striatula, *Turp.*	..	..	s	..
Xanthidium furcatum, *Ehrenb.*	..	..	s	..
Peridinium pyrophorum?, *Ehrenb.*	..	..	s	..
SPONGIAIRES.				
Verticillites Goldfussi, *d'Orb.*	..	..	..	m
Siphonia tubulifera, *Goldf. sp.*	..	..	..	m
" excavata, *Goldf. sp.*	..	..	..	m
" globulus, *Phil.*	..	..	s	..
Cupulospongia subpeziza, *d'Orb.*	..	..	..	m
Hippalimus microporus, *d'Orb.*	..	..	..	m
Dictyopora cribrosa, *Hagen.*	..	..	..	m
Manon pulvinarium, *Goldf.*	..	..	..	m
" ? capitatum, *Goldf.*	..	..	..	m
Tragos globularis, *Reuss.*	..	..	..	m
" ? hippocastanum, *d'Orb.*	..	..	..	m
Achilleum glomeratum, *Goldf.*	..	..	..	m
" fungiforme, *Gotdf.*	..	..	..	m
" globosum, *Hag.*	..	..	..	m
Spongia acus, *Ehrenb.*	..	..	..	..
Talpina solitaria, *Hagen.*	..	..	s	..
" ramosa, *Hagen*	..	..	s	..
" foliacea, *Hagen*	..	..	s	..
" sentiformis, *Hagen.*	..	..	s	..
FORAMINIFÈRES.				
Lagena simplex, *Reuss.*	..	..	..	m

	Aachenien.	Hervien.	Sénonien.	Maestrichien.
Lagena acuticosta, *Reuss.*				m
» aspera, *Reuss.*				m
Cornuspira cretacea, *Reuss.*			s	
Nodosaria Zippei, *Reuss.*			s	m
» nana, *Reuss.*			s?	m
» limbata, *d'Orb.*			s	
Dentalina subcommunis, *d'Orb.*				m
commutata, *Reuss.*			s	m
proteus, *Reuss.*			s	m
multicostata, *d'Orb.*				m
Marcki, *Reuss.*				m
cognata, *Reuss.*			s	
strangulata, *Reuss.*			s	
aculeata, *d'Orb.*			s	
monile, *d'Orb.*			s	
filiformis, *Reuss.*			s	
subrecta, *Reuss.*				m
expansa, *Reuss.*			s	
catenula, *Reuss.*			s	
legumen, *Reuss.*			s	
annulata, *Reuss.*			s	
Lilli, *Reuss.*			s	m
multilineata, *Beissel.*			s	
Glandulina cylindracea, *Reuss.*				m
elongata, *Reuss.*				m
ovalis, *Alth.*			s	m
Marginulina bacillum, *Reuss.*			s	
ensis, *Reuss.*			s	
Nilssoni, *Ad. Roem.*			s	
Flabellina cordata, *Reuss.*				m
rugosa, *d'Orb.*			s	
Frondicularia inversa, *Reuss.*		h	s	m
triquetra, *Reuss.*		h	s	
Cordaï, *Reuss.*			s	
microdisca, *Reuss.*			s	
solea, *Hagen.*			s?	
Verneuilana, *d'Orb.*			s	
striatula, *Reus.*			s	
angustissima, *Reuss.*			s	
radiata, *d'Orb.*			s	
Cristellaria rotulata, *d'Orb.*, 1839.			s	m
ovalis, *Reuss.*				m
navicula, *d'Orb.*			s	m

	Aachenien.	Hervien.	Sénonien.	Maestrichtien.
Cristellaria triangularis, *d'Orb.*	. .	. .	s	. .
" secans, *Reuss.*	. .	. .	s	. .
" nuda, *Reuss.*	. .	. .	s	. .
" acuta, *Reuss.*	. .	. .	s	. .
Haplophragmium irregulare, *Reuss*, 1860. (Spirolina irregularis, *Ad. Roemer*, 1840)	. .	. .	. .	m
" æquale, *Reuss*, 1860. (Spirolina æqualis, *Ad. Roem.*, 1840)	. .	. .	. .	m
" grande, *d'Orb.*	. .	. .	s	. .
Nonionina quaternaria, *Reuss.*	. .	. .	. .	m
" inflata, *Alth.*	. .	. .	s	. .
Amphistegina Fleuriausi, *d'Orb.*	. .	. .	s	m
Operculina cretacea, *Reuss.*	. .	. .	s	m
Orbitulites macropora, *Lm.* (Omphalocyclus macroporus, *Bronn.*)	. .	. .	. .	m
Orbitoïdes Faujasi, *Defr. sp.* (Hymenocyclus Faujasi, *Bronn.*)	. .	. .	. .	m
" media, *d'Orb.*, 1847. (Orbitolites media, *d'Arch.*, 1837)	. .	. .	. .	m
Rotalia involuta, *Reuss.*	. .	. .	. .	m
" tuberculifera, *Reuss.*	. .	. .	s	m
" Cordieriana, *d'Orb.*	. .	. .	. .	m
" Voltzi, *d'Orb. sp.*	. .	. .	. .	m
" hemisphærica, *Reuss.*	. .	. .	. .	m
" gibbosa, *d'Orb. sp.*	. .	. .	. .	m
" nitida, *Reuss.*	. .	. .	. .	m
" vitrea, *Reuss.*	. .	h	s	. .
" lenticula, *Reuss.*	. .	. .	. .	m
" globosa, *Hagen.*	. .	. .	s	. .
" Micheliniana, *d'Orb.*	. .	. .	s	. .
Calcarina calcitrapoïdes, *Reuss*, 1861. (Siderolithus calcitrapoïdes, *Bronn.*)	. .	. .	. .	m
" lævigata, *Bosq.*, 1865. (Siderolithus lævigatus, *d'Orb.*, 1825)	. .	. .	. .	m
Spirulina grandis, *d'Orb.*	. .	. .	s	. .
" irregularis, *Ad. Roem*	. .	. .	. .	m
Rosalina depressa, *d'Orb.*	. .	• •	. .	m
" ammonoïdes, *Reuss.*	. .	. .	. .	m
" Bosqueti, *Reuss.*	. .	. .	s	m
" Binkhorsti, *Reuss.*	. .	. .	s	m
Truncatulina tenuissima, *Reuss.*	. .	. .	. .	m

	Aachenien.	Hervien.	Sénonien.	Maestrichtien.
Globigerina trochoïdes, *Reuss.* . . . . . ,	..	..	..	m
" cretacea, *d'Orb.*	..	..	s	..
Bulimina Murchisoniana, *d'Orb.*	..	..	s	..
" variabilis, *d'Orb.*	..	..	s	..
Faujasina carinata, *d'Orb.*	..	..	..	m
Ataxophragmium Preslii, *Reuss.*	..	..	s	..
" obesum, *Reuss.*	..	..	s	..
" intermedium, *Reuss.*	..	..	s	..
Verneuilina tricarinata, *d'Orb.*	..	..	s	..
" Munsteri, *Reuss.*	..	..	s	..
Gaudryina pupoïdes, *d'Orb.*	..	..	..	m
" oxyconus, *Reuss.*	..	..	s	m
Polytheia conoïdea, *Beissel.*	..	..	s	..
" lituola, *Beissel.*	..	..	s	..
Virgulina tegulata, *Ad. Roem.*	..	..	s	..
Globulina globosa, *Munst.*	..	..	..	m
" bulloïdes, *Reuss.*	..	..	..	m
" lachryma, *Reuss.*	..	..	..	m
" porrecta, *Reuss.*	..	..	s	m
Guttulina cretacea, *Alth.*	..	..	s	m
" elliptica, *Reuss.*	..	..	..	m
Polymorphina rudis, *Reuss.*	..	..	s	m
" lacryma, *Reuss.*	..	h?	s	m
Allomorphina cretacea, *Reuss.*	..	..	s	m
Aulostomella pediculus, *Alth.*	..	..	..	m?
Nonionina quaternaria, *Reuss.*	..	..	s	..
Pleurostomella subnodosa?, *Reuss.*	..	..	s	..
Textilaria Faujasi, *Reuss.*	..	..	..	m
" conulus, *Reuss.*	..	..	..	m
" globifera, *Reuss.*	..	..	..	m
" anceps, *Reuss.*	..	..	s	..
" parallela, *Reuss.*	..	..	s	..
" turris, *d'Orb.*	..	..	..	m
" Partschi, *Reuss.*	..	..	s	..

VÉGÉTAUX DICOTYLÉDONES.

	Aachenien.	Hervien.	Sénonien.	Maestrichtien.
Sequoïa (Cycadopsis) Aquisgranensis, *Deb.* .	a	..	..	..
" araucarina, *Deb.*	a	..	..	..
" cryptomeroïdes, *Miq.* . . , ...	..	..	..	m
" Foersteri, *Deb.*	a	..	..	..
" Monheimi, *Deb.*	a	..	..	..
" Ritzi, *Deb.*	a	..	..	..

	Aachenien.	Hervien.	Sénonien.	Maestrichtien.
Mitropicea Decheni, *Deb.*	a			
» Noeggerathi, *Deb.*	a			
Araucarites Miqueli, *Deb.*				m
Cupressinoxylon Ucranicum, *Goep.*				m
Moriconia cyclotoxon, *Deb.*	a			
Belodendron gracile, *Deb.*	a			
» lepidodendroïdes, *Deb.*	a			
» Neesi, *Deb.*	a			
Debeyia serrata, *Miq.*				m
Dryophyllum (Bowerbankia) attenuatum, *Deb.*	a			
» » emarginatum, *Deb.*	a			
» » maximum, *Deb.*	a			
» » repandum, *Deb.*	a			
» » rotundifolium, *Deb.*	a			
Rhacoglossum dentatum, *Deb.*	a			
» heterophyllum, *Deb.*	a			
? Melophytum cyclostigma, *Deb.*	a			

MONOCOTYLÉDONES.

	Aachenien.	Hervien.	Sénonien.	Maestrichtien.
Pandanus Aquisgranensis, *Deb.*	a			
Thalassocharis Binckhorsti, *Deb.*			s	
» Bosqueti, *Deb.*				m
» Mulleri, *Deb.*		h		
Sphygmium paradoxum, *Deb.*	a			
Amphibryophyllum carinatum, *Deb.*	a			
» plicatum, *Deb.*	a			
» verticillatum, *Deb.*	a			
Halocharis longifolia, *Miq.*			s	
Zosterites aequinervis, *Deb.*	a			
» Miqueli, *Deb.*	a			
» vittata, *Deb.*	a			
Nechalea fluitans, *Deb.*	a			
» minor, *Deb.*	a			
Culmites cretaceus, *Deb.*				m
Phyllites monocotyleus, *Deb.*				m

CRYPTOGAMES ACROGÈNES.

	Aachenien.	Hervien.	Sénonien.	Maestrichtien.
Pteridoleimma ambiguum, *Deb. et d'Ett.*	a			
» aneimiæfolium, *Deb. et d'Ett.*	a			
» arborescens, *Deb. et d'Ett.*	a			
» Benincasæ, *Deb. et d'Ett.*	a			

	Aachenien.	Hervien.	Sénonien.	Maestrichtien.
Pteridoleimma deperditum, *Deb. et d'Ett.* . .	a	. .	. .	. .
„ dictyodes, *Deb. et d'Ett.* . .	a	. .	. .	. .
„ dubium, *Deb. et d'Ett.* . . .	a	. .	. .	. .
„ Elisabethæ, *Deb. et d'Ett.* . .	a	. .	. .	. .
„ gymnorhachis, *Deb. et d'Ett.* .	a	. .	. .	. .
„ Haidingeri, *Deb. et d'Ett.* . .	a	. .	. .	. .
„ Heissanum, *Deb. et d'Ett.* . .	a	. .	. .	. .
„ Kaltenbachi, *Deb. et d'Ett.* .	a	. .	. .	. .
„ Koninckanum, *Deb. et d'Ett.* .	a	. .	. .	. .
„ leptophyllum, *Deb. et d'Ett.* .	a	. .	. .	. .
„ Michelisi, *Deb. et d'Ett.* . . .	a	. .	. .	. .
„ odontopteroïdes, *Deb. et d'Ett.*	a	. .	. .	. .
„ orthophyllum, *Deb. et d'Ett.* .	a	. .	. .	. .
„ pecopteroïdes, *Deb. et d'Ett.* .	a	. .	. .	. .
„ pseudadianthum, *Deb. et d'Ett.*	a	. .	. .	. .
„ Ritzianum, *Deb. et d'Ett.* . .	a	. .	. .	. .
„ Serresi, *Deb. et d'Ett.* . . .	a	. .	. .	. .
„ Waterkeyni, *Deb. et d'Ett.* .	a	. .	. .	. .
Raphaelia neuropteroïdes, *Deb. et d'Ett.* . .	a	. .	. .	. .
Benizia calopteris, *Deb. et d'Ett.*	a	. .	. .	. .
Zonopteris Goepperti, *Deb. et d'Ett.* . . .	a	. .	. .	. .
Monheimia Aquisgranensis, *Deb. et d'Ett.* .	a	. .	. .	. .
„ polypodioïdes, *Deb. et d'Ett.* . .	a	. .	. .	. .
Carolopteris asplenioïdes, *Deb. et d'Ett.* . .	a	. .	. .	. .
„ Aquensis, *Deb. et d'Ett.* . . .	a	. .	. .	. .
Bonaventura cardinalis, *Deb. et d'Ett.* . . .	a	. .	. .	. .
Danaeites Schlotheimi, *Deb. et d'Ett.* . . .	a	. .	. .	. .
Lygodium cretaceum, *Deb. et d'Ett.* . . .	a	. .	. .	. .
Adianthites cassebeeroïdes, *Deb. et d'Ett.* . .	a	. .	. .	. .
„ Decaisneanus, *Deb. et d'Ett.* . .	a	. .	. .	. .
Asplenium Brongniarti, *Deb. et d'Ett.* . . .	a	. .	. .	. .
„ cœnopteroïdes, *Deb. et d'Ett.* . .	a	. .	. .	. .
„ Foersteri, *Deb. et d'Ett.*	a	. .	. .	. .
Gleichenia protogæa, *Deb. et d'Ett.*	a	. .	. .	. .
Didymosorus comptoniæfolius, *Deb. et d'Ett.* .	a	. .	. .	. .
„ gleichenioïdes, *Deb. et d'Ett.* .	a	. .	. .	. .
„ varians, *Deb. et d'Ett.*	a	. .	. .	. .
Muscites cretaceus, *Deb. et d'Ett.*	a	. .	. .	. .
CRYPTOGAMES AMPHIGÈNES.				
Delessertites Thierensi, *Miq.*	. .	. .	s	. .
Hysterites dubius, *Deb. et d'Ett.*	a	. .	. .	. .

	Aachénien.	Hervien.	Sénonien.	Maestrichtien.
Sphærites solitarius, *Deb. et d'Ett.*	a			
Himantites alopecurus, *Deb. et d'Ett.*	a			
Æcidites stellatus, *Deb. et d'Ett.*	a			
Opegraphites striato-punctatus, *Deb.*	a			
Phycoïdes sericeus, *Deb. et d'Ett.*	a			
Gelidium Trajecto-Mosanum, *Deb.*			s	
Lochmophycus caulerpoïdes, *Deb. et d'Ett.*	a			
Chondrites divaricatus, *Deb. et d'Ett.*	a			
" elegans, *Deb. et d'Ett.*	a			,
" pugiformis, *Deb. et d'Ett.*	a			
" Riemsdyki, *Miq.*				ni
" rigidus, *Deb. et d'Ett.*	a			
" subintricatus, *Deb. et d'Ett.*	a			
" vagus, *Deb. et d'Ett.*	a			
Laminarites polystigma, *Deb. et d'Ett.*	a			
Neurosporangium foliaceum, *Deb. et d'Ett.*	a			
" undulatum, *Deb. et d'Ett.*	a			
Halyserites gracilis, *Deb. et d'Ett.*	a			
Caulerpites bryodes, *Deb. et d'Ett.*	a			
Confervites Aquensis, *Deb. et d'Ett.*	a			
" cæspitosus, *Deb. et d'Ett.*	a			
" ramosus, *Deb. et d'Ett.*	a			

20. Végétaux fossiles du système Aachénien du Hainaut.

Cycadites Schachti. *Coem.*
Pinus Andraei. *Coem.*
  » Briarti, *Coem.*
  » compressa, *Coem.*
  » Corneti, *Coem.*

Pinus gibbosa, *Coem.*
  » Heeri, *Coem.*
  » Omaliusi, *Coem.*
  » Toilliezi, *Coem.*

21. Fossiles de la meule de Bracquegnies (1).

Gastéropodes.

Pteroceras (Rostellaria) macrosto-
    mum, *Sow.*
  » » retusum, *Sow.*
  » tuberosum, *Br. et Corn.*

Rostellaria Parkinsoni, *Mant.*, (R.
    Megæra, *d'Orb.*).
Fasciolaria rustica, *Br. et Corn.*
  » rugosa, *Br. et Corn.*
Cancellaria pulchra, *Br. et Corn.*
Pyrula depressa, *Sow. in Fitton.*

(1) Cette liste et les quatre suivantes sont extraites, avec quelques modifications, du mémoire cité de MM. Cornet et Briart.

Fusus Dejaeri, *Br. et Corn.*
» dubius, *Br. et Corn.*
» (Pyrula) Smithi, *Sow. ap. Fitton.*
Natica Geinitzi, *d'Orb.*
» Lehardyi, *Br. et Corn.*
» mesostyle, *de Ryck.*
» (Littorina) pungens, *Sow.*
» (Turbo) rotundata, *Sow.*
» subacuminata, *Br. et Corn.*
» Toilliezana, *Br. et Corn.*
Turritella granulata, *Sow.*
» subalternans, *Br. et Corn.*
Vermetus concavus, *Sow. in Fitton.*
Scalaria pulchra, *Sow. in Fitton.*
Solarium Ryckholti, *Br. et Corn.*
Rissoa maxima, *Br. et Corn.*
Nerita rugosa, *Br. et Corn.*
Turbo Fittoni, *d'Orb.*, (Littorina gracilis, *Sow.*).
Phasianella formosa, *Sow. in Fitton.*
» globosa, *Br. et Corn.*
» Sowerbyi. *d'Orb.*, (P. striata, *Sow.*).
Trochus parvus, *Br. et Corn.*
» tricarinatus, *Br. et Corn.*
Acmæa (Helcion) Malaisei, *Br. el Corn.*
Dentalium medium, *Sow. in Fitton.*
Tornatina ovata, *Br. et Corn.*
Tornatella affinis, *Sow.*
Acteonella conica. *Br. et Corn.*
» sublævis, *Br. et Corn.*
Avellana (Ciuulia) dubia, *Br. et Corn.*
» Cassis, *d'Orb.* (Cassis avellana, *Brongn.*).
Bulla Ryckholti, *Br. et Corn.*

Lamellibranches.

Solecurtus æqualis, *d'Orb.*
Pholadomya Mailleana, *d'Orb.*
» subcaudata, *Br. et Corn.*

Corbula subelegans, *Br. et Corn.*
» truncata, *Sow. in Fitton.*
Tellina (Psammobia) gracilis, *Sow. in Fitton.*
» inæqualis, *Sow.*
» multistriata, *Br. et Corn.*
» scutiformis, *Br. et Corn.*
Venus circinnata, *Br. et Corn.*
» caperata, *Sow.*
» faba, *Sow.*
» lucina, *Br. et Corn.*
» parva, *Sow.*
» plana, *Sow.*
Thetis major, *Sow.*
Cyprina angulata, *Sow. in Fitton.*
Cardium Broheei, *Br. et Corn.*
» Hillanum, *Sow.*
» subventricosum *d'Orb.*
Unicardium tumidum, *Br. et Corn.*
Isocardia inflata. *Br. et Corn.*
Lucina Pisum, *Sow. in Fitton.*
Cardita Konincki. *Br. et Corn.*
» spinosa, *Br. et Corn.*
Trigonia Dædalea, *Park.*
» Elisæ, *Br. et Corn.*
» Ludovicæ, *Br. et Corn.*
Arca carinata, *Sow.*
» caudata, *Br. et Corn.*
» exornata, *Br. et Corn.*
» Omaliusi. *Br. et Corn.*
Cucullæa (Arca) æquilateralis, *Br. et Corn.*
» » fibrosa, *d'Orb.*
» formosa, *Sow.*, (Arca subformosa, *d'Orb.*).
» (Arca) glabra. *Park.*
Pectunculus sublævis, *Sow.*
» umbonàtus, *Sow.*
Limopsis Coemansi, *Br. et Corn.*
Nucula Dewalquei, *Br. et Corn.*
Leda (Nucula) lineata, *Sow. in Fitton.*
Mytilus lanceolatus, *Sow.*
Mytilus (Modiola) reversus, *Sow. in Fitton.*
Avicula anomala, *Sow. in Fitton.*
Lima longula, *Br. et Corn.*
» subcarinata, *Br. et Corn.*

Janira Cometa. *d'Orb.*
» (Pecten) æquicostata, *Lm.*
» » quadricostata *Sow.*
Ostrea carinata?, *Lm.*
» conica, *d'Orb.*
» (Gryphæa) Columba, *Lm.*
» digitata, *Sow.*
» (Chama) haliotidea, *Sow.*

Annélides.

Serpula flliformis, *Sow. in Fitt.*

Brachiopodes.

Terebratula biplicata?, *Defr.*

21. FOSSILES DU TOURTIA DE TOURNAY ET DE MONTIGNIES-SUR-ROC.

Céphalopodes.

Ammonites varians, *Sow.*
Scaphites æqualis, *Sow.*

Gastéropodes.

Strombus drysporus, *de Rychh.*
Pteroceras amentatum, »
» Collegnoï, *d'Arch.*
» ditropis, *de Ryckh.*
» tetraglochis, »
» tylostomum, »
Rostellaria aptera, »
» cancerata, »
» cicatricosa, »
» suturalis, »
» (Pyrula) subcarinata, *d'Arch.*
» tyloda, *de Ryckh.*
Murex tricircodus, »
Pisania (Pollia) confluens, »
» » sporidesma, »
Triton apater, »
» agenetor, »
» archegus, »
» genarchus, »
Cancellaria apater, »
» coæva, »
» coætana, »
» æquæva, »
» synchrona, »
» suppar, »

Rhcalaria pterocera, *de Ryckh.*
» ranella, »
» strombidea, »
» struthiolaria; »
Fusus cymostaurus, »
Fusus eustephanus, »
» heteromitus, »
» kirsodus, »
» (Pusionella) primus, »
» (Trophon) sucula, »
Buccinum hyphantum, »
Purpura religata, »
Coralliophila primigenia, »
Astreidomus biplicatus, »
» jantinopsis, »
Columbellina aspera, »
» gibba, »
» texta, »
Borsonia centrema, »
» nablia, »
» obscura, »
Mitra dispora, »
» tromoda, »
» tromora, »
Ovula prima, »
Natica adrostyle, »
» biaperta, »
» cilicina, »
» cannabina, »
» evoluta, »
» eulyra, »
» gracilis, »
» inciens, »

Natica mesolina, *de Ryckh.*
» mesostyle, »
» nupta. »
» ptychodes, »
» platystyle, »
» pigra, »
» rugistyle, »
Stomatia dilatata, »
» varigera, »
Narica patula, »
Pyramidella colliculus, »
» marginulata, »
» phasianella, »
Eulima colliculus, »
» rimata, »
Cerithium acephalum, »
» Belgicum, *Münst. in Goldf.*
» bolocoptum, *de Ryckh.*
» capito, »
» cilicinum, »
» decimale, »
» dianthisporum, »
» glebosum, »
» heterosporum, »
» otinum, »
» subtrigesimale, »
» stagnirachis, »
» subelongatum, *d'Orb.*, (Rostellaria elongata, *d'Arch.*)
Nerinea bifuniculata, *de Ryckh.*
» canna, »
» dubia. *d'Arch.*
» hispidosa, *de Ryckh.*
» præpostera, »
» risella, »
» suturalis, »
» texta, »
Turritella (Torculina) arcuata, *de Ryckh.*
» Archiaci, *d'Orb.*
» exstans, *de Ryckh.*
» granisata, »
» loculata, »
» Neptuni, *Goldf.*
» (Torculina) paxillus, *de Ryckh.*

Turritella palulus, *de Ryckh.*
» strepta, »
Vermetus, Archiaci, »
» (Vermiculus) coarcta-tus, *de Ryckh.*
» (Vermiculus) collaris, *de Ryckh.*
» pselionopsis, *de Ryckh.*
Serpulorbis (Bembix) Doliolum, *de Ryckh.*
» (Spiroglyphus) ostryo-tryus, *de Ryckh.*
» (Bembix) seriola, *de Ryckh.*
» (Bembix) utriculus, *de Kon.*
Lithariodomus siderotryus, *de Ryckh.*
Scalaria acephala, *de Ryckh.*
» Tornacensis, »
Solarium Bembix, »
» concentricum, »
» hypsammum, *de Ryckh.*
» miliisatum, »
» Thirianum, *d'Arch.*
Littorina corda, *de Ryckh.*
» heteronema, »
» (Phyllicocheilus) morio, *de Ryckh.*
Rissoïna dispar, *de Ryckh.*
» quadricincta, »
Nerita cestophora, »
» glebosa, »
» (Natica) nodosa, *Gein.*
» teinostoma, *de Ryckh.*
Neritopsis alveolata, »
» dissimilis, »
» insculpta, »
Turbo Angeloti, *d'Arch.*
» Boblayei, *d'Arch.*
» carcinus, *de Ryckh.*
» Delafossei, *d'Arch.*
» Geslini, *d'Arch.*
» Leblanci, *d'Arch.*
» liparus, *de Ryckh.*
» mesomannus, »
» mesophinctus, »
» Mulleti, *d'Arch.*

34

Tylostoma Rousselleanum. *de Ryck.*
» Toilliezanum, »
Pterodonta acuta, *r*
» bulimoïdes, »
» dilatata. »
» microptera, »
» partuloïdes, »
» vincta. »

Lamellibranches.

Gastrochæna dilatata, *Desh.*
» Tornacensis, *de Ryckh.*
Pholas Nystana, *de Ryckh.*
Panopæa læviuscula. *Sow.*
» substriata, *d'Orb.*
» Valenciennesi, *Nyst et de Kon.*
Pholadomya gigas, *Sow.*
Corbula Orbignyi, *Nyst et de Kon.*
Lyonsia Tydgatana. *de Ryckh.*
Capsa elegans, *d'Orb.*
» Tornacensis, *de Ryckh.*
Venus Labadyei, *d'Arch.*
Cyprina oblonga. *d'Orb.* (Astarte cyprinoïles, *d'Arch.*).
» Archiacana, *d'Orb.* (Crassatella quadrata, *d'Arch.*)
Cardium hypericum, *d'Arch.*
» Michelini, *d'Arch.*
» productum, *Sow.*
Corbis Beaumontana, *Nyst et de Kon.*
Crassatella alata, *Nyst et de Kon.*
» cuneata, *Nyst et de Kon.*
» Ligeriensis, *d'Orb.*
» subgibbosula, *d'Arch.*
» trapezoïdalis, *Roem.*
Trapezium Archiacanum, *de Ryckh.*
» distans, »
Opis Hannoniensis, *d'Arch.*
» Justinæ, *de Ryckh.*
Astarte elongata. *Desh.*
» eximia, *Nyst et de Kon.*
» formosa, *Sow.*
» gibba, *de Ryckh.*
» (Cyprina) incerta, *d'Arch.*
» mutabilis, *de Ryckh.*

Astarte striata, *Sow.*
Cardita ambigua, *Nyst et de Kon.*
» Guerangeri, *d'Orb.*
» incisa, *de Ryckh.*
» Morrenana, »
» pusilla, *Nyst et de Kon.*
» squamula, *Nyst et de Kon.*
Myoconcha (Mytilus) Benedenana, *de Ryckh.*
Trigonia Queteletana, *Nyst et de Kon.*
» scalaria, *Nyst et de Kon.* (T. spinosa), *Park.*
» sulcataria. *Lm.*
Arca asperula, *Nyst et de Kon.*
» crassa, *Nyst et de Kon.*
» isocardiæformis, *Nyst* (Isocardia Orbignyana, *d'Arch.*)
» inscripta, *d'Arch.*
» invida, *Nyst et de Kon.*
» Leveilleana, *Nyst et de Kon.*
» pholadoïdes, *Nyst et de Kon.*
Arca remissa. *Nyst et de Kon.*
» solenoïdes. *Nyst et de Kon.*
Cucullæa (Arca) Carleroni, *d'Orb.*
» » Galliennei, *d'Orb.*
» » subdinensis, *d'Orb.*
Pectunculus subpulvinatus, *d'Arc.*
Nucula antiquata, *Sow.*
» Benedenana. *Nyst et de Kon.*
» cordifera, *de Ryckh.*
» dispar, *Nyst et de Kon.*
Mytilus aliger, *Nyst et de Kon.*
» actininotus. *de Ryckh.*
» clathratus, *d'Arch.*
» complanatus, *Nyst et de Kon.*
» Cottæ. *Roem.*
» concentricus, *Munst.*
» eximius, *Nyst et de Kon.*
» Galliennei, *d'Orb.* (M. Tornacensis, *d'Arch.*)
» Omaliusi, *Nyst et de Kon.*
» peregrinus, *d'Orb.*
» perelegans, *Nyst et de Kon.*
Lithophagus (Lithodomus) Hannoniæ, *de Ryckh.*

Lithophagus (Cypricardia) orbicu-
    latus. *d'Arch.*
       (Lithodomus) pyrifor-
    mis, *d'Arch.*
       » rugatus, *Nyst et de*
    Kon.
Chama suborbicularis, » »
Requienia Cenomanensis, *d'Orb.*
    lævigata, »
    » omota, *de Ryck.*
Caprotina semistriata, »
    » Tornacensis, »
Caprina laminea, *Gein.*
Radiolites agariciformis, *d'Orb.*
    » Tornacensis, *de Ryckh.*
Gervilleia Deslongchamp-
    sana, *Nyst et de Kon.*
Inoceramus Mortonanus, » »
Lima æquilatera, » »
    » Dumonti, » »
    » foliacea, » »
    » Kickxana, » »
    » ornatissima, » »
    » pennata, *d'Arch.*
    » pertusa, *Nyst et de Kon.*
    » pumila, » »
    » rectangularis, *d'Arch.*
    » Reichenbachi, *Gein.*
    » resecta, *d'Arch.*
    » Ryckholtana, *Nyst et de Kon.*
Pecten acuminatus, *Gein.*
    » analogus, *Nyst et de Kon.*
    » crispus, *Roem.*
    » dentiferus, *Nyst et de Kon.*
    » insculptus, » »
    » Nerviensis, » »
    » orbicularis, *Sow.*
    » orbitosus. *Nyst et de Kon.*
    » Passyi, *d'Arch.*
    » Rhotomagensis, *d'Arch.*
    » subacutus, *Lm.*
    » subdepressus, *d'Arch.*
    » virgatus, *Nils.*
Janira (Pecten) quinquecostata,
    Sow.
    » » quadricostata,
    Sow.
Spondylus Hystrix, *Goldf.*

Spondylus ostraciformis, *Nyst et de*
    Kon.
    » striatus, *Goldf.*
Ostrea (Chama) conica, *Sow.*
    » Chaos, *Nyst et de Kon.*
    » carinata, *Lm.*
    » diluviana, *L.*
    » (Chama) haliotidea, *Sow.*
    » multiplicatilis, *Nyst et de K.*

Brachiopodes.

Terebratula arenosa, *d'Arch.* (et T.
    subarenosa, *d'Arch.*)
    » biplicata, *Defr.* (T.
    Tornacensis, etc.,
    d'Arch.).
    » depressa, *Lm.* (T. Ner-
    viensis, *d'Arch.*)
    » Beaumonti, *d'Arch.*
    » capillata, »
    » parva, *d'Arch.* (et T.
    parvula, *d'Arch.*).
    » Royssi, *d'Arch.* (T. Vir-
    leti, T. revoluta et
    T. Gussigniesensis,
    d'Arch.).
    » squamosa, *Mant.* (T.
    Robertoni, T. Vi-
    quesneli et T. Mur-
    chisoni, *d'Arch.*).
    » Verneuili, »
Rhynchonella (Terebratula) Des-
    noyersi, *d'Arch.*
    » Lamarckana, *d'Orb.*
    (Terebratula du-
    bia, T. Dufrenoyi,
    T. latissima, T.
    rostrata et T. Scal-
    dinensis, *d'Arch.*)

Echinodermes.

Pygaulus (Pygurus) pulvinatus,
    d'Arch.
Catopygus (Nucleolites) columba-
    rius, *Lm.*
Holaster bicarinatus, *Agass.*

Pyrina Desmoulinsi, *d'Arch..*	Codiopsis (Echinus) doma, *Defr.*
Galerites subsphæroïdalis, *d'Arch.*	Salenia rugosa, *d'Arch.*
Discoïdea (Galerites) subuculus, *Goldf.*	

23. FOSSILES DU SYSTÈME NERVIEN.

	Tourtia de Mons	Dièves	Fortes-toises	Rabots
VERTÉBRÉS.				
Macropoma Mantelli, *Ag.* (Coprolithes) . . .	t	d	.	.
CÉPHALOPODES.				
Nautilus elegans, *Sow.*	t	.	.	.
Belemnitella (Belemnites) vera, *Sow.* . . .	t	.	.	.
LAMELLIBRANCHES.				
Gastrochæna (Serpula) amphisbæna, *Goldf.* .	t	d	.	.
Inoceramus (Catillus) Cuvieri, *Brong.* . . .	t	d	f	r
„ „ Lamarcki, *Brong.* . .	.	.	.	r
„ „ mytiloïdes, *Mant.*, (I. pro-blematicus, *d'Orb.* . .	.	d	.	.
Pecten asper, *Lm.*	t	.	.	.
„ orbicularis, *Sow.*	t	.	.	.
Janira (Pecten) æquicostata, *Lm.*	t	.	.	.
„ Cometa, *d'Orb.*	t	.	.	.
„ (Pecten) quinquecostata, *Sow.* . . .	t	d	f	r
Spondylus duplicatus, *Goldf.*	t	.	.	.
„ fimbriatus, *Goldf.*	t	d	.	.
„ obesus, *d'Orb.*	.	d	.	.
„ striatus?, *Goldf.*	t	d	.	.
„ spinosus, *Desh.*	.	.	f	r
Ostrea (Ostracites) auricularis, *Wahl.* . . .	t	d	.	.
„ (Gryphæa) Columba, *Lm.*	t	.	.	.
„ (Chama) conica, *Sow.*	t	d	.	.
„ carinata, *Lm.*	t	.	.	.
„ diluviana, *L.*	t	.	.	.
„ flabelliformis, *Nils.*	.	d	f	r

	Tourtia de Mons.	Dièves.	Fortes-toises.	Rabots.
Ostrea Hippopodium, *Nils.*	t	d	.	.
„ (Chama) laciniata. *Nils.*	.	.	.	r
„ Larva, *Lm.*	.	.	.	r
„ lateralis, *Nils.*	t	d	f	r
„ sulcata, *Blum.*	.	d	f	r
„ vesicularis, *Lm.*	.	.	f	r

BRACHIOPODES.

	Tourtia de Mons.	Dièves.	Fortes-toises.	Rabots.
Terebratula carnea, *Sow.*	.	d	.	.
„ depressa, *Lm.* (T. nerviensis *d'Arch.*) (remanié.).	t	.	.	.
„ obesa, *Sow.*	t	d	.	.
„ semi globosa, *Sow.*	t	d	.	.
Terebratulina (Terebratulites) gracilis, *Schloth.*	.	d	f	r
Rhynchonella compressa, *d'Orb.*	t	.	.	.
„ Lamarckana, *d'Orb.* (Terebratula dubia, T. Dufrenoyi, T. latissima, T. rostrata et S. Scaldinensis, *d'Arch.*	t	.	.	.
„ (Terebratula) Mantellana, *Sow.*	.	d	.	.
Biradiolites (Hippurites) Cornu-pastoris?, *Desm.*	.	.	f	.

ANNÉLIDES.

	Tourtia de Mons.	Dièves.	Fortes-toises.	Rabots.
Ditrupa (Dentalium) deformis, *Lm.*	t	.	.	.

ECHINODERMES.

	Tourtia de Mons.	Dièves.	Fortes-toises.	Rabots.
Cidaris clavigera, *Koen.*	.	d	.	.
„ Vendocinensis, *Ag.*	.	d	.	.
„ vesiculosa, *Ag.*	t	d	.	.
Galerites truncata, *Ag.*	.	d	.	.
Echinocorys vulgaris, *Breyn.*, var. gibba.	.	.	.	r

ANTHOZOAIRES.

	Tourtia de Mons.	Dièves.	Fortes-toises.	Rabots.
Synhelia gibbosa, *Edw. et Haime.*	.	d	.	.

FORAMINIFÈRES.

	Tourtia de Mons.	Dièves.	Fortes-toises.	Rabots.
Frondicularia scutiformis.	.	d	.	r

24. FOSSILES DU SYSTÈME SÉNONIEN.

	Gris.	Craie blanche.
POISSONS.		
Ptychodus latissimus, *Ag.*	g	.
Oxyrhina Mantelli, *Ag.*	g	.
CÉPHALOPODES.		
Belemnitella (Belemnites) mucronata, *Schlot.*	.	c
" " quadrata, *de Blainv.*	.	c
Nautilus Dekayi?, *Mort.*	.	c
Baculites Faujasi, *Lm.*	.	c
LAMELLIBRANCHES.		
Inoceramus (Catillus) Lamarcki, *Brong.*	g	.
" " Cuvieri, *Brong.*	g	c
Pecten cretosus, *Defr.*	.	c
Janira (Pecten) quinquecostata, *Sow.*	g	.
" substriatocostata, *d'Orb.*	.	c
Spondylus duplicatus, *Goldf.*	g	.
" spinosus, *Desh.*	g	.
Ostrea flabelliformis, *Nils.*	g	c
" laciniata, *d'Orb.*	g	.
" Larva *Lm.*	g	c
" lateralis, *Nils.*	g	c
" sulcata, *Blum.*	g	c
" vesicularis. *Lm.*	g	c
BRACHIOPODES.		
Terebratula carnea, *Sow.*	g	c
" Hebertana, *d'Orb.*	.	c
Terebratulina (Terebratulites) gracilis, *Schloth.*	g	.
Magas pumilus, *Sow.*	.	c
Rhynchonella globosa, *Br. et Corn.*	g	.
" octoplicata, *d'Orb.*	.	c
" Le Hardyi, *Br. et Corn.*	g	.
" Toilliezana, *Br. et Corn.*	g	.
" (Anomia) Vespertilio. *Broc.*	.	c

	Gris	Craie blanche.
ECHINODERMES.		
Echinocorys vulgaris, *Breyn.* (var. ovata et conoïdea)	.	c
	.	c
Micraster Cor-anguinum, *Ag.*	.	c
Galerites albo-galerus, *Lm.*	.	c
Cidaris ornatissima, *Ag.*	g	c
Holaster granulosus, *Ag.*	.	.
FORAMINIFÈRES.		
Cristellaria rotulata, *d'Orb.*	.	c

25. FOSSILES DU SYSTÈME MAESTRICHTIEN DU HAINAUT.

CÉPHALOPODES.

Belemnitella (Belemnites) mucro-
nata, *Schloth.*
Nautilus Dekayi, *Mort.*
» Le Hardyi, *Binck.*
Baculites anceps?, *Lm.*
» Faujasi, *Lm.*
Hamites cylindraceus, *d'Orb.*

GASTÉROPODES.

Emarginula radiata?, *Binck.*
» supracretacea, *de Ryckh.*
Calyptræa (Infundibulum) Ci-
plyana, *de Ryckh.*
Acmæa (Helcion) Ciplyana, *de
Ryckh.*
Pileopsis (Capulus) rhynchoïdes,
de Ryckh.

LAMELLIBRANCHES.

Clavagella Ciplyana, *Toilliez.*
Fistulana Royanensis, *d'Orb.*

Pholas supracretacea, *de Ryckh*
Corbula caudata, *Nils.*
Cyprina Bosquetana, *d'Orb.*
Corbis sublamellosa, *d'Orb.*
Crassatella Bosquetana *d'Orb.*
Trapezium Ciplyanum, *de Ryckh.*
Trigonia limbata?, *d'Orb.*
Arca rhombea, *Nils.*
Pinna diluviana?, *Schl.*
» quadrangularis, *Goldf.*
Mytilus Ciplyanus, *de Ryckh.*
» ornatus, *de Münst.*
Lithophagus (Lithodomus) Ciplya-
nus, *de Ryckh.*
» » similis, *de Ryckh.*
Radiolites Ciplyanus, *de Ryckh.*
» (Hippurites) Lapeyrou-
sei, *Goldf.*
Requienia Ciplyana, *de Ryckh.*
Avicula cœrulescens, *Nils.*
Inoceramus (Catillus) Cuvieri,
Brongn.
Lima semisulcata, *Goldf.*
Pecten cicatrisatus, *Goldf.*
» Faujasi, *Defr.*
» multicostatus, *Nils*
» pulchellus, *Nils.*
Janira (Pecten) quadricostata, *Sow.*
» » quinquecostata, *Sow.*

Janira substriatocostata, *d'Orb*.
Spondylus plicatus, *de Münst*.
» spinosus?, *Desh*.
Ostrea (Exogyra) auricularis, *Goldf*.
» » decussata, *Goldf*.
» Hippopodium?, *Nils*.
» Larva, *Lm*.
» lateralis, *Nils*.
» lunata, *Nils*.
» sulcata, *Blum*.
» vesicularis, *Lm*,

BRACHIOPODES.

Terebratula carnea, *Sow*.
» decemcostata, *Roem*.
» Hebertana, *d'Orb*.
» semiglobosa?, *Sow*.
Terebratulina (Terebratula) echinulata, *Duj*.
» (Terebratulites) gracilis. *Schl*.
» (Terebratula) striata, *Wahl*.
Terebratella Davidsoni, *de Ryckh*.
Trigonosemus Palissi, *Woodw*.
» (Terebratulites) pectiniformis, *Schl*.
» (Fissurirostra) pectitus, *d'Orb*.
Argiope cuneiformis, *de Ryckh*.
» Davidsoni, *Bosq*.
» depressa, *de Ryckh*.
» hexaglochis, *de Ryckh*.
» (Terebratulites) microscopica, *Schl*.
Thecidium digitatum, *Bosq*.
» Hippocrepis, *Goldf*.
» (Terebratulites) papillatum, *Schl*.
» recurvirostre, *Defr*.
» (Terebratulites) vermiculare, *Schl*.
Rhynchonella octoplicata, *d'Orb*.
» (Terebratula) plicatilis, *Sow*.
» subplicata, *d'Orb*.
» (Anomia) Vespertilio?, *Brocc*.
Crania antiqua, *Defr*.
» Bredaï, *Bosq*.
» comosa, *Bosq*.
» Ignabergensis, *Retz*.
» Parisiensis, *Defr*.

BRYOZOAIRES.

Escharifora (Eschara) Boryana, *Hag*.

Escharifora (Eschara) coronata, *Hag*.
» » filograna, *Goldf*.
» » foveolata, *Hag*.
» » quinquepunctata, *Hag*.
» » Verneuili, *Hag*.
Eschara Lamarcki, *Hag*.
» Lamourouxi, *Hag*.
» rhombea, *Hag*.
» stigmatophora, *Goldf*.
Vincularia bella, *Hag*
» canalifera, *Hag*.
» procera, *Hag*.
Biflustra subcyclostoma, *d'Orb*. (Eschara cyclostoma, *Hag*.)
Idmonea (Retepora) lichenoïdes. *Goldf*
» lineata, *Hag*.
Cricopora (Ceriopora) verticillata, *Goldf*.
» Reussi, *Hag*.
Zonopora (Plethopora) pseudotorquata, *Hag*.
Ceriopora nuciformis, *Hag*.
Escharites (Ceriopora) gracilis, *Goldf*.
Heteropora » dichotoma, *Goldf*.
Pustulipora Benedenana, *Hag*.
» nana, *Hag*.
» rustica, *Hag*.
» variabilis, *Hag*.
» Virgula, *Hag*.

ANNÉLIDES.

Ditrupa Ciplyana, *de Ryckh*.
» (Dentalium) Mosæ, *Goldf*.
Serpula Clava, *Desh*.
» gordialis, *Schl*.

ECHINODERMES.

Hemipneustes striato-radiatus, *d'Orb*.
Echinocorys vulgaris, *Breyn*.
Holaster granulosus, *Ag*.
Micraster Cor-anguinum, *Ag*.
Hemiaster (Spatangus) Prunella, *Lam*.
Rhynchopygus (Nucleolites) Marmini, *Desmoul*.
Cassidulus elongatus, *d'Orb*.

Cassidulus (Echinites) Lapis-cancri, *Lesk.*
Trematopygus (Nucleolites) analis, *Ag.*
Echinobrissus (Nucleolites) scrobiculatus, *Goldf.*
Catopygus fenestratus, *Ag.*
» pyriformis, *Ag.*
» subcarinatus, *d'Orb.*
Caratomus Avellana, *Ag.*
» (Galerites) sulcato-radiatus, *Goldf.*
Pyrina Nucleus, *d'Orb.*
Salenia heliopora, *Des.*
» minima, *Des.*
Cidaris Faujasi, *Des.*
» lingualis, *Des*
» regalis, *Goldf.*
» Sorigneti, *Des.*
» subvesiculosa, *d'Orb*
Pentagonaster (Asterias) quinqueloba, *Goldf.*
Goniophygus heliopora, *Des.*
Glypticus Konincki, *Des*
Bourgueticrinus (Apiocrinus) ellipticus, *Mill.*

ANTHOZOAIRES.

Cyathina Konincki, *Edw. et Haime.*
Cyclolites (Fungia) cancellata, *Goldf.*
Parasmilia elongata, *Edw. et H.*
» Faujasi, *Edw. et H.*
» punctata, *Edw. et H.*
Diploctenium Pluma, *Goldf.*
Isastræa (Astræa) angulosa, *Goldf.*
Heliastræa Riemsdycki, *Edw.* (Astræa arachnoïdes, *Goldf.*).
Thamnastræa (Astræa) geometrica, *Goldf.*
Favia (Astræa) gyrosa, *Goldf.*
Dimorphastræa escharoïdes?, *Edw.* (Astræa elegans, *Goldf.*).
Gorgonia bacillaris, *Goldf.*
Moltkea Isis, *Steenst.*

FORAMINIFÈRES.

Cristellaria rotulata, *d'Orb.*
Nodosaria Zippei, *Reuss.*
Polymorphina Lachryma, *d'Orb.*
Globulina globosa, *Reuss.*
Guttulina elliptica, *Reuss.*

TERRAIN TERTIAIRE.

26. FOSSILES DU CALCAIRE DE MONS.

V. p. 210.

27. FOSSILES DU SYSTÈME HEERSIEN.

V. p. 212.

28. FOSSILES DE L'ÉTAGE INFÉRIEUR DU SYSTÈME LANDENIEN.

V. p. 215. — D'après une communication de M. Nyst, sa *Scalaria Dumontana*, espèce manuscrite, doit être rapportée à *S. Bowerbanki*, Morr., que

M. Deshayes cite en Belgique; il est probable que *S. Angresana,* de Ryckh., ne doit pas en être séparée. *Arca Heberti,* Nyst, mss., n'est pas de l'espèce que M. Deshayes a fait connaître plus tard sous le même nom : M. Nyst la décrira incessamment sous le nom d'*Arca Angresiensis.*

29. FOSSILES DE L'ÉTAGE SUPÉRIEUR DU SYSTÈME LANDENIEN.

V. p. 219.

30. FOSSILES DE L'ÉTAGE INFÉRIEUR DU SYSTÈME YPRÉSIEN.

V. p. 222. — M. Nyst nous fait remarquer que les foraminifères cités ne sont point caractéristiques ; au contraire, presque tous appartiendraient aux systèmes pliocènes.

31. FOSSILES DE L'ÉTAGE SUPÉRIEUR DU SYSTÈME YPRÉSIEN.

V. p. 224.

32. FOSSILES DU SYSTÈME PANISÉLIEN.

V. p. 226. — Ajoutez : *Nautilus Lamarcki,* Desh.

33. FOSSILES DU SYSTÈME BRUXELLIEN ET DU LAEKENIEN (1).

(1) Nous devons à l'obligeance de M. Nyst la liste ci-dessous, à laquelle nous n'avons fait d'autre changement que la disposition.

On doit aux patientes recherches de MM Le Hon et Vincent, préparateur au musée royal d'histoire naturelle de Bruxelles, la connaissance de plusieurs espèces nouvelles, au moins pour notre faune, recueillies aux environs de cette ville; d'autres ont été rencontrées à Aeltre par M. Henne, adjudant-major ; leurs noms sont suivis, entre parenthèses, de l'initiale, L., V. ou H., de l'auteur de la découverte.

Le degré d'abondance ou de rareté des espèces a été, autant que possible, indiqué par les lettres cc, c, r, rr, qui signifient respectivement très-commun, commun, rare, très-rare.

Nous devons ajouter que nous considérons comme bruxelliennes, d'après notre classification, plusieurs des espèces rapportées au système laekenien.

	BK.	LK.
REPTILES.		
Emys Cuvieri, *Gal.* (E. Camperi, *Gray.*)	r?	r
Gavialis Dixoni, *Owen.*	r	...
Palæophis typhæus, *Owen.*	rr	...
POISSONS.		
Cœlorhynchus rectus, *Ag.*	r	...
Picnodus Toliapicus, "	r	...
Periodus Koenigi, "	r	...
Gyrodus sphærodus, "	r	...
Edaphodon Bucklandi, "	r	...
Carcharodon disauris, "	r	...
" heterodon "	r	...
Galeocerdo aduncus, "	r	...
" latidens, "	r	...
" minor, "	r	...
Otodus macrotus, "	r	...
" microdon, "	r	...
" obliquus, "	c	...
Lamna contortidens, "	r	...
" denticula, "	r	...
" elegans, "	c	...
" Hopei, "	r	...
Pristis Lathami, *Gal.* (P. contortus?, *Dix.*). . .	rr	...
Myliobates acutus, *Ag.*	r	...
" Dixoni, "	r	...
" Regleyi, " (et M. Brongniarti, *Ag*). .	r	...
" striatus, "	r	...
" Toliapicus, "	r	...
Ætobates irregularis, *Ag.*	c	...
" rectus, *Dix.*	r	...
CRUSTACÉS.		
Pseudocarcinus (Cancer) Burtini, *Gal.* (P. Chauvini, *de Berv.*)	r	...
Thenops scyllariformis, *Bell.*	r	...
Cythere (Cypridina) angulatopora, *Reuss.* . . .	?rr	...
" gradata. *Bosq.*	c	...
" (Cytherina) striato-punctata, *Roem.* . .	r	...
" tessellata, *Bosq.*	rr	...
Bairdia (Cythere) arcuata, *de Munst.*	rr	...

	BR.	LK.
Cytherella hieroglyphica, *Bosq.*	rr	...
" (Cytherina) Munsteri, *Roem.*	?rr	...
Balanus Kickxi, *Nyst.*	rr	...
Scalpellum angustum, *Nyst.*	...	rr
" Gomondi, *Nyst.*	...	rr

CÉPHALOPODES.

Belosepia Blainvillei, *Desh.*	r	...
" (Sepia) brevissima, *Sow.*	...	r
" " Cuvieri, *Desh.*	r	r
" " Oweni, *Sow.*	...	r
Beloptera belemnitoïdea, *de Blainv.*	...	r
Nautilus Lamarcki, *Desh.* (N. Burtini, *Gal.*; non N. regalis, *Sow.*)	c	r

GASTÉROPODES.

Rostellaria (Strombus) ampla, *Brand.* (R. macroptera, *Lm.* part.).	cc	...
" columbaria, *Lm.*	...	rr
" (Strombus) Fissurella, *L.*	r	...
Strombus) Canalis, *Lm.*	rr	...
Terebellum convolutum, *Lm.* (Bulla sopita, *Brand*).	r	...
" fusiforme, *Lm.*	r	r
Murex tricarinatus, *Lm.*	r	...
Triton Honi, *Nyst.*	rr	...
" nodularium?, *Lm.*	r	...
" turriculatum, *Desh.*	...	rr
Cancellaria striatula, *Desh.*	r	...
Fusus aciculatus, *Lm.*	rr	...
" breviculus, *Desh.*	...	r
" decussatus?, *Desh.*	r	...
" errans, *Sow.*	r	...
" intortus, var. A. *Desh.*	r	r
" (Murex) longævus, *Brand.*	r	r
" " Noe, *Chemn.*	r	...
" " Pyrus, *Brand.* (M. Bulbus, *Chemn.* F. bulbiformis, *Lm.*; Ampullaria gigantea, *Gal.*).	c	...
" rugosus, *Lm.*	...	r
" (Murex) turgidus, *Brand.* (F. ficulneus, *Lm.*).	c	...
Buccinum bistriatum?, *Lm*	r	...
" Honi, *Nyst.*	r	...

	BR.	LK.
Buccinum stromboïdes, *Hermans*	r	...
Pseudoliva obtusa?, *Desh* (Buccinanops fissuratum, *Leh., non Lm.*).	rr	...
Pyrula (Murex) Bulbus, *Brand*, (1) (Buccinum candidum, *Gm.*; P. lævigata, *Lm.*). . . .	r	...
Ficula (Pyrula) nexilis, *Desh.*	r	r
„ „ elegans?, *Lm.*	r	...
Cassidaria coronata?, *Desh.*	c	...
„ funiculosa, *Desh.*	r	...
„ carinata, *Brug.*	cc	r
Oliva Mitreola, *Lm.*	rr	...
Ancillaria buccinoïdes, *Lm.*	r	r
„ canalifera, *Lm.*	r	r
„ dubia, *Desh.*	rr	...
„ glandina, *Desh.*	rr	...
„ Olivula, *Lm.*	r	...
Conus deperditus, *Brug.*	r	rr
„ diversiformis?, *Desh.*	r	...
„ turriculatus, *Desh.*; (C. turritus, *Desh., non Lm.*).	r	...
Pleurotoma crenulata, *Lm.*	r	...
„ dentata, *Lm.*, var.	...	r
„ Gomondi, *Nyst.*	...	r
„ Heberti, *Nyst et Le Hon.*	r	...
„ Honi, *Nyst.*	r	...
„ inarata, *Sow.*	...	rr
„ Mitreola, *Desh.*	...	r
„ pyrulata. *Lm.*	r	...
„ transversaria?, *Lm.*	r	...
„ undata, *Lm.*	r	...
Voluta ambigua, *Lm.*	...	r
„ angusta?, *Desh.*	r	...
„ bicoronata, *Lm.*	c	r
„ Bulbula, *Lm.*	c	r
„ Cithara, *Lm.*	c	r
„ crenulata, *Lm.*	r	...
„ depressa, *Lm.*	r	...
„ harpula, *Lm.*	r	...
„ Lyra, *Lm.* (V. Faujasi, *Pot. et Mich.*) . .	r	...

(1) *Foss. Hant.*, pl. IV, fig. 54. Nous ne pensons pas que la fig. 51, pl. IV, de Brander puisse être rapportée à cette espèce : c'est pour nous *Fusus turgidus* (*F. ficulneus*, *Km.*) — H. Nyst.

	BR.	LK.
Voluta simplex?, *Desh.*	...	r
„ (Strombus) spinosa, *L.*	r	...
Mitra cancellina, *Lm.*, var. quadriplicata, *Nyst* (V).	rr	...
Volvaria bulloïdes, *Lm.*	r	...
Marginella angystoma, *Desh.* (V.)	rr	...
„ contabulata, *Desh.* (V.)	rr	...
Cypræa inflata, *Lm.*	r	...
Ovula Gisortiana?, *Valenc.*	r	...
Natica canaliculata, *Lm.*	r	...
„ conica?, *Desh.*	...	r
„ epiglottina, *Lm.*	r	r
„ labellata, *Lm.*; (Nerita Hantoniensis, *Pik.*; N. striata, *Sow.*)	r	...
„ Noe, *d'Orb.* (N. glaucinoïdes, *Desh.*, *non Sow.*)	...	r
„ (Ampullaria) patula, *Lm.*	c	...
„ sigaretina, *Lm.*	r	...
„ spirata, *Desh.* (H.)	r	...
Sigaretus (Nerita) clathratus, *Gm.* (S. canaliculatus, *Sow.*)	r	rr
Pyramidella (Auricula) terebellata, *Lm.*	r	...
Turbonilla (Melania) tenuiplicata, *Desh.*	...	r
Cerithium unisulcatum, *Lm.* (L.)	r	...
Keilostoma minor, *Desh.*	r	...
Melania hordeacea, *Lm*	r	...
Turritella brevis?, *Sow.* (T. granulosa, *Gal.*, *non Desh.*)	...	c
„ imbricataria, *Lm.*	c	...
„ incerta?, *Desh.*	r	...
„ nexilis, *Sow.*	...	r
„ terebellata, *Lm.*	r	...
Vermetus (Solarium) Nysti, *Gal.*	...	cc
Scalaria crispa, *Lm.*	...	r
„ decussata, *Lm.*	r	...
„ Honi, *Nyst.*	...	r
„ Gorisseni, *Nyst et le Hon.* (S. elegantissima?, *Desh.*)	r	...
„ spirata, *Gal.*	...	r
„ subcylindrica, *Nyst.*	rr	r
„ tenuilamella, *Desh.*	...	r
„ Vincenti, *Nyst.*	rr	...
Littorina cyclostomoïdes, *Desh.* (L.)	...	rr
Solarium grande, *Nyst.* (S. Calvimontanum?, *Desh.*)	rr	...
„ Heberti, *Nyst et Le Hon.*	r	...

	BR.	LK.
Solarium marginatum?, *Gal.*, *non Desh.* . . .	r	...
” patulum, *Lm.*	r	...
” spiratum, *Lm.*	r	...
” trochiforme, *Desh.*	r	r
Bifrontia marginata, *Desh.*	...	r
” serrata, *Desh.*	c	...
Turbo squamulosus, *Lm.* (L.)	rr	...
” planorbularis, *Lm.* (H.)	rr	...
Xenophorus (Trochus) umbilicaris?, *Brand.* (Trochus agglutinans, *Lm.*, Phorus Parisiensis, *d'Orb.*)	r	...
Delphinula Warnii?, *Lm.* (L.)	rr	...
Fissurella labiata, *Lm.*	rr	...
” squamosa, *Desh.* (H.).	rr	...
Calyptræa trochiformis, *Lm.* (Trochus apertus et T. opercularis, *Brand.*; Infundibulum echinulatum, *Sow.*).	r	r
Hipponyx Cornu-copiæ, *Lm.*	rr	...
Dentalium Fissura, *Lm.*	r	...
” pseudo-entalis, *Lm.*; (D. entalis, *Gal.*).	r	...
” substriatum, *Desh.*; (D. Fissura et acuticostatum, *Sow.*).	...	...
Niso (Bulimus) terebellatus, *Defr.* (Bonellia terebellata, *Desh.*).	r	rr
Odontostomia (Auricula) miliola, *Lm.*	r	...
Tornatella Honi, *Nyst.* (T. simulata, *Nyst, non Sow.*)	...	r
” sulcata, *Lm.*	r	...
Bulla attenuata?, *Sow.*	...	r
” Bruguierei, *Desh.*	r	r
” Conulus? *Desh.* (B. constricta, *Nyst*, part.).	...	rr
” cylindroïdes, *Desh.*	r	r
” lævis, *Defr.*	r	...
” ovulata, *Lm.*	r	...
” Parisiensis?, *d'Orb.* (B. lignaria, *Desh.*, non L.)	r	r
” semistriata, *Desh.*	r	...
Bullæa extensa, *Sow.*	...	r

LAMELLIBRANCHES.

	BR.	LK.
Clavagella tibialis, *Lm.*	r	...
Gastrochæna Udekemi, *Nyst.*	r	...
Teredo Burtini. *Desh.* (T. Parisiensis, *Desh.*; T. divisa et T. frugicola, *de Ryckh*. . . .	c	c?

	BR.	LK.
Teredo vermicularis?, *Desh.*	...	rr
Solen Dixoni, *Sow.*	...	r
" vaginalis, *Desh.*; (S. ambiguus, *Desm.*; S. subvaginoïdes, *d'Orb.*)	r	...
Solecurtus Deshayesi, *Desm.* (Solen strigillatus, *Lm.*; S. Parisiensis, *Desh.*).	...	r
" (Sanguinolaria) Hallowaysi, *Sow.* (L.) (H.).	rr	...
" (Solen) appendiculatus, *Lm.*	...	rr
Panopæa Honi, *Nyst* (P. intermedia?, *Sow.*).	?	rr
Mactra compressa, *Desh.* (M. depressa, *Desh.*; M. subdepressa, *d'Orb.*).	c	...
" semisulcata, *Lm.* (M. deltoïdes, *Desh.*)	c	r
Corbula (Solen) Ficus?, *Brand.* (C. umbonella, *Desh.*)	r	...
" Gallica, *Lm.*	cc	c
" gallicula, *Desh.*	r	r
" Lamarcki, *Desh.* (C. striata, *Lm.*, non *Walk.*).	c	c
" longirostris, *Desh.*	r	...
" Pisum, *Sow.*	...	c
" rugosa, *Lm.*	r	r
• Woodia profunda, *Desh.* (H.).	r	...
Poromya (Corbula) argentea, *Lm.*	...	rr
Neæra (Corbula) radiata, *Lm.*	...	rr
Ligula O'Connelli, *Nyst et Le Hon.*	...	r
Thracia Nysti, *Le Hon.*	...	r
Pandora Defrancei, *Desh.*	...	rr
Tellina canaliculata, *Edw.*	...	r
" donacialis, *Lm.*	...	r
" exclusa, *Desh.* (Donax tellinella, *Desh.*) (H.).	r	...
" (Sanguinolaria) Lamarcki? *Desh.*	r	...
" Lyelli, *Nyst et Le Hon.*	r	...
" pellucida, *Desh.* (Solen ovalis, *Defr.*)	...	r
" plagia, *Edw.*	...	r
" rostralis, *Lm.* (non *Nyst*)	r	r
" speciosa, *Edw.*	...	c
" tenuistriata, *Desh.*	r	...
" textilis, *Edw.* (T. rostralis, *Nyst*, non *Lm.*).	...	r
Donax tellinella, *Lm.* (L.).	r	...
Sportella (Psammotæa) dubia?, *Defr.*; (Corbis dubia, *d'Orb.*; Erycina lucinoïdes, *Nyst*)	...	r
Psammobia (Solecurtus) appendiculata, *Desh.*	...	r
" rudis, *Desh.*	...	r
Saxicava modioliformis, *Nyst et Le Hon.*	...	r
Venus puellata?, *Lm.*	r	...

	BR.	LK.
Cytherea Hennei, *Nyst.* (H.)	r	...
" Honi, *Nyst.*	...	r
" lævigata, *Lm.* (Mya pictorum, *Brand.*, non *L.*)	c	...
" nitidula, *Lm.* (C. lucida, *Dix.*)	r	r
" pusilla, *Desh.*	r	...
" suberycinoïdes, *Desh.*	c	c
" sulcataria, *Desh.*	r	r
Venerupis striatula?, *Lm.*	...	rr
Cypricardia (Venus) pectinifera, *Sow.*	r	c
Cardium asperulum, *Lm.*	...	r
" Edwardsi, *Desh.* (C. semigranulatum, *Sow.*)	...	r
" Honi, *Nyst.*	...	r
" obliquum, *Lm.*	c	...
" porulosum, *Brand.*	c	r
Cardilia striatula, *Nyst et Le Hon.*	...	rr
Isocardia Gomondi, *Nyst.*	...	rr
Fimbria (Corbis) lamellosa, *Lm.*	r	...
Lucina callosa, *Lm.* (H.)	r	...
" concentrica, *Lm.*	r	...
" Galeottiana, *Nyst*, 1853 (L. hiatelloïdes, *Gal.*, non *Bast.*)	...	r
" gibbosula, *Lm.*	r	...
" (Axinus) Goodalli, *Sow.*	...	rr
" grata, *Defr.* (L. mitis, *Desh.*, non *Sow.*)	r	...
" Grateloupi, *Nyst.*	r	...
" Menardi? *Desh.* (L. Volveriana, *Nyst*)	c	...
" mitis?, *Sow.*	r	r
" mutabilis, *Lm.*	r	...
" pulchella, *Ag.* (L. divaricata, *Lm.*, part.)	c	c
" squamula, *Desh.*	c	...
" sulcata, *Lm.*	c	...
Diplodonta decipiens, *Desh.* (Lucina crenulata, *Desh.*, non *Lm.*)	r	...
" puncturata, *Nyst*, 1853; (D. dilatata, *Sow.*, non *Bronn*; D. punctatissima?, *Desh.*)	...	r
Erycina lucinoïdes, *Nyst* (E. tenuicula?, *Desh.*)	r	...
" orbicularis, *Desh.*	r	...
" pusiola?, *Desh.*	...	r
Crassatella Nystana, *d'Orb.* (C. tenuistriata, *Nyst*, non *Desh.*)	r	r
" (Venus) plumbea, *Chemn.* (V. ponderosa, *Gm.*; C. tumida, *Lm.*)	rr	...

	BR.	LK.
Crassatella plicata, *Sow.*; (C. Grignonensis?, *Desh.*).	...	r
" trigonata, *Lm.*	...	r
Astarte Nysti, *Kickx.*	...	r
Lutetia Parisiensis, *Desh.* (*Nyst*)	...	r
Cardita (Venericardia) acuticostata, *Desh.*	r?	r
" decussata, *Lm.*	c	...
" elegans, *Lm.*	c	c
" planicosta, *Lm.*	c	...
Arca barbatula, *Lm.*	r	r
" cucullaris, *Desh.*	r	...
" scapulina, *Lm.* (H.)	rr	...
Cucullæa Laekeniana, *Le Hon.*	...	rr
Pectunculus (Stalagmium) Nysti, *Gal.* (1).	...	cc
" pulvinatus, *Lm.*	r	r
Limopsis (Trigonocœlia) auritoïdes, *Gal.*	...	r
" (Pectunculus) granulata, *Lm.*	r	...
" (Trigonocœlia) Lima, *Gal.*	...	r
" (Pectunculus) nana, *Desh.*	...	r
Nucula fragilis, *Desh.*	c	...
" lunulata, *Nyst.*	...	r
" Nystana, *Le Hon.*	...	r
" Parisiensis, *Desh.* (N. similis, *d'Orb.*, non Sow.)	c?	c
Leda (Nucula) Galeottiana, *Nyst* (N. mucronata, *Gal.*, non *Sow.*; N. serrata, *Sow.*)	r	r
" " striata, *Lm.*	r	r
Solenomya (Solemya) Lamarckana, *Nyst et Le H.*	r	...
Pinna margaritacea, *Lm.*	r	?r
Mytilus (Modiola) heteroclytus, *Le Hon.*	...	rr
" " nuculæformis, *Nyst et Le Hon*, 1862; (M. depressa, *Desh.*, 1864; M. tenuistriata, *Mellev.*, 1843)	...	rr
Lithophagus Deshayesi, *Sow.* (Modiola lihophaga, *Lm.*)	r	...
" (Modiola) papyraceus?, *Desh.*	r	...
Avicula fragilis, *Defr.*	...	r
" trigonata, *Lm.* (A. phalænacea, *Nyst*, part.)	?r	r

(1) Ayant pu confronter les charnières des *Pectunculus aurifluus*, Reeve, *Conch. Icon.*, pl. xiv, f. 17, *a* et *P. Delesserti*, Reeve, ib , pl. xiv, f. 52, nous pensons que le genre *Stalagmium* devra disparaître de la nomenclature. (H. Nyst.)

	BR.	LK.
Lima obliqua, *Lm.* (H.).	r	...
Pecten corneus, *Sow.* (1).	c	c
» duplicatus?, *Sow.*	r	...
» Honi, *Nyst*	...	r
» multistriatus, *Desh.*	r	...
» Parisiensis, *Desh.* (P. scabriusculus, *Nyst*, non *Mathér.*)	r	r
» plebeïus, *Lm.*	c	?
» sublævigatus, *Nyst*	...	r
» tripartitus, *Desh.*	r	...
Spondylus granulosus, *Desh.*	r	...
» radula, *Lm.*	r	...
» rarispinus, *Desh.*	r	...
Ostrea cariosa, *Desh.*	c	...
» cymbula, *Lm.* (O. virgata, *Nyst*).	c	...
» (Vulsella) deperdita, *Lm.*	r	...
» flabellula, *Lm.* (Chama plicata, *Brand.*).	...	c
» inflata, *Desh.*	r	r
» gigantica, *Brand.*	r	r
» gryphina?, *Desh.*	r	r
» uncinata, *Lm.*	r	...
Anomia sublævigata, *d'Orb.* (A. lævigata, *Nyst*, non *Sow.*)	c?	c
BRACHIOPODES.		
Terebratula bisinuata, *Lm.* (T. succinea, *Desh.*)	...	...
» Kickxi, *Nyst*	...	...
Crania (Pileopsis) variabilis, *Gal.* (C. Hoeninghausi, *Lyell, non Michel.*).	r	...
BRYOZOAIRES.		
Lunulites radiata, *Lm.*	c?	c
» urceolata, *Lamr.*	...	r
Cellepora Petiolus, *Dixon.*	...	c
Chrysisina angulata, *Nyst.*	...	r

(1) D'après M. Deshayes, cette espèce ne serait pas celle de Sowerby : si nous pouvons en juger par les excellentes figures qui ont été données de l'espèce anglaise par Ch. Wood dans A *Monograph of the eocene Mollusca of England*, nous ne conservons aucun doute sur l'identité de notre espèce. (H. Nyst.)

	BR.	LK.
Chrysisina (Idmonea) triquetra, *Gal.*	...	r
Idmonea irregularis, *Nyst.*	...	r
Eschara celleporacea, *Münst.*	?c	c
" irregularis, *Nyst.*	?r	r
Escharina aptata, *Nyst*	?r	r
Pyripora (Flustra) contexta, *Goldf.*	?r	r
Millepora Dekini, *Morr.*	?r	r
Zonopora (Ceriopora) variabilis, *de Münst.*	?r	r
Stylopora monticularis?, *Dixon.*	?r	r
Hornera Dewalqueana, *Nyst.*	?r	r
Biretepora inæqualis, *Nyst.*	?r	r
Flustra lanceolata, *Nyst*	?r	r

ANNÉLIDES.

Galeolaria (Cyclolites) trochoïdes, *Nyst.*	...	r
Spirorbis elegans, *Nyst*	r	...
Serpula Honi, *Nyst.*	r	...
" Mellevillei, *Nyst et Le Hon.*	...	r
" Toilliezi, *Nyst et Le Hon.*	...	r
" tricarinata, *Gal.*	r	...
Ditrupa (Dentalium) strangulata, *Desh.*	c	...

ECHINODERMES.

Crenaster (Asterias) poritoïdes, *Desmar.*	c	...
Spatangus Omaliusi, *Gal.*	r	r
" Pes-equuli, *Le Hon.*	r	r
Echinolampas Galeottianus, *Forbes.*	r	r
Nucleolites approximatus, *Gal.*	...	r
" Forbesi, *Nyst et Le Hon.*	...	r
Echinocyamus (Echinoneus) propinquus, *Gal.*	...	r
Scutellina Burtini, *Nyst et Le Hon.*	r	...
" (Nucleolites) rotunda, *Gal.*	r	...
" Toilliezi, *Nyst et Le Hon.*	r	...
Lenita (Nucleolites) patelloïdea, *Gal.*	rr	...
Hemiaster acuminatus?, *Goldf.*	rr	...
Cyphosoma tertiarium, *Le Hon.*	...	r
Cidaris Gomondi, *Nyst et Le Hon.*	...	r
" Toilliezi, *Nyst et Le Hon.*	...	r

ANTHOZOAIRES.

Diplhelia (Caryophyllia) multistellata, *Gal.*	...	r

	BR.	LK.
Turbinolia Nystana, *Ed. et H.*; (T. sulcata, *Nyst, non Lm.*).	...	c
» sulcata, *Lm.*	r	...
Sphenotrochus (Turbinolia) crispus, *Lm.*	r	?
Paracyathus Hennei, *Nyst.* (H.).	rr	...
Eupsammia Burtinana, *Ed. et H.* (Turbinolia elliptica, *Nyst, non Brong.*).	...	c
» Rouauxiana, *Nyst et Le Hon.*	...	r
Trochocyathus (Turbinolia) Cupula, *A. Rouault* .	...	r
Dendrophyllia? granulata, *Nyst.*	...	r

FORAMINIFÉRES.

	BR.	LK.
Nummulites Heberti, *d'Arch.* (N. elegans, *Dixon.*).	...	cc
» lævigata, *Lm.*	cc	...
» scabra, *Lm.*	r	...
» variolaria, *Lm.*	...	cc
Orbitolites complanata, *Lm.*	...	c
Operculina Orbignyi, *Gal.*	...	c
Dactylopora cylindracea, *Lm.*	...	r
» elongata, *Lm.*	...	r
Ovulites margaritula, *Lm.*	...	r
Fabularia discolithes, *Defr.*	...	r

AMORPHOZOAIRES.

	BR.	LK.
Honium Bruxellense, *Lyell.*	r	...

VÉGÉTAUX (1).

	BR.	LK.
Nipadites Burtini, *Al. Brong.*	...	r
» lanceolatus, *Bow.*	...	r
» Parkinsoni, *Bow.*	...	r
Pinus Benedenanus, *Le Hon.*	...	r
» stigmarioïdes, *Le Hon.*	...	r

(1) *Galeolaria trochiformis*, de la liste précédente, est probablement l'opercule de *Serpula Mellevillei.* — *Galeolaria trochoïdes*, du tongrien, n'est qu'un opercule semblable.

D'après M. v. Koenen, *Buccinum nodosum*, Brand., serait le même que *Cassidaria depressa*, v. Buch : l'espèce bruxellienne citée plus haut devrait donc reprendre le nom de *C. carinata*, Brug. (H. Nyst).

34. FOSSILES DU SYSTÈME TONGRIEN ET DE L'ÉTAGE INFÉRIEUR RUPÉLIEN,
par M. J. Bosquet.

	Tongrien inférieur.	Tongrien supérieur.	Rupélien inférieur.
POISSONS.			
Notidanus primigenius, *Agassir*.	...	...	r.i.
Otodus obliquus, *Agass*.	...	...	r.i.
Lamna contortidens, *Agass*.	t.i.	...	r.i.
» elegans, *Agass*.	t.i.	...	...
» cuspidata, *Agass*.	...	...	r.i.
Sphærodus parvus, *Agass*.	...	...	r.i.
CRUSTACÉS.			
Cythereis ceratoptera, *Bosq*.	...	...	r.i.
Cythere striato-punctata, *Munst*.	t.i.	...	...
» scrobiculata, *Munst*.	...	...	r.i.
» Nystiana, *Bosq*.	...	...	r.i.
» Reussiana, *Bosq*.	...	...	r.i.
» plicata, *Munst*.	...	...	r.i.
» Jurinei, *Munst*	...	t.s.	r.i.
Cytheridea Mulleri, *Munst. sp.*	...	t.s.	r.i.
» papillosa, *Bosq*.	...	...	r.i.
» Williamsoniana, *Bosq*.	...	t.s.	r.i.
Bairdia lithodomoïdes, *Bosq*.	...	...	r.i.
» punctatella, *Reuss. sp.*	...	...	r.i.
Cytherella compressa, *Munst. sp.*	...	...	r.i.
» marginata, *Bosq*.	...	...	r.i.
Balanus unguiformis, *Sow*.	...	t.s.	r.i.
GASTÉROPODES.			
Succinea Ubaghsi, *Bosq*.	...	...	r.i.
Limneus acutilabris, *Sandb*.	...	t.s.	r.i.
Planorbis depressus, *Nyst*.	...	t.s.	r.i.
» Schultzianus, *Dunk*.	...	t.s.	r.i.
Cyclostoma fragile, *Bosq*.	...	...	r.i.
Ampullina submutabilis, *d'Orb*.	t.i.	...	r.i.
Nematura pupa, *Nyst. sp.*	...	t.s.	r.i.

	Tongrien inférieur.	Tongrien supérieur.	Rupélien inférieur.
Nematura Dunkeri, *Bosq.*	...	t.s.	r.i.
» bidens, *Bosq.*	...	t.s.	r.i.
» carinata, *Bosq.*	...	...	r.i.
Melania Nysti, *Duch.* (*Nyst*).	...	t.s.	r.i.
» inflata, *Duch.* (*Nyst*	...	t.s.	r.i.
Littorinella Draparnaudi, *Nyst sp.*	...	t.s.	r.i.
Bithinia Duchasteli, *Nyst sp.*	...	t.s.	r.i.
Rissoa Michaudi, *Nyst.*	...	t.s.	r.i.
» succincta, *Nyst.*	...	...	r.i.
» Duboisi, *Nyst.* (Rissoa biangulata, *Desh.*)	...	...	r.i.
» Beyrichi, *Bosq.*	...	...	r.i.
Scalaria pussilla, *Phil.* (S. costulata, *Nyst*).	...	...	r.i.
» inæquistriata, *v. Koen.*	t.i.	...	...
» Caillati?, *Desh.*	t.i.	...	...
Turritella crenulata, *Nyst.*	t.i.	...	...
» planispira, *Nyst*	t.i.	...	...
Odontostoma pyramidale, *Bosq.*	...	...	r.i.
» Semperi, *Bosq.*	t.i.	...	r.i.
» Nysti, *Bosq.*	...	...	r.i.
Niso turris, *v. Koen.* (N. eburnea, *Gieb., non Risso;* N. terebellum, *Phil., non Chemn.*)	t.i.	...	...
Turbonilla lævissima, *Bosq.*	...	t.s.	r.i.
» turriculata, *Bosq.*	...	...	r.i.
» Sandbergeri, *Bosq.*	...	...	r.i.
Eulima acicula?, *Sandb.*	...	...	r.i.
Neritina pseudo-concava, *d'Orb.* (Neritina concava, *Nyst, non Sow.*)	...	t.s.	r.i.
Natica Hantoniensis, *Soland.*	t.i.	...	r.i.
» dilatata, *Phil.*	...	...	r.i.
» Nysti, *d'Orb.* (N. glaucinoïdes, *Nyst*, part., non *Sow.*; N. Picteti, *Desh.*)	...	t.s.	r.i.
Trochus Kickxi, *Nyst* (T. margaritula, *Mérian* (*Sandb.*).	...	...	r.i.
Adeorbis decussatus, *Sandb.*	...	t.s.	r.i.
Xenophora Lyelliana, *Bosq.*, 1852 (an Trochus scrutarius?, *Phill.*, 1844)	...	...	r.i.
» extensa, *Sow. sp.* (Xenophora subextensa, *d'Orb.*).	t.i.	...	...
» solida, *v. Koenen.*	t.i.	...	...
Solarium Dumonti, *Nyst*	t.i.	...	...
» canaliculatum, *Lam.*	t.i.	...	...

	Tongrien inférieur.	Tongrien supérieur.	Rupélien inférieur.
Sandbergeria cancellata, *Bosq.*, 1861 (Pyramidella cancellata, *Nyst*, 1836; P. sulcata, *Pot. et Mich.*, 1838; Cerithium cancellatum, *Desh.*, 1863)	t.i.	t.s.	r.i.
Mathildia scabrella, *Semp.*	t.i.	. . .	. . .
Cerithium elegans, *Desh.*	. . .	t.s.	r.i.
» plicatum, *Lam.*, var. Galeottii, *Sandb.*	. . .	t.s.	r.i.
» variculosum, *Nyst*, 1843 (C. Lima, *Desh.*, 1824, *non L.*; C. sublima, *d'Orb.*, 1847).	. . .	t.s.	r.i.
» Lamarcki, *Desh.*	. . .	t.s.	r.i.
» Henckeliusi, *Nyst*, 1836 (C. recticostatum, *Sandb.*; C. Lamarcki, *Speyer*, *non Desh.*)	. . .	. . .	r.i.
» Genei, *Bell. et Mich.* (C. multispiratum, *Gieb.*, *non Desh.*)	t.i.	. . .	. . .
» trochleare, *Lam.* . . . , ...	. . .	t.s.	. . .
Triforis lævis, *Phil.*	t.i.	. . .	. . .
Voluta Rathieri, *Héb.* (V. depressa, *Nyst*, *non Lam.*)	. . .	. . .	r.i.
» decora, *Beyr.*, 1853 (V. Maga, *F. E. Edw.*, 1854	t.i.	. . .	. . .
» suturalis, *Nyst* (V. Dunkeri, *Speyer*). . .	t.i.	. . .	. . .
» cingulata, *Nyst.*	t.i.	. . .	. . .
Scapha multilineata, *Bosq.*, 1868 (Voluta multilineata, *Speyer*, 1862)	t.i.	. . .	. . .
Ancillaria subcanalifera, *d'Orb.* (A. canalifera, *Gieb.*, *non Lam.*)	t.i.	. . .	. . .
Conus Beyrichi, *v. Koen.* (C. concinnus, *Beyr.*, *non Sow.*; C. Lamarcki, *F. E. Edw.* pro parte.).	t.i.	. . .	. . .
» deperditus, *Brug.*	t.i.	. . .	. . .
Cryptoconus Dunkeri, *v. Koen.*	t.i.	. . .	. . .
Pleurotoma bellula, *Phil.*	t.i.	. . .	. . .
» Selysi, *de Kon.* (P. Sandbergeri, *Desh.*; P. flexuosa, *Gieb.*, *non Goldf.*; P. difficilis, *Gieb.*; P. Prestwichi, *F. E. Edw.*; P. simillima, *F. E. Edw.*; P. Wetherelli, *F. E. Edw.*)	t.i.	. . .	r.i.
» Bosqueti, *Nyst* (P. denticula, *Gieb.* non *Bast.*)	t.i.	. . .	. . .
» denticula, *Bast.*	t.i.	. . .	. . .
» Zimmermanni, *Phil.*	t.i.	. . .	. . .
» Konincki, *Nyst.* (et P. Waterkeyni, *Nyst.*)	. . .	. . .	r.i.

	Tongrien inférieur.	Tongrien supérieur.	Tongrien inférieur.
Pleurotoma pseudocolon, *Gieb.*, 1864	t.i.	...	...
granulata, *Phil.*	t.i.	...	...
terebralis, *Lam.* (P. Volgeri?, *Phil.*)	t.i.	...	...
Dumonti, *Nyst.*	t.i.	...	...
subconoïdea, *d'Orb.* (P. conoïdea, *Nyst, non Soland.*)	t.i.	...	...
Duchasteli, *Nyst* (P. flexuosa, *Munst.*).	...	t.s.	r.i.
intorta, *Brocch.* (P. Morreni, *Nyst*)	t.i.	...	r.i.
Semperi, *v. Koen.*	t.i.	...	...
Beyrichi, *Phil.*	t.i.	...	...
regularis, *de Kon.* (P. Belgica, *Gold.*).	t.i.	...	r.i.
Hoernesi, *Bosq.*	...	...	r.i.
turbida, *Sol.* (P. subdenticulata, *Goldf.*; P. cataphracta, *Brocch.*)	t.i.	...	r.i.
crenata, *Nyst* (P. Hantoniensis, *Edw.*).	...	...	r.i.
Mangelia costellaria, *Bosq.*, 1868 (Pleurotoma costellaria, *Nyst*, 1836)	...	t.s.	r.i.
Raphitoma acuticosta, *Bosq.*, 1868 (Pleurotoma acuticosta, *Nyst*, 1843)	t.i.	...	...
Fusus elongatus, *Nyst*, 1836 (F. robustus, *Beyr.*, 1857; F. retrorsicosta, *Sandb.*, 1860; F. Speyeri, *Desh.*, 1864)	t.i.	...	r.i.
multisulcatus, *Nyst.*	...	...	r.i.
scabrellus, *v. Koen.*	t.i.	...	...
crassisculptus, *Beyr.*	t.i.	...	...
septenarius?, *Beyr.*	t.i.	...	...
unicarinatus, *Desh.*	t.i.	...	...
elatior, *Beyr.*	t.i.	...	...
Sandbergeri, *Beyr.*	t.i.	...	...
scalariformis, *Nyst.*	t.i.	...	...
Clavella longæva, *Lam. sp.* (Fusus longævus, *Lam.*, var. egregius, *v. Koen.*; F. egregius, *Beyr.*).	t.i.	...	...
Pisanella pirulæformis, *v. Koen.*, 1867 (Edwardsia piriruliformis, *ejusd.*, 1865; Turbinella piruliformis, *Nyst*, 1834)	t.i.	...	...
semigranosa, *v. Koen.*, 1867	t.i.	...	r.i.
subgranulata, *Schloth. sp.*, 1820	t.i.	...	r.i.
Borsonia Deluci, *Nyst sp.*; (Fasciolaria nodosa, *Gieb.*, 1864; Mitra biplicata, *Phil.*; Cordieria Biarritzana, *Al. Rouault.*)	t.i.	...	...

	Tongrien inférieur.	Tongrien supérieur.	Rupélien inférieur.
Borsonia decussata, *Beyr.*, 1848 (Pleurotoma obliquinodosa, *Sandb.*, 1861; P. uniplicata, *Speyer*, 1861, *non Nyst*)	...	...	r.i.
Cassidaria nodosa, *Sol.*, 1766 (C. depressa, *v. Buch*, C. Nysti, *Kickx*)	t.i.	...	r.i.
" Buchi, *Boll*, 1851	t.i.	...	...
Cassis calantica, *Desh.*, 1824 (C. Germari, *Phil.*, 1847; C. Quenstedti, *Beyr*, 1848)	t.i.	...	...
" ambigua, *Sol.*, 1766 (C. affinis, *Phil.*, 1847; C. subambigua, *d'Orb.*, 1848).	t.i.	...	...
Strepsidura suturosa, *Nyst sp.*	t.i.	...	r.i.
" Gossardi, *Nyst sp.*	...	...	r.i.
" Thierensi, *Bosq.*, 1868 (Buccinum Thierense, *ejusd.*, 1859)	...	...	r.i.
Purpura pusilla, *Beyr.*	t.i.	...	...
Ficula concinna, *Beyr. sp.*, 1856 (Pyrula imbricata, *Sandb.*; P. simplex, *Speyer*, 1863, *non Beyr.*, 1856)	...	...	r.i.
" nexilis, *Sol. sp.*	t.i.	...	...
Typhis pungens, *Sol. sp.*	t.i.	...	...
" Schlotheimi. *Beyr.*	t.i.	...	...
" cuniculosus, *Nyst, sp.*, 1836 (Murex simplex, *Phil.*, 1844)	...	...	r.i.
Murex plicato-carinatus, *Gieb.*	t.i.	...	...
" brevicauda, *Héb.* (M. tricarinatus, *Nyst, non Lam.*)	t.i.	...	...
" Dannebergi, *Beyr.*	t.i.	...	r.i.
" Deshayesi, *Nyst*, 1836 (M. Hoernesi, *Speyer*, M. capito, *Phil.*).	t.i.	...	r.i.
" fusiformis, *Nyst.*	t.i.	...	...
" bispinosus, *Sow.* (M. lignitum, *Gieb.*, 1864.).	t.i.	...	...
Tritonium Flandricum, *de Kon.* (T. argutum, *Nyst, non Brand.*)	...	...	r.i.
" expansum, *Sow.*, var. posterum, *v. Koen.*).	t.i.	...	...
Chenopus speciosus, *Schl. sp.* (Rostellaria Margerini, *de Kon.*, 1837; R. Sowerbyi, *Nyst*, 1843)	...	...	r.i.
Hippocrene ampla, *Brand. sp.*, 1766 (Rostellaria ampla, *Nyst, pro parte*, 1843).	t.i.	...	...
Rostellaria excelsa, *Gieb.*	t.i.	...	...
" plana, *Beyr.*	t.i.	...	...

	Tongrien inférieur.	Tongrien supérieur.	Rupélien inférieur.
Cancellaria lævigata, *von Koen*. (C. læviuscula, *Beyr.*, *non Sow*.)	t. i.	...	...
„ quadrata, *Sow*.	t. i.	...	...
„ evulsa, *Sol. sp.*, 1766 (C. subevulsa, *d'Orb.*, 1847)	t. i.	...	r. i.
„ granulata, *Nyst* (C. minuta, *ejusd.*)	t. i.	...	r. i.
„ elongata, *Nyst*	t. i.	...	...
Emarginula Nysti, *Bosq.* (E. fissura, *Gieb.*, *non L*.).	t. i.	...	r. i.
Calyptræa striatella, *Nyst* (C. lævigata, *Gieb.*, *non Desh.*)	t. i.	...	r. i.
Sigaretus canaliculatus, *Sow*.	t. i.	...	...
Actæon simulatus, *Sol.*, 1766 (Tornatella Nysti, *Duch.*, 1836).	t. i.	...	r. i.
Ringicula gracilis, *Sandb*.	t. i.	...	...
Hipponix planata, *Speyer sp.*, 1868 (Capulus planatus, *Speyer*, 1864)	t. i.	...	...
Bulla turgidula, *Desh*.	...	...	r. i.
Cylichna teretiuscula, *Bosq.*, 1868 (Bulla teretiuscula, *Philippi*, 1847).	t. i.	...	...
„ Laurenti, *Bosq.*, 1868 (Bulla Laurenti, *Bosq.*, 1859).	...	...	r. i.
„ conoïdea, *Desh. sp.*	...	...	r. i.
Volvula apicina, *Bosq.*, 1868 (Bulla apicina, *Phil.*, 1847 ; B. acuminata, *Nyst, non Brug.*).	t. i.	...	...
Scaphander dilatatus, *Bosq.*, 1868 (Bulla dilatata, *Phil.*, 1847)	t. i.	...	...
Dentalium acutum, *Héb.* (D. grande, *Nyst, non Desh.*).	t. i.	t. s.	r. i.
„ Sandbergeri, *Bosq.* (an D. fissura?, *Desh.*).	...	...	r. i.

LAMELLIBRANCHES.

	Tongrien inférieur.	Tongrien supérieur.	Rupélien inférieur.
Gastrochæna Rauliniana, *Desh*.	t. i.	...	...
Clavagella Bosqueti, *Nyst*.	t. i.	...	...
Siliqua Nysti, *Desh*.	t. i.	...	...
Solen ensis, *Lm*.	...	...	r. i.
Panopæa Heberti, *Bosq.* (P. intermedia, *Nyst, non Sow*.).	...	...	r. i.
Mya Tungrorum, *de Ryckholt*.	...	t. s.	r. i.
Neæra fragilis, *Nyst*	t. i.	...	...

	Tongrien inférieur.	Tongrien supérieur.	Rupélien inférieur.
Corbula subpisum, *d'Orb.*, 1848 (C. subpisiformis, *Sandb.*, 1862)	t. i.	t. s.	r. i.
" Henckeliusi, *Nyst* (C. paradoxa, *Phil.*, 1847)	t. i.	t. s.	r. i.
Saxicava bicristata, *Sandb.*	…	…	r. i.
" Jeurensis, *Desh.*	…	…	r. i.
Spheniopsis scalaris?, *Sandb.* (Corbula scalaris, *Al. Braun.*)	…	…	r. i.
Psammobia nitens. *Desh.* . . , ...	…	t. s.	r. i.
" Stampinensis, *Desh.*	…	…	r. i.
Syndosmya papillata, *Bosq.*	…	…	r. i.
" brevis, *Bosq.*, 1851 (*non Desh.*, 1864).	t. i.	…	…
" fragilis, *Bosq.*	…	t. s.	…
Tellina Nysti, *Desh.*	…	t. s.	r. i.
Corbulomya triangula, *Nyst.*	…	t. s.	r. i.
" donaciformis, *Nyst.*	…	…	r. i.
Cytherea Kickxi, *Nyst*	…	…	r. i.
" splendida, *Mérian.*	t. i.	…	r. i.
" Bosqueti, *Héb.*	t. i.	…	…
" incrassata, *Sow.*, var. lunularis, *Sandb.*	t. i.	…	…
" " globularis, *Sandb.*	…	t. s.	r. i.
" " obtusangularis, *Sandb.*	…	t. s.	r. i.
Cypricardia pectinifera, *Sow.* (C. pectinulata, *Semper*)	t. i.	…	…
Cyrena semistriata, *Desh.*	…	t. s.	r. i.
" neglecta, *Nyst sp.*	…	t. s.	r. i.
Cyprina Nysti, *Desh.* (C. scutellaria, *Nyst*, *non Desh.*; C. rotundata, *Braun*) . . .	…	…	r. i.
" Forbesiana, *Nyst.* (Ubi ?)	…	…	r. i.
Cardium cingulatum, *Goldf.*, 1840; (C. multicostatum, *Phil.*, *non Braun*; C. anguliferum, *Sandb.*)	t. i.	…	r. i.
" hippopæum, *Desh.*	t. i.	…	…
" tenuisulcatum, *Nyst.*	…	…	r. i.
" elegans, *Nyst.*	t. i.	…	…
" Raulini, *Héb.*	…	…	r. i.
" Defrancei, *Desh.*	…	…	r. i.
" porulosum, *Lam.*	t. i.	…	…
Isocardia subtransversa, *d'Orb.* (I. transversa, *Nyst*, *non Münst.*)	t. i.	…	…
" multicostata, *Nyst*	t. i.	…	…

	Tongrien inférieur.	Tongrien supérieur.	Rupélien inférieur.
Isocardia carinata, *Nyst*, (Cypricardia Sacki, *Phil.*, C. isocardioïdes?, *Desh.*)	t.i.	...	...
Lucina Omaliusi, *Desh.*; (L. albella, *Nyst, non Lam.*)	...	t.s.	r.i.
" Thierensi, *Desh.*, (L. striatula, *Nyst*).	t.i.	t.s.	r.i.
" tenuistria, *Héb.*, (L. uncinata, *Nyst, non Defr.*)	...	...	r.i.
" gracilis, *Nyst*.	t.i.	...	...
" undulata, *Lam.* (L. lepida, *Bosq.*).	...	...	r.i.
Diplodonta Nysti, *Bosq.*	t.i.	...	...
Axinus unicarinatus, *Nyst*.	t.i.	...	r.i.
Leda Galeottiana, *Nyst*, 1843 (L. commutata, *Phil.*, 1847; L. mucronata, *Gal.*, 1837, *non Sow.*).	t.i.	...	...
" Deshayesiana, *Nyst*.	t.i.	...	...
" gracilis, *Desh.*	...	...	r.i.
Yoldia pygmæa, *Goldf. sp.*	...	...	r.i.
Venericardia Omaliusana, *Nyst*.	t.i.	t.s.	r.i.
" latisulcata, *Nyst* (V. analis, *Phil.*, et V. Dunkeri, *Phil.*)	t.i.	...	...
Astarte Henckeliusi, *Nyst*.	...	t.s.	r.i.
" pseudo-Omalii, *Bosq.* (A. rostrata, *Sandb.*).	t.i.	...	...
" trigonella, *Nyst*.	...	...	r.i.
" Bosqueti, *Nyst*.	t.i.	...	...
Woodia plicatella, *Bosq.*	t.i.	...	...
Crassatella intermedia, *Nyst*.	t.i.	...	...
Limopsis Goldfussi, *Nyst*	...	...	r.i.
" pygmæa, *Phil. sp.*, 1836; (L. decussata, *Nyst et West.*, 1839).	t.i.	...	...
" costulata, *Goldf. sp.* (L. granulata, *Goldf.*, *non Lam.*).	t.i.	...	...
Pectunculus lunulatus, *Nyst*	t.i.	...	...
" obovatus, *Lam.* (P. crassus, *Phil.*).	...	...	r.i.
" Philippii, *Desh.*	t.i.	...	r.i.
Nucula subtransversa, *Nyst*	...	...	r.i.
" Decheni, *Phil.*	t.i.	...	...
" compta, *Munst.* (N. Lyelliana, *Bosq.*)	...	...	r.i.
Arca appendiculata, *Sow.*, 1820; (A. sulcicostata, *Nyst*, 1843)	t.i.	...	...
Modiola Nysti, *Kickx sp.*, 1836; (Mytilus hastatus, *Goldf.*, 1841).	t.i.	...	...
" Faujasi, *Al. Brongn. sp.*	...	t.s.	r.i.
Mytilus subfragilis, *d'Orb.*	...	t.s.	...

	Tongrien inférieur.	Tongrien supérieur.	Rupélien inférieur.
Driessensia Nysti, *d'Orb.*, 1847, (D. Basteroti, *Nyst*, 1843, *non Desh.*)	...	t.s.	r.i.
Pecten bellicostatus, *S. Wood*, 1861, (P. reconditus, *Nyst*, 1843, *non Soland.*, 1766; P. subreconditus, *d'Orb.*, 1847).	t.i.	...	...
„ corneus, *Sow.*, 1818; (P. solea, *Phil.*, *non Desh.*; P. Semperi, *Desh.*)	t.i.	...	...
„ pictus, *Goldf.*, 1834; (P. Deshayesi, *Nyst*, 1836; P. Diomedes, *d'Orb.*, 1847). . .	...	...	r.i.
Vola incurvata, *Nyst sp.*, (Pecten incurvatus, *Nyst*, 1843)	t.i.	...	...
„ Hoeninghausi, *Defr. sp.*, (Pecten Hoeninghausi, *Defr.*).	...	t.s.	r.i.
Spondylus Buchi, *Phil.*, 1847 ; (S. auriculatus, *Nyst*, 1843; S. limæformis, *Gieb.*, 1864) . .	t.i.	...	...
Ostrea gigantea, *J. Sow.*, (O. latissima, *Desh.*; O. gigantica, *Sol.* (*et Nyst*); O. transversa, *Nyst*).	...	...	r.i.
„ cariosa, *Desh.*	t.i.	...	...
„ ventilabrum, *Goldf.*, 1853; (O. prona, *S. Wood*, 1861). . . . . , ...	t.i.	...	...
„ flabellata, *Lam.*, (*S. Wood.*)	t.i.	...	...
„ Queteleti, *Nyst*, 1853; (O. cochlear, *Nyst*, *non Poli*)	t.i.	...	...
Anomia Albertiana, *Nyst*, 1853; (A. orbicularis, *Nyst*, 1843, *non Brocc.*).	t.i.	...	...
BRACHIOPODES.			
Terebratula grandis, *Blumenb.*	t.i.	...	...
Terebratulina Nysti, *Bosq.*, T. chrysalis, *Philippi*, *non Schloth.*.	t.i.	...	...
BRYOZOAIRES.			
Lunulites hemisphæricus, *Ad. Rœm*	t.i.	...	...
Cellepora petiolus, *Dixon*	t.i.	...	...
ANTHOZOAIRES.			
Dendrophyllia amica, *Edw. et Haime*	t.i.	...	...

	Tongrien inférieur.	Tongrien supérieur.	Rupélien inférieur.
Balanophyllia subcylindracea, *Ad. Roem.* . . .	t.i.	...	...
prælonga, *Michel.*	t.i.	...	...
ANNÉLIDES.			
Galeolaria trochoïdes, *Nyst.*	t.i.	...	...
acutirostris, *Bosq.*	...	t.s.	r.i.
Moerschia turbinata, *Phil. sp.*	t.i.	...	...
Serpula septaria, *Gieb.*	t.i.	...	...
distorta, *Bosq.*	...	...	r.i.
FORAMINIFÈRES.			
Triloculina Bornemanni, *Bosq.*	...	...	r.i.
Hartingi, *Bosq.*	...	...	r.i.
Textilaria lacera, *Reuss.*	t.i.	t.s.	r.i.
Polymorphina insignis, *Reuss.*	...	...	r.i.
SPONGIAIRES.			
Cliona nardina?, *Michel.*	...	...	r.i.

35. FOSSILES DE L'ÉTAGE SUPÉRIEUR DU SYSTÈME RUPÉLIEN.

POISSONS.

Galeocerdo minor, *Ag.*
Carcharodon angustidens, *Ag.*
      heterodon, *Ag.*
Otodus obliquus, *Ag.*
Oxyrrhina trigonodon, *Ag.*
      xiphodon, *Ag.*
Lamna compressa, *Ag.*
      cuspidata, *Ag.*
      elegans, *Ag.*

CRUSTACÉS.

Cytherea compressa, *Münst.*

CÉPHALOPODES.

Aturia (Nautilus) Aturi, *Bast.* (N. Deshayesi, *de Kon.*; N. ziczag, *Nyst*; Megasiphonia Aturi, *d'Orb.*)

GASTÉROPODES.

Murex Deshayesi, *Nyst.*
      Pauwelsi, *Nyst.*
Typhis cuniculosus, *Duch.*
Triton Flandricum, *de Kon.* (T. argutum, *Nyst*, non *Bbrand.*)

Cancellaria pseudo-evulsa, *d'Or.* (C. evulsa, *Nyst, non Brand.*)

Fusus Deshayesi, *Nyst.*

   „ elatior, *Beyr.* (F. scalaroïdes, *de Kon., non Lm.*; F. Stacquezi, *Nyst*).

   „ elongatus, *Nyst* (F. subelongatus, *d'Orb,*; F. Schwartzenbergi, *Phil.*).

   „ erraticus, *de Kon.*

   „ Konincki, *Nyst.*

   „ multisulcatus, *Nyst* (F. lineatus, *de Kon., non Quoy et Gaym.*).

   „ Waeli, *Nyst.*

Cassis Rondeleti, *Bast.* (C. æquinodosa, *Sandb.*; C. Hertha, C. subventricosa et C. Sandbergeri, *Speyer*).

Cassidaria (Buccinum) nodosa, *Brand.* (C. depressa, *de Buch;* C. Nysti, *Kickx*).

Pleurotoma crenata, *Nyst.*

   „ denticulata, *Bast.*

   „ Duchateli, *Nyst.*

   „ Konincki, *Nyst.*

   „ Morreni, *de Kon.*

   „ regularis, *de Kon.*

   „ Selysi, *de Kon.*

   „ subdenticulata, *de Münst.*

   „ Waterkeyni, *Nyst.*

Voluta semiplicata, *Nyst.*

Natica Nysti, *d'Orb.* (N. glaucinoïdes, *Nyst, non Sow.*; N. castanea, *Phil.*

Chenopus (Strombites) speciosa, *Schlot.* (Rostellaria Mar-

gerini, *de Kon.*; R. Sowerbyi, *Nyst*).

Xenophora Lyellana, *Bosq.* (Trochus agglutinans, *Nyst*, part.).

Dentalium Kickxi, *Nyst.*

Tornatella Nysti, *Duch.* (T. Woodi, *Nyst;* T. simulata, *de Kon.*).

LAMELLIBRANCHES.

Corbula subpisum, *d'Orb.* (C. pisum, *Nyst, non Sow.*).

Thracia suboblata, *Nyst* (Panopæa oblata, *Nyst, non Sow.*; P. Nysti, *de Koen., non Le H.*).

Cytherea (Venus) Stacquezi, *Nyst*, (V. incrassata. *Nyst*, part.).

Lucina (Axinus) uniangulata, *Nyst* (A. Nysti, *Phil.*).

Scintilla? (Erycina?) striatula, *Nyst.*

Astarte Kickxi, *Nyst.*

Cardita Kickxi, *Nyst.*

Arca decussata, *Nyst.* (A. striatula, *de Kon.*; A. subcancellata, *d'Orb.*).

Nucula Archiacana, *Nyst.*

   „ Duchateli, *Nyst.*

   „ Orbignyi, *Nyst.*

Leda (Nucula) Deshayesana, *Duch.*

Pecten (Janira) Hoeninghausi, *Defr.*

   „   „ Rupellensis, *de Koen.*

Pecten Ryckholti, *Nyst.*

Ostrea (Avicula) paradoxa, *Nyst.*

36. FOSSILES DU SYSTÈME DIESTIEN ET DU SYSTÈME SCALDISIEN (1).

	Diestien.			Scaldisien.		Mers actuelles.
	Bolderberg.	Edeghem.	Sable noir.	Crag gris.	Crag jaune.	
MAMMIFÈRES.						
Belemnoziphius (Ziphius) longirostris, *Cuv.*	..	..	..	?	..	..
» recurvus, *Du Bus.*	..	..	..	..	..	..
Choneziphius (Ziphius) planirostris, *Cuv.*	..	..	..	?	..	..
Squalodon Antwerpiense, *v. Ben.*	..	..	—	..	..	..
» Ehrlichi, *v. Ben.*	..	..	?	..	..	..
Ziphirostrum Turninense, *Du Bus.*	..	..	..	—	..	..
» tumidum, *Du Bus.*	..	..	..	..	..	..
» marginatum, *Du Bus.*	..	..	..	..	..	..
» lævigatum, *Du Bus.*	..	..	..	..	..	..
» gracile, *Du Bus.*	..	..	..	..	..	..
Aporotus recurvirostris, *Du Bus.*	..	..	..	..	..	..
» affinis, *Du Bus.*	..	..	..	—	—	..
» dicyrtus, *Du Bus.*	..	..	..	..	..	..
Ziphiopsis phymatodes, *Du Bus.*	..	..	..	..	..	..
» servatus, *Du Bus.*	..	..	..	..	..	..
Rhinostodes Antwerpiensis, *Du Bus.*	..	..	..	..	..	..
POISSONS.						
Carcharodon megalodon, *Ag.*	..	..	..	c	c	..
Oxyrrhina trigonodon, *Ag.*	..	..	..	..	c	..
CRUSTACÉS.						
Cythereis pectinata, *Bosq.*	..	..	..	..	—	..
Cythere Edwardsi, *Bosq.*	..	..	..	..	rr	..
» Jurinei, *de Münst.*	..	..	?	..	..	..
» pulchella, *Reuss.*	..	..	..	..	?	..
Cytheridea Mulleri, *de Münst.*	..	?	—	—	..	..
» papillosa, *Bosq.*	..	..	?	..	..	..

(1) Nous devons à l'obligeance de M. Nyst la liste suivante et la précédente; nous n'y avons guère fait que quelques changements dans la disposition des genres et des espèces.

Les lettres rr, r, c, cc, signifient respectivement très-rare, rare, commun ou très-commun.

	Diestien.			Scaldisien.		Mers actuelles.
	Bolderberg.	Edeghem.	Sable noir.	Crag gris.	Crag jaune.	
Bairdia curvata, *Bosq.*	..	..	..	..	—	..
» linearis, *Roem. sp.*	..	..	..	..	—	..
» subdeltoïdea, *de Münst. sp.*	..	..	..	..	—	..
Cytherella compressa, *de Münst.*	..	..	?	..	..	..
Balanus concavus, *Bronn.*	..	..	..	rr	..	..
» sulcatinus, *Nyst.*	c	c	..	..	..	..
» (Lepas) Tintinnabulum, *L.* (B. crassus, *Sow.*)	..	r	..	c	c	c
GASTÉROPODES.						
Murex latilabris?, *Bell. et Mich.*	..	rr	..	..	..	..
» Nysti, *Bosq.* (M. tortuosus, *Nyst,* 1861, *non Sow.*)	..	cc	..	..	..	..
» Poelmanni, *Nyst*	r	..	..	..	..	..
» scalariformis, *Nyst* (M. trifascialis?, *Grat.*)	..	r	..	..	..	..
» tortuosus, *J. Sow. et Nyst,* 1843	..	..	..	..	rr	..
» vaginatus, *Crist. et Jan.* (M. echinatus, *Kien.*)	..	..	rr	..	..	r
Typhis (Murex) fistulosus, *Brocc.*	..	rr	r	..	..	..
» » horridus, *Brocc.*	..	rr	..	..	..	..
Triton Tarbellianum, *Grat.*	..	r	r	..	..	..
Cancellaria Bellardii, *Mich.,* (C. evulsa, *Nyst,* part.)	r	r	r	..	..	..
» ampullacea, *Brocc.*	..	r	r	..	..	..
» Bonellii?, *Bell.* (C. subevulsa?, *d'Orb.*)	r	..	..	..	..	..
» canaliculata, *Hoernes.*	..	..	..	..	..	..
» cassidea, *Brocc.*	r	..	..	..	..	..
» contorta, *Bast.*	rr	..	..	..	..	..
» costellifera, *Sow.*	..	..	..	r	r	r
» Dewalquei, *Nyst.*	rr	..	..	..	..	..
» Michelini, *Bell.*	r	rr	rr	..	..	..
» minuta, *Nyst*	..	..	rr	..	..	..
» mitræformis, *Brocc.*	..	r	r	..	..	..
» Nysti, *Hoern.*	..	r	..	..	..	..
» planospira, *Nyst.*	r	..	..	..	..	..
» suturalis, *Grat.*	..	c	..	..	..	..

	Diestien.			Scaldisien.		
	Bolderberg.	Edeghem.	Sable noir.	Crag gris.	Crag jaune.	Mers actuelles.
Cancellaria umbilicaris, *Brocc.*	..	..	..	..	r	..
" uniangulata, *Desh.*	..	rr	..	..	..	..
" varicosa, *Brocc.* (C. Lajonkairei, *Nyst;* C. scalaroïdes?, *S. Wood.*).	..	c	r	c	r	..
Ficula (Pyrula) cingularis, *Beyr.*	..	..	rr	..	..	..
" " condita, *A. Brong.* (P. reticulata, *S. Wood* et *Nyst;* P. acclinis, *S. Wood*) . .	rr	c	cc	r	r	..
Fusus Beyrichi, *Nyst*	..	r	..	..	..	..
" crassilabris, *Nyst* (F. costiferus, *Nyst, non S. Wood*).	..	rr	..	..	..	..
" Rothi, *Beyr.* (F. crispus, *Nyst, non Bors.*)	..	cc	..	..	..	..
" sexcostatus, *Beyr.* (F. fasciolarioïdes, *Nyst*).	..	cc	..	..	..	..
Trophon (Fusus) alveolatum, *J. Sow.* . . .	..	..	..	r	r	..
" (Tritonium) antiquum, *Mull.* (Murex contrarius, *Gm.;* M. striatus, *Sow.*).	..	..	..	cc	cc	c
" " var. carinatum, *S. Wood.* . . .	..	..	..	r	r	..
" " " jugosum, *S. Wood.* . . .	..	..	..	..	r	..
" (Atractodon) elegans, *Charlesw.* .	..	..	..	r	r	..
" (Buccinum) gracile, *Da Costa* (M. Islandicus, *Gm.;* M. corneus, *Don.;* Fusus corneus, *Nyst*) . .	rr?	..	..	cc	cc	c
" (Murex) muricatum, *Montf.* (Fusus echinatus, *J. Sow.*)	..	..	..	r	r	—
" (Fusus) scalariforme, *Gould* (F. Peruvianus, *J. Sow.*).	..	..	..	..	r	—
Buccinum Dalei, *J. Sow.* (B. ovum, *Turt.;* B. crassum, *Nyst*)	..	..	..	r	r	—
" undatum, *L.* (B. tenerum, *Sow.*).	..	..	..	r	r	cc
Pseudoliva Bengadina, *Bronn* (Buccinum Caronis, *Bronn, non Brong.*).	rr	..	..	..	..	..
Terebra acuminata, *Bors.* (T. pertusa?, *Bast.*)	r	c	r	..	..	..
" Basteroti, *Nyst* (T. duplicata, *Brocc., excl. syn.*)	r	c	..	..	..	..

| | Diestien. | | | Scaldisien. | | Mers actuelles. |
	Bolderberg.	Edeghem.	Sable noir.	Crag gris.	Crag jaune.	
Terebra inversa, *Nyst* (T. heterostropha, S. Wood)	..	..	..	r	c	..
" " var. dextrorsa, *Nyst* (T. canalis, S. Wood)	..	..	..	..	rr	..
Nassa consociata, S. Wood	..	..	..	..	r	..
" (Buccinum) elegans, *Leathes.*	..	..	..	r?	r	..
" " flexuosa?, *Brocc.*	..	r	r	..	rr	..
" " granulata, *J. Sow.*	r?	..	..	..	r	..
" (Tritonium) incrassata, *Mull.* (B. asperulum, *Brocc.*)	..	c?	r?	c	r	—
" (Buccinum) labiosa, *Sow.*	r?	r	r?	r	c	..
" lamellilabra, *Nyst*	..	..	..	..	r	..
" (Buccinum) polygona, *Brocc.*	..	r	..	..	..	..
" " prismatica, *Brocc.*	..	..	r	r	r	—
" " propinqua, *J. Sow.*	..	..	..	..	r	..
" (Ranella) pygmæa, *Lm.*	..	..	..	..	r	—
" (Buccinum) reticosa, *J. Sow.*	..	..	..	..	c	..
" reticosa, var. elongata, *J. Sow.*	..	..	..	c	c	..
" " " rugosa, *J. Sow.*	..	..	..	cc	cc	..
Purpura (Buccinum) Lapillus, *L.*, var. crispata, *J. Sow.*	..	..	..	r	r	..
" " " " var. incrassata. *J. Sow.*	..	..	..	r	r	..
" tetragona, *J. Sow.* (Murex alveolatus, *J. Sow.*)	..	..	..	r	r	..
Cassis Diadema?, *Grat.* (C. bicatenata, *Nyst*, 1862)	..	r	..	..	..	..
" Hennei, *Nyst*	..	rr	..	..	..	..
" Saburon, *Bast.*	..	c	..	rr	..	c
Cassidaria (Cassis) bicatenata, *J. Sow.*	..	..	..	r	r	..
Columbella pulchra, *Nyst* (C. pulchella, *Nyst*, non *Kien.*)	..	rr	rr	..	..	..
" scripta, *L.* (Fusus politus, *Nyst*)	..	..	r	r	r	—
" (Murex) subulata, *Brocc.*	rr	..	..	..	..	..
" sulcata, *S. Wood.*	..	..	..	..	rr	..
Oliva flammulata, *Lm.* (O. Dufresnei, *Bast.*)	cc	rr	..	..	..	..
Ancillaria obsoleta, *Brocc.*	c	cc	r	..	..	..
Conus Dujardini, *Desh.* (C. Brocchii, *Nyst*, part.)	r	cc	..	..	..	..

	Diestien.			Scaldisien.		Mers actuelles.
	Bolderberg.	Edeghem.	Sable noir.	Crag gris.	Crag jaune.	
Pleurotoma brachystoma, *Phil.*	..	..	..	r	r	—
" cataphracta, *Brocc.*	r	c	c	..	..	..
" coronata, *de Münst.* (P. semicolon?, *Wood*)	r	r	..	..	..	..
" (Clavatula) costata, *S. Wood*, (P. mitrula, *Nyst, fide Wood*).	..	..	..	..	cc	..
" denticula, *Bast.*	r	..	..	..	..	..
" Desmoulinsi?, *Bell.* (P. concinna, *S. Wood.*)	..	r	..	..	..	..
" elegans?, *Scacc.* (non Don.)	..	..	..	..	r	..
" filosa, *Nyst*	r	..	..	..	..	..
" flexiplicata, *Nyst*	r	c	c	..	..	..
" flexuosa, *de Münst.*	r	..	..	..	..	..
" gracilis, *Mont.*	..	..	..	..	r	—
" hystrix, *Jan.*	..	..	..	rr?	..	..
" gradata?, *Defr.*	..	..	r	..	..	..
" intermedia, *Bronn.*	..	r	..	..	..	..
" interrupta, *Brocc.* (P. turris, *Lm.*)	r	cc	..	..	..	..
" intorta, *Brocc.*	r	c	r	r?	r	..
" Leufroyi?, *Michaud.*	..	..	..	..	rr	—
" modiola, *Crist. et Jan* (P. carinata, *Biv.*)	..	..	..	r?	..	..
" Obeliscus, *Desm.*	r	c	..	..	..	..
" peracuta, *de Koen.*	..	rr	..	..	..	..
" porrecta, *S. Wood.*	..	r	..	..	..	..
" reticulata, *Ren.* (P. ramosa, *Brocc.*)	r	..	..	..	..	..
" semimarginata, *Lm.* (P. subcanaliculata, *de Münst.*)	r	r	..	..	..	..
" Staringi, *Bosq.*	..	..	r	..	..	..
" Stoffelsi, *Nyst.*	r	..	..	..	..	..
" stricta, *Nyst*	..	r	..	..	..	..
" subdiscors?, *d'Orb.* (P. discors, *Phil., non Sow.*)	..	rr	..	..	..	..
" subterebralis, *Bell.* (var., *Nyst*).	..	r	..	..	..	..
" subulata, *Nyst*	..	..	..	..	rr	..
" Suessi, *Hoern.*	..	r	..	..	..	..

	Diestien.			Scaldisien.		
	Bolderberg	Edeghem	Sable noir	Crag gris	Crag jaune	Mers actuelles
Pleurotoma turrifera, *Nyst* (P. turricula, *Brocc. non Montf.*)	r	c	c	r	c	..
» Udekemi, *Nyst* (P. Waterkeyni, *Nyst*, part.)	..	r	..	..	..	..
» Uyttcrhoeveni, *Nyst* (P. decussata?, *Phil.*, non *Lm.*). . .	..	rr	..	..	..	..
Borsonia (Pleurotoma) uniplicata, *Nyst* . .	..	c	..	..	..	..
Voluta Lamberti, *J. Sow.*	..	..	..	c	c	..
» Bolli, *Koch* (V. Lamberti, var. triplicata, *Nyst*; V. sylvatica, *Speyer*; V. Tarbelliana?, *Grat.*).	rr	r	c	..	..	..
» ..... (spinosæ affinis).	rr	..	..	..	..	..
Mitra acicula, *Nyst*	..	r	..	..	..	..
» cupressina, *Brocc.*	..	r	..	..	..	..
» fusiformis, *Brocc.*	rr	c	..	..	..	—
Cypræa Europæa, *Mont.* (C. coccinella, *Lm.*).	..	rr	rr	r	r	—
» Pyrum, *Gm.* . . . . , . .	..	r	..	..	..	—
Erato (Voluta) lævis, *Don.*	..	rr	..	..	..	—
Ovula Leathesi. *J. Sow.*	..	..	..	..	rr	..
Natica brevispira, *Bosq.* (N. Josephinia, *Nyst, non Risso*)	r	c	c	..	..	..
» Catena, *Da Costa*, N. monilifera, *Lm.*; N. Sowerbyi, *Nyst*). . . .	..	..	..	r	r	—
» cirriformis, *J. Sow.*	..	..	..	r	c	..
» helicina, *Brocc.* (N. glaucinoïdes, *Nyst*, part.)	r	c	c	..	..	..
» hemiclausa, *Sow.* (N. varians, *Duj.*).	..	..	r?	r	r	..
» millepunctata, *S. Wood*; (N. Staquezi, *Nyst*)	r	c	r	cc	cc	—
» proxima, *S. Wood.*	..	..	..	..	r	..
Sigaretus Aquensis, *Recl.* (S. canaliculatus, *Bast.*, *non Sow.*; Lamellaria fragilis, *Nyst*) . . . . . . , . .	r?	r	r	..	..	..
Pyramidella plicosa, *Bronn*, (P. terebellata, *Nyst*, part.; P. unisulcata, *Duj.*; P. læviuscula, *S. Wood*)	..	r	r	..	..	..
Odostomia (Turbo) pellucida, *Adams*, (O. reticulata, *S. Wood*; Rissoa Woodiana, *Nyst*).	..	r	r	..	..	—

	Diestien.			Scaldisien.		Mers actuelles.
	Bolderberg.	Edeghem.	Sable noir.	Crag gris.	Crag jaune.	
„ „ plicata *Mont.*, (Turbo conoïdeus, *Brocc.*; Tornatella conoïdea *Nyst*).	..	r	r	..	r	—
Turbonilla (Chemnitzia) filosa, *S. Wood.*	..	..	..	..	r	..
„ „ internodula. *S. Wood.*	..	..	..	..	r	..
„ (Turbo) nitidissima, *Mont.*	..	r	..	..	..	—
„ (Chemnitzia) similis, *Forbes*	..	r	..	r	..	—
„ (Turbo) unica?, *Mont.*	..	r	..	..	..	?
Niso eburnea, *Risso;* (Helix terebellata, *Brocc.*, *non* N. terebellatus, *Nyst*).	..	r	r	..	..	?
Eulima Eichwaldi, *Hoern.*	..	r	..	..	..	..
„ (Helix) subulata, *L.*, (Melania Cambessedesi, *Payr.*).	..	..	r	r	r	—
Mathildia (Turbo) quadricarinata, *Brocc.*	..	rr	..	..	..	—
Cerithium (Murex) adversum, *Mont.*	..	..	..	..	rr	—
„ crassum?, *Duj.*	rr	..	..	..	..	..
„ punctulum, *S. Wood* (C. variculosum, *Wood, non Nyst*).	..	..	..	..	rr	..
„ sinistratum, *Nyst*, (C. granosum, *Wood*).	..	..	rr	rr	..	..
„ trilineatum, *Phil.*, (var. inversum, *Nyst*).	..	..	rr	..	..	—
„ Woodwardi, *Nyst*, (C. punctatum, *Woodw.*, *non L.*; C. funiculatum, *Nyst, non Sow.*; C. tricinctum, *Nyst, part.*).	..	..	,.	..	r	..
Chenopus (Strombus) Pes-pelecani, *L.*, Aporrhaïs quadrifidus, *Da Costa*).	rr	cc	..	..	cc	—
Turritella attrita, *Nyst*, 1853, (T. incisa, *Nyst, non Brong.*).	c	..	..	..	..	..
„ crenulata, *Nyst.*	r	..	..	..	..	..
„ incrassata, *Sow.*, (Turbo triplicatus, *Brocc.*).	..	r	r?	cc	c	..
„ (Turbo) subangulata, *Brocc.*, (et T. acutangulus et T. spiratus, *Brocc.*; Turr. Renieri, *Michel.*).	rr?	c	cc	..	..	—
Vermetus (Serpula) arenarius, *Lm*	..	r	..	..	..	..
„ „ intortus, *L.*	r	..	..	..	..	..
Litiopa papillosa?, *S. Wood*	..	r	..	..	..	..

	Diestien.			Scaldisien.		Mers actuelles.
	Bolderberg.	Edeghem.	Sable noir.	Crag gris.	Crag jaune.	
Scalaria amœna, *Phil.*, (S. Ryckholti, *Nyst*).		r	r			
» (Turbo) clathratula, *Turt.*, (S. minuta, *J. Sow.*)					r	—
» fimbriosa, *S. Wood*				r?		
» foliacea, *Sow*					r	
» frondicula, *S. Wood*, (S. frondosa, *Nyst, non Sow.*)		r	r	r	r	
» Groenlandica, *Chemn.*, (S. similis, *Sow.*)					r	
» lamellosa, *Brocc.*		r	r			
» lanceolata, *Brocc.*		r				
» pertusa, *Nyst*, (S. cancellata?, *Brocc.*)		r	r			
» subulata, *Sow.*				r		
» torulosa, *Brocc.*		r				
» Trevellyana, *Leach*					r	—
» Woodana, *Nyst*				rr		
Littorina? (Vivipara) suboperta, *Sow.*				r	r	
Solarium simplex, *Bronn.*	rr					
Xenophorus Deshayesi, *Mich.*, (Tr. Benettiæ, *Al. Brongn., non Sow.*; Phorus Lyellianus?, *Bosq.*)	c?	r	r	rr		
Rissoa concinna, *S. Wood.*		r				
» (Turbo) vitrea, *Mont*					r	r
Paludestrina? (Melania) terebellata, *Nyst.*					r	
Turbo carinatus, *Bors*		r				
Trochus conulus. *L.*				r		—
» Kickxi, *Nyst*				r		
» millegranus, *Phil.*, (T. Martini, *Smith*).	rr	r				—
» multigranus, *S. Wood*, (T. similis, *J. Sow.*; T. Dekini, *Nyst*)					r	
» occidentalis, *Mighels.*, (Margarita alabastrum, *Beck*; T. formosus, *Forbes*)					r	
» octosulcatus, *Nyst*, T. Adansoni, *Payr., fide Wood*).				r	r	—
» Robynsi, *Nyst.*				r		

	Diestien.			Scaldi-sien.		Mers actuelles.
	Bolderberg.	Edeghem.	Sable noir.	Crag gris.	Crag jaune.	
Trochus Solarium, *Nyst,* (T. cineroïdes, *S. Wood*).	..	..	..	r	r	..
„ subexcavatus, *S. Wood.*	..	..	..	..	r	..
„ ziziphinus, *L.,* (T. concavus, T. lævigatus et T. Sedgwicki, *J. Sow*).	..	..	..	r	..	—
Margarita? (Turbo) monilifera, *Nyst,* 1835, (Solariella maculata, *S. Wood,* 1842; Solarium turbinoïdes, *Nyst,* 1843).	..	..	r	r	r	—
Adeorbis Hennei, *Nyst.*	..	..	rr	..	..	..
„ pulchralis?, *S. Wood.*	..	r	..	..	..	..
„ (Helix) subcarinatus, *Mont.,* (Delphinula trigonostoma, *Bast.*; Trochus trigonostomus, *Nyst*).	..	..	..	c	c	—
„ supra-nitidus, *S. Wood.*	..	..	rr	r?	..	..
„ Woodi, *Hoernes.*	..	r	..	..	..	..
Fissurella (Patella) Græca, *L.,* (P. reticulata, *Don.*).	..	..	..	r	r	—
„ Italica, *Defr.*	..	..	rr	..	..	..
Emarginula crassa, *Sow.,* (E. fissura, *Nyst,* 1861, *non* 1843).	..	..	..	rr	r	—
„ grata, *Nyst.*	..	rr	..	..	..	..
„ (Patella) fissura, *L.,* (E. reticulata, *Sow.*).	..	r?	..	r	r	—
Calyptræa (Patella) Sinensis, *L.,* (P. muricata, *Brocc.*; C. vulgaris, *Phil.*; Infundibulum rectum, *Sow.*).	..	c	r	r	c	—
Crepidula unguiformis, *Lm.*; (Patella Crepidula, *L.*; C. Italica, *Defr.*; C. calceolina, *Desh.*).	..	r	..	..	..	—
Pileopsis (Patella) militaris, *Mont.*; (P. recurvatus, *S. Wood*).	..	..	..	r	r	—
„ (Capulus) obliquus, *S. Wood.*	..	..	..	r	r	..
„ (Patella) sinuosus, *Brocc.*; (Brocchiia sinuosa, *Bronn*).	..	..	..	rr	..	..
„ (Patella) Ungaricus, *L.* (P. Unguis, *J. Sow.*).	..	..	..	r	r	—
Tectura (Patella) virginea, *Mull.*; (P. æqualis, *J. Sow.*).	..	..	..	rr	r	—

	Diestien.			Scaldisien.		Mers actuelles.
	Bolderberg.	Edeghem.	Sable noir.	Crag gris.	Crag jaune.	
Dentalium Badense?, *Partsch.*	..	..	r	..	..	..
» costatum, *Sow.*	..	cc	c	r?	..	—
» Entalis, *L.*	..	r	r	r?	r	—
» ? Gadus, *Mont.,* (D. coarctatum, *Lm., non Brocc.;* D. Olivii, *Scac.*).	..	rr	..	..	..	—
» semiclausum, *Nyst.*	..	..	..	r	..	..
Helix Haesendoncki, *Nyst.*	..	..	..	r	r	..
Ancylus? compressus, *Nyst.*	..	r	r	..	..	..
Auricula pyramidalis, *J. Sow.*	..	..	..	r	r	..
Simnia Nicæensis, *Risso.*	..	rr	..	..	..	—
Tornatella (Actæon) Levisensis, *S. Wood.,* (T. elongata, *Nyst, non Sow.*).	..	r	rr	r?	..	..
» (Actæon) Noe, *J. Sow.*	..	..	..	..	r	..
» (Voluta) tornatilis?, *L.,* (Actæon striatus, *Sow.*).	..	r	rr	r	..	—
Ringicula (Voluta) buccinea, *Brocc.*	r?	r	c	c	r	—
Scaphander (Bulla) lignarius, *L.*	..	r	r	r	r	—
Bulla acuminata, *Brug.,* (B. Nysti, *Bosq.;* B. conuloïdea, *S. Wood*).	..	c	r	..	..	—
» cylindracea, *Penn.,* (B. convoluta, *Brocc.*).	..	r	c	cc	co	—
» (Cylichna) nitidula, *Loven,* (B. constricta, *Nyst, non Sow.;* B. coarctata, *Nyst*).	..	c	c	r	..	—
» utricula, *Brocc.*	..	c	r	..	..	—
Bullæa scabra?, *Mull.,* (Bulla pectinata, *Dillw.;* B. dilatata, *S. Wood*).	..	..	r	..	..	—
» sculpta, *S. Wood.*	..	..	r	..	..	..
Vaginella depressa, *Daudin,* (Cleodora strangulata, *Desh.*).	..	rr	..	..	..	—
Spirialis rostralis, *Eyd. et Soul.*	..	c	c	..	..	—
LAMELLIBRANCHES.						
Gastrochæna (Mya) dubia, *Penn.,* (G. modiolina, *Lm.;* G. cuneiformis *et* G. Polii, *Phil.*).	..	..	..	r	..	—
Teredo Norwegica?, *Speng.*	..	..	..	r	r	—

	Diestien.			Scaldisien.		Mers actuelles.
	Bolderberg.	Edeghem.	Sable noir.	Crag gris.	Crag jaune.	
Pholadidea (Pholas) papyracea, *Sow.*	..	r	..	..	..	—
Pholas parva, *Penn.*, (P. dactyloïdes, *Lm.*)	..	..	..	r	..	—
Solen Gladiolus, *Gray*, (S. Ensis, v. major, *Nyst*).	..	..	..	r	c	—
" Siliqua, *L.*	..	..	..	..	c	—
Ensis Rollei, *Hoern.*, (Solen Ensis, v. minor, *Nyst*).	..	c	c	c	c	c
Cultellus (Solen) tenuis, *Phil.*	..	..	..	..	r	—
Solecurtus (Solen) coarctatus, *Gm*	..	..	..	..	r	—
" " strigillatus, *L.*	..	r	..	..	rr	—
Panopæa Faujasi, *Mén. de la G.*, var. Menardi, *S. Wood.*	..	..	..	r	r	..
" Menardi, *Desh.*	..	c	c	..	..	..
Glycimeris angusta, *Nyst et West.*	rr?	..	..	c	c	..
Mya arenaria, *L.*	..	..	..	..	rr	—
" truncata, *L.*	..	..	..	r	r	—
Lutraria (Mactra) elliptica, *L.*	..	..	..	r	r	—
Mactra arcuata, *J. Sow.*	..	..	..	r	c	..
" deaurata, *Turt.*, (M. inæquilatera, *Nyst*)	..	..	..	c	cc	—
" ovalis, *J. Sow.*, (M. striata?, *Nyst, fide Wood*).	..	..	..	c	c	,.
" solida, *L.*	..	..	..	..	r	—
" triangula, *Ren.*, (M. striata, *Nyst*).	rr?	c	c	r?	..	..
Corbula (Cardium) striata, *Walk.*, (C. elegans *et* C. bicosta, *Nyst*, 1835; C. planulata, *Nyst*, 1858; Tellina gibba, *Olivi*)	.c	cc	cc	r	cc	—
Corbulomya (Corbula) complanata, *J. Sow.*	..	..	..	r	cc	..
Neæra (Tellina) cuspidata, *Ol.*	..	..	r	r	..	—
" (Corbula) Waeli, *Nyst.*	..	..	r	..	..	..
Poromya (Corbula) granulata, *Nyst et West.*	..	..	r	r?	..	—
Thracia (Mya) distorta, *Mont.*, (Anatina rupicola, *Lm.*).	..	..	..	r	r	—
" inflata?, *J. Sow.*	..	..	..	..	r	..
" (Amphidesma) phaseolina, *Lm.*	..	..	..	r	r	—
" (Mya) pubescens, *Pult.*	..	..	..	..	r	r
" ventricosa, *Phil.*	..	..	..	..	rr	..
Lyonsia granulata, *Nyst.*	..	..	r	r	..	..

	Diestien.			Scaldisien.		
	Bolderberg.	Edeghem.	Sable noir.	Crag gris.	Crag jaune.	Mers actuelles.
Ligula (Mactra) alba, *W. Wood*.	..	r?	r?	r	r	—
" prismatica, *Mont*.	..	c	cc	r	r	—
Tellina balaustina, *L*., (T. tenuilamellosa, *Nyst et West*.)	..	..	..	r	r	—
" Benedeni, *Nyst et West*.	..	..	..	c	c	..
" " " var. fallax. *Beyr*. .	..	r	r	r?	..	..
" compressa, *Brocc*.	..	..	..	r	..	..
" crassa, *Penn*.	..	..	..	rr	r	—
" " var. obliqua, *Nyst* . . .	..	..	..	rr	..	..
" donacina, *L*.,(Donax striatella, *Nyst*).	..	..	..	c	c	—
" obliqua, *J. Sow*.	..	..	..	c	c	..
" prætenuis, *Leath*., (T. ovata, *Nyst*, non *Sow*.).	..	..	..	c	c	..
" (Donax) subfragilis, *d'Orb*., (D. fragilis, *Nyst*).	..	..	r	..	rr?	..
Fragilia (Petricola) laminosa, *J. Sow*. . . .	..	..	..	r	r	—.?
Psammobia (Tellina) Feroensis, *Chem*., (P. Dumonti, P. lævis et P. muricata, *Nyst*)	..	..	..	r	r	—
" (Lux) vespertina, *Chemn*. . .	..	..	..	..	rr	—
Donax Stoffelsi, *Nyst*, (D. transversa?, *Desh*).	r	..	..	..	..	..
" (Tellina) vinacea, *Gm*., (D. complanata, *Mont*.)	..	..	..	..	rr	—
Saxicava (Mya) arctica, *L*.	..	cc	cc	r	r	—
" fragilis, *Nyst*.	..	r	r	..	r	—?
" (Mytilus) rugosa, *L*.	..	rr	..	r	..	—
Coralliophaga cyprinoïdes?, *S. Wood*. . .	..	..	..	..	rr	..
Tapes (Venus) striatella, *Nyst*.	..	..	..	r	r	..
" " virginea, *L*.	..	..	..	..	r	—
Venus casina, *L*., (V. sulcata, *Nyst et W*.).	..	..	..	c	c	—
" multilamella, *Lm*., (V. multilamellosa, *Nyst et W*.; V. similis, *Nyst*; V. turgida, *Sow*?).	c	cc	cc	r	..	..
" ovata, *Penn*., (V. spadicea, *Ren*.). .	..	..	..	r	r	—
" Nysti, *d'Orb*., (Cytherea incrassata, *Nyst*, part.).	r	c	..	..	..	..
Cytherea (Venus) Chione, *L*., (V. chionoïdes, *Nyst*).	r	r	..	r	r	—
" erycinoïdes, *Bast*.	rr	..	..	..	..	..

	Diestien.			Scaldisien.		Mers actuelles.
	Bolderberg.	Edeghem.	Sable noir.	Crag gris.	Crag jaune.	
Cytherea (Venus) Nux, *Gm.*, (C. cycladiformis, *Nyst*)	..	r	..	r	r	—
Dosinia (Venus) exoleta, *L.*	..	..	..	r	c	—
" " lincta, *Pult.*,(V. lupina, *Poli*)	..	..	..	r	r	—
Montacuta (Mya) bidentata, *Mont.*, (Erycina Faba, *Nyst*)	..	..	..	r	c	—
" donacina, *S. Wood*	..	..	..	..	rr	..
" (Mya) ferruginosa, *Mont.*, (M. ovata, *S. Wood*)	..	r	r	r	..	—
" (Ligula) substriata, *Mont.*	..	..	r	..	r	—
Kellia (Corbula) ambigua, *Nyst et West.*	..	..	r	r	r	..
" coarctata, *S. Wood*	..	..	r	r	r	..
" cycladia, *S. Wood*	..	..	..	r	r	—
" elliptica, *Scac.*, (Lucina oblonga, *Phil.*; Kellia flexuosa, *S. Wood*)	..	r	..	r?	..	—
" orbicularis, *S. Wood*	..	..	..	r	..	..
" pumila, *S. Wood*	..	r	r	r?	..	..
" (Mya) suborbicularis, *Mont.*	..	r	..	..	..	—
Woodia (Tellina) digitaria, *L.*, (Lucina curviradiata, *Nyst*)	..	..	..	c	c	—
Lepton deltoïdeum, *S. Wood*	..	..	r	r	r	..
" (Cyclas?) depressum, *Nyst,* (Erycina depressa, *Nyst*)	..	..	..	r	r	..
Cyprina (Venus) Islandica, *L.*, (V. æqualis, *Sow.*)	..	r?	..	c	cc	—
" " rustica, *Sow.*, (C. tumida, *Nyst*)	..	r	..	cc	cc	..
Cardium echinatum? *L.*	r	..	..	..	..	—
" edule, *L.*, (C. edulinum, *Sow.*; C. angustatum, *Nyst*; C. obliquum, *Wood*)	..	..	..	c	cc	—
" hians, *Brocc.*, (C. diluvianum, *Desh.*)	..	rr	..	..	..	..
" nodosum, *Mont*	..	r	..	..	..	—
" Norwegicum, *Spengl.*, (C. oblongum, *Nyst*)	..	..	..	c	c	—
" Parkinsoni, *J. Sow.*	..	..	..	r	cc	..
" rusticum, *L.*	..	..	..	r	r	—

	Diestien.			Scaldisien.		
	Bolderberg.	Edeghem.	Sable noir.	Crag gris.	Crag jaune.	Mers actuelles.
Cardium subturgidum, *d'Orb.* (C. turgidum, *Nyst, non Brand.*)	..	cc	cc	..	..	..
Isocardia (Chama) Cor, *L.*	..	..	..	cc	c	—
» lunulata, *Nyst* (I. crassa, *Nyst.*) .	..	cc	..	..	..	..
» » v. sulcata, *Nyst* (I. Harpa? *Goldf.*)	c	r	..	..	..	..
» » » cypriniformis, *Nyst* (I. subtransversa, *Hörn.*).	..	r	..	..	..	..
Lucina (Venus) borealis, *L.* (L. Flandrica, *Nyst*; L. radula, *Lm.*).	r	c	cc	c	c	—
» Droueti, *Nyst*	..	r	..	..	..	..
» (Venus) sinuosa, *Don.* (Axinus unicarinatus, *Nyst*)	..	r	..	r	..	—
» transversa, *Bronn.*	..	c	..	..	..	..
Lucinopsis (Venus) undata, *Penn.* (V. incompta?, *Phil.*)	..	..	..	..	r	—
» (Venerupis) Lajonkaireï, *Payr.* (Tellina? articulata, *Nyst.*). .	..	..	..	..	r	—
» (Tellina) lupinoïdes, *Nyst* (Venus lupinoïdes, *Nyst*)	..	..	..	r	..	—
Diplodonta (Venus) Lupinus, *Brocc.* (V. fragilis, *Nyst et West.*).	..	rr	c	..	..	..
» trigonula, *Bronn* (Tellina astartea, *Nyst*)	r	..	..	c	c	..
» Woodi, *Nyst* (Diplodonta dilatata, *Wood, non Phil.*).	..	..	..	r	..	..
Erycinella ovalis?, *Conr.*	..	..	r	..	..	..
Astarte Alcestana, *Nyst*	..	..	r	..	..	..
» Basteroti, *Laj.* (A. nitida, *Sow.*) . .	..	..	..	cc	cc	..
» Burtini, *Lajonk*	..	..	..	cc	cc	..
» concentrica, *Goldf.* (A. radiata, v. costata, *Nyst*)	..	c	c	..	..	..
» corbuloïdes, *Lajonk*	..	..	..	c	r	..
» crebrilineata, *S. Wood*	..	..	..	..	r	—
» gracilis, *Mün.* (A. Galeottii, *Nyst*) .	..	..	..	r	r	..
» incerta, *S. Wood* (A. plana, *Nyst, non Sow.*).	..	..	..	c	cc	..
» (Venus) incrassata?, *Broc.* . . .	..	..	..	..	r	—

	Diestien.			Scaldisien.		Mers actuelles.
	Bolderberg.	Edeghem.	Sable noir.	Crag gris.	Crag jaune.	
Astarte mutabilis, *S. Wood* (A. planata, *Nyst*, non *Sow.*).	r	r	..	r	r	..
" obliquata, *Sow.*	..	..	..	c	c	..
" Omaliusi, *Laj.*	..	..	rr	cc	cc	..
" parva, *S. Wood*	..	r	..	..	..	..
" radiata, *Nyst et West.*	rr	cc	cc	..	..	..
" (Mactra) triangularis, *Mont.* (A. minuta, *Nyst*)	..	..	r	..	..	—
" Waeli, *Nyst* (A. pygmæa?, *de Münst.*)	..	..	r	..	..	..
Circe (Venus) minima, *Mont.* (Cytherea trigona, *Nyst*).	..	..	rr	r	r	—
Cardita chamæformis, *Sow.*	..	..	..	c	c	..
" Corbis, *Phil.*	..	..	r	..	..	—
" intermedia, *Brocc.* (C. squamulosa. *Nyst*)	..	cc	c	c?	r?	..
" orbicularis, *Sow.*	..	r?	r?	cc	r	..
" scalaris, *Sow.*	..	..	..	cc	r	..
Arca diluvii, *Lm.*	..	..	c	..	..	—
" latesulcata, *Nyst.*	cc	cc	..	..	..	..
" tetragona, *Poli* (A. imbricata, *Nyst*	..	..	rr	..	..	—
Cucullæa (Arca) pectunculoïdes, *Scacc.* (C. pusilla, *Nyst*	..	..	r	..	..	—
Pectunculus arcuatus?, *Schlot*	..	rr	..	..	..	..
" glycimeris, *L.* (P. variabilis, *Sow.*)	c?	..	..	—	c	—
" (Arca) pilosus, *L.*	..	cc	cc	..	..	—
Limopsis (Pectunculus) anomala, *Eichw.* (P. pygmæus, *Phil.*; Trigonocœlia decussata, *Nyst et West.*).	..	c	c	rr	..	..
" (Trigonocœlia) sublævigata, *Nyst et West.*	..	c	cc	r?	..	..
Nucula Haesendoncki, *Nyst*	rr	c	cc	..	..	..
" lævigata, *Sow.*	..	..	rr	r	c	..
" (Arca) Nucleus, *L.*	..	..	r	r	c	—
" Ryckholtana, *Nyst*	r	..	..	..	..	..
" trigonula, *S. Wood* (N. Waeli, *Nyst*).	..	r	r	..	r	..
Nucinella (Pleurodon) ovalis, *S. Wood.*	..	..	r	r	..	..
Leda (Nucula), compressa, *Goldf.*	..	r	r	..	..	..
" " excisa?, *Phil.*	..	rr	..	..	..	..

	Diestien.			Scaldisien.		
	Bolderberg.	Edeghem.	Sable noir.	Crag gris.	Crag jaune.	Mers actuelles.
Leda (Trigonocœlia) lævigata, *Nyst et W.* (Nucula nitida et N. depressa, *Nyst*).	..	..	..	r	r	..
„ (Arca) interrupta, *Poli*	r	..	..	..	..	—
„ (Nucula) pygmæa, *de Münst.* (N. Philippiana, *Nyst*).	..	c	c	..	..	—
„ „ Westendorpi, *Nyst*	..	r	r	..	..	..
Pinna pectinata?, *L.* (P. ingens, *Mont.*)	..	r?	r?	c	c	—
Mytilus edulis, *L.* (M. antiquorum, *Sow.*)	..	..	..	c	c	—
„ modiolus, *L.* (M. Papuanus, *Nyst*)	..	..	r?	r?	r	—
„ (Modiola) phaseolinus, *Phil.*	..	..	..	r	..	—
Crenella (Mytilus) decussata, *Mont.*	..	..	r	..	..	—
„ Koeneni, *Nyst* (C. costulata?, *Risso*).	..	rr	..	..	..	..
„ (Modiola) marmorata, *Forb.*	..	r	..	..	..	—
„ (Modiola) Prideauxana, *Leach*, (M. asperula, *S. Wood*).	..	..	r	..	..	—
„ (Modiola) sericea, *Bronn.*	..	r?	r?	r	..	..
Avicula phalænacea, *Bast.*	rr?	r	..	..	..	..
Lima exilis?, *S. Wood.*	..	..	..	rr	..	..
„ Loscombi, *G. Sow.*	..	..	..	r	..	—
„ Sandbergeri, *Nyst.*	..	..	r	..	..	..
„ (Pecten) subauriculata, *Mont.*, (Ostrea nivea, *Ren.*).	..	r	r	r	r	—
Pecten benedictus?, *Lm.*	..	r	..	..	..	..
„ Brummeli, *Nyst.*	..	..	r	..	..	..
„ Caillaudi, *Nyst.*	..	..	r	..	..	..
„ Danicus, *Chemn.*, (P. aspersus, *Desh.*)	..	..	r?	r	..	—
„ dubius, *Brocc.*, (P. radians, *Nyst*).	..	..	..	c	c	..
„ Duwelsi, *Nyst.*	..	r	r	..	..	..
„ elegans, *Andr.*, (P. sarmenticius, *Goldf.*).	r	c	c	..	..	..
„ Gerardi, *Nyst.*	..	..	..	c	cc	..
„ grandis, *J. Sow.*	..	..	..	c	c	..
„ Lamallii, *Nyst.*	..	c	c	..	..	..
„ lineatus, *Da Costa*, (P. Sowerbyi, *Nyst*).	rr?	c	..	c	cc	—
„ maximus, *L.*, (P. complanatus, *J. Sow.*).	..	..	rr	c	cc	—
„ (Ostrea) opercularis, *L.*	..	..	..	c	cc	—
„ Princeps, *J. Sow.*	..	..	..	r	rr	..

	Diestien.			Scaldisien.		Mers actuelles.
	Bolderberg.	Edeghem.	Sable noir.	Crag gris.	Crag jaune.	
Pecten (Ostrea) pusio, *L.*, (P. striatus, *J. Sow.*)	..	r	..	c	cc	—
» similis, *Lask.*	..	..	..	r	..	—
» tigerinus, *Mull.*, (P. obsoletus, *Penn.*)	..	cc	c	cc	c	—
» Westendorpi, *Nyst.*	..	..	..	rr?	..	..
» Woodi, *Nyst*, (P. Pagei, *Nyst*).	..	r	r	..	..	..
Ostrea edulis, *L.*, (O. ungulata, *Nyst*).	..	r	..	cc	cc	—
» Hennei, *Nyst*, (O. navicularis?, *Brocc.*).	..	rr	r	..	..	..
» Nysti, *d'Orb.*, (O. Meadi, *Nyst, non Sow.*).	c	..	..	..	..	..
» Princeps, *S. Wood*, (O. undulata, *Nyst, non Sow.*).	..	..	..	r	rr	..
» Staringi, *Nyst.*	..	rr	rr	..	..	..
Anomia Ephippium. *L.*	..	..	..	c	cc	—
» inæquilatera, *Nyst.*	..	r	r	..	..	..
» unguicula, *Nyst.*	..	r	r	..	..	•.
» striata?, *Brocc.*, (A. rugosa, *Nyst*).	..	..	..	r	r	..

BRACHIOPODES.

Terebratula grandis, *Blum.*, (T. Sowerbyana, *Nyst*).	..	..	r?	cc	cc	..
» Cranium?, *Mull*.	..	..	..	rr	..	—
Terebratulina Caput-serpentis, *L.*	..	..	rr	..	..	—
Mannia Nysti, *Dew.*	..	..	rr	..	..	..
Lingula Dumortieri, *Nyst*.	..	..	?	c	c	..

BRYOZOAIRES.

Vincularia (Glauconome) marginata, *Goldf.*	..	..	..	r	..	..
» » rhombifera, *de Münst.*	..	..	..	c	..	..
Hornera gracilis?, *Phil.*	..	..	..	r	..	..
» plana, *Nyst.*	..	..	..	r	..	..
» seriatopora, *Roem.*	..	..	..	cc	..	..
Escharina (Discopora) circumcincta, *Phil.*	..	..	..	r	..	..

	Diestien.			Scaldisien.		
	Bolderberg.	Edeghem.	Sable noir.	Crag gris.	Crag jaune.	Mers actuelles.
Cellepora globularis, *Bronn*, (Scyphia cellulosa, *Gdf.*).	..	..	..	cc	..	..
„ conglomerata, *Goldf.*	..	..	..	r	..	..
„ millepunctata? *Roem*	..	..	..	r	..	..
„ protuberans?, *Roem.*	..	..	..	r	..	..
„ tenella, *Roem.*	..	..	..	r	..	..
Eschara caudata, *Roem.*	..	..	..	r	..	..
„ diplomatina, *Phil.*	..	..	..	r	..	..
„ imbricata?, *Phil.*	..	..	..	r	..	..
„ porosa, *Phil.*	..	..	..	r	..	..
„ punctata, *Phil.*	..	..	..	c	..	..
Escharella celleporacea, *de Münst.*	..	..	..	r	..	..
Lunulites Androsaces?, *All.*	..	r	..	..	..	..
„ Edwardsi, *Nyst.*	..	..	..	c	c	..
„ .... (*N. sp.*).	..	..	r	..	..	..
„ rhomboïdalis, *de Münst.*, (L. umbellata? *Defr.*).	r?	..	c	..	..	..
Retepora cellulosa, *de Bl.*	..	..	..	c	..	..
„ frustulata, *Def.*	..	..	..	r	..	..
Reteporellina plana, *Roem.*	..	..	..	r	..	..
Polytrema (Ceriopora) spongiosa, *Phil.*	..	..	..	c	..	..
Reptescharellina coccinea, *Roem.*	..	..	..	c	..	..
„ triceps, *Roem.*	..	..	..	r	..	..
Reptescharipora subpunctata, *Roem.*	..	..	..	r	..	..
Heteropora (Cellaria) gracilis, *Phil.*	..	..	..	r	..	..
Heteroporella (Ceriopora) verrucosa?, *Phil.*	..	..	..	r	..	..
Pustulopora anomala, *Roem.*	..	..	..	r	..	..
„ ramosa, *Roem.*	..	..	..	r	..	..
„ sparsa, *Roem.*	..	..	..	r	..	..
Idmonea cancellata?, *Goldf.*	..	..	r	..	..	..
„ disticha?, *Goldf*	..	..	..	c	..	..
„ Reussi, *Nyst.*	..	..	..	r	..	..
Porellina Roemeri, *Nyst.*	..	..	..	cc	..	..
Tubulipora foliacea?, *Reuss.*	..	..	..	cc	..	..
„ stelliformis?, *Mich.*	..	..	..	c	..	..
Defranceia socialis?, *Roem.*	..	..	..	r	..	..
Buskia tubulifera, *Reuss.*	..	..	..	rr	..	..
Ceriopora Diadema, *Goldf.*, (part.).	..	..	..	r	..	..
Flustra lanceolata, *Nyst.*	..	..	..	..	r	..

	Diestien.			Scaldisien.		Mers actuelles.
	Bolderberg.	Eleghem.	Sable noir.	Crag gris.	Crag jaune.	
ANNÉLIDES.						
Vermilia (Serpula) triquetra, *Mont*	..	..	..	r	..	—
Serpula? tubularia?, *Mont.*	..	r	r	..	..	—
Spirorbis carinatus?, *Mont.*	..	r	..	..	..	—
Ditrupa (Dentalium) subulata, *Desh.* . . .	..	..	..	cc	..	—
ECHINODERMES.						
Echinus Lamarcki, *Forbes.*	..	..	..	r	..	..
» sphæroïdeus, *Nyst.*	..	..	..	r	..	...
Spatangus Desmaresti, *Goldf.*	..	..	..	r	..	..
Echinocyamus (Spatangus) pusillus, *Mull.* .	..	..	..	cc	—	—
Temnechinus globosus, *E. Forb.*	..	..	r	r	..	..
Asterias propinqua, *de Münst.*	..	..	..	r	..	..
ANTHOZOAIRES.						
Caryophyllia (Turbinolia) granulata, *de* Münst.	..	..	r	..	..	..
Cyathina firma, *Phil.*	..	..	..	..	..	..
Trochocyathus plicatus, *Edw. et H.* . . .	..	..	r	..	..	..
Flabellum (Turbinolia) appendiculatum, *Al.* Brongn.; (T. cuneata, var., *Goldf.*; F. Avicula *et* F. extensum, *Mich.*; F. Waeli *et* F. Haimei, *Nyst*; F. Edwardsanum, *Bosq.*, etc.).	cc	cc	c	..	..	..
Sphenotrochus (Turbinolia) intermedius, *de* Münst.	..	..	..	..	..	..
» Roemeri, *Edw. et H.* . . .	..	..	r	..	..	..
Stephanophyllia Nysti, *Edw. et H.*, (S. imperialis, *Nyst, non Mich.*).	..	..	r	..	..	..
Balanophyllia prælonga, *Edw. et H.* . . .	..	r	r	..	..	..
PROTOZOAIRES.						
Lagena clavata, *d'Orb.* (V. avicula, *Reuss.*) .	..	rr	..	..	..	..
» filicosta, *Reuss.*	..	r	..	..	..	—

	Diestien.			Scaldisien.		Mers actuelles.
	Bolderberg.	Edeghem.	Sable noir.	Crag gris.	Crag jaune.	
Lagena globosa, *Walk.*, (Oolina simplex, *Reuss*)	..	rr	..	..	..	—
" (Lagenola) reticulata, *Macg.*	..	rr	..	..	..	—
" rudis, *Reuss*.	..	rr	..	..	..	..
" (Oolina) striata, *d'Orb.*	..	c	..	..	..	—
" (Ovulina) tenuis, *Bornem.*	..	c	..	..	..	—
" (Oolina) Villardeboana, *d'Orb.*	..	rr	..	..	..	—
" vulgaris, *Park. et Jones.*	..	r	..	..	..	—
Glandulina rotundata, *Reuss.*	..	rr	..	..	..	..
Nodosaria longicauda, *d'Orb.*	..	rr	..	..	..	—
Dentalina (Orthoceratia) Farcimen, *Sold.*	..	rr	..	..	..	—
" Konincki, *Reuss.*	..	cc	rr	..	..	..
" peregrina, *Reuss.*	..	..	rr	..	..	..
Frondicularia Dumontana, *Reuss.*	..	rr	rr	c	..	..
" Hosiusi, *Reuss.*	..	rr	..	..	..	..
" Nysti, *Renss..*	..	r	c?	c	..	..
Cristellaria Dewalquei, *Reuss.*	..	rr	..	cc	..	..
" Nysti, *Reuss.*	..	rr	..	..	..	..
Robulina cultrata?, *d'Orb.*	..	..	rr?	..	..	..
Nonionina affinis, *Reuss.*	..	c	..	..	..	..
" Boueana, *d'Orb.*	..	cc	cc	..	..	—
" quinqueloba, *Reuss.*	..	rr	..	..	..	..
" Soldanii?, *d'Orb.*	..	..	r	..	..	—
Polystomella inflata, *Reuss.*	..	..	c	..	..	..
Rotalia Brongniarti, *d'Orb.*	..	cc	rr	..	,.	—
" cristellarioïdes, *Reuss.*	..	rr	..	..	..	..
" Kalembergensis, *d'Orb.*	..	..	rr	..	..	..
" orbicularis, *d'Orb.*	..	rr	rr	..	..	—
" tenuimargo, *Reuss.*	..	rr	c	..	..	..
Globigerina bipartita, *Reuss.*	..	rr	..	..	..	..
" bulloïdes, *d'Orb.*	..	c	..	..	..	..
" trilobata, *Reuss.*	..	rr	..	..	..	—
Truncatulina oblongata, *Reuss.*	..	rr	..	..	..	..
" varians, *Reuss.*	..	c	c	..	..	..
Rosalina.	..	..	rr	..	..	..
Bulimina scabriuscula, *Reuss.*	..	..	r	..	..	..
Virgulina pertusa, *Reuss.*	..	c	c	..	..	..
" Schreibersana, *Cziz.*	..	rr	..	..	..	—
Uvigerina rugulosa, *Reuss.*	..	rr	..	..	..	..

	Diestien.			Scaldisien.		
	Bolderberg.	Edeghem.	Sable noir.	Crag gris.	Crag jaune.	Mers actuelles.
Clavulina communis, *d'Orb.*	..	..	rr	..	..	..
Polymorphina (Globulina) acuta, *Roem.*	..	rr	..	..	..	..
" " æqualis, *d'Orb.*	..	rr	..	..	..	..
" crassatina, *de Münst.*	..	..	..	..	..	..
Polymorphina decora, *Reuss.*	..	rr	..	..	..	..
" (Globulina) gibba, *d'Orb.*	..	rr	r	..	..	—
" " inæqualis, *Roem.*	..	..	rr	..	..	..
" insignis, *Reuss.*	..	rr	..	..	..	..
" (Globulina) minuta, *Roem*	..	r	c	..	..	..
" (Guttulina) Problema, *d'Orb.*, (et G. Austriaca, *d'Orb.*).	..	rr	rr	..	..	—
" proteiformis, *Reuss.*	..	c	..	..	..	..
" regularis, *de Münst.*	..	rr	..	..	..	..
" semiplana, *Reuss.*	..	..	r	..	..	..
" sororia, *Reuss.*	..	c	..	..	..	..
" subnodosa, *Reuss.*	..	..	rr	..	..	..
" subteres, *Reuss.*	..	rr	c	..	..	..
" (Globulina) tuberculata, *d'Orb.*	,.	..	rr	..	..	..
Textilaria carinata, *d'Orb.*	..	..	c	..	..	..
Plecanium (Textilaria) labiatum, *Reuss.*	..	rr	c	..	..	..
Biloculina amphiconica, *Reuss.*	..	rr	..	..	..	—
" appendiculata, *Reuss.*	..	rr	..	..	..	..
" inornata, *d'Orb.*	..	rr	..	..	..	..
Sphæroïdina Austriaca, *d'Orb.*	..	rr	..	..	..	..
Quinqueloculina Æknerana, *d'Orb.*	..	rr	..	..	..	..
" tenuis, *Cziz.*	..	r	..	..	..	..
" Ungerana, *d'Orb.*	..	rr	..	..	..	..

NOTE.

36. — Dans la liste des fossiles diestiens et scaldisiens, les espèces de mammifères que M. Du Bus a fait connaitre viennent du crag scaldisien. Le même savant et M. Van Beneden ont encore indiqué d'autres espèces ; mais, comme jusqu'à présent elles ne sont guère que nominales, nous avons cru devoir nous borner à en faire mention. Les crustacés dont le gisement n'est pas indiqué, proviennent vraisemblablement du sable noir. Enfin, *Turritella crenulata* doit reprendre le nom de *Turritella Renieri*, Mich.

FIN.

TABLE ANALYTIQUE DES MATIÈRES

FIN DE LA TABLE DES MATIÈRES.